Konzeption von bedarfsspezifischen Leistungssystemen für Subskriptions-Geschäftsmodelle im Maschinen- und Anlagenbau

Conception of Demand-Specific Service Systems for Subscription Business Models in the Mechanical and Plant Engineering Sector

Von der Fakultät für Maschinenwesen
der Rheinisch-Westfälischen Technischen Hochschule Aachen
zur Erlangung des akademischen Grades eines
Doktors der Ingenieurwissenschaften
genehmigte Dissertation

vorgelegt von

Christian Frederic Holper

Berichter/in:

Univ.-Prof. Dr.-Ing. Dipl.-Wirt. Ing. Günther Schuh
apl. Prof. Dr.-Ing. Wolfgang Boos

Tag der mündlichen Prüfung: 15. Juli 2025

SCHRIFTENREIHE RATIONALISIERUNG

Christian Frederic Holper

Konzeption von bedarfsspezifischen Leistungssystemen für Subskriptions-Geschäftsmodelle im Maschinen- und Anlagenbau

Herausgeber:
Prof. Dr.-Ing. Dipl.-Wirt. Ing. G. Schuh

Band 198

fir an der
RWTH Aachen

Bibliografische Information der Deutschen Nationalbibliothek
Die Deutsche Nationalbibliothek verzeichnet diese Publikation in der Deutschen Nationalbibliografie; detaillierte bibliografische Daten sind im Internet über https://portal.dnb.de abrufbar.

Christian Frederic Holper:

Konzeption von bedarfsspezifischen Leistungssystemen für Subskriptions-Geschäftsmodelle im Maschinen- und Anlagenbau

1. Auflage, 2025

Gedruckt auf holz- und säurefreiem Papier, 100% chlorfrei gebleicht.

Wissenschaftsverlag des Instituts für Industriekommunikation und Fachmedien an der RWTH Aachen
Steinbachstr. 25, 52074 Aachen, Deutschland
Internet: www.apprimus-verlag.de, E-Mail: info@apprimus-verlag.de

Druck: CPI Druckdienstleistungen GmbH
Ferdinand-Jühlke-Straße 7 | 99095 Erfurt | Deutschland

ISBN 978-3-98555-303-7

D 82 (Diss. RWTH Aachen University, 2025)

Zusammenfassung

Unternehmen des Maschinen- und Anlagenbaus fällt die Differenzierung über reine Produkteigenschaften im globalen Wettbewerb zunehmend schwerer. Verstärkt durch eine schwache Konjunktur, suchen sie nach alternativen Geschäftsmodellen, die es ihnen ermöglichen, mithilfe von neuen Nutzenversprechen Mehrwerte für ihre Kunden zu generieren und dadurch langfristig enge Beziehungen zu ihnen aufzubauen. Subskriptions-Geschäftsmodelle eröffnen in diesem Zusammenhang einen möglichen Lösungsraum. Neue technologische Fortschritte befähigen die Unternehmen dazu, umfassende Angebote, bestehend aus Produkt-, Dienst- und Softwareleistungen, in Form von Leistungssystemen anzubieten und durch die Verknüpfung einzelner Teilleistungen neue Nutzenversprechen zu realisieren. Die bedarfsspezifische Konzeption jener Leistungssysteme stellt jedoch nach wie vor für die Mehrzahl der Maschinen- und Anlagenbauer eine große Herausforderung dar. Den Unternehmen fehlt sowohl ein konkretes Kundenverständnis im Hinblick auf ihre subskriptionsbezogenen Bedürfnisse als auch eine ganzheitliche Systemperspektive zur Konzeption integrierter Gesamtlösungen.

Demgemäß liegt die Zielsetzung dieser Arbeit darin, Unternehmen des Maschinen- und Anlagenbaus bei der Konzeption ihrer bedarfsspezifischen Leistungssysteme praxisnah zu unterstützen und folglich die Umsetzung darauf aufbauender Subskriptions-Geschäftsmodelle zu vereinfachen. Die dafür entwickelte Modellstruktur setzt sich aus vier Elementen zusammen: Zunächst werden charakteristische Kundentypen des Subskriptionsgeschäfts im Maschinen- und Anlagenbau identifiziert. Parallel werden subskriptionsrelevante Teilleistungen abgeleitet und hinsichtlich ihrer Funktionen beschrieben. Daran anschließend erfolgen die Verknüpfung beider Teilmodelle und die damit verbundene Konzeption bedarfsspezifischer Leistungssysteme. Die im Rahmen dieser Arbeit entwickelten Teilmodelle werden abschließend in ein Vorgehensmodell eingegliedert, um eine praxisorientierte Anwendung zu ermöglichen.

Das im Rahmen dieser Arbeit entwickelte Gesamtmodell liefert den Maschinen- und Anlagenbauern somit nicht nur die einzelnen Werkzeuge, sondern auch die entsprechende Anleitung zur Konzeption bedarfsspezifischer Leistungssysteme für ihr Subskriptionsgeschäft. Der systematische Ansatz ermöglicht es, auf bedarfsspezifische Kundentypen abgestimmte Leistungssystemkonzepte zu erstellen, die einerseits die bedarfsbezogenen Anforderungen der Kunden berücksichtigen und andererseits die funktionalen Zusammenhänge der Teilleistungen innerhalb des übergeordneten Leistungssystems beachten. Diese Arbeit befähigt somit die Unternehmen des Maschinen- und Anlagenbaus, einen wichtigen Aspekt zur Umsetzung ihrer Subskriptions-Geschäftsmodelle mit einer höheren Ressourceneffizienz und einer besseren Ergebnisqualität zu erreichen.

Summary

Companies of the mechanical and plant engineering industry are finding it increasingly difficult to differentiate themselves from the global competition based purely on product features. Reinforced by a weak economy, they are looking for alternative business models that enable them to generate added value for their customers with the help of new value propositions and thus build close long-term relationships with them. Subscription business models provide a possible solution in this context. New technological advances enable companies to offer comprehensive packages consisting of products, services and software in the form of service systems and by linking single servvices to realise new value propositions. However, the needs-specific design of these service systems continues to pose a major challenge for most of the machinery and plant manufacturers. Companies lack both a concrete understanding of their customers regarding their subscription-related needs and a holistic system perspective for designing integrated overall solutions.

Accordingly, the objective of this thesis is to provide practical support to companies in the mechanical and plant engineering industry in the design of their demand-specific service systems and consequently to simplify the implementation of subscription business models based on them. The model structure developed for this purpose is made up of four elements. Firstly, characteristic customer types of the subscription business in the mechanical and plant engineering industry are identified. In parallel, subscription-relevant single services are derived and described in terms of their functions. This is followed by the linking of both sub-models and the associated conceptualisation of demand-specific service systems. Finally, the sub-models developed as part of this work are integrated into a process model to enable a practice-orientated application.

The overall model developed in the course of this work thus provides machinery and plant manufacturers not only with the individual tools, but also with the corresponding instructions for designing demand-specific service systems for their subscription business. The systematic approach makes it possible to create service system concepts tailored to specific customer types, which on the one hand consider the needs-based requirements of the customers and on the other hand consider the functional relationships of the partial services within the superordinate service system. This work thus enables companies in the mechanical and plant engineering sector to achieve an important aspect of the implementation of their subscription business models with greater resource efficiency and better quality of results.

Inhaltsverzeichnis

Abbildungsverzeichnis

Tabellenverzeichnis

Abkürzungsverzeichnis

API	Application Programming Interface
B2B	Business-to-Business
B2C	Business-to-Customer
CapEx	Capital Expenditures
CMMS	Computerized Maintenance Management System
CPS	Cyber-physisches-System
GDL	Goods Dominant Logic
HGB	Handelsgesetzbuch
HoQ	House of Quality
I-CAC	Industrial customer activity cycle
IoT	Internet of Things
IPSE	Integrated Product and Service Engineering
KMU	Kleine und mittlere Unternehmen
OEE	Overall Equipment Effectiveness
OpEx	Operational Expenditures
PLM	Product Lifecycle Management
PPS	Produktionsplanungs- und -steuerungssystem
PSS	Produkt-Service-System
PSSE	Product-Service Systems Engineering
QFD	Quality Function Deployment
RE	Requirements Engineering
SDL	Service Dominant Logic
SE	Systems Engineering

1 Einleitung

1.1 Ausgangssituation und Problemstellung

Die Mehrheit der Unternehmen des Maschinen- und Anlagenbaus verfolgt nach wie vor klassische transaktionsbasierte Geschäftsmodelle (s. SCHNEIDER 2023, S. 2; s. POLINER 2022, S. 7). Im Rahmen dieser klassischen Geschäftsmodellansätze wird die vom Kunden georderte Leistung einmalig gegen eine monetäre Vergütung des Anbieters transaktionsbedingt ausgetauscht. Nach der ordnungsgemäßen Inbetriebnahme bzw. Erbringung der Leistung und dem Abschluss der Gewährleistungspflicht hat der Anbieter seine Pflicht erfüllt und trägt in der weiteren Nutzungsphase des Kunden keine Verantwortung mehr (s. KETT ET AL. 2023, S. 8). Diese Situation ändert sich jedoch im Kontext des digitalen Zeitalters (s. SCHUH ET AL. 2023a, S. 213). Der Paradigmenwechsel bringt zahlreiche Veränderungen mit sich, welche sowohl die Geschäftsaktivitäten als auch die Beziehung zu den Kunden langfristig verändern werden und folglich Chancen, aber auch Herausforderungen für die Unternehmen des Maschinen- und Anlagenbaus bewirken (s. BURGMANN ET AL. 2023, S. 155–156). Die erste Veränderung bezieht sich auf den Wandel der Kundenanforderungen. Die bislang im Vordergrund eines Angebots stehenden Leistungen werden verstärkt nur noch als Vehikel gesehen, um ein gewisses Ziel zu erreichen („*Do customers need a hammer, or simply a way to hang their picture on the wall?*"). Folglich verändert sich der Bedarf der Kunden hin zu Geschäftsmodellen, die diesen zielorientierten Gedanken im Rahmen einer ganzheitlichen Lösung aufgreifen. (s. FELDMANN ET AL. 2021, S. 2) Innerhalb dessen suchen die Kunden nach konkreten Möglichkeiten, ihre betriebsbedingten Risiken mit den Maschinen- und Anlagenherstellern zu teilen (s. POLINER 2022, S. 20). Als zweite maßgebliche Veränderung lässt sich der immense Fortschritt neuer Technologien identifizieren. Viele der heute verfügbaren Technologien wie z. B. Internet of Things (IoT), 5G, Cloud-Technologie, Big Data oder Künstliche Intelligenz (KI) existierten vor zehn Jahren noch nicht in dem Maße, in dem sie heute verfügbar sind (s. BUTCHER 2023, S. 2; s. SCHNEIDER 2023, S. 1). Angesichts ihrer heutigen Reife eröffnen diese Technologien einen weiten Lösungsraum, um neue digitale Lösungen zu ermöglichen bzw. bestehende zu verbessern (vgl. GAIDE 2021, S. 49). Die dritte zentrale Entwicklung, welche einen Einfluss auf die aktuellen Geschäftsaktivitäten der Unternehmen hat, ist der Rückgang des allgemeinen Maschinen- und Anlagengeschäfts sowie der Margen physischer Produkte (s. KREẞ 2022, S. 1; s. DÖBLER ET AL. 2020, S. 10). In zahlreichen Industriesegmenten sind sowohl die Verkaufsvolumina als auch die Gewinnspannen in den letzten Jahren zurückgegangen, sodass das Servicegeschäft in vielen Fällen zu einem wichtigen Gewinntreiber geworden ist (s. FELDMANN ET AL. 2021, S. 2). Da der Umsatzanteil der Unternehmen in diesen Märkten in der Regel gering ist, bietet dieser Bereich sogar ein großes zusätzliches Potenzial für den Maschinen- und Anlagenbau (s. FRANK ET AL. 2021, S. 4; s. BENDIG ET AL. 2021, S. 7; s. DÖBLER ET AL. 2020, S. 8). Hinzukommend zwingen eine stetig steigende volkswirtschaftliche Dynamik, eine erschwerte technologische Differenzierung und ein wachsender

Konkurrenzdruck die Maschinen- und Anlagenbauer dazu, Resilienz und Differenzierungsstrategien zu entwickeln, um langfristig am Markt bestehen zu können (s. SCHUH ET AL. 2023b, S. 153; s. KETT ET AL. 2023, S. 4–5; s. BUDDE U. FRIEDLI 2017, S. 29).

Angesichts dieser Entwicklungen ist eine rein transaktionsbasierte Betrachtung der Kunde-Anbieter-Beziehung in Form von klassischen Geschäftsmodellen nicht mehr zeitgemäß und es bedarf neuer Ansätze, die über die Systemgrenzen des physischen Produkts sowie dessen Lebenszyklus hinausdenken (s. LIOZU 2022, S. 3 ff.; s. ALLMENDINGER ET AL. 2021, S. 13 ff.; s. DOBBS ET AL. 2019, S. 9).

Eine Möglichkeit, diesen Entwicklungen zu begegnen, zusätzliche Umsatzpotenziale zu heben und gleichzeitig eine partnerschaftliche langfristige Beziehung mit den Kunden einzugehen, bietet der Einsatz neuer Geschäftsmodelle (s. SCHUH ET AL. 2022, S. 1; s. BUTCHER 2023, S. 2). Insbesondere im industriellen Kontext wird hierbei auch oft von sogenannten „*Subskriptions-Geschäftsmodellen*“ gesprochen (vgl. KAUFMANN U. LANGHANS 2023, S. 1; vgl. GAIDE 2021, S. 48; vgl. DÖBLER ET AL. 2020, S. 8). Der zentrale Gedanke dieser Subskriptions-Geschäftsmodelle lässt sich anhand der folgenden vier Merkmale charakterisieren:

- Anstelle einer hohen Einmalinvestition basiert die Ertragsmechanik auf wiederkehrenden Zahlungen, die sich an einer zuvor definierten Bemessungsgrundlage wie z. B. der Nutzungszeit orientieren (s. FRANK ET AL. 2021, S. 4).
- Das Nutzenversprechen bezieht sich nicht auf einzelne Teilleistungen, sondern auf ein integriertes Leistungssystem zur Lösung eines spezifischen Kundenproblems wie z. B. der Erhöhung des Outputs (s. SCHUH ET AL. 2016, S. 117).
- Die Wertschöpfungskette, geprägt durch neue technologische Fähigkeiten, Nutzungsdaten zu erfassen, auszuwerten und zu verknüpfen, befähigt Anbieter einerseits, ihre Kunden besser zu verstehen und andererseits, neue datenbasierte Nutzenversprechen wie z. B. die Übernahme des kundenseitigen Verfügbarkeitsrisikos unter wirtschaftlichen Gesichtspunkten anbieten zu können (s. BURGMANN ET AL. 2023, S. 155; s. GERL 2020, S. 1).
- Der Kunde geht ein langfristig orientiertes partnerschaftliches Verhältnis mit dem Anbieter ein, in dem beide Parteien voneinander profitieren, der Kunde durch seine individuelle Optimierung und der Anbieter durch den positiven Lock-in-Effekt sowie die gesteigerte Nutzungsrate des Kunden.

Die Idee, dem Kunden ein integriertes Leistungssystem im Rahmen eines Subskriptions-Geschäftsmodells anzubieten, ermöglicht dem Anbieter auf der einen Seite zahlreiche Vorteile gegenüber einem transaktionalen Geschäftsmodell, erfordert jedoch auch höhere Anstrengungen hinsichtlich der Konzeption seines Angebots (s. SCHUH ET AL. 2023a, S. 214; s. NEBAUER ET AL. 2023, S. 4). Die Konzeption eines solchen Angebots ist vor allem deshalb kompliziert und aufwändig, da verschiedene Domänen (Produkt-, Dienstleistungs- und Softwareentwicklung) am Entwicklungs- und Erbringungsprozess beteiligt sind, die Teilleistungen jeweils unterschiedliche Lebenszyklen sowie Interdependenzen aufweisen und durchweg eine starke Kundenzentrierung angestrebt wird (s. BERKOVICH ET AL. 2011, S. 357–358). Darüber hinaus steigt der

Aufwand aufgrund zusätzlicher Forderungen nach Nachhaltigkeit, die eine Veränderung des Leistungssystems hinsichtlich eines fortwährend effizienteren Ressourceneinsatzes sowie der gleichzeitigen Verbesserung der Flexibilität, Geschwindigkeit und Leistungsfähigkeit im Rahmen der Anwendung verlangen (s. KETT ET AL. 2023, S. 4–5; s. DEUSE ET AL. 2015, S. 99).

Trotz der zahlreichen Hürden stellen sich einige Unternehmen des Maschinen- und Anlagenbaus bereits den Herausforderungen und haben mit der Transformation ihres Geschäftsmodells begonnen (s. GORLICK 2022, S. 1; s. KONARY 2019, S. 1; s. ILLNER ET AL. 2020, S. 38 ff.). Es zeigt sich allerdings vermehrt, dass die Herausforderungen der Transformation im Maschinen- und Analgenbau, unter anderem aufgrund historisch gewachsener Strukturen und einem zentralen investitionsintensiven Produkt, größer als in anderen (z. B. rein digitalen) Branchen sind. Folglich agieren viele Unternehmen weiterhin in transaktionalen Strukturen, sodass die gewünschte wirtschaftlich erfolgreiche Skalierung des angestrebten Geschäftsmodells ausbleibt (s. SCHNEIDER 2023, S. 2; s. KAUFMANN U. LANGHANS 2023, S. 7).

Im Maschinen- und Anlagenbau wurden laut einer Umfrage des VDMA in den letzten Jahren erst 0,05 % des jährlichen Umsatzes mit Subskriptions-Geschäftsmodellen erzielt (s. GAIDE 2021, S. 49). Diese Zahl bestätigt auch die Umfrage des Technologieunternehmens Relayr, wonach erst ein geringer Teil der Unternehmen Subskriptions-Geschäftsmodelle erfolgreich implementiert hat: Nur 14,00 % der Unternehmen geben an, ein Subskriptions-Geschäftsmodell am Markt anzubieten (s. POLINER 2022, S. 7). Dennoch wird Subskriptions-Geschäftsmodellen im Maschinen- und Anlagenbau in den kommenden Jahren ein Wachstumspotenzial von bis zu 54,00 % prognostiziert (s. SCHLIPF U. SEEBACHER 2021, S. 3). Diese Diskrepanz zwischen dem erheblichen wirtschaftlichen Potenzial und dem bislang ausbleibenden flächendeckenden Erfolg jener Geschäftsmodelle im Maschinen- und Anlagenbau kann auf verschiedene Ursachen zurückgeführt werden:

Die Entwicklung eines Subskriptions-Geschäftsmodells im Allgemeinen ist aufwändig und erfordert zahlreiche Ressourcen (s. BEHRENDT ET AL. 2021, S. 3; vgl. DÖBLER ET AL. 2020, S. 16; vgl. ADRODEGARIA ET AL. 2017, S. 103). Insbesondere beim Wandel zum Subskriptions-Anbieter ist eine holistische Betrachtung erforderlich, die einer Einbeziehung aller Funktionen im Unternehmen (Forschung und Entwicklung, Produktion, Vertrieb etc.) bedarf (s. SCHNEIDER 2023, S. 2). Die interdisziplinäre Zusammenarbeit führt somit zu neuen funktionalen Schnittstellen und der Notwendigkeit nach einer funktionsübergreifenden Arbeitsweise in der gesamten Organisation. Dies wiederum erfordert das Aufbrechen starrer Silostrukturen, die, insbesondere in größeren Unternehmen, oft fest etabliert sind (s. BEHRENDT ET AL. 2021, S. 33).

Neben der funktionsorientierten Zusammenarbeit müssen die Firmen aber vor allem lernen, domänenübergreifend zu denken und ihr Handeln danach auszurichten (vgl. BENDIG ET AL. 2021, S. 8). Nach wie vor ist es für die Unternehmen des Maschinen- und Anlagenbaus eine zentrale Problemstellung, die einzelnen Blickwinkel der unterschiedlichen Domänen (Produkt-, Dienst- und Softwareleistung) bei der

Angebotskonzeption zu harmonisieren (s. SCHUH ET AL. 2023a, S. 214; s. STICH ET AL. 2022, S. 160). So verwenden bereits bei der Identifikation der Kundenanforderungen alle drei Domänen z. B. unterschiedliche Methoden, Modelle und Werkzeuge (s. GORLDT ET AL. 2017, S. 366). Außerdem laufen die Prozesse jeweils meist getrennt voneinander ab und werden von unterschiedlichen Stakeholdern mit isolierten Betrachtungsweisen begleitet (s. GORLDT ET AL. 2017, S. 372–373).

Darüber hinaus stellt die steigende Komplexität der einzelnen Komponenten des Leistungssystems ein Problem für die Unternehmen dar (s. LAUB U. FLASHAR 2023, S. 215). Während auf der einen Seite die Systemelemente technologisch anspruchsvoller werden, erhöht sich auf der anderen Seite die Anzahl der Schnittstellen im Rahmen der integrierten Gesamtlösung. Die damit einhergehenden informations- und prozessrelevanten Abhängigkeiten zwischen den Elementen bzw. Teilleistungen sorgen für zusätzliche Koordinationsaufwände im Rahmen der Angebotskonzeption (s. HERZOG ET AL. 2017, S. 76–77).

Die daraus erwachsende Komplexität erschwert es den Unternehmen erheblich, für ihre Kunden ein integriertes Leistungssystem zu entwickeln (s. SCHUH ET AL. 2022, S. 1 ff.). Den Unternehmen fehlt ein domänenübergreifendes Verständnis der erforderlichen Teilleistungen zur Erfüllung spezifischer Nutzenversprechen (s. BOßLAU ET AL. 2017, S. 300).

Die Komplexität erhöht sich jedoch nicht nur auf Seiten der Anbieter, auch auf Kundenseite werden die Anforderungen zunehmend komplexer. Oft verfolgen die Kunden mehrere Ziele parallel, was eine eindimensionale Ausrichtung am Kundenbedarf erschwert. Es ist häufig nicht offensichtlich, was der Kunde tatsächlich will bzw. was seine tatsächlichen Ziele und Bedürfnisse sind (s. KUMAR 2019, S. 1 ff.). Insbesondere bei integrierten Leistungssystemen ist nicht einmal klar, wer der letztendliche Kunde bzw. Nutznießer der Lösung ist (s. GASSMANN U. FERRANDINA 2021, S. 39). Demzufolge stellt die gezielte Bedürfnisbefriedigung der Kunden durch entsprechende Leistungssysteme nach wie vor ein großes Problem für die Unternehmen dar. So ist z. B. der Nutzen durch Zustandsüberwachung aufgrund einer erhöhten Maschinenverfügbarkeit, reduzierten Instandhaltungskosten sowie der Vermeidung von Personen- und Sachschäden den Unternehmen bekannt, es fehlt jedoch das Vorstellungsvermögen, welche Rolle diese Teilleistung im Rahmen eines integrierten Leistungssystems spielt und welcher konkrete Systemnutzen hierdurch erfüllt wird (s. NEUHÜTTLER ET AL. 2017, S. 106).

Die zuvor erläuterten Herausforderungen stellen einen Teil der Herausforderungen dar, mit denen Maschinen- und Anlagenbauer im Hinblick auf die Umsetzung von Subskriptions-Geschäftsmodellen aktuell konfrontiert sind. Sie lassen sich in drei konkreten Problemstellungen zusammenfassen:

- Den Maschinen- und Anlagenbauern fehlt ein konkretes Verständnis für ihre Kunden bzw. deren subskriptionsrelevanten Bedürfnisse. Jeder Kunde wird individuell betrachtet, was mit erheblichen Aufwänden verbunden ist.

- Die möglichen Kombinationen an Teilleistungen im Rahmen eines integrierten Leistungssystems führen zu einem großen Lösungsraum. Es fehlt der integrative Blick auf die unterschiedlichen Systemelemente, um standardisierte Subskriptions-Angebote machen zu können.
- Die steigende Komplexität auf beiden Seiten erschwert zunehmend, dem richtigen Kunden das richtige Angebot zu machen und einen hohen Fit zu erzielen. Der Prozess der passenden Leistungskonzeption ist äußerst ressourcenintensiv und dauert oft lange.

In der Gesamtheit führen alle drei Problemstellungen dazu, dass eine wirtschaftlich erfolgreiche Skalierung von Subskriptions-Geschäftsmodellen im Maschinen- und Anlagenbau aktuell nicht möglich ist (s. SCHUH ET AL. 2019, S. 1; s. GERL 2020, S. 2).

Den Unternehmen fehlen konkrete Leitlinien und Methoden, um Subskriptions-Angebote erfolgreich konzipieren und letztendlich gestalten zu können (s. FRANK ET AL. 2021, S. 16–17). Bestehende Ansätze fokussieren zwar den Kunden und seine individuellen Bedürfnisse, berücksichtigen jedoch nicht, wie das Leistungssystem sinnvoll strukturiert werden kann und folgen dabei auch keinem systematischen Ansatz (s. OSTERWALDER ET AL. 2014, S. 8 ff.). Meist orientiert sich das Vorgehen an „*Trial-and-Error*"-Ansätzen, wobei der Effizienzaspekt im Hintergrund steht (s. GUGGEMOS 2021, S. 55). Es ist die zentrale Herausforderung, eine Methodik zu erarbeiten, die beide Seiten (Anbieterseite, Kundenseite) des Leistungsangebots vereint und eine systematische Hilfestellung zur Angebotskonzeption liefert (s. KETT ET AL. 2023, S. 6; s. MITTAG ET AL. 2018, S. 102).

1.2 Zielsetzung und Forschungsfrage

Aufbauend auf den erläuterten Problemstellungen ist die Zielsetzung dieser Arbeit, ein konkretes Vorgehen zu entwickeln, welches Unternehmen des Maschinen- und Anlagenbaus in ihrem Konzeptionsprozess für Leistungssysteme im Rahmen von Subskriptions-Geschäftsmodellen unterstützt und somit die Skalierbarkeit ihres Geschäftsmodells vereinfacht.

Dazu soll ein vierteiliger konsekutiver Ansatz verfolgt werden, der folgende Aspekte umfasst:

- Beschreibung generischer Kunden- bzw. Bedarfstypen im Kontext subskriptionsorientierter Geschäftsmodelle,
- Beschreibung subskriptionsrelevanter Teilleistung sowie deren sachlogische Systematisierung,
- Erklärung der Wirkungszusammenhänge zwischen typspezifischen Bedarfen und leistungsseitigen Funktionen,
- Gestaltung eines Vorgehens zur Konzeption bedarfsspezifischer Leistungssysteme für Subskriptions-Geschäftsmodelle im Maschinen- und Anlagenbau.

Das Ergebnis dieses Dissertationsvorhabens wird somit aus einer Systematik bestehen, die es den Firmen ermöglicht, generische Kundentypen und ihre Bedarfe zu identifizieren, subskriptionsrelevante Teilleistungen anhand ihrer Funktion sinnvoll zu gliedern und beide Aspekte in einem integrierten Leistungsangebot bedarfsspezifisch zu verknüpfen. Die Zielsetzung der Arbeit hat eine hohe Relevanz für die Unternehmen des Maschinen- und Anlagenbaus, da erst eine wirtschaftliche Umsetzung – die mit der Skalierungsfähigkeit des Geschäftsmodells einhergeht – dafür sorgt, dass ein Subskriptions-Geschäftsmodell sowohl für Anbieter- als auch Kundenunternehmen finanziell attraktiv wird und eine flächendeckende Verbreitung im Markt erfolgen kann.

Basierend auf den identifizierten Problemstellungen sowie der Zielsetzung des Vorhabens erfolgt die Definition der Forschungsfrage:

Wie sind bedarfsspezifische Leistungssysteme im Subskriptionsgeschäft des Maschinen- und Anlagenbaus systematisch zu konzipieren?

Diese Hauptforschungsfrage setzt sich aus den folgenden Teilforschungsfragen zusammen, welche im Rahmen der in Kapitel 4 beschriebenen Lösungskomponenten beantwortet werden:

- *Wie können bedarfsspezifische Kundentypen des Maschinen- und Anlagenbaus systematisch beschrieben werden und anhand welcher Merkmale sind sie zu charakterisieren?*
- *Wie können Subskriptionsleistungen systematisch beschrieben werden und wie sind diese sinnvoll zu kategorisieren?*
- *Welche Faktoren beeinflussen die Zuordnung von subskriptionsrelevanten Teilleistungen zu Kundenbedarfen, wie können diese klassifiziert und in eine logische Verknüpfung gebracht werden?*
- *Wie ist ein konkretes Vorgehen zur Konzeption bedarfsspezifischer Leistungssysteme für Subskriptions-Geschäftsmodelle im Maschinen- und Anlagenbau zu gestalten?*

1.3 Forschungskonzeption

Zur Erreichung der Forschungsziele und damit einhergehenden Beantwortung der zuvor aufgestellten Forschungsfragen gilt es zunächst, die grundlegende wissenschaftliche Erkenntnisperspektive sowie die methodische Vorgehensweise im Rahmen dieser Dissertationsschrift zur Gewinnung von Erkenntnissen zu beschreiben (s. BINDER U. KANTOWSKY 1996, S. 3–4). Die diesem Dissertationsvorhaben zugrundeliegende Erkenntnisperspektive orientiert sich an der Wissenschaftssystematik nach ULRICH U. HILL (s. Abbildung 1-1). In ihrer Arbeit unterteilen die Autoren die Wissenschaft grundlegend in Formal- und Realwissenschaften (s. ULRICH U. HILL 1976a, S. 305). Formalwissenschaften, wie bspw. die Mathematik, befassen sich mit Zeichensystemen sowie den passenden Regeln zu deren Anwendung. Ihnen werden die Realwissenschaften gegenübergestellt, die sich mit der „*Beschreibung, Erklärung und Gestaltung empirisch (...) wahrnehmbarer Wirklichkeitsausschnitte*“ befassen (s. ULRICH U. HILL 1976a, S. 305). In Anlehnung an die Autoren lassen sich die Realwissenschaften weiter in Grundlagen- und Handlungswissenschaften unterteilen (s. ebd., S. 305). Während bei den *„reinen"* Grundlagenwissenschaften die Erklärung von Wirklichkeitsausschnitten im Mittelpunkt steht, zielen die *„angewandten"* Handlungswissenschaften darauf ab, menschliche Handlungsalternativen zu analysieren, um soziale und technische Systeme zu gestalten (s. ebd., S. 305).

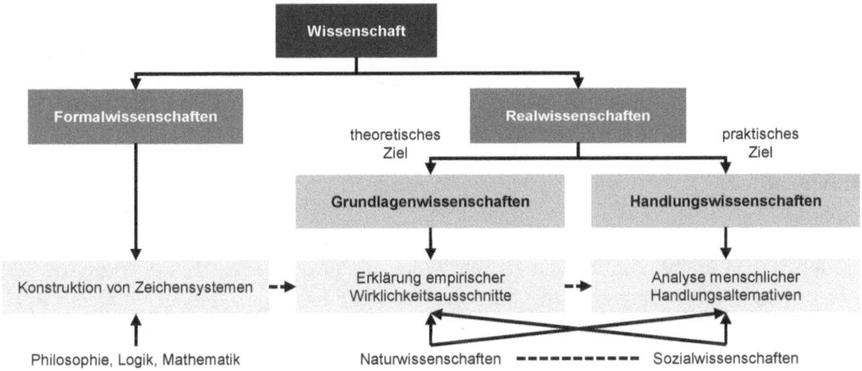

Abbildung 1-1: Wissenschaftssystematik (ULRICH U. HILL 1976a, S. 305)

Die aus der Praxis abgeleitete Problemstellung und das darauf aufbauende Forschungsziel dieses Dissertationsvorhabens haben sowohl einen Bezug zu den Ingenieurwissenschaften als auch der Betriebswirtschaftslehre. Folglich ist dieses Schnittstellenthema der angewandten Handlungswissenschaft zuzuordnen.

Anschließend an die Einordnung in die bestehende Wissenschaftssystematik erfolgt die Beschreibung der Vorgehensweise zur Gewinnung von Erkenntnissen. Der Autor der vorliegenden Dissertationsschrift orientiert sich hierbei einerseits am explorativen Forschungsprozess nach KUBICEK und andererseits an der Strategie angewandter Forschung nach ULRICH (S. KUBICEK 1977, S. 13 FF.; S. ULRICH 1981, S. 19 FF.). Der Forschungsprozess kann als iterativer Lernprozess aufgefasst werden, in dem Erfahrungswissen durch theoretisches und praktisches Wissen kontinuierlich erweitert wird (s. Abbildung 1-2). Im Zentrum dieses Prozesses steht folglich der heuristische Bezugsrahmen, also die persönlichen Erfahrungen, des Forschers. Dieses grundlegende theoretische Verständnis wird durch das Sammeln von Daten mithilfe von Fragen an die (reale) Praxis sukzessive erweitert. Adressat dieser Fragen sollten stets betroffene Personen sein, die mit der untersuchten Problemstellung konfrontiert sind. Durch die kritische Reflexion sowie die Abstraktion des Realbildes in konkrete Modelle wird der Kreislauf geschlossen und das theoretische Wissen des Forschers erweitert (s. KUBICEK 1977, S. 13).

Abbildung 1-2: Explorativer Forschungsprozess (Kubicek 1977, S. 14; Holst 2022, S. 7)

Die parallele Arbeit des Autors im Bereich Dienstleistungsmanagement am FIR e. V. an der RWTH Aachen ermöglicht es dem Autor, die erforderliche Verknüpfung mit der industriellen Praxis herzustellen und somit die Anforderungen des explorativen Forschungsprozesses zu erfüllen. Durch die Bearbeitung unterschiedlicher Beratungs- und Forschungsprojekte mit direktem Bezug zum Dissertationsthema war der Autor in der Lage, zahlreiche Interaktionen mit Experten aus dem Maschinen- und Anlagenbau zu schaffen und relevante Daten zu erheben.

Konkretisiert wird der explorative Forschungsprozess in dieser Dissertationsschrift anhand der Strategie angewandter Forschung nach Ulrich, welche den Forschungsprozess wiederum in einzelne Phasen gliedert (s. Ulrich 1981, S. 19–20). Nach Ulrich bildet das Praxisproblem den Ausgangspunkt des Forschungsprozesses. Zudem sollen die entwickelten Modelle wieder zurück in die Praxis überführt werden, wobei die wissenschaftlichen Theorien lediglich als Informationslieferant betrachtet werden (s. Ulrich 1981, S. 19–20). Der explorative Forschungsprozess bildet somit ergänzt durch die Strategie angewandter Forschung die zentrale Forschungsstrategie dieser Dissertation.

1.4 Aufbau der Dissertationsschrift

In diesem Abschnitt wird der Aufbau der Dissertationsschrift erläutert, der sich an der zuvor beschriebenen Forschungsstrategie orientiert (s. Kapitel 1.3). Im Folgenden werden die Inhalte der einzelnen Kapitel zusammengefasst erläutert (s. Abbildung 1-3).

Abbildung 1-3: Aufbau der Dissertationsschrift (eigene Darstellung i. A. a. ULRICH 1981, S. 20)

In Kapitel 1 wird zunächst die Ausgangssituation beschrieben und die praxisbezogene Problemstellung daraus abgeleitet. Daran anknüpfend wird die Zielsetzung dieser Arbeit vorgestellt und die zentralen Forschungsfragen bestimmt. Zuletzt werden die angewandte Forschungskonzeption sowie der Aufbau der Arbeit beschrieben.

In Kapitel 2 werden die zentralen Begrifflichkeiten vorgestellt. Zunächst erfolgt eine Definition der relevanten Begriffe, die im Zusammenhang mit dem Terminus Leistungssystem stehen. Anschließend wird das bestehende Verständnis von Subskriptions-Geschäftsmodellen erläutert. Zusätzlich wird der Konzeptionsbegriff im Kontext der

Systementwicklung erläutert. Zuletzt erfolgt die Einordnung der Dissertation in die Marketingforschung sowie die Managementlehre.

In Kapitel 3 wird der aktuelle Stand der Forschung untersucht. Hierzu werden zunächst Bewertungskriterien relevanter Grundlagen erläutert. Im Anschluss werden zentrale Ansätze zur Beschreibung von Bedarfstypen, Systematisierung von Teilleistungen und der Konzeption von Leistungssystemen vorgestellt und hinsichtlich ihrer Relevanz bewertet. Auf Basis der bestehenden Ansätze wird der Forschungsbedarf dieser Arbeit identifiziert.

In Kapitel 4 wird zunächst der theoretische Bezugsrahmen mit Fokus auf den wichtigsten Theorien hinsichtlich des in dieser Dissertationsschrift adressierten Themas vorgestellt. Danach werden die formalen und inhaltlichen Anforderungen an die zu entwickelnden Modelle festgelegt. Zuletzt werden methodische Grundlagen erläutert, die für die Erarbeitung der Forschungsergebnisse relevant sind.

In Kapitel 5 startet die Modellentwicklung zunächst im Hinblick auf die adressierten Kundentypen im Subskriptions-Geschäft. Hierzu wird zunächst der relevante Untersuchungsbereich abgegrenzt und geeignete Merkmale zur Beschreibung der Kunden werden identifiziert. Diese werden anschließend durch passende Merkmalsausprägungen konkretisiert und beschrieben. Die Merkmale und deren Ausprägungen werden danach in einem morphologischen Kasten gegliedert, sodass die bedarfsspezifischen Kundentypen abgeleitet werden können.

In Kapitel 6 werden die subskriptionsrelevanten Teilleistungen bestimmt. Hierzu werden die identifizierten Teilleistungen zunächst systematisiert und beschrieben. Im Anschluss werden die Funktionen und Teilfunktionen von Subskriptions-Geschäftsmodellen im Maschinen- und Anlagenbau erläutert. Abschließend werden die funktionalen Zusammenhänge zwischen Teilleistungen und -funktionen sowie die hierarchischen Wirkungsbeziehungen der Teilleistungen untereinander illustriert.

In Kapitel 7 erfolgt die Zusammenführung der identifizierten Kundentypen und der abgeleiteten Subskriptionsfunktionen. Zunächst werden hierfür die zuvor abgeleiteten Kundenbedarfe gewichtet. Daraufhin werden die Zusammenhänge zwischen den Kundenbedarfen und den Teilfunktionen erläutert und mithilfe der Methode des *House of Quality* numerisch erfasst. Die daraus abgeleitete bedarfsspezifische Bedeutung der Teilfunktionen wird im Anschluss genutzt, um bedarfsspezifische Leistungssystemkonzepte abzuleiten. Die Empfehlungen werden abschließend durch eine konkrete Auswahl an relevanten Teilleistungen für die entsprechenden bedarfsspezifischen Kundentypen ergänzt.

In Kapitel 8 erfolgt die Gestaltung eines Vorgehensmodells zur Anwendung der zuvor beschriebenen Teilmodelle. Zunächst wird der übergeordnete Ordnungsrahmen des dreiphasigen Modells erläutert. Anschließend werden die Teilschritte sowie die darin integrierte Anwendung der entwickelten Teilmodelle im Einzelnen näher beschrieben. Das Kapitel schließt mit der Komplettierung des Modells zur Konzeption bedarfsspezifischer Leistungssysteme für Subskriptions-Geschäftsmodelle im Maschinen- und Anlagenbau.

In Kapitel 9 erfolgt zunächst die Validierung der Ergebnisse anhand von Fallstudien aus der Praxis. Abschließend werden die entwickelten Modelle hinsichtlich der zuvor definierten formalen und inhaltlichen Anforderungen bewertet.

In Kapitel 10 werden zuletzt die wichtigsten Ergebnisse dieser Arbeit zusammengefasst und kritisch reflektiert. Zum Abschluss werden zusätzlich zukünftige Forschungsbedarfe daraus abgeleitet.

2 Begriffliche Grundlagen und Abgrenzung des Untersuchungsbereichs

Das folgende Kapitel dient zur grundlegenden Beschreibung und Definition allgemeiner Begrifflichkeiten, die für den weiteren Verlauf dieser Dissertation von Relevanz sind. Zunächst wird das Konzept des Leistungssystems vorgestellt und der Begriff der Leistung sowie der in dieser Dissertationsschrift verwendeten Leistungsarten definiert (s. Kapitel 2.1). Darauffolgend wird die Begrifflichkeit des Subskriptions-Geschäftsmodells definiert und kontextspezifisch in die Industrie des Maschinen- und Anlagenbaus eingeordnet (s. Kapitel 2.2). Anschließend wird die Aktivität der Konzeption näher erläutert und in den Kontext der Systementwicklung im Rahmen des Subskriptionsgeschäfts eingeordnet (s. Kapitel 2.3). Daran anknüpfend erfolgt eine Einordnung in die relevanten Forschungsbereiche, einerseits der Marketingforschung und andererseits der Managementlehre (s. Kapitel 2.4). Abschließend wird ein Zwischenfazit gezogen und der Untersuchungsbereich dieser Dissertationsschrift festgelegt (s. Kapitel 2.5).

2.1 Leistungssystem

Als Leistungssystem werden Systeme bezeichnet, die aus Teilleistungen bestehen und kombinierte stimmige Problemlösungen für kundenspezifische Probleme liefern (SCHUH ET AL. 2016, S. 105). Ein wesentlicher Aspekt von Leistungssystemen ist der integrative Gedanke unterschiedlicher Modulelemente zu einer kombinierten Gesamtlösung. Gegensätzlich zum klassischen Produkt-, Dienstleistungs- oder Softwareverkauf werden hier keine Einzelleistungen, sondern integrierte Lösungen angeboten, um Wettbewerbsvorteile zu schaffen. Entsprechend wird das Leistungssystem als *„integrierte Problemlösung für spezifische Kundengruppen"* bezeichnet, welche *„modulare Problemlösungen"* umfasst (s. BELZ ET AL. 1997, S. 28). Die Modularität bezieht sich hierbei auf die Fähigkeit, das problemlösende Leistungssystem in separate Elemente (Teilleistungen) zu untergliedern, die jeweils einen eigenständigen Nutzen erfüllen und flexibel miteinander verknüpft werden können.

Somit besteht das zentrale Charakteristikum von Leistungssystemen laut SCHUH ET AL. in der Fähigkeit, *„Teilleistungen wie Produkte und Dienstleistungen modular zu gestalten und diese dann entsprechend den Bedürfnissen von Kundengruppen zu konfigurieren"*. Erst durch die individuelle Konfiguration ist das Unternehmen in der Lage, Angebote kundenspezifisch zu konzipieren, das Problem des Kunden umfassend zu lösen und dadurch einen tatsächlichen Mehrwert für ihn zu schaffen. (SCHUH ET AL. 2016, S. 106) So bietet z. B. einem Kunden, der eine hohe Verfügbarkeit seiner Maschinen benötigt, erst die Kombination aus einer Condition-Monitoring-Software und den Dienstleistungen der Instandhaltung einen entscheidenden Mehrwert, um sein Problem zu lösen.

Die Zielsetzung des Leistungssystems ist es, stets eine verbesserte Lösung eines bedarfsspezifischen Kundenproblems zu liefern. Aufgrund ihres modularen Charakters ergeben sich allerdings neue Problemlösungsmöglichkeiten, die wiederum Vorteile für

Kunde und Anbieter gleichermaßen liefern (s. BELZ ET AL. 1997, S. 28). Dabei sollte grundsätzlich die integrierte Lösung einen größeren Mehrwert stiften, als die Summe der individuellen Einzelleistungen zusammen (s. KUIJKEN ET AL. 2017, S. 34).

Nach BELZ ET AL. baut sich ein Leistungssystem schalenartig auf, wobei das physische Produkt im Zentrum der Betrachtung steht. Die Schalen repräsentieren dabei eine konkrete Leistungsart, um die das physische Kernangebot ergänzt wird. Das Nutzenversprechen des Anbieters gegenüber dem Kunden erweitert sich dementsprechend mit jeder zusätzlichen Teilleistung. Im Modell nach BELZ ET AL. sind die Schalen entsprechend ihrem Individualisierungsgrad angeordnet. Je weiter außen sich die Schale befindet, desto spezifischer ist die entsprechende Teilleistung an die Bedürfnisse des Kunden angepasst (s. Abbildung 2-1) (s. BELZ ET AL. 1997, S. 28–29).

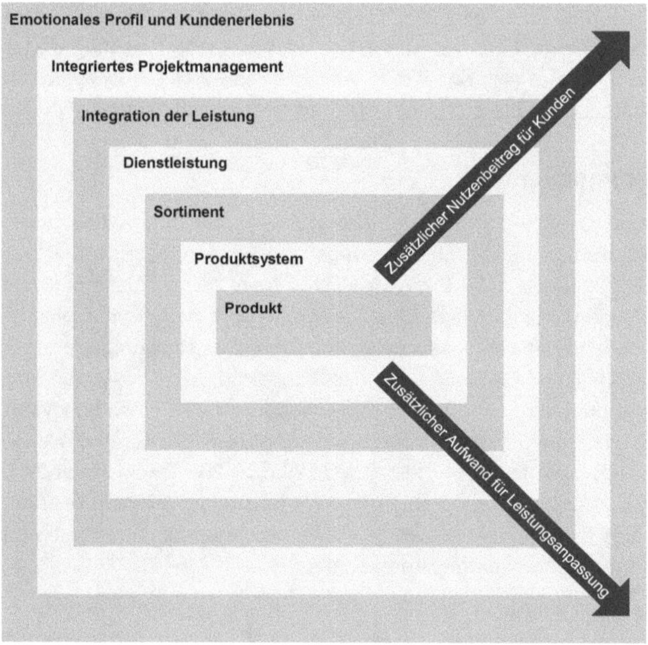

Abbildung 2-1: Schalenmodell eines Leistungssystems (SCHUH ET AL. 2016, S. 107)

Die jeweiligen Leistungsstufen bzw. Schalen stehen dabei charakteristisch für folgende beispielhafte Leistungen:

- *Produkt*: zentrales physisches Produkt in Form einer Maschine oder Anlage (z. B. Druckmaschine),
- *Produktsystem*: modulare physische oder digitale Erweiterungen des Produkts (z. B. Smarte Komponente, Schneidmodul),
- *Sortiment*: Betriebsmittel, die für den Einsatz des Produkts erforderlich sind (z. B. Farben, Ersatzteile),

- *Dienstleistung*: unterstützende oder erweiternde Serviceleistungen (z. B. Finanzierung, Schulung),
- *Integration der Leistung*: Integration der Leistung in die spezifischen Kundenprozesse (z. B. Beratung, Prozessanalyse),
- *Integriertes Projektmanagement*: Übernahme zentraler Kundenaufgaben (z. B. Betrieb der Maschine),
- *Emotionales Profil und Kundenerlebnis*: Emotionale Mehrwerte, die zur Verbesserung der Kunden-Anbieter-Beziehung beitragen (z. B. Customer-Success-Management) (s. SCHUH ET AL. 2016, S. 106–108).

Bei Betrachtung der beschriebenen Leistungsstufen wird deutlich, dass digitale Lösungen / Softwarelösungen nicht separat als eigene Leistungsart aufgeführt werden. Dies ist darauf zurückzuführen, dass sie von den Autoren definitorisch den bestehenden Kategorien wie z. B. Dienstleistungen (im Sinne einer digitalen Dienstleistung) oder dem integrierten Projektmanagement zugeordnet worden sind. Somit bildet das von BELZ ET AL. entwickelte Schalenmodell nach wie vor eine relevante Grundlage zur Erklärung und Versinnbildlichung von Leistungssystemen.

Zusammenfassend lässt sich folgende Definition für Leistungssysteme ableiten (s. BELZ ET AL. 1997, S. 28 ff.; s. SCHUH ET AL. 2016, S. 105 ff.):

Definition 1 | Leistungssystem

Ein Leistungssystem ist eine in sich stimmige Problemlösung bestehend aus Produkt-, Dienst- und Softwareleistungen. Durch die kundenindividuelle Konfiguration des Leistungssystems können spezifische Probleme der Kunden besser adressiert und somit wirtschaftlicher und umfassender gelöst werden.

2.1.1 Teilleistung

Zentrales Element des Leistungssystems ist die Teilleistung. Sie ist die systembildende Komponente, die einen Baustein bzw. eine Aktivität darstellt, die zur Leistungsrealisierung erforderlich ist und dazu führt, dass der Kunde seine vereinbarte Lösung in der entsprechenden Qualität erhält (s. SCHUH ET AL. 2016, S. 106; s. BÖCKER 1995, S. 11). So stellen z. B. die Maschine, die Instandsetzung oder das Condition-Monitoring einzelne Teilleistungen dar, welche kombiniert ein System aus Teilleistungen – ein Leistungssystem – ergeben. Nach KLEINALTENKAMP U. JACOB sind die Teilleistungen sogar der zentrale Grund, weswegen ein Kunden überhaupt einen Austausch mit dem Anbieter anstreben. Erst durch ihre Funktion, eine bestimmte Leistung zu erfüllen, kann das Problem des Kunden gelöst werden. (s. KLEINALTENKAMP U. JACOB 2006, S. 6)

Im Schalenmodell nach BELZ ET AL. werden die Teilleistungen nach ihren Leistungsarten gegliedert. Auch hier repräsentieren sie einen Teil der Gesamtleistung, der zur Erfüllung der Gesamtaufgabe erforderlich ist. (vgl. BELZ ET AL. 1997, S. 28 ff.)

Definition 2 | Teilleistung

Die Teilleistung stellt einen Teil der gesamten Leistung dar, die dem Kunden gegenüber realisiert wird. Sie ist eine eigenständige Aktivität im Rahmen der Gesamtlösung und kann je nach Leistungsart gegliedert werden.

Alle Teilleistungen eines Unternehmens bzw. „*die Gesamtheit aller Erzeugnisse und Leistungen, welche ein Unternehmen auf dem Markt anbietet*“, werden auf der obersten Betrachtungsebene als Produktprogramm definiert. Das Produktprogramm kann wiederum nach unterschiedlichen Kriterien gegliedert werden, wie z. B. verwendete Technologien oder Marktsegmenten. Motivation dieser Unterteilung ist es zum einen, unternehmensintern eine eindeutige Strukturierung zu schaffen und zum anderen, dem Kunden gegenüber eine gute Übersicht über das Leistungsangebot zu vermitteln. (s. KRAUSE U. GEBHARDT 2018, S. 68)

2.1.2 Leistungsarten

Zur besseren Unterscheidung können die zuvor definierten Teilleistungen je nach Art bzw. Beschaffenheit der Leistung einer von drei unterschiedlichen Kategorien zugeordnet werden (s. Abbildung 2-2) (s. MEFFERT ET AL. 2019, S. 397).

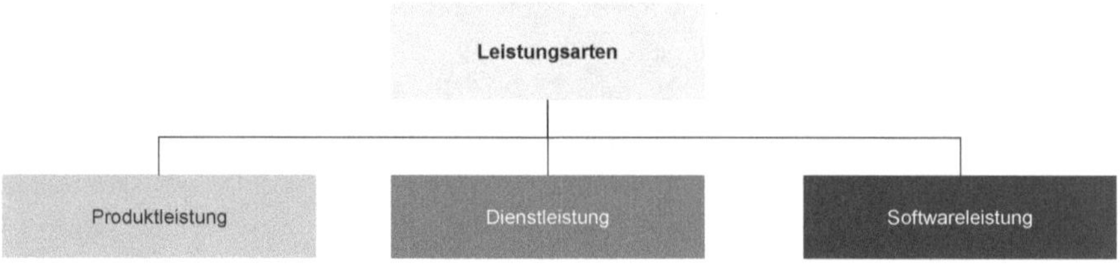

Abbildung 2-2: Leistungsarten (eigene Darstellung i. A. a. MITTAG ET AL. 2018, S. 103)

Produktleistung

Produkte bezeichnen physische Sachgüter, welche durch einen Produktionsprozess entstanden sind und einen Mehrwert schaffen, indem sie eine bestimmte Funktion erfüllen. Der Erstellungs- sowie der Leistungsprozess sind dabei stets zeitlich voneinander getrennt (s. MITTAG ET AL. 2018, S. 103). Nach HOMBURG bezieht sich der substanzielle Produktbegriff auf das „*Kernprodukt als ein Bündel von physisch-technischen Eigenschaften*“. Hierbei steht vor allem „*die Befriedigung funktionaler Kundenbedürfnisse durch physische Produktmerkmale*“ im Vordergrund. (s. HOMBURG 2020, S. 599) In Ergänzung dazu nennen AURICH ET AL., dass es sich bei Produkten um investive Gebrauchsgüter handelt, „*deren Charakteristika eine lange Lebensdauer und eine hohe technische Komplexität sind*“ (s. AURICH ET AL. 2019, S. 7).

Somit stellt zum Beispiel das physische Produkt „*Gabelstapler*“ eine Kombination unterschiedlicher Eigenschaften wie „*große Hublasten*“, „*lange Batterielaufzeit*“ und „*einfache Bedienbarkeit*“ dar (s. HOMBURG 2020, S. 599). Eine ausführliche Betrachtung subskriptionsrelevanter Produktleistungen erfolgt in Kapitel 6.2.1.

Dienstleistung

Für den Dienstleistungsbegriff existieren mehrere unterschiedliche Definitionen, die sich hinsichtlich der Perspektive, Terminologie sowie der abgrenzenden Merkmale unterscheiden (s. FRANK 2020, S. 22; s. CORSTEN U. GÖSSINGER 2007, S. 32 ff.).

Grundlegend lassen sich Dienstleistungen gemäß der Nachfrageperspektive in *„konsumtive Dienstleistungen"* und *„investive Dienstleistungen"* unterscheiden. Während konsumtive Dienstleistungen von Endkunden nachgefragt werden (Business to Customer), sind die Nachfrager bei investiven Dienstleistungen vordergründig Unternehmen (Business to Business). Die investiven Dienstleistungen lassen sich zusätzlich hinsichtlich der Anbieterperspektive in *„industrielle Dienstleistungen"* und *„rein investive Dienstleistungen"* unterteilen. Hierbei werden die industriellen Dienstleistungen von produzierenden Firmen und die rein investiven von Dienstleistungsunternehmen angeboten (s. HOMBURG U. GARBE 1996, S. 258–259). SPATH U. DEMUß erweitern dieses Dienstleistungsverständnis nochmals und unterteilen die industriellen Dienstleistungen jeweils in *„produktbegleitende Dienstleistungen"* und *„Performance-Contracting-Leistungen"*. Auf der letzten Ebene werden die produktbegleitenden Dienstleistungen nochmals in gestaltende, betreuende und beratende Dienstleistungen aufgeteilt. Nach SPATH U. DEMUß bietet ein Industriegüterhersteller diese Dienstleistungen zusätzlich zu seinen Produkten an, sodass sie direkt oder indirekt mit der Hauptleistung verknüpft sind. Zudem tragen sie dazu bei, den Nutzen aus der angebotenen Produktleistung zu erhöhen bzw. zu vervollständigen (s. SPATH U. DEMUß 2006, S. 467).

Gegenüber Produktleistungen (Sachgütern) lassen sich Dienstleistungen anhand unterschiedlicher Merkmale abgrenzen, wobei die meisten Autoren vorwiegend auf die folgenden zwei konstituierenden Merkmale verweisen: Immaterialität und Integrativität (s. HALLER U. WISSING 2020, S. 9). Die Immaterialität von Dienstleistungen besagt laut SCHUH U. GUDERGAN, dass sie *„weder lagerbar"* sind noch können sie *„vorgängig vorgeführt werden"* und nehmen somit *„erst mit und nach ihrer Durchführung (…) ihre endgültige Gestalt an"*. Zweites charakterisierendes Merkmal ist die Integrativität, wonach der Kunde aktiv oder passiv durch die Integration externer Faktoren (z. B. Produktionsanlage, Maschinendaten etc.) an der Leistungserstellung beteiligt ist. (s. SCHUH U. GUDERGAN 2016, S. 3–4)

Eine Dienstleistung im industriellen Kontext ist zum Beispiel die durch einen Servicetechniker durchgeführte Wartung der Maschine oder eine Beratungsleistung zur Identifikation von Prozessoptimierungen. Eine ausführliche Betrachtung subskriptionsrelevanter Dienstleistungen erfolgt in Kapitel 6.2.2.

Softwareleistung

Im Zuge der flächendeckenden Verbreitung des Internets sowie der Digitalisierung im Allgemeinen hat sich eine weitere Begrifflichkeit zur Beschreibung einer bestimmten Leistungsart etabliert. Sogenannte Softwareleistungen, vereinzelt auch als *„digitale Produkte"* oder Software bezeichnet, spielen im gegenwärtigen Leistungsangebot zahlreicher Maschinen- und Anlagenbauer eine immer wichtigere Rolle. Definiert wird der Begriff der Softwareleistungen dadurch, dass es sich um *„ein Bündel von Eigenschaften“* handelt, welches *„auf die Schaffung von Kundennutzen (...) abzielt, und sich mithilfe von Informationssystemen ebenso verteilen wie anwenden lässt“*. Weitere in diesem Zusammenhang genannte Eigenschaften beziehen sich auf die *„einfache Reproduzierbarkeit“*, eine *„einfache Veränderbarkeit“*, eine *„fehlende Abnutzbarkeit“* und eine *„eingeschränkte Wahrnehmbarkeit“* (s. HOMBURG 2020, S. 600–601).

Beispielhaft für eine Softwareleistung im Kontext des Maschinen- und Anlagenbaus ist demnach eine Condition-Monitoring-Software, die basierend auf aktuellen Maschinendaten den aktuellen Zustand erfasst und bei Abweichungen Hinweise zu instandhaltungsrelevanten Maßnahmen gibt. Eine ausführliche Betrachtung subskriptionsrelevanter Softwareleistungen erfolgt in Kapitel 6.2.3.

2.1.3 Leistungsdimensionen

Ein weiterer Ansatz zur Betrachtung von Leistungssystemen ergibt sich durch die Untergliederung anhand der Phasen des Gestaltungsprozesses (s. Abbildung 2-3). Hierbei wird inhaltlich zwischen den drei Leistungsdimensionen (Potenzial-, Prozess- und Ergebnisdimension) unterschieden (s. KLEINALTENKAMP U. JACOB 2006, S. 8). Im Folgenden werden die Dimensionen näher erläutert und der Leistungssystembezug aufgezeigt.

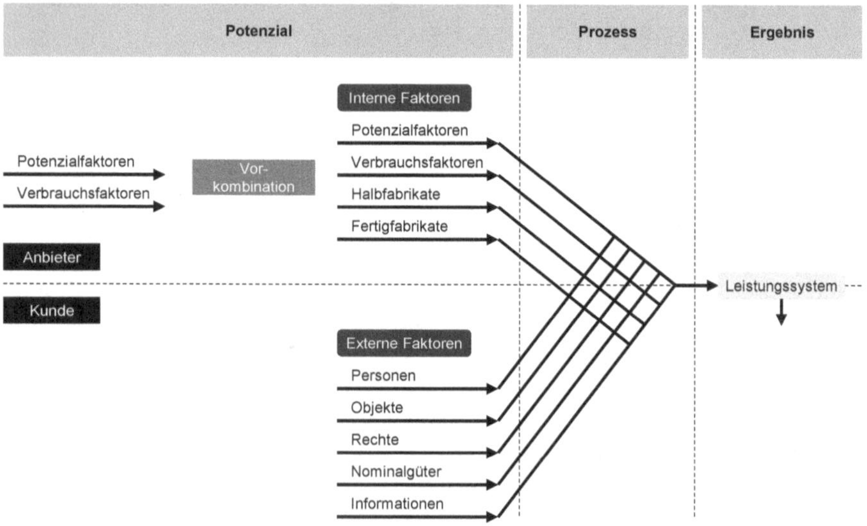

Abbildung 2-3: Leistungsdimensionen (KLEINALTENKAMP U. SAAB 2009, S. 11)

Potenzialdimension

Die Potenzialdimension beschreibt die Fähigkeit des Anbieters, die dem Kunden versprochene Leistung zu erfüllen. Das Potenzial des Leistungssystems ermöglicht es ihm, die Leistung zu erstellen und stellt die *„in seiner autonomen Dispositionsfähigkeit* *langfristig zur Verfügung stehenden Produktionsfaktoren*" (z. B. Mitarbeiter, Produktionsmaschinen etc.) dar (KLEINALTENKAMP U. JACOB 2006, S. 8; s. KLEINALTENKAMP U. SAAB 2009, S. 7–8). Im Kontext dieser Dissertationsschrift umfasst die Potenzialdimension alle Teilleistungen, die zur Realisierung des Leistungssystems erforderlich sind.

Prozessdimension

Innerhalb der zweiten Phase (Prozess) erfolgt die Aktivierung des Potenzials, die sogenannte Leistungserstellung. Die zuvor genannten Produktionsfaktoren werden „*miteinander sowie mit externen, d. h. vom Nachfrager beigesteuerten Faktoren kombiniert*" (KLEINALTENKAMP U. JACOB 2006, S. 9). Dieser Teil der Leistungsgestaltung umfasst alle Aktivitäten bzw. Prozesse, die zur Realisierung der integrierten Kundenlösung führen. Zum Teil können die Prozesse nur durch den Anbieter, autark ohne Mitwirkung des Kunden, realisiert werden, zum Teil besteht aber auch eine Abhängigkeit, die der Integration des Kunden und seiner externen Faktoren bedarf (z. B. defekte Produktionsmaschine, Nutzungsinformationen etc.). Je kundenspezifischer die jeweilige Lösung ist, desto stärker ist die Abhängigkeit beider Seiten im Leistungserstellungsprozess (s. KLEINALTENKAMP U. SAAB 2009, S. 8). Im Hinblick auf Subskriptions-Geschäftsmodelle ist dies besonders relevant, da die Integration des Kunden und seiner Produktionsfaktoren einen essenziellen Teil zur Realisierung neuer Nutzenversprechen darstellt.

Ergebnisdimension

Die Ergebnisdimension bezieht sich auf das Ergebnis des Gestaltungsprozesses in Form eines kombinierten Bündels von Teilleistungen bzw. eines Leistungssystems. Es ist das Resultat unterschiedlicher Prozesse im Rahmen der Leistungssystemgestaltung. Das finalisierte Leistungssystem soll dem Kunden den vereinbarten Nutzen liefern (s. KLEINALTENKAMP U. SAAB 2009, S. 8; s. KLEINALTENKAMP U. JACOB 2006, S. 10).

2.1.4 Alternative Begrifflichkeiten

Für das Angebot einer integrierten Gesamtleistung existieren in der Literatur unterschiedliche Begrifflichkeiten, die jeweils einen differenzierten Fokus haben. Im Folgenden sollen die relevantesten zwei alternativen Begrifflichkeiten sowie ihre Unterschiede zum hier verwendeten Begriff des Leistungssystems erläutert werden.

Produkt-Service-System

Im heutigen Kontext wird bei integrierten Lösungen aus der technischen Perspektive oftmals von sogenannten „*Produkt-Service-Systemen (PSS)*" gesprochen (s. GORLDT ET AL. 2017, S. 365–366). Der Begriff des PSS greift ebenso wie der des Leistungssystems den Systemgedanken auf, wonach Sach- und Dienstleistungen die wesentlichen Bestandteile des Systems darstellen und nach BOTTA durch „*Beziehungen untereinander verknüpft*" sind. Analog zur Definition von Leistungssystemen bilden auch hier die Anforderungen der Kunden den Input und die resultierende Leistung den Output des Systems. Dementsprechend definiert BOTTA das Produkt-Service-System auch als „*geordnete Gesamtheit von Sachleistungen und Dienstleistungen, die als Problemlösung entwickelt und erbracht wird*". (BOTTA 2007, S. 35–38) Es lassen sich eindeutige Parallelen zwischen dem in dieser Arbeit verwendeten Leistungssystembegriff und dem Terminus Produkt-Service-System erkennen. UHLMANN U. MEIER ergänzen, dass es sich bei PSS um hybride Leistungsbündel handelt, die durch eine „*integrierte und sich gegenseitig determinierende Planung, Entwicklung, Erbringung und Nutzung von Sach- und Dienstleistungsanteilen*" gekennzeichnet ist. Die Integrierbarkeit ermöglicht es, Synergieeffekte zu realisieren, und erlaubt zudem eine Eingliederung in die Wertschöpfungsprozesse des Kunden. Sach- und Dienstleistungen stellen hierbei jeweils gleichwertige Leistungsbestandteile zur Lösung des Kundenproblems dar. (s. UHLMANN U. MEIER 2017, S. 8) Der Begriff PSS grenzt sich jedoch dadurch vom Leistungssystembegriff ab, dass er vorwiegend im angloamerikanischen Raum genutzt wird und sich sprachlich auf Produkt- und Dienstleistungen (Services) beschränkt.

Cyber-physisches System

Auch der Begriff der „*Cyber-physischen Systeme (CPS)*" lässt sich in der Literatur oftmals stellvertretend für das Leistungsangebot einer integrierten Lösung mit digitalen Komponenten finden. Zentrale Treiber dieses Begriffs sind die Digitalisierung und die damit verbundene intensivierte Nutzung von Informations- und Kommunikationstechnologien (s. GORLDT ET AL. 2017, S. 366 ff.). Im Gegensatz zu den Begriffen des PSS und des Leistungssystems liegt der Fokus von CPS allerdings vorrangig auf den technischen Elementen des physischen Systems und nicht auf den einzelnen Leistungen auf Ebene des Lösungsangebots (vgl. NEUGEBAUER 2018, S. 198). Nach GORLDT ET AL. können Teile eines CPS Prozessoren, Sensoren, Kommunikatoren sowie Aktoren sein, die je nach Aufgabe und Anwendungsfall untereinander vernetzt sind und kommunizieren (s. GORLDT ET AL. 2017, S. 367–368). Somit liegt der Fokus bei CPS eindeutig auf der Beschreibung der technischen Systemkomponenten und grenzt sich folglich vom Leistungssystembegriff aufgrund seines eingeschränkten Betrachtungsbereichs ab.

Insgesamt lässt der Begriff des Leistungssystems allerdings eine umfassendere und detailliertere Beschreibung der Gesamtlösung zu, weshalb im weiteren Kontext dieser Dissertationsschrift der Begriff „*Leistungssystem*" als Bezeichnung für integrierte Problemlösungen verwendet wird. Zusammenfassend können Leistungssysteme als kombinierte Systemlösungen beschrieben werden, die aus einzelnen Teilleistungen zusammengesetzt sind. Ihr Zweck ist die bedarfsspezifische Lösung von Kundenproblemen.

2.2 Subskriptions-Geschäftsmodell

Der Subskriptionsbegriff leitet sich ursprünglich aus dem lateinischen Verb „*subscribere*" ab, welches „*unterschreiben*" bedeutet. Das Unterschreiben steht hierbei sinngemäß für die Unterzeichnung respektive den Abschluss eines Vertrags zwischen Kunde und Anbieter, bei dem der kontinuierliche Austausch von Leistung gegen Geld im Sinne eines Abonnements, im Mittelpunkt steht. Das Subskriptions-Geschäftsmodell, zunächst als Zahlungsmodell alternativ zum transaktionalen Kauf, wird bereits seit den 1990er Jahren in unterschiedlichen Branchen wie z. B. der Medien- oder der Softwarebranche angewendet (s. FELDMANN ET AL. 2021, S. 2). Es hat sich jedoch stetig weiterentwickelt, sodass im Hinblick auf die Anwendung im Maschinen- und Anlagenbau der Begriff heute mehr umfasst als das ursprüngliche reine Zahlungsmodell.

Ermöglicht wird dies durch neue Technologien wie z. B. IoT sowie einen kontinuierlichen Prozess zwischen dem Kunden, der Nutzungsdaten im Feld generiert und dem Anbieter, der diese analysiert und verwertet. Mithilfe der generierten Informationen aller Maschinen im Feld ist der Anbieter in der Lage, datenbasiert zu lernen und das Leistungsangebot kontinuierlich zu verbessern (s. TZUO 2018, S. 11 ff.).

Durch den kontinuierlichen Informationsaustausch ist der Anbieter darüber hinaus in der Lage, betriebsbezogene Risiken des Kunden, wie z. B. sein Verfügbarkeits- oder Qualitätsrisiko, zu übernehmen und diesen Risikotransfer in neuen Nutzenversprechen in Form von Leistungsgarantien dem Kunden gegenüber zu offerieren. Somit zahlt der Kunde bspw. nur, wenn er die Maschine nutzen kann oder eine gewisse Einsparung erzielt. Erst die Anwendung neuer Informations- und Kommunikationstechnologien macht die Kundenrisiken beherrschbar und somit eine systematische und vor allem wirtschaftliche Risikoübernahme möglich (s. BENDIG ET AL. 2021, S. 7).

Zusätzlich ist das Subskriptions-Geschäftsmodell darauf ausgerichtet, einen beidseitigen Nutzen herbeizuführen, bei dem der Kunde ebenso wie der Anbieter von einer Verbesserung (durch erhöhte Produktivität, reduziertes Risiko etc.) profitiert (s. NEUHÜTTLER ET AL. 2017, S. 104). Aufgrund der zuvor erwähnten Fähigkeit der Datenanalyse wird eine verbesserte bzw. intensivierte Inanspruchnahme der Leistung möglich, sodass Kunde und Anbieter gleichermaßen an den Vorteilen des Geschäftsmodells partizipieren und wirtschaftlich davon profitieren (s. FRANK ET AL. 2021, S. 12).

Analog zum Kerngedanken von Leistungssystemen stellen Subskriptions-Geschäftsmodelle den Kunden und seine Bedürfnisse ins Zentrum der Betrachtung und adressieren diese durch eine integrierte Problemlösung. Folglich ist das Leistungssystem das passende Vehikel, um die Nutzenversprechen von Subskriptions-Geschäftsmodellen aus Anbieterperspektive zu realisieren (s. FELDMANN ET AL. 2021, 4; s. SACHNOW ET AL. 2018, S. 104).

2.2.1 Einordnung in die Geschäftsmodelllogik

Zusammenfassend lässt sich der Begriff des Subskriptions-Geschäftsmodells gemäß der Beschreibungslogik nach GASSMANN ET AL. anhand der vier Kategorien „*Ertragsmechanik*“, „*Nutzenversprechen*“, „*Wertschöpfungskette*“ und „*Kunde*“ beschrieben (s. Abbildung 2-4) (s. GASSMANN ET AL. 2013, S. 6; s. FRANK ET AL. 2021, S. 5):

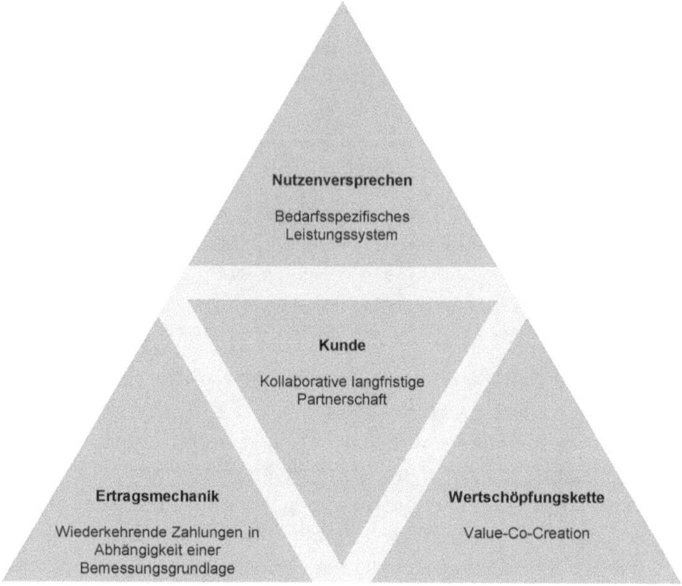

Abbildung 2-4: Magisches Dreieck zur Beschreibung von Subskriptions-Geschäftsmodellen (eigene Darstellung i. A. a. GASSMANN ET AL. 2013, S. 6)

- *Ertragsmechanik*: Die Abrechnung der Leistung erfolgt nicht mehr transaktionsbasiert, sondern als wiederkehrende Zahlung. So orientiert sich der Zahlungsbetrag des Kunden bspw. an einer fixen Gebühr, die in festen zeitlichen Abständen gezahlt wird, oder an einer definierten Bemessungsgrundlage z. B. basierend auf der Nutzungsdauer (Pay-per-Use) oder dem erzielten Ergebnis (Pay-per-Outcome) (s. HOLST 2022, S. 23). In der Regel bezieht sich dieser Betrag auf das gesamte Leistungssystem, welches der Anbieter im Rahmen des Subskriptions-Geschäftsmodells zur Realisierung des Nutzenversprechens einsetzt (s. STICH ET AL. 2022, S. 163). Für den Kunden bringt diese Veränderung der Ertragsmechanik den Vorteil, seine bisherigen initialen Investitionskosten in geringere Betriebskosten umwandeln zu können, was ihm wiederum eine bessere Planbarkeit und Zugänglichkeit ermöglicht, sowie steuerliche Vorteile. Der Anbieter auf der anderen Seite profitiert von der zusätzlichen Planungssicherheit bzgl. der Einnahmen und hat die Möglichkeit, am Kundenerfolg zu partizipieren (s. BENDIG ET AL. 2021, S. 6; s. FRANK ET AL. 2021, S. 6).
- *Nutzenversprechen*: Anstatt einer einzelnen Teilleistung erhält der Kunde ein integriertes Leistungssystem, welches darauf abzielt, den Nutzen des Kunden kontinuierlich zu erhöhen. Dieser Nutzen bezieht sich jedoch nicht wie im klassischen transaktionalen Geschäft auf eine Steigerung der Maschinenkennwerte oder zusätzliche Funktionen, sondern auf eine grundlegende Verbesserung des Kunden z. B. in Form einer Steigerung seiner Verfügbarkeit, Flexibilität oder Performance (s. LIU ET AL. 2021, S. 720–721). Der zentrale Nutzen des Kunden

beruht somit nicht auf dem monetären Wert des Leistungssystems („*value-in-exchange*"), sondern dem inhärenten Wert, der sich durch dessen Anwendung ergibt („*value-in-use*") (s. VARGO U. LUSCH 2004, S. 5). Im Zuge dieser neuen Nutzenversprechen integriert sich der Anbieter immer stärker in die Prozesse des Kunden und übernimmt somit zunehmend dessen anwendungsbezogene Risiken (vgl. GAIDE 2021, S. 49). Diese Integration ermöglicht es dem Anbieter, den Kunden und seine tatsächlichen Bedürfnisse im Kontext der Anwendung noch besser zu verstehen und gezielter darauf einzugehen. Die langfristige Ausrichtung der Kunde-Anbieter-Beziehung im Rahmen eines Subskriptions-Geschäftsmodells verstärkt diesen Effekt; das Kundenverständnis wird aus Sicht des Anbieters im zeitlichen Verlauf immer detaillierter und umfangreicher (s. SCHUH ET AL. 2020e, S. 603).

- *Wertschöpfungskette*: Zur Realisierung des Nutzenversprechens ist ein umfangreiches Leistungssystem, das sich aus Produkt-, Dienst- und Softwareleistungen zusammensetzt, erforderlich. Dieses Leistungssystem ist im Rahmen eines Subskriptions-Geschäftsmodells deutlich umfangreicher als bei einem transaktionalen Geschäftsmodell und umfasst neue Teilleistungen wie z. B. Nutzungsdatenanalysen, Schulungen für die Anwender oder die Versorgung mit Verbrauchsmaterialien (s. BENDIG ET AL. 2021, S. 10–11). Durch die Übernahme von Kundenrisiken nimmt die Wertschöpfungstiefe des Anbieters zu und gliedert sich, wie bereits erwähnt, immer stärker in die Prozesse des Kunden ein. Grundsätzlich stehen Anbieter und Kunde in einem Subskriptions-Geschäftsmodell in einem kontinuierlichen wertschöpfenden Austausch zueinander. Der Anbieter ist auf die (Nutzungs-)Daten des Kunden angewiesen, um eine Produktivitätssteigerung erwirken zu können, und der Kunde benötigt ein funktionsfähiges Produkt, um aktiv produzieren und Nutzungsdaten generieren zu können. Folglich baut die Wertschöpfung auf der sogenannten gemeinschaftlichen „*Co-Creation*" auf.
- *Kunde*: Zwischen Kunde und Anbieter entsteht durch die Angleichung der Zielsysteme ein kollaboratives Partnerschaftsverhältnis. Das Leistungssystem ist in die Kundenprozesse integriert und ermöglicht datenbasierte Einblicke in das Nutzungsverhalten des Kunden. Das generierte Wissen fließt sowohl in die eigenen Prozesse und Produkte als auch über Verbesserungen in Bezug auf das Leistungssystem direkt zum Kunden zurück. Die dadurch optimierte Wertschöpfung des Kunden sorgt für einen bestmöglichen Betrieb der Produkte und dementsprechend langlebigen Einsatz im Feld. Da nun auch der Anbieter von einer höheren Produktivität profitiert, entsteht eine Gleichrichtung der Interessen und Zielsysteme. Aufgrund der gegenseitigen Abhängigkeiten werden primär sogenannte „*Potenzialkunden*" adressiert. Diese Kunden sind dadurch charakterisiert, dass sie ein hohes Wachstums- bzw. Verbesserungspotenzial haben (s. HOLST 2022, S. 25).

Die konstituierenden Merkmale des Geschäftsmodells und die damit verbundenen Einflüsse auf die Wertschöpfung des Kunden spielen eine zentrale Rolle für die

Konzeption des Leistungssystems, da die einzelnen Systemkomponenten maßgeblich durch sie beeinflusst werden. Eine frühe Anpassung der Teilleistungen im Entwicklungsprozess an die Eigenschaften des Geschäftsmodells ist demnach unabdingbar (s. BOẞLAU ET AL. 2017, S. 300). So kann es bspw. sein, dass der Anbieter im Rahmen eines Subskriptions-Geschäftsmodells die Verfügbarkeit seiner Maschinen garantiert und Kunden nur für die Nutzungsdauer zahlen. Sollten die Maschinen ausfallen, ist es im Interesse des Anbieters, den Produktivzustand der Maschine so schnell wie möglich wieder herzustellen. Infolgedessen muss die Maschine einfach instand zu halten, das Ersatzteil schnell bzw. einfach auszutauschen und der Instandhaltungsservice optimal darauf abgestimmt sein. Erst das Leistungssystem, dessen Teilleistungen ineinandergreifen und optimal abgestimmt sind, bringt dem Anbieter das entsprechende Werkzeug, um die Nutzenversprechen eines Subskriptions-Geschäftsmodells realisieren zu können (s. SCHUH ET AL. 2023a, S. 220 ff.).

2.2.2 Subskription im Maschinen- und Anlagenbau

Geschäftsmodelle, deren zentrales Nutzenversprechen auf einem integrierten Leistungssystem aufbauen, werden in der Literatur bereits seit längerem diskutiert (s. BENDIG ET AL. 2021, S. 4). Basierend auf den Grundzügen der „*Servitization*", wird der allgemeine Wandel vom reinen Produktverkauf hin zur Kombination von Sach- und Dienstleistungen in einem kombinierten Leistungsangebot beschrieben, bei dem der Nutzen des Kunden im Vordergrund steht (s. FRANK ET AL. 2021, S. 5; s. GORLDT ET AL. 2017, S. 369).

Für viele Industrieunternehmen des Maschinen- und Anlagenbaus ist der Gedanke eines integrierten Leistungssystems, abgestimmt auf die Bedürfnisse des Kunden, innerhalb des Geschäftsmodells jedoch nicht neu. Unter der Bezeichnung „*Betreibermodell*" wurde die Thematik bereits von unterschiedlichen Autoren in der Literatur aufgegriffen (vgl. SPATH U. DEMUẞ 2006, S. 464 ff.; vgl. GARREL ET AL. 2009, S. 269–270; vgl. FREILING ET AL. 2004, S. 75). Bereits damals wurde die Übertragung des Risikos auf den Anbieter, durch das Betreiben der Maschinen und Anlagen, sowie die Veränderung der Wertschöpfungsarchitektur als Forschungsgegenstand untersucht (s. GARREL ET AL. 2009, S. 270). Entscheidender Unterschied in Bezug auf die heutige Betrachtung ist jedoch die schnelle Entwicklung neuer Informations- und Kommunikationstechnologien, die eine realistische Analyse und Prognose des Produktivzustands der physischen Assets zulassen und demnach eine wirtschaftliche Übernahme der Risiken des Kunden ermöglichen (s. FELDMANN ET AL. 2021, S. 2 ff.). Insbesondere im standardisierten Maschinenbau etablieren sich Subskriptions-Geschäftsmodelle immer stärker, wohingegen die Implementierung im Anlagenbau aufgrund der hohen Anlagenvariabilität erst bei einzelnen Anbietern Anwendung findet (s. DÖBLER ET AL. 2020, S. 8). Auch aus Kundenperspektive steigt die Nachfrage. So entschieden sich bspw. im Jahr 2019 beim Flugzeugturbinenhersteller *Pratt & White* mehr als 40 % der Kunden für einen Subskriptionsvertrag anstatt des transaktionalen Turbinenkaufs (s. DÖBLER ET AL. 2020, S. 8).

Die industrielle Ausbreitung von Subskriptions-Geschäftsmodellen ist vordergründig branchenbezogen erfolgt. Ausgehend von der Medienbranche haben einzelne Hardware-Anbieter im B2C-Geschäft und in jüngster Zeit auch Unternehmen der produzierenden Industrie Subskriptions-Geschäftsmodelle für ihr Angebotsportfolio entdeckt und die Entwicklung vorangetrieben (s. FELDMANN ET AL. 2021, S. 2; s. DOBBS ET AL. 2019, S. 4).

Es zeigt sich allerdings auch, dass das Subskriptions-Geschäftsmodell nicht die Panazee aller aktuellen Probleme und Herausforderungen des Maschinen- und Anlagenbaus ist. Vielmehr tendiert die aktuelle Meinung dazu, dass sich zwischen dem transaktionalen Einmalkauf einzelner Teilleistungen und einer vollumfassenden Subskription ein breites Lösungsspektrum aufspannt, was eine flexible bedarfsgerechte Ausgestaltung ermöglicht (s. DÖBLER ET AL. 2020, S. 8–9). Zudem wird davon ausgegangen, dass zukünftig mehrere Geschäftsmodelle innerhalb eines Unternehmens parallel zueinander bestehen werden und der Kunde selbst entscheiden kann, welches Geschäftsmodell für ihn den größten Mehrwert hat (vgl. KLEINALTENKAMP ET AL. 2016, S. 202).

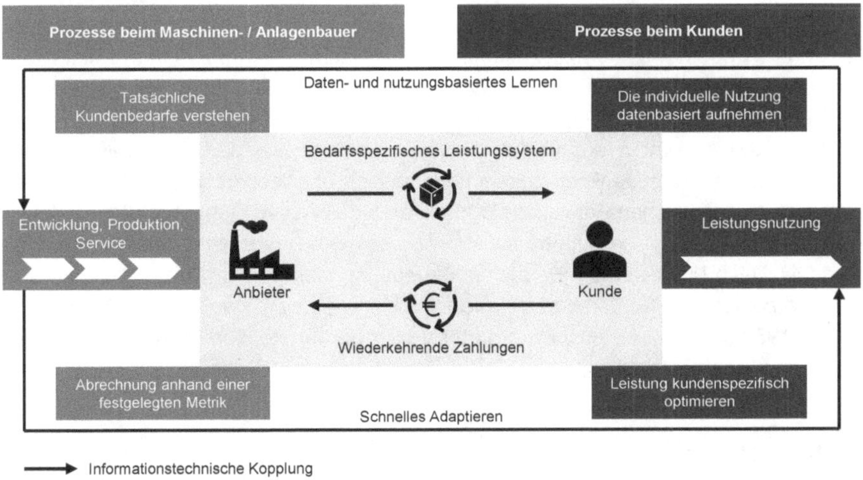

Abbildung 2-5: Subskriptions-Geschäftsmodell im Maschinen- und Anlagenbau (eigene Darstellung i. A. a. HARLAND 2018, S. 15; HOLST 2022, S. 21)

Entsprechend der zuvor geschilderten Ausführungen liegt dieser Dissertationsschrift die folgende Definition für Subskriptions-Geschäftsmodelle im Kontext des Maschinen- und Anlagenbau zugrunde (s. FRANK ET AL. 2021, S. 3 ff.):

Definition 3 | Subskriptions-Geschäftsmodell im Maschinen- und Anlagenbau

Der Begriff des industriellen Subskriptions-Geschäftsmodells dient als Oberbegriff für Geschäftsmodelle, die auf einer kontinuierlichen Geschäftsbeziehung zwischen Anbieter und Kunde beruhen und die ganzheitliche Lösung eines Kundenproblems anstreben. Im Kern des Geschäftsmodells steht der stetige Austausch eines integrierten

Leistungssystems gegen kundenseitige wiederkehrende Zahlungen in Abhängigkeit einer definierten Bemessungsgrundlage. Im Gegensatz zum transaktionalen Geschäftsmodell erfolgt hierbei jedoch kein Eigentumsübergang der Teilleistungen. Die Kunde-Anbieter-Beziehung wird durch eine kontinuierliche informationstechnische Kopplung erst skalierbar und ermöglicht es dem Anbieter, Kundenrisiken zu übernehmen, neue Nutzenversprechen zu realisieren und somit eine kontinuierliche Verbesserung des Kunden herbeizuführen.

2.3 Konzeption

Die Konzeption bildet eine der zentralen Phase im Rahmen der Leistungssystementwicklung ab und dient im weiteren Verlauf dieser Dissertationsschrift als zentraler Betrachtungsbereich. Dementsprechend wird der Begriff der Konzeption zunächst allgemein erläutert und dann in den Kontext der Entwicklung von Systemlösungen eingeordnet (s. Kapitel 2.1.1). Darauf aufbauend erfolgt eine konkrete Erläuterung des Konzeptionsbegriffs im Zusammenhang mit der Entwicklung von Subskriptions-Geschäftsmodellen (s. Kapitel 2.1.2).

Der Begriff der Konzeption leitet sich ursprünglich aus dem lateinischen Wort „*conceptio*“ ab und bedeutet übersetzt „*Zusammenfassen*“ bzw. „*Wahrnehmung*“. Dieser Gedanke spiegelt sich auch in der heutigen Auffassung des Begriffs wider, wonach die Konzeption für einen „*Entwurf*“ oder ein geplantes „*Programm*“ stehen kann (s. KLUGE 1989, S. 403). Allgemein formuliert geht es bei der Konzeption darum, eine Information aufzufassen, diese gedanklich zusammenzufassen und letztendlich einen Ausdruck bzw. einen gedanklichen Entwurf zu formulieren (vgl. WAHRIG-BURFEIND 2011, S. 877). Auch das morphologisch zugehörige Wort „*konzipieren*“ unterstützt dieses Wortverständnis. Nach KLUGE hat der Begriff die Bedeutung „*planen, entwerfen*“ und lässt sich im Allgemeinen als „*eine Idee bekommen und einen Entwurf machen*“ beschreiben (s. KLUGE 1989, S. 403). Schlussfolgernd lässt sich die Konzeption im Allgemeinen folgendermaßen definieren:

Definition 4 | Konzeption

Die Konzeption steht für die gedankliche Zusammenfassung von Informationen, welche als theoretische Skizze im Sinne eines Entwurfs, die Grundlage der eigentlichen Entwicklung bildet.

2.3.1 Konzeption im Kontext der Systementwicklung

Transferiert man das zuvor geschilderte Konzeptionsverständnis in den Kontext der Produkt- bzw. Systementwicklung lässt sich der Begriff noch weiter eingrenzen und genauer definieren.

Bei Betrachtung unterschiedlicher Vorgehensmodelle zur Entwicklung von Produkten und Systemlösungen – wie dem eines Leistungssystems – zeigt sich, dass der Entwicklungsprozess oftmals mit der theoretischen Entwurfsgestaltung beginnt. Nach der Bestimmung konkreter Anforderungen wird innerhalb der Konzeptionsphase iterativ der erste Entwurf zur Lösung des Problems entwickelt. Inhaltlich werden die Rahmenbedingungen und unterschiedliche Gestaltungsansätze für die Funktionserfüllung bestimmt (s. LASSEN 2006, S. 414). Das im Rahmen der Konzeption erarbeitete Ergebnis dient im weiteren Prozessverlauf als Grundlage für die Feinplanung der zu entwickelnden Lösung (s. PONN U. LINDEMANN 2011, S. 74). Im Entwicklungskontext ist die Konzeption bzw. die Konzeptionsphase demnach ein relevanter Prozessschritt innerhalb der Produkt- bzw. Systementwicklung.

In der Literatur haben sich vornehmlich zwei Normen herausgestellt, die den Ablauf von Entwicklungsprozessen in generischer Form beschreiben (s. HENTSCHEL 2018, S. 76):

- VDI 2221: Entwicklung technischer Produkte und Systeme,
- VDI 2222: Methodisches Entwickeln von Lösungsprinzipien.

Trotz der Tatsache, dass die Normen bereits vor über 20 Jahren veröffentlicht wurden, sind sie nach wie vor aktuell und finden Anwendung in Forschung und Praxis (vgl. HOGREVE ET AL. 2022, S. 42; vgl. RITTGER U. SCHRADER 2022, S. 210). Die Einflüsse neuer Informations- und Kommunikationstechnologien bieten hierbei zusätzliche Möglichkeiten, den Entwicklungsprozess z. B. durch die gezielte Aufnahme und Rückführung von Informationen zu unterstützen und zu beschleunigen.

Im Allgemeinen beschreibt die Richtlinie VDI 2221 *„allgemeingültige, branchen- und zeitunabhängige Grundlagen methodischen Entwickelns und Konstruierens und definiert diejenigen Arbeitsschritte, die aufgrund ihrer generellen Logik und Zweckmäßigkeit Leitlinie für ein Vorgehen in der Praxis sein könnten“* (s. HENTSCHEL 2018, S. 76). Das Vorgehen definiert einen systematischen Ablauf, welcher die Phasen der Entwicklung in logische Schritte gliedert (s. VEREIN DEUTSCHER INGENIEURE 2019a, S. 2–3). Betrachtet man das ganzheitliche Vorgehen zur Entwicklung technischer Produkte und Systeme im Detail so lassen sich sieben konsekutive Prozessschritte identifizieren, die sich wiederrum in vier Phasen aufteilen (s. Abbildung 2-6). Die Prozessschritte verfolgen dabei einen generischen Ansatz von der allgemeinen Klärung der Aufgabenstellung bis zur letztendlichen Ausarbeitung des Gesamtentwurfs. Gemäß der Richtlinie VDI 2222 unterteilen sich die durchzuführenden Phasen in:

- Phase I: Planen,
- Phase II: Konzipieren,
- Phase III: Entwerfen,
- Phase IV: Ausarbeiten (VEREIN DEUTSCHER INGENIEURE 1982, S. 3)

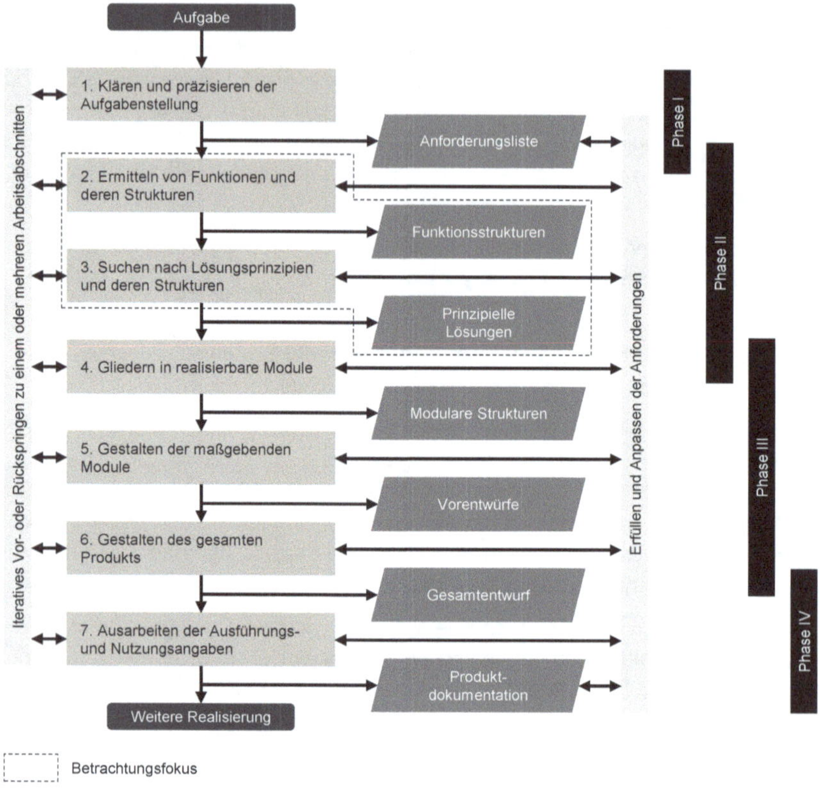

Abbildung 2-6: Vorgehen beim Entwickeln und Konstruieren von Lösungsprinzipien (VEREIN DEUTSCHER INGENIEURE 1997, S. 3)

Im Rahmen des Vorgehens sind die Phasen nicht exakt, in Bezug auf ihre Aufgaben und Ergebnisse, voneinander abgegrenzt, weshalb die Zuordnung der Arbeitsschritte entsprechend ungenau ist. Eine exakte Festlegung im Rahmen der Richtlinie erfolgt nicht (vgl. VEREIN DEUTSCHER INGENIEURE 1997, S. 3 ff.). Auch in der Literatur zeigt sich dieses Problem. Die Zuordnung der mit der Konzeptionsphase einhergehenden Aufgaben wird in der Literatur teilweise unterschiedlich aufgefasst und ist nicht trennscharf zu identifizieren (vgl. KIRCHNER 2020, S. 77–79; vgl. HENTSCHEL 2018, S. 77; vgl. MATTMANN 2017, S. 106). Konzipieren ist demnach „*die Phase in der Produktentwicklung, die nach dem Klären der Aufgabenstellung durch Abstrahieren, Aufstellen von lösungsneutralen Funktionsstrukturen und Suchen nach geeigneten Lösungsprinzipien und deren Strukturen den prinzipiellen Lösungsweg, eben das Konzept, für innovative Verbesserungen festlegt*“ (HENTSCHEL 2018, S. 78). Während die Entwurfsphase sich auf die „*optimale Realisierung der entwickelten prinzipiellen Gesamtlösung*“ konzentriert, steht abgrenzend dazu bei der Konzeptionsphase die „*optimale Funktionserfüllung*“ im Zentrum der Betrachtung (s. KIRCHNER 2020, S. 182).

Basierend auf den unterschiedlichen Auffassungen der Konzeptionsphase in der Literatur, werden im Folgenden die drei zentralen Phasen der Konzeption ausgewählt und abgegrenzt (vgl. KIRCHNER 2020; vgl. VEREIN DEUTSCHER INGENIEURE 2019b; vgl. HENTSCHEL 2018; vgl. PAHL ET AL. 1996). Durch die Abgrenzung entsteht ein einheitliches Verständnis, welches im Folgenden näher erläutert wird:

Funktionsstruktur ermitteln: In diesem Prozessschritt werden zunächst die möglichen Funktionen erfasst. Die Funktionen stehen für einen beabsichtigten *„Zusammenhang zwischen Eingang und Ausgang eines technischen (Teil-)Systems mit dem Ziel, eine Aufgabe zu erfüllen“* (KRAUSE U. GEBHARDT 2018, S. 75). Sie beschreiben, welche Aufgabe die Gesamtlösung oder ein Teil davon erfüllt bzw. erfüllen soll. Die Beschreibung der Funktionen erfolgt zunächst technologieneutral in einer vereinfachten *„Objekt-Verb-Form“* (z. B. *„Maschine reparieren“*). Je nach Komplexität der zu erfüllenden Aufgabe ist eine Strukturierung in Form von Gesamt- und Teilfunktionen sinnvoll (s. VEREIN DEUTSCHER INGENIEURE 2019b, S. 36–37). Die Konstellation der Beziehungen zwischen den einzelnen Funktionen wird als Funktionsstruktur bezeichnet. Durch die Funktionsstruktur wird ersichtlich, welche Aufgaben erforderlich sind, um den gewünschten Zielzustand zu erreichen. Die erläuterte Funktionsstruktur ist *„wertefrei, denn es steht noch nicht fest, mit welchen technischen Mitteln, mit welchen Mechanismen (...) sie realisiert werden soll“* (VEREIN DEUTSCHER INGENIEURE 1997, S. 17).

Lösungsprinzipien suchen: Aufbauend auf der zuvor geschilderten Beschreibung der Aufgaben bzw. Funktionen wird in diesem Prozessschritt erläutert, wie diese Aufgaben zu lösen bzw. erfüllen sind. Zur Realisierung der ermittelten Funktionen folgt die Suche nach Lösungsprinzipien. Von den Teilfunktionen ausgehend müssen die erforderlichen Wirkprinzipien zur Erfüllung der Funktionen bestimmt werden. Diese Wirkprinzipien beschreiben, wie die Funktionen realisiert werden können und orientieren sich an den Fähigkeiten der einzelnen Teilleistungen. Die Verknüpfung einzelner Wirkprinzipien erfolgt in Form von Wirkstrukturen, die wiederum der Beschreibung des Lösungsprinzips zur Erfüllung der Gesamtfunktion dienen (s. VEREIN DEUTSCHER INGENIEURE 2019b, S. 37–38).

Prinzipielle Gesamtlösung (Konzept) erarbeiten: Im Anschluss an die Identifikation der einzelnen Lösungsprinzipien wird abschließend eine prinzipielle Gesamtlösung erarbeitet. Als Eingangsgröße dienen hierbei die detaillierten Anforderungen, das Funktionsspektrum bestehend aus Teilfunktionen sowie die dazugehörigen Teillösungen und deren Wirkstrukturen. Durch die systematische Kombination sinnvoller Teillösungen lassen sich die Konzeptvarianten bilden (s. KIRCHNER 2020, S. 163–165). Bewertet werden die Lösungsalternativen anhand zuvor festgelegter Kriterien, welche sich an den zuvor festgelegten Anforderungen orientieren (z. B. Aufwand und Nutzen der Alternative) (s. VEREIN DEUTSCHER INGENIEURE 2019b, S. 38–39). Die Auswahl der bestmöglichen Gesamtlösung stellt ein *„ein mögliches Konzept (...) auf der Wirkprinzipebene dar“* (KIRCHNER 2020, S. 169). Mithilfe dieses Prozessschritts wird der *„prinzipielle Lösungsweg“* bzw. die prinzipielle Gesamtlösung (= Konzept) bestimmt (s. HENTSCHEL 2018, S. 79).

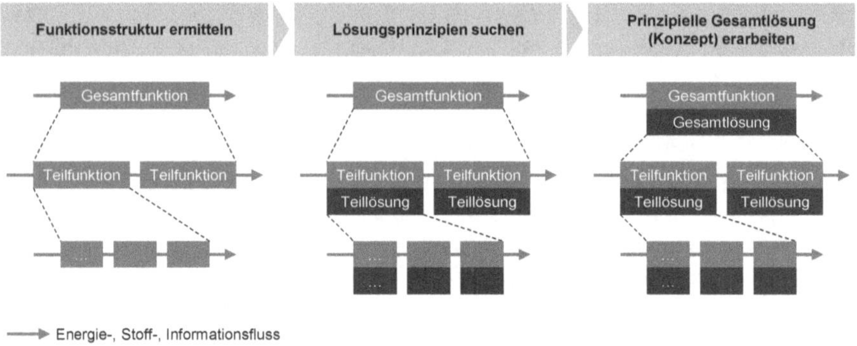

Abbildung 2-7: Aktivitäten im Rahmen der Konzeptionsphase (eigene Darstellung i. A. a. FELDHUSEN ET AL. 2013, S. 244)

Das Ergebnis einer Konzeption ist die Entwicklung einer Prinziplösung / prinzipiellen Lösung bzw. eines Konzepts. Diese erläutert den grundlegenden Aufbau und die Wirkungsweise des Systems. Die erforderliche Granularität ist dadurch bestimmt, dass ein Einstieg in die Entwurfsphase ermöglicht werden soll (s. KÖSTER 2013, S. 118; s. MATTMANN 2017, S. 106; s. VEREIN DEUTSCHER INGENIEURE 1997, S. 4). Nach SADEK U. KÖSTER beschreibt die prinzipielle Lösung „*auf einer mittleren Abstraktionsebene das strukturelle Zusammenspiel materieller und immaterieller Leistungsbestandteile sowie deren logische Funktionsweise*". Zusätzlich gilt die prinzipielle Lösung als Grundlage für die technische und ökonomische Bewertung (s. SADEK U. KÖSTER 2010, S. 127). Somit ist es nicht das Ziel der Konzeption, eine finale Lösung zu definieren, vielmehr geht es darum, „*herauszufinden, ob das Problem prinzipiell lösbar ist*" (s. FELKAI U. BEIDERWIEDEN 2015, S. 76).

2.3.2 Konzeption von Leistungssystemen

Obwohl der Ursprung der zuvor erläuterten VDI-Richtlinien in der Produktentwicklung liegt und sich der zentrale Betrachtungsgegenstand zunächst meist nur auf die Konzeption von physischen Produkten bezog, wird explizit angemerkt, dass die Richtlinien zur Vorgehensweise „*auf alle Arten technischer Produkte und Systeme sowie die entsprechenden interdisziplinären Entwicklungs- und Entstehungsprozesse angewendet werden*" kann (s. VEREIN DEUTSCHER INGENIEURE 2019b, S. 3).

Wie bereits in den vorherigen Kapiteln erläutert, beschreibt das Leistungssystem die Kombination diverser Teilleistungen (Produkt-, Dienst- und Softwareleistung) zu einer integrierten Problemlösung (s. Kapitel 2.1). Der Begriff des Leistungssystems geht somit über den substanziellen Produktbegriff hinaus (vgl. HOMBURG 2020, S. 599). Demzufolge bezieht sich die Konzeptionsaktivität in diesem Fall auch nicht auf ein einzelnes Produkt und seine technische Umsetzung, sondern vielmehr auf die Funktionalität und Wirkungsweise kombinierter Teilleistungen. In der Literatur ist dieser Prozess als solches jedoch nicht explizit definiert, weshalb es eines gedanklichen Transfers thematisch verwandter Ansätze bedarf. Es gilt hierbei, die identifizierten Aktivitäten inhaltlich zu abstrahieren und auf den Konzeptionsprozess von Leistungssystemen zu übertragen (vgl. SCHUH ET AL. 2016, S. 108).

SCHUH ET AL. gehen in ihrer Betrachtung zur Gestaltung von Leistungssystemen nur peripher auf die konzeptionelle Phase ein. Die Autoren ordnen den Prozess in die Leistungsprogrammplanung ein und beschreiben ihn als *„Teilergebnis des strategischen Planungsprozesses"*. Durch die Konzeption soll das Gesamtsystem so gestaltet werden, dass die prinzipielle Lösung einen bestimmten Kundennutzen adressiert und zum Kauf der Leistung motiviert (vgl. SCHUH ET AL. 2016, S. 111).

2.4 Einordnung des Dissertationsvorhabens

Auf den begrifflichen Grundlagen aufbauend erfolgt in diesem Kapitel die Einordnung der Thematik in die Marketingforschung (Kapitel 2.4.1) und die Managementlehre (Kapitel 2.4.2). Eine Einordnung in die Marketingforschung ist erforderlich, da die Konzeption von Leistungssystemen eine zentrale Position innerhalb der Produkt- und Programmpolitik im Rahmen des Marketingmix einnimmt. Darüber hinaus erfolgt eine Einordnung in die Managementlehre aufgrund der Tatsache, dass ein zentrales Ziel dieser Arbeit die Entwicklung eines Vorgehens zur Konzeption von Leistungssystemen vorsieht, welches ein Managementsystem darstellt.

2.4.1 Einordnung in die Marketingforschung

Wesentlicher Betrachtungsgegenstand des modernen Marketingverständnisses ist die effiziente und bedürfnisgerechte Gestaltung von Austauschprozessen. Um das Zustandekommen eines Austauschprozesses zwischen unterschiedlichen Marktparteien erklären zu können, helfen zwei zentrale Prinzipien: das Gratifikations- und das Kapazitätsprinzip. Nach dem Gratifikationsprinzip kommt es zu einem Austausch von Leistungen, sofern dieser für beide Seiten von Vorteil ist. Das Kapazitätsprinzip hingegen bezieht sich auf die Begrenzung verfügbarer Ressourcen auf beiden Seiten. Während auf beiden Seiten die Kapazitäten informationsbezogener, technologischer, finanzieller und natürlicher Ressourcen beschränkt sind, streben beide einen möglichst hohen Anbieter- bzw. Kundennutzen an. Daraus ergibt sich einerseits die Frage nach den Anreizen sowie andererseits den erforderlichen Ressourcen beider Marktpartner (s. MEFFERT ET AL. 2019, S. 3–5).

Dementsprechend definieren KOTLER U. ARMSTRONG Marketing als *„a social and managerial process by which individuals and organizations obtain what they need and want through creating and exchanging value with others"*. Konkretisiert auf den unternehmerischen Kontext umfasst das Marketing die Aktivitäten, durch die Unternehmen mit den Kunden in Kontakt treten, starke Kundenbeziehungen aufbauen und einen Mehrwert für die Kunden schaffen. (s. KOTLER U. ARMSTRONG 2020, S. 25)

MEFFERT ET AL. beschreiben diese Aktivitäten im Sinne eines Managementprozesses, der unterschiedliche Aufgaben im Rahmen der Leistungsdefinition erfüllt (s. Abbildung

2-8). Konkret lässt sich dieses Dissertationsvorhaben dem Planungsprozess innerhalb des operativen Marketings zuordnen.

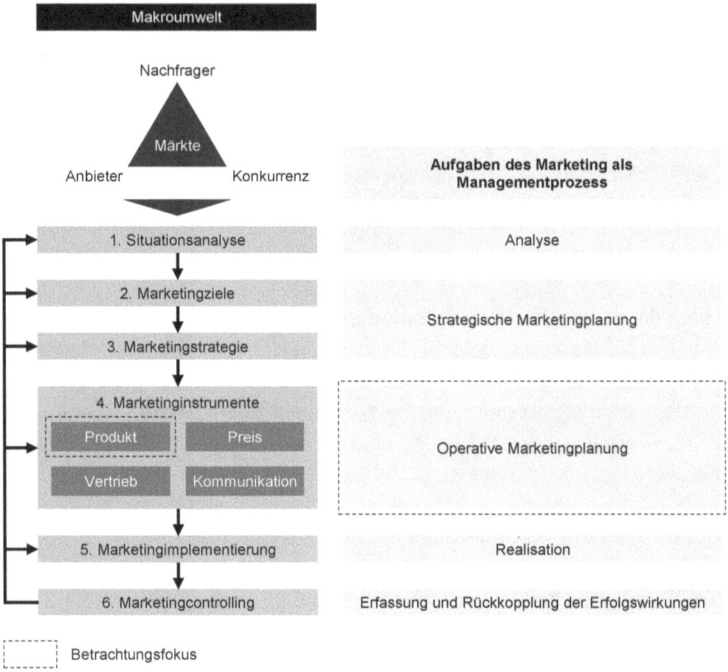

Abbildung 2-8: Marketingaufgaben als Managementprozess (MEFFERT ET AL. 2019, S. 18)

Das operative Marketing bestimmt die zentralen Marketinginstrumente und orientiert sich dabei an den Vorgaben der strategischen Marketingplanung. Ausgehend von den grundlegenden strategischen Zielen ist im Rahmen der operativen Marketingplanung „*der Marketing-Mix zu konzipieren*" (s. MEFFERT ET AL. 2019, S. 20). Im traditionellen Konsumgütermarketing umfasst dieser die folgenden Marketinginstrumente („*4 Ps*") (s. MCCARTHY 1960, S. 280 ff.):

- Produkt („*Product*"): Definition der Leistungs- und Programmpolitik,
- Preis („*Price*"): Definition der Preis- und Konditionenpolitik,
- Vertrieb („*Place*"): Definition der Distributionspolitik,
- Kommunikation („*Promotion*"): Definition der Kommunikationspolitik.

Zentrale Aufgabe des Marketing-Mix ist es, die gestalterischen Rahmenbedingungen vorzugeben und mithilfe der operativen Ausgestaltung die zuvor definierte Marketingstrategie in konkrete Maßnahmen zu übersetzen (s. HOMBURG 2020, S. 593–595). Diese „*Werkzeuge*" des Marketings ermöglichen es Unternehmen, gestaltend auf Märkte einzuwirken und somit Potenziale zu realisieren (s. BRUHN 2019, S. 29).

Im Hinblick auf diese Dissertationsschrift liegt der Fokus auf dem Instrumentarium der Produktpolitik. Nach BRUHN beschäftigt sich diese *„mit sämtlichen Entscheidungen der Gestaltung des Leistungsprogramms"*. Der Produktbegriff bezieht sich hierbei auf das erweiterte Produktverständnis, wonach alle materiellen und immateriellen Leistungen inkludiert werden, die einen direkten oder indirekten Kundennutzen hervorrufen (s. BRUHN 2019, S. 29–30). Im Rahmen des Marketing-Mix nimmt die Produktpolitik eine besondere Position ein, da bei der Entwicklung des angebotenen Leistungssystems nicht nur das rein technische, sondern auch das marktbezogene Problem betrachtet werden muss. Die Teilleistungen *„stellen Problemlösungen dar, die aus einem Bündel von materiellen und immateriellen Komponenten bestehen"* (MEFFERT ET AL. 2019, S. 394).

Die Produktpolitik umfasst wiederum unterschiedliche Bereiche. Einer dieser Betrachtungsbereiche ist die Entwicklung des Leistungsprogramms sowie des angebotenen Leistungssystems (vgl. KLEINALTENKAMP U. JACOB 2006, S. 7; vgl. MEFFERT ET AL. 2019, S. 394). Im Rahmen dieser Aktivität lässt sich auch die Phase der Konzeption des Leistungssystems verorten.

Auch nach SCHUH wird dieses Verständnis unterstützt. Hier umfasst das Marketing die erfolgreiche Definition, Kommunikation und Verhandlung des Leistungssystems im Rahmen des Leistungsangebots. Die unternehmensseitige Ausarbeitung des Leistungssystems auf einer bedarfsgruppenspezifischen Ebene (1:n-Beziehung) grenzt das Marketing vom Vertrieb ab. Beim Vertrieb geht es nämlich stehts um eine kundenindividuelle Betrachtung (1:1-Beziehung). (s. SCHUH 2016, S. 338–339)

2.4.2 Einordnung in die Managementlehre

Nach der Definition von ULRICH beschreibt die Managementlehre das *„Gestalten und Lenken von zweckorientierten Systemen"* (s. ULRICH 2001, S. 110). Die Begrifflichkeit *„Gestalten"* bezieht sich hierbei auf die Handlung, soziale Institutionen zu schaffen und diese aufrechtzuerhalten. Dies ist bspw. möglich durch den Entwurf von unternehmensspezifischen Systemmodellen. Der Ausdruck *„Lenken"* beschreibt hingegen die Aktivität, ein System so zu kontrollieren, dass es einen gewünschten Soll-Zustand annimmt (s. ULRICH 2001, S. 112–114). Diese beiden Funktionen im Rahmen der Managementlehre werden nach BLEICHER durch die Aufgabe der Entwicklung ergänzt. Der Entwicklungsaspekt bezieht sich auf alle gestalterischen und lenkenden Eingriffe, die eine Veränderung der internen und externen Umgebung bewirken und folglich als *„evolutorische Prozesse"* verstanden werden können (s. BLEICHER 2011, S. 74). Zusammengefasst zielt die Managementlehre darauf ab, typische Problemstellungen, welche bei der Führung sozialer Institutionen auftreten, durch die Bereitstellung von nützlichem Wissen in Form von generellen *„Ratschlägen"* zu lösen (s. ULRICH 2001, S. 116–117).

Zur Verdeutlichung der Zusammenhänge unterschiedlicher Managementphilosophien zeigt BLEICHER in seinem Konzept der integrierten Betrachtung des Managements (St.

Galler Management-Konzept) drei Betrachtungsfelder auf, die jeweils ein differenziertes Problemfeld beschreiben (s. Abbildung 2-9) (s. BLEICHER 2011, S. 91).

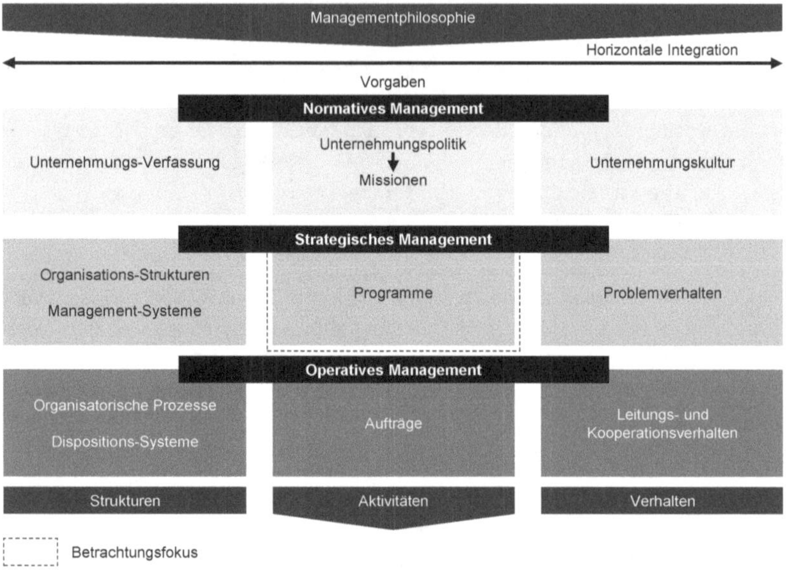

Abbildung 2-9: Integriertes Managementkonzept (BLEICHER 2011, S. 91)

Das Konzept unterscheidet zwischen dem normativen, dem strategischen und dem operativen Management. Die einzelnen Dimensionen sind dabei nicht unabhängig voneinander zu betrachten, aufgrund der vielfältigen Kopplungsprozesse, die zwischen den Feldern bestehen. Das normative Management befasst sich mit den generellen Zielen des Unternehmens sowie mit Prinzipien, Normen und Regeln, die darauf abzielen, *„die Lebens- und Entwicklungsfähigkeit“* der Organisation zu ermöglichen. In Abgrenzung dazu befasst sich das strategische Management mit dem Aufbau, der Pflege und der Realisierung von Potenzialen durch den Einsatz von Ressourcen. Beide Perspektiven finden ihre Realisierung in der operativen Umsetzung. Das operative Management setzt somit die normativen und strategischen Vorgaben, an Fähigkeiten und Ressourcen ausgerichtet, in Operationen um (s. BLEICHER 2011, S. 87 ff.).

Basierend auf den geschilderten Rahmenbedingungen ist die hier vorliegende Dissertationsschrift dem strategischen Management zuzuordnen. Begründet wird dies durch den zentralen Charakter dieser Arbeit, Erfolgspotenziale im Sinne der konzipierten Leistungssysteme zu definieren und somit einen Einfluss auf die Aktivitäten zur Realisierung des Nutzenversprechens zu haben.

2.5 Zwischenfazit: Abgrenzung des Untersuchungsbereichs

Zu Beginn dieses Kapitels wurde der Begriff des Leistungssystems erläutert und dessen Bedeutung im Rahmen der Leistungserbringung konkretisiert. Es wurde außerdem auf die abgrenzbaren Teilleistungen in Form von Leistungsarten und die damit verbundenen Leistungsdimensionen eingegangen. Aufbauend auf den Fähigkeiten kombinierter Leistungssysteme, integrierte Problemlösungen anzubieten, wurde das für den Maschinen- und Anlagenbau nach wie vor neue Subskriptions-Geschäftsmodell anhand der Geschäftsmodelllogik nach GASSMANN ET AL. eingeordnet und anschließend definiert. Grundlage für die bedarfsspezifische Formulierung neuer Nutzenversprechen ist die entsprechende Konzeption der damit verbundenen Leistungen des Unternehmens. Der hierfür relevante Prozess zur Entwicklung von Leistungssystemen mit Fokus auf der Phase der Konzeption wurde daraufhin eingeführt. Die Konzeptionsphase stellt hier den zentralen Bezugsrahmen dieser Arbeit dar. Zuletzt wurde die Arbeit in die Marketingforschung sowie die Managementlehre eingeordnet und der für diese Dissertationsschrift relevante theoretischen Ordnungsrahmen vorgestellt.

3 Stand der Forschung

Im Hinblick auf das formulierte Forschungsziel (s. Kapitel 1) sowie die Beschreibung und Eingrenzung des Betrachtungsbereichs (s. Kapitel 2) erfolgt in diesem Kapitel eine Bewertung bestehender Forschungsarbeiten. Konkret wird beurteilt, inwiefern die bestehenden Erkenntnisse als Grundlage für die weitere Ausarbeitung dieser Dissertationsschrift dienen und welche theoretischen respektive methodischen Lücken identifiziert werden können.

Zu Beginn werden die für die erfolgreiche Beurteilung relevanten Bewertungskriterien erläutert (s. Kapitel 3.1). Im Folgenden werden diese Kriterien zur Bewertung der Vorarbeiten in den drei zentralen Untersuchungsbereichen angewendet: Vorarbeiten zur Beschreibung von Bedarfstypen (s. Kapitel 3.2), Vorarbeiten zur Beschreibung und Systematisierung von Teilleistungen (s. Kapitel 3.3) und Vorarbeiten zur Konzeption von Leistungssystemen (s. Kapitel 3.4). Abschließend erfolgt ein Zwischenfazit über die gesammelten Erkenntnisse und eine Ableitung des resultierenden Forschungsbedarfs (s. Kapitel 3.5).

Zur Unterstützung der genannten Zielstellung dieses Kapitels – bestehende Ansätze in der Literatur zu identifizieren und den inhaltlichen Beitrag zu bewerten – wird eine Literaturanalyse nach WEBSTER U. WATSON durchgeführt. Hierbei werden zunächst Kriterien definiert, anhand derer die Ansätze strukturiert bewertet werden können. Anschließend werden in den betrachteten Themenfeldern relevante Ansätze identifiziert. Abschließend werden die identifizierten Ansätze beschrieben und anhand der Kriterien bewertet (vgl. WEBSTER U. WATSON 2002, S. xv ff.).

3.1 Bewertungskriterien relevanter Forschungsgrundlagen

In diesem Unterkapitel werden zunächst die Bewertungskriterien zur Beurteilung der unterschiedlichen Modellansätze hergeleitet und erläutert. Die einzelnen Bewertungskriterien unterstützen bei der Identifikation und Bewertung relevanter Vorarbeiten. Sie lassen sich den zwei Betrachtungsdimensionen des Objekts- sowie des Modellbereichs zuordnen. Während die Kriterien des Objektbereichs den inhaltlichen Beitrag der Modelle bewerten, beurteilen die Kriterien des Modellbereichs den Methodenbezug. Aus der zuvor erläuterten Ausgangssituation sowie der geschilderten Zielsetzung der Arbeit (s. Kapitel 1) werden die folgenden Bewertungskriterien zur Beurteilung relevanter Ansätze abgeleitet (vgl. HARLAND 2019, S. 27–28; vgl. HOLST 2022, S. 46–47):

Bewertungskriterien des Objektbereichs

- **Bezug Maschinen- und Anlagenbau**: Der vorgestellte Modellansatz hat einen direkten Branchenbezug zum Maschinen- und Anlagenbau. Die Inhalte können der Branche direkt zugeordnet werden oder es ist erkennbar, dass ein inhaltlicher Transfer möglich ist und die Inhalte auf den Maschinen- und Anlagenbau übertragen werden können.

- **Bezug Subskriptions-Geschäftsmodell**: Der Modellansatz weist einen direkten Bezug zu subskriptions- bzw. lösungsorientierten Geschäftsmodellen und der damit verbundenen bedarfsorientierten Denkweise kundenorientierter Geschäftsmodelle auf. Hintergrund dieses Kriteriums ist das erforderliche Verständnis von kombinierten Leistungssystemen als Grundlage integrierter Problemlösungen.
- **Holistische Leistungssystembetrachtung**: Das Modell weist eine ganzheitliche Betrachtung aller relevanten Leistungsarten (Produkt, Dienstleistung, Software) auf. Da erst die Kombination einzelner Teilleistungen einen synergetischen Effekt erzielt, ist eine umfangreiche Leistungssystembetrachtung erforderlich. Der betrachtete Modellansatz muss folglich den holistischen Betrachtungsansatz unterstützen und eine grundlegende Anwendbarkeit aufweisen.

Bewertungskriterien des Modellbereichs

- **Bildung bedarfsorientierter Kundentypen**: Das untersuchte Modell besitzt einen konkreten gestalterischen Ansatz zur Ableitung bedarfsorientierter Kundentypen. Die kundenseitigen Anforderungen bzw. Bedarfe bilden den Ausgangspunkt der Betrachtung und dienen als maßgebliches strukturgebendes Merkmal im Rahmen der Typenidentifikation.
- **Bildung anbieterseitiger Leistungssystemtypen**: Das untersuchte Modell unterstützt bei der systematisch strukturierten Ableitung konkreter Leistungssystemtypen. Grundlegende Gestaltungsmaxime bei der Zusammensetzung der Leistungssystemtypen ist die zu erfüllende Aufgabe bzw. der angestrebte Nutzen des Leistungsangebots.
- **Konzeptionelle Zuordnung von Anforderungen und Eigenschaften**: Das untersuchte Modell beinhaltet eine Konzeptionsphase, die basierend auf der Funktionsstruktur des Leistungssystems, ein Vorgehen zur Entwicklung einer prinzipiellen Lösung aufzeigt. Das Modell beinhaltet eine dezidierte Logik zur Verknüpfung der kundenseitigen Anforderungen mit den anbieterseitigen Leistungseigenschaften zur Erfüllung des Nutzenversprechens.

Die Bewertung der einzelnen Kriterien erfolgt qualitativ anhand der drei Stufen: „*vollständig erfüllt*“, „*teilweise erfüllt*“ und „*nicht erfüllt*“. Die Einstufung der jeweiligen Vorarbeit wird tabellarisch vorgenommen. Am Ende eines jeden Teilabschnitts werden die Arbeiten in einer übergeordneten Tabelle miteinander verglichen.

3.2 Vorarbeiten zur Beschreibung von Bedarfstypen

Im folgenden Abschnitt werden bestehende Modelle analysiert und bewertet, die die Identifikation von Kundentypen fokussieren. Die identifizierten Bedarfstypen bilden den ersten Baustein eines ganzheitlichen Konzeptionsansatzes für Leistungssysteme, da erst durch die zu erfüllenden Bedarfe der Kunden eine sinnvolle Definition der entsprechenden Systemanforderungen möglich wird.

HAGUE U. HARRISON 2022 | *Needs-based customer segments in B2B*

Die Autoren HAGUE U. HARRISON stellen in ihrer Arbeit die Hypothese auf, dass sich die Kundensegmente einer verhaltens- bzw. bedürfnisorientierten Segmentierung in B2B-Märkten häufig branchenübergreifend ähneln. Die Segmentierung führt in der Regel zu ähnlichen Merkmalen. Dementsprechend identifizieren die Autoren folgende vier bedarfsorientierte Segmente für Kunden im B2B-Geschäft:

- *Preisorientiertes Segment*: Dieses Kundensegment hat eine transaktionale Sichtweise auf das Geschäft und benötigt keine Extraleistungen. Die Unternehmen dieses Segments sind oft klein, arbeiten mit geringen Gewinnspannen und betrachten das betreffende Leistungsangebot als strategisch gering bedeutend für ihr Geschäft.
- *Qualitäts- und markenorientiertes Segment*: Dieses Kundensegment will die bestmögliche Leistung und ist bereit, dafür entsprechend zu zahlen. Unternehmen in diesem Segment arbeiten häufig mit hohen Gewinnspannen, sind mittelgroß oder groß und messen dem Leistungsangebot eine hohe strategische Bedeutung bei.
- *Dienstleistungsorientiertes Segment*: Dieses Kundensegment stellt hohe Anforderungen an die Qualität des Leistungsangebots mit besonderem Fokus auf den ergänzenden Leistungen zum zentralen physischen Produkt. In der Regel sind diese Unternehmen in zeitkritischen Branchen tätig und können klein, mittelgroß oder groß sein. Sie kaufen meistens in großen Mengen ein.
- *Partnerschaftlich-orientiertes Segment*: Dieses Kundensegment besteht häufig aus Großkunden, die Vertrauen und Zuverlässigkeit suchen und den Lieferanten als strategischen Partner betrachten. Solche Unternehmen sind in der Regel groß, arbeiten mit relativ hohen Gewinnspannen und betrachten das betreffende Leistungsangebot als strategisch wichtig (s. HAGUE U. HARRISON 2022, S. 2 ff.).

Im Ansatz der Autoren HAGUE U. HARRISON steht die Kundentypenbetrachtung im Vordergrund. Die Gliederung ist branchen- und geschäftsmodellunabhängig, orientiert sich aber an Unternehmen des B2B-Geschäfts. Leistungssysteme werden indirekt durch die Segmentbetrachtung behandelt, eine Typisierung erfolgt jedoch nicht. Die Zuordnung ist Teil des Betrachtungsansatzes und erfolgt durch die Definition der Segmente.

Tabelle 3-1: Kriterienbewertung für den Ansatz nach HAGUE U. HARRISON 2022

Objektbereich			Modellbereich		
Maschinen- u. Anlagenbau	Subskriptions-modell	Leistungssys-tem	Kundentypen	Leistungssys-temtypen	Konzeptionelle Zuordnung
○	○	◑	●	○	○

●: Vollständig erfüllt, ◑: Teilweise erfüllt, ○: Nicht erfüllt

LIPPOLD 2021 | *Zweistufige Segmentierungspraxis im B2B-Geschäft*

Aufbauend auf dem Konzept der allgemeinen Marktsegmentierung fokussiert LIPPOLD in seiner Arbeit das B2B-Geschäft. Ausgangspunkt des von ihm definierten B2B-Vermarktungsprozesses ist das zweistufige Segmentierungsverfahren zur Unterteilung des Gesamtmarktes in spezifische Segmente. Analog zur allgemeinen Betrachtung nach MEFFERT ET AL. ist das Ziel der B2B-Segmentierung Unternehmen bzw. Kunden zu clustern, die ähnliche Eigenschaften besitzen und dementsprechend gleiche Nutzenanforderungen an die Leistung stellen.

Der Segmentierungsansatz gliedert sich in zwei Stufen, die Makro- und der Mikrosegmentierung. Im Rahmen der Makrosegmentierung wird der Markt zunächst nach Kundengruppen gegliedert, die gleiche Probleme und Nutzenvorstellungen besitzen. Diese Kundengruppen werden in der zweiten Stufe, der Mikrosegmentierung, nochmals aufgeteilt und nach Personen segmentiert, die an der Kaufentscheidung beteiligt sind.

Der erste Teil des Modells konzentriert sich auf die Aufteilung des Gesamtmarkts in homogene Teilmärkte bzw. Kundengruppen unter Berücksichtigung organisationsbezogener Kriterien. Die Kriterien bewerten jeweils unterschiedliche Eigenschaften des betrachteten Zielmarkts und lassen sich wie folgt beschreiben:

- *Vertikale Märkte (Branchen)*: Die vertikale Segmentierung unterteilt den Markt gemäß seinen Branchen. Neben der allgemeinen Branchenzugehörigkeit (z. B. Industrie, Transport, Verkehr etc.) wird hier auch innerhalb des Wirtschaftsbereichs differenziert (z. B. nach Wirtschaftsabteilungen wie Maschinen- und Anlagenbau, chemischer Industrie etc.).
- *Horizontale Märkte (Funktionen)*: Die horizontale Segmentierung unterteilt in relevante betriebliche Funktionsbereiche (z. B. Logistik, Produktionsplanung, Personalwirtschaft, Finanzwirtschaft, Marketing etc.).
- *Regionale Märkte (Regionen)*: Die räumliche Segmentierung nimmt eine Unterteilung des Gesamtmarkts nach regionalen Kriterien vor.
- *Betriebsgröße (Umsatz, Beschäftigte etc.)*: Die größenorientierte Segmentierung erfolgt nach unterschiedlichen Kriterien, die eine Klassifizierung der Unternehmensgröße zulassen.
- *Technologie (Hardware, Datenbanksystem etc.)*: Die technologiebezogene Segmentierung unterscheidet entsprechend der systemtechnischen Infrastruktur der Kundenunternehmen.

Die Segmentierung erfolgt an mehreren Kriterien parallel, sodass eine mehrdimensionale Ausrichtung am Markt erfolgt.

Auf den Ergebnissen der Makrosegmentierung aufbauend identifiziert die Mikrosegmentierung die adressierten Zielpersonen innerhalb der Zielgruppe. Relevante Konzepte zur Segmentierung auf Personenebene sind:

- *Hierarchisch-funktionales Zielpersonenkonzept*: Segmentierung nach hierarchischer Position und funktionaler Aufgabe.

- *Buying-Center*: Segmentierung der Personen, die als Entscheider und Entscheidungsbeteiligte im Kaufprozess beteiligt sind.
- *Kommunikationsorientiertes Zielpersonenkonzept*: Segmentierung der Zielpersonen nach ihrem Verhältnis und Kenntnisstand gegenüber dem anbietenden Unternehmen.
- *Promotoren-Opponenten-Modell*: Segmentierung nach tendenzieller Zustimmung oder Ablehnung bei Veränderungen (s. LIPPOLD 2021, S. 13 ff.).

Der hier vorgestellte Ansatz ist ebenso unabhängig von Branche und Geschäftsmodell anwendbar. Analog zum vorherigen Modell werden auch keine konkreten Leistungssysteme bzw. Leistungssystemtypen betrachtet. Kern des Ansatzes ist die Typisierung bestimmter Kundensegmente in unterschiedlichen Detailstufen. Der Gedanke einer Zuordnungslogik wird durch den Fokus auf unterschiedlichen angebotsbezogenen Zielpersonen indirekt aufgegriffen.

Tabelle 3-2: Kriterienbewertung für den Ansatz nach LIPPOLD 2021

Objektbereich			Modellbereich		
Maschinen- u. Anlagenbau	Subskriptionsmodell	Leistungssystem	Kundentypen	Leistungssystemtypen	Konzeptionelle Zuordnung
○	○	○	◑	○	○

●: Vollständig erfüllt, ◑: Teilweise erfüllt, ○: Nicht erfüllt

MEFFERT ET AL. 2019 | *Marktsegmentierung*

Das Konzept der Marktsegmentierung wird bereits seit längerem in der Literatur diskutiert (vgl. HUMMEL 1954, S. 36 ff.). Im Laufe der Jahre wurden unterschiedliche Ansätze mit dem Ziel der Abgrenzung von Märkten und Kundensegmenten entwickelt. Die unterschiedlichen Ansätze beruhen alle auf der gleichen Grundidee: Sofern sich der Gesamtmarkt aus unterschiedlichen potenziellen und aktuellen Nachfragern zusammensetzt und jene durch unterschiedliche Bedürfnisse charakterisiert werden können, so kann der Gesamtmarkt durch bestimmte Merkmale der Nachfragenden in homogene Teilmärkte aufgeteilt bzw. segmentiert werden. Hierdurch ist das Unternehmen in der Lage, heterogene Bedürfnisse der Marktsegmente durch differenzierte Marktleistungen zu bedienen und somit die Unternehmensaktivitäten gezielter am Nachfrager auszurichten (s. MEFFERT ET AL. 2019, S. 214–215).

Zur Identifikation des passenden Marktsegments gilt es laut den Autoren zunächst, den *„relevanten Markt festzulegen"* (MEFFERT ET AL. 2019, S. 217). Grundlegend wird in der Literatur zwischen anbieter- und produktorientierten sowie nachfrageorientierten Ansätzen unterschieden. Nach Abgrenzung des relevanten Marktes können im folgenden Schritt die vorhandenen Marktsegmente identifiziert werden. Zur Gliederung der Segmente bedarf es sinnvoller Segmentierungskriterien, die eine sinnvolle Abgrenzung, Beschreibung und Bearbeitung der intern homogenen und extern heterogenen Teilsegmente ermöglichen. Weiterhin definieren die Autoren bestimmte Anforderungen an die Segmentierungskriterien, welche erfüllt sein müssen, um eine zweckmäßige Marktaufteilung zu erreichen:

- *Kaufverhaltensrelevanz*: Die Kriterien sollten Verhaltensweisen und Eigenschaften des zukünftige Kaufverhaltens der Nachfrager repräsentieren.
- *Messbarkeit*: Die Kriterien sollten messbar und erfassbar sein, um eine Operationalisierung der Erkenntnisse sicherzustellen.
- *Erreichbarkeit*: Die durch die Kriterien selektierten Segmente müssen direkt erreichbar und ansprechbar sein.
- *Handlungsfähigkeit*: Die Kriterien müssen den Einsatz des Marketinginstrumentariums ermöglichen und eine Verknüpfung zwischen Markterfassung und -bearbeitung schaffen.
- *Wirtschaftlichkeit*: Der Nutzen, der durch die Anwendung der Segmentierungskriterien erfolgt, sollte größer sein als die damit verbundenen Aufwände.
- *Zeitliche Stabilität*: Die Ausprägungen der Segmentierungskriterien sollten über den Zeitraum der Erfassung, der Durchführung und Wirkung stabil sein.

Die Segmentierungskriterien lassen sich nach unterschiedlichen Eigenschaften bestimmten Kriteriengruppen zuordnen. Im Folgenden wird zwischen verhaltensorientierten, psychographischen, geographischen und soziodemographischen Kriterien unterschieden. Da Abhängigkeiten zwischen den Kriteriengruppen bestehen, werden diese auch oft kombiniert angewendet (s. MEFFERT ET AL. 2019, S. 217 ff.).

Der Ansatz von MEFFERT ET AL. lässt sich branchen- und geschäftsmodellunabhängig anwenden und bezieht sich lediglich auf die Betrachtung bestimmter Kundenmerkmale. Dementsprechend werden keine konkreten Leistungssysteme betrachtet und diese auch nicht kategorisiert. Ebenso wird der Zuordnungsprozess in diesem Ansatz nicht berücksichtigt.

Tabelle 3-3: Kriterienbewertung für den Ansatz nach MEFFERT ET AL. 2019

Objektbereich			Modellbereich		
Maschinen- u. Anlagenbau	Subskriptionsmodell	Leistungssystem	Kundentypen	Leistungssystemtypen	Konzeptionelle Zuordnung
○	○	○	◑	○	○

●: Vollständig erfüllt, ◑: Teilweise erfüllt, ○: Nicht erfüllt

ALMQUIST ET AL. 2018 | *The B2B Elements of Value*

Nach ALMQUIST ET AL. spielen die persönlichen Bedarfe der Kunden nicht nur im B2C-Geschäft, sondern auch im B2B-Bereich eine immer bedeutendere Rolle bei der Entscheidungsfindung. In ihrer Arbeit zeigen die Autoren auf, dass Leistungen aufgrund einer Kombination unterschiedlicher sogenannter Wertquellen aus Sicht der Kunden ausgewählt werden. Die Wertquellen stehen stellvertretend für einen konkreten Nutzen (z. B. Zeitersparnis), der durch die Leistung erfüllt werden kann. Laut ALMQUIST ET AL. sollten Unternehmen den vollen Umfang aller rationalen sowie emotionalen Faktoren kennen, welche die Kaufentscheidung beeinflussen, und dementsprechend ihr Nutzenversprechen bzw. ihr Leistungssystem anpassen (s. ALMQUIST ET AL. 2018, S. 4–5). Zur Unterstützung der Unternehmen und Verbesserung des Kundenverständnisses haben die Autoren unterschiedliche qualitative und quantitative Studien durchgeführt und abschließend 40 fundamentale „*elements of value*" identifiziert, die den Kunden jeweils einen konkreten Wertbeitrag gebracht haben. Gegliedert werden die einzelnen Wertelemente in die folgenden fünf Kategorien: Grundvoraussetzungen, funktionaler Nutzen, Geschäftsfreundlichkeit, individueller Nutzen und inspirativer Nutzen (s. Abbildung 3-1).

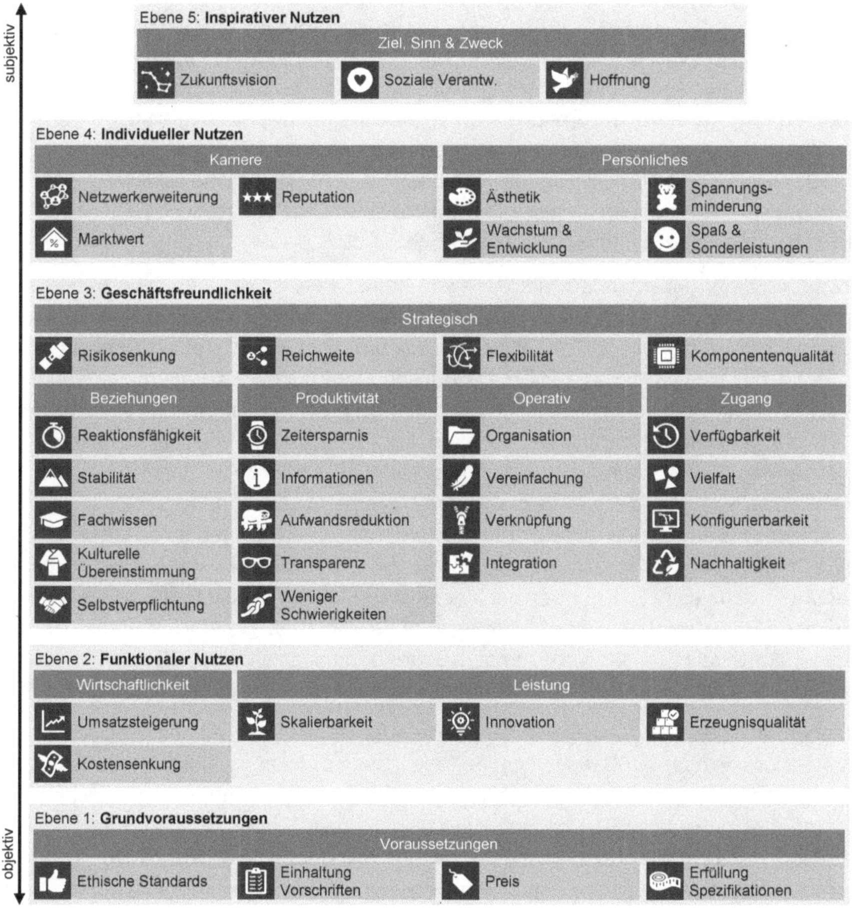

Abbildung 3-1: Wertelemente für B2B-Kunden (ALMQUIST ET AL. 2018, S. 6)

Das Fundament der Wertepyramide bilden die Grundvoraussetzungen. Hier gilt es, die grundlegenden Anforderungen zu einem akzeptablen Preis im Einklang mit den bestehenden Regularien unter Berücksichtigung der ethischen Standards zu erfüllen. Die nächste Stufe bilden die Elemente, die den Kunden einen funktionalen Nutzen bieten. Jene Elemente adressieren den Bedarf an ökonomischer Leistungsfähigkeit, Kosteneffizienz und der Fähigkeit, zu skalieren. Die dritte Stufe bezieht sich auf die

Geschäftsfreundlichkeit und steht stellvertretend für Wertelemente, die es den Firmen erlauben, einfacher zu agieren. Diese Werte können sich sowohl auf objektive Empfindungen der Kunden wie z. B. die Steigerung der Produktivität als auch auf subjektive Empfindungen wie bspw. den *„cultural fit"* beziehen. Die identifizierten Elemente der folgenden Stufe beziehen sich nur noch auf subjektive Werte, die individuelle Prioritäten der Kunden adressieren. Diese Wertelemente beziehen sich verstärkt auf emotionale Anliegen der adressierten Kunden. Die Spitze der Wertepyramide bezieht sich auf den inspirativen Nutzen. Hier befinden sich inspirierende Elemente, die die Zukunftsvision der Kunden verbessern, die Hoffnung für die Zukunft des Unternehmens wecken oder die soziale Verantwortung eines Unternehmens nachhaltig stärken. Der wahrgenommene Wert für den Kunden kommt jedoch nicht von einem einzelnen Element, sondern ergibt sich aus der Kombination unterschiedlicher Wertelemente im Verbund. Die Gewichtung der spezifischen Wertelemente ist für jedes Kundensegment jedoch unterschiedlich. (s. ALMQUIST ET AL. 2018, S. 5–7)

Während die grundlegenden Elemente im unteren Bereich der Pyramide bereits seit längerer Zeit leicht zu messen sind, sind die emotionalen Kriterien im mittleren und oberen Bereich bisher schwieriger zu isolieren und zu quantifizieren, sodass eine spezifische Betrachtung bislang mit mehr Aufwand verbunden war. Allerdings verlagert sich der Differenzierungsfokus – wie auch das Angebot im Allgemeinen – immer stärker von messbaren Produkteigenschaften weg, hin zu immateriellen Eigenschaften, welche das Gesamterlebnis des Kunden beeinflussen. Für ein Unternehmen ist es deutlich schwieriger, die *„intangibles of the customer's total experience"* (z. B. Dienstleistungen, Interaktionen und Kommunikation) rund um das Angebot zu verbessern als es schneller, billiger oder langlebiger zu machen. Die Autoren ALMQUIST ET AL. behaupten außerdem, dass B2B-Firmen mit einer klaren Marktpositionierung – also einer eindeutigen Bestrebung einzelne Wertelemente zu erreichen – effektiver und effizienter sind. Laut Studien ist der Net-Promoter-Score durchschnittlich um 60 % höher, wenn ein konkreter Nutzen für die Kunden adressiert wird (s. ALMQUIST ET AL. 2018, S. 7).

Die von ALMQUIST ET AL. vorgestellten Wertelemente beziehen sich nicht auf eine konkrete Branche oder ein Geschäftsmodell, sie lassen sich lediglich durch den Fokus auf B2B-Kunden eingrenzen. Konkrete Teilleistungen werden ebenfalls nicht betrachtet, dafür jedoch der damit verbundene Wert bzw. Nutzen für den Kunden. Eine Typisierung unterschiedlicher Kundentypen erfolgt indirekt durch die Kategorisierung der unterschiedlichen Wertelemente. Im Hinblick auf die Betrachtung von bestimmten Leistungstypen lassen sich die Wert- bzw. Nutzenelemente auch konkreten Leistungen zuordnen. Eine Zuordnungslogik wird von den Autoren jedoch nicht erwähnt.

Tabelle 3-4: Kriterienbewertung für den Ansatz nach ALMQUIST ET AL. 2018

Objektbereich			Modellbereich		
Maschinen- u. Anlagenbau	Subskriptionsmodell	Leistungssystem	Kundentypen	Leistungssystemtypen	Konzeptionelle Zuordnung
○	○	○	●	◑	○

●: Vollständig erfüllt, ◑: Teilweise erfüllt, ○: Nicht erfüllt

WOLFENSTETTER ET AL. 2015 | *Methoden der Anforderungsverfolgung für Produkt-Service-Systeme*

Die Autoren WOLFENSTETTER ET AL. beschreiben in ihrer Arbeit Kriterien zur systematischen Analyse bestehender Methoden der Anforderungsverfolgung, die auf die Entwicklung von PSS übertragen werden können. Der Fokus der Autoren liegt auf dem gesamten Lebenszyklus des PSS, da *„dieses zyklischen Einflüssen unterworfen ist"* und es *„fortlaufend zu Änderungen"* kommt. Laut den Autoren muss der Anbieter demnach die Änderungen im Rahmen des Anforderungsmanagements antizipieren, mögliche Auswirkungen auf andere Anforderungen erkennen und unterstützende Maßnahmen einleiten. Voraussetzung für eine solche Herangehensweise ist für WOLFENSTETTER ET AL. eine lebenszyklusübergreifende Betrachtung der Anforderungen sowie die kontinuierliche Identifikation und Pflege der Zusammenhänge zwischen den Anforderungen sowie den Komponenten des Leistungssystems. Hinzukommend fehlt den Autoren ein übergreifender Ansatz, der die Domänen der einzelnen Leistungsarten miteinander verknüpft und die Wechselwirkungen berücksichtigt (s. WOLFENSTETTER ET AL. 2015, S. 210–211).

Als Querschnittsfunktion des Anforderungsmanagements stellt die Anforderungsverfolgung während des gesamten Lebenszyklus des Leistungsangebots eine wichtige Aktivität dar. Sie stellt sicher, dass alle Anforderungen domänenübergreifend erfasst und gepflegt werden. Die Abhängigkeiten einzelner Anforderungen werden in *„Trace Links"* gespeichert und geben die Beziehungen einzelner Artefakte bzw. Teilleistungen zueinander an. Die Autoren unterteilen die Anforderungsverfolgung in drei grundlegende Orientierungen: Pre-, Post- und Inter-Traceability (s. Abbildung 3-2). Während Pre-Traceability den Prozess der Anforderungsverfolgung von der Ursprungsquelle bis zur Spezifikation beschreibt, konzentriert sich der Prozess der Post-Traceability auf die Phase zwischen Spezifikation und Umsetzung. Die parallele Verfolgung der Anforderungen auf unterschiedlichen Abstraktionsebenen wird als Inter-Traceability bezeichnet.

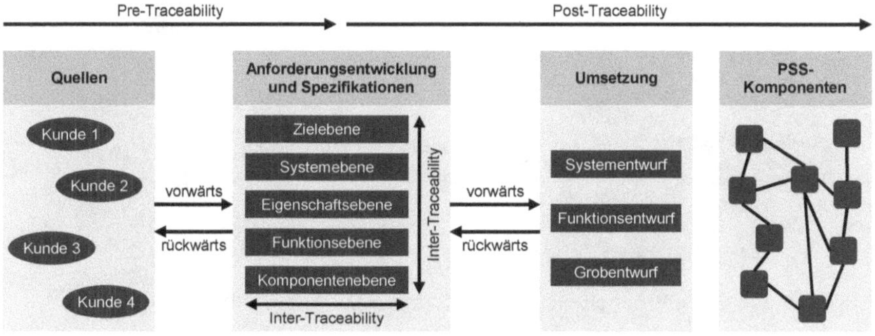

Abbildung 3-2: Dimensionen zur Anforderungsverfolgung von PSS (WOLFENSTETTER ET AL. 2015, S. 212)

Die aufgestellte Systematik erlaubt es den Autoren, die Anforderungen eines komplexen Leistungssystems koordiniert nachzuverfolgen und zu überprüfen, welche Anforderungen bereits erfüllt wurden und welche ggf. überflüssig sind. Jede Anforderung lässt sich einer Quelle zuordnen, sodass der Grund der ursprünglichen Betrachtung stets nachvollziehbar ist. Die Systematik erlaubt es ebenfalls, bei Änderungen zu prüfen, welche Anforderungsartefakte betroffen sind und adaptiert werden müssen. Darüber hinaus nennen die Autoren Vorteile für das Projektmanagement, im Sinne der Ressourcenallokation und des Controllings.

Dieser Ansatz lässt sich ebenfalls durch die Betrachtung von PSS dem Maschinen- und Anlagenbau zuordnen. Eine Geschäftsmodellbetrachtung erfolgt nicht, da hier lediglich der Entwicklungsprozess bzw. die Anforderungserhebung und -verfolgung im Fokus steht. Das Leistungssystem wird hier in seinem vollen Umfang betrachtet und in einzelne Komponenten gegliedert. Unterschiedliche Kundentypen werden innerhalb dieses Ansatzes als unterschiedliche Anforderungsquellen aufgefasst. Eine Systematisierung unterschiedlicher Leistungstypen erfolgt allerdings nur teilweise. Dafür weist der vorgestellte Ansatz eine konkrete Logik in hierarchisch gegliederten Funktionsebenen und Entwurfsformen auf.

Tabelle 3-5: Kriterienbewertung für den Ansatz nach WOLFENSTETTER ET AL. 2015

Objektbereich			Modellbereich		
Maschinen- u. Anlagenbau	Subskriptionsmodell	Leistungssystem	Kundentypen	Leistungssystemtypen	Konzeptionelle Zuordnung
●	○	◑	●	◑	◑

●: Vollständig erfüllt, ◑: Teilweise erfüllt, ○: Nicht erfüllt

OSTERWALDER ET AL. 2014 | *Value Proposition Design*

Das von OSTERWALDER ET AL. entwickelte Modell fokussiert im Kern die konkrete Zuordnung von Kundenbedürfnissen zu Leistungen des Unternehmens (s. Abbildung 3-3).

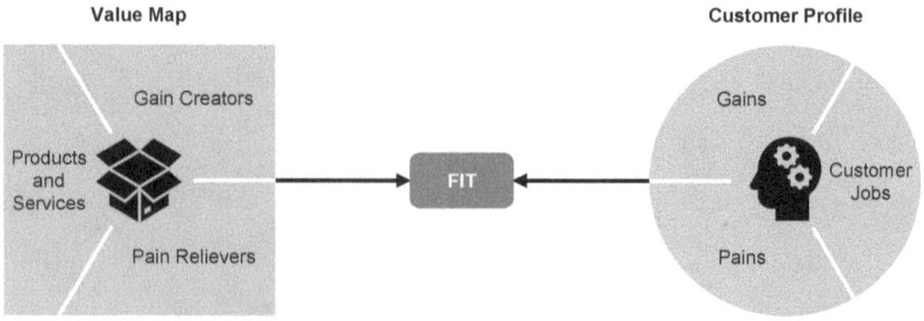

Abbildung 3-3: Value Proposition Canvas (OSTERWALDER ET AL. 2014, S. 8–9)

Der Ansatz von OSTERWALDER ET AL. stellt einen stark praxisorientierten Ansatz gegenüber den zuvor beschriebenen theoretischen Modellen dar. Die dazugehörige Methode, der *Value Proposition Canvas*, gliedert sich in zwei grundlegende Bereiche. Auf der einen Seite das *Customer Profile*, als charakterisierende Beschreibung des

Kunden, und auf der anderen Seite die *Value Map* zur Beschreibung der Leistungen, die seitens des Unternehmens angeboten werden.

Im Detail dient das Kundenprofil (engl. *Customer Profile*) der Beschreibung eines spezifischen Kundensegments (einer Persona) mit ähnlichen Bedürfnissen und Eigenschaften. Die detaillierte Kundenbeschreibung untergliedert sich wiederum in die folgenden drei Teilbereiche: *Customer Jobs*, *Pains* und *Gains*. Während sich die *Customer Jobs* auf die alltäglichen Arbeitsaufgaben und -inhalte des Kunden beziehen, werden im Rahmen der *Pains* Hürden und Risiken benannt, die mit der Erledigung der Arbeitsaufgaben einhergehen. Analog dazu beschreiben die *Gains* die angestrebten positiven Ergebnisse und Vorteile, die mit der erfolgreichen Erfüllung der Arbeitsaufgabe erreicht werden sollen. Der Kundenprofilbeschreibung gegenüber steht die *Value Map*. Sie beschreibt die Teilleistungen, die zur Erfüllung des Nutzenversprechens erforderlich sind, in einer strukturierten Art und Weise. Die Leistungsbeschreibung untergliedert sich in die Bereiche *Products and Services*, *Pain Relievers* und *Gain Creators*. Die *Products and Services* beziehen sich auf die Gesamtheit der Teilleistungen, die zur Erfüllung des Nutzenversprechens erforderlich sind. Bei den *Pain Relievers* werden konkret die Leistungen beschrieben, die die Hürden und Probleme (*Pains*) des Kunden adressieren und auflösen. Ergänzend beschreiben die *Gain Creators* all jene Leistungen, die dem Kunden einen zusätzlichen – evtl. sogar unerwarteten – Mehrwert bieten. Ziel des Modells ist es, einen „*Fit*" zu erreichen, sodass die beschriebenen Leistungen des Unternehmens die *Pains* und *Gains* des Kundensegments adressieren und bei der Erfüllung der Arbeitsaufgaben unterstützen (s. OSTERWALDER ET AL. 2014, S. 6 ff.). Der praktische Ansatz des Modells nach OSTERWALDER ET AL. sorgt zwar für eine hohe Anwendbarkeit in der Praxis, verliert jedoch dementsprechend an Detailtiefe in Bezug auf die strukturellen Zusammenhänge der bereitgestellten Leistungen des Unternehmens.

Der hier vorgestellte Ansatz ist sowohl branchen- als auch geschäftsmodellunabhängig. Er betrachtet das Leistungssystem vollständig; die entsprechende Detailtiefe kann im Rahmen des dazugehörigen Workshopansatzes frei gewählt werden. Die vorgestellte Methode motiviert dazu, dezidierte Kundenprofile zu erstellen und dadurch eine Typisierung vorzunehmen. Oftmals knüpft diese Methode auch an das *Persona*-Konzept an und baut darauf auf. Ebenfalls erfolgt eine Systematisierung der Teilleistungen durch die Einteilung in die Kategorien *Pain Relievers* und *Gain Creators*. Letztendlich ist jedoch das übergeordnete Ziel dieser Methode, beide Seiten miteinander in Einklang zu bringen und einen „*Fit*" herzustellen. Das Vorgehen zur Erreichung dieser Zuordnung folgt allerdings weniger systematischen Regeln als reiner Expertise und Erfahrung der beteiligten Workshopteilnehmer. Nichtsdestotrotz ist die übergeordnete Logik dieses Ansatzes – einen Abgleich zwischen den Anforderungen der Kunden und den Leistungen des Anbieters herzustellen – grundlegend für diese Arbeit.

Tabelle 3-6: Kriterienbewertung für den Ansatz nach OSTERWALDER ET AL. 2014

Objektbereich			Modellbereich		
Maschinen- u. Anlagenbau	Subskriptions-modell	Leistungssys-tem	Kundentypen	Leistungssys-temtypen	Konzeptionelle Zuordnung
○	○	●	◑	◑	●

●: Vollständig erfüllt, ◑: Teilweise erfüllt, ○: Nicht erfüllt

SONG ET AL. 2013 | *Customer value identification and requirement elicitation*

Die Autoren SONG ET AL. beschreiben in ihrem Modell einen systematischen Ansatz zur Bestimmung von Kundenanforderungen für industrielle PSS. Der hier vorgestellte Modellansatz gliedert sich in drei konsekutive Teilschritte, die eine validierte Analyse der Kundenbedarfe ermöglichen. Im ersten Teilschritt werden die Anforderungen erhoben. Hierfür muss zunächst das zu lösende Problem verstanden werden. Die Autoren verwenden hierfür den *„Industrial customer activity cycle"* (I-CAC), ein Modell, das die unterschiedlichen Aktivitäten der Kunden vor, während und nach der eigentlichen Nutzungsphase eines PSS aufzeigt und den entsprechenden Stakeholdern zuordnet. Basierend auf den involvierten Stakeholdern werden deren spezifischer Wertbeitrag und der daraus abgeleitete Bedarf bestimmt (s. Abbildung 3-4). Die Stakeholder können sowohl unternehmensintern als auch -extern sein und haben im Laufe der einzelnen Phasen eine unterschiedliche Bedeutung (s. SONG ET AL. 2013, S. 6685 ff.).

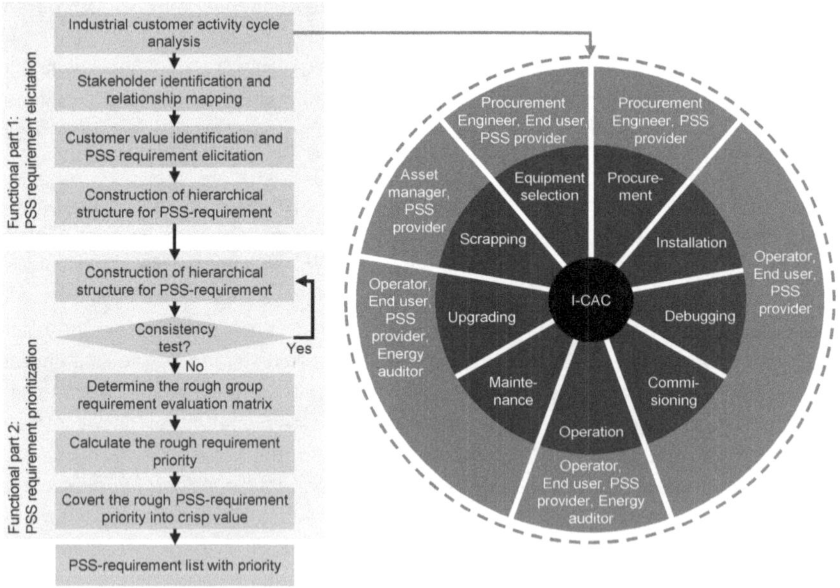

Abbildung 3-4: Anforderungserhebung entlang des I-CAC (SONG ET AL. 2013, S. 6686–6687)

Der zweite Teilschritt des Modellansatzes dient dazu, die Beziehungen zwischen den Stakeholdern zu verdeutlichen, da die Anforderungen oftmals eng mit den Interaktionen der Stakeholder verbunden sind. Die Interaktionen beinhalten bspw. den Austausch von Wissen, die Nutzung von Maschinen und Anlagen oder die Bereitstellung von Ersatzteilen. Daran anknüpfend wird der Wertbeitrag für den Kunden ermittelt und in konkrete Anforderungen transferiert. Im letzten Teilschritt werden die identifizierten Anforderungen in inhaltliche Cluster gruppiert und kategorisiert. Diese Anforderungskategorien werden dann entsprechend ihrem Wertbeitrag hierarchisch geordnet (s. SONG ET AL. 2013, 6687–6688).

Der Ansatz nach SONG ET AL. weist durch die Betrachtung von PSS einen klaren Bezug zum Maschinen- und Anlagenbau auf. Analog zu den zuvor betrachteten Ansätzen lässt sich bei diesem Modell auch kein direkter Bezug zu Subskriptions-Geschäftsmodellen feststellen. Eine konkrete Betrachtung der einzelnen Teilleistungen erfolgt nicht; die Betrachtung beschränkt sich auf die kundenseitige Anforderungserhebung. Innerhalb des vorgestellten Ansatzes werden die Kunden entsprechend ihren Lebenszyklusaktivitäten eingeordnet, um eine zielgerichtete Anforderungserhebung sicherzustellen. Zusätzlich strukturieren die Autoren die unterschiedlichen kundenseitigen PSS-Anforderungen gemäß ihrem Nutzenversprechen. Eine leistungssystemseitige Strukturierung erfolgt nicht, da sich die Betrachtung – wie bereits erwähnt – nur auf die Anforderungen bezieht. Der Zuordnungsprozess wird dementsprechend auch nur teilweise betrachtet.

Tabelle 3-7: Kriterienbewertung für den Ansatz nach SONG ET AL. 2013

Objektbereich			Modellbereich		
Maschinen- u. Anlagenbau	Subskriptions-modell	Leistungssys-tem	Kundentypen	Leistungssys-temtypen	Konzeptionelle Zuordnung
●	○	○	●	○	◑

●: Vollständig erfüllt, ◑: Teilweise erfüllt, ○: Nicht erfüllt

COOPER 2006 | *Persona concept*

Die sogenannte Persona-Methode stellt Cooper das erste Mal 1999 in seinem Vortrag „*The Inmates are Running the Asylum*“ vor (vgl. COOPER 1999, S. 17). Sie bildet einen zentralen Baustein in seinem „*Goal-Directed Design*“-Ansatz, einer Methodik im Rahmen des Innovationsmanagements, die großen Wert auf eine klar definierte Zielsetzung legt. Einige Jahre später konkretisiert er seine Gedanken zur vorgestellten Methode im gleichnamigen Werk (vgl. COOPER, S. 123 ff.). Ausgehend von der Problemstellung bei klassischen Entwicklungsprozessen, dass die zu entwickelnde Lösung nicht aus Kunden- sondern aus Unternehmenssicht gedacht wird und die fehlende Kundenperspektive langfristig zu Problemen führt, beschreibt er eine anwendungsorientierte Methode, um den Kunden besser verstehen und darauf reagieren zu können.

Die Methode ist ein Werkzeug im Rahmen der Bedarfs- und Zielgruppenanalyse, welches dabei unterstützt, Verhaltensmuster und Bedürfnisse einer Zielgruppe aufzuzeigen und somit ein charakteristisches Bild der Kunden zu erzeugen. Die generisch beschriebene Persona hilft Unternehmen dabei, das Verhalten potenzieller Kunden zu antizipieren und dementsprechend das Leistungsangebot darauf auszurichten.

Grundlegend stellen Personas fiktive Charaktere dar, welche durch charakteristische Merkmale eine spezifische Gruppe an Kunden repräsentieren. Die Methodik unterstützt dabei, sich in die Position des Kunden hineinzuversetzen und sich mit den konkreten Bedürfnissen und Zielen der adressierten Gruppe zu befassen (s. LEPZIEN U. LEWERENZ 2017, S. 23).

Die Autoren LEPZIEN U. LEWERENZ bauen auf dem Wissen von COOPER auf und definieren einen Prozess zur Anwendung der Methode (s. Abbildung 3-5).

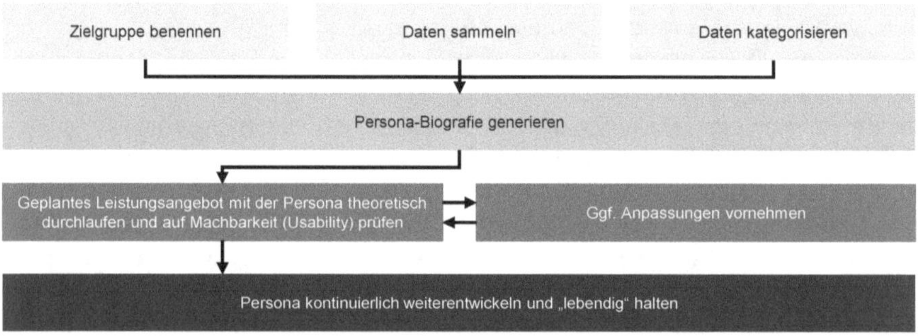

Abbildung 3-5: Entwicklungsphasen der Persona-Methode (LEPZIEN U. LEWERENZ 2017, S. 24)

Der Prozess sieht vor, zunächst die zu adressierende Zielgruppe genau zu benennen. Die Herausforderung dieser Aktivität ist es, sich auf wenige, konkret definierte Gruppen zu beschränken. Andernfalls besteht die Gefahr, das Leistungsangebot auf zu viele Nutzer auszurichten und somit den Fokus zu verlieren. Im darauffolgenden Schritt gilt es, qualitative und quantitative Daten zu sammeln, um ein möglichst exaktes Abbild der Zielgruppe erstellen zu können. Anschließend werden die gesammelten Daten konsolidiert und in einem kurzen Steckbrief verschriftlicht. Neben einem fiktiven Namen und demografischen Angaben werden auch persönliche Merkmale wie z. B. Ausbildung und Herkunft sowie Freizeitaktivitäten in der Kurzbiografie festgehalten. Diese zusätzlichen Informationen sollen die Einstellungen der Persona deutlicher machen und somit das Bild als Entscheidungsgrundlage schärfen.

Der vorgestellte Ansatz ist branchenunabhängig anwendbar und hat auch keinen expliziten Bezug zu Subskriptions-Geschäftsmodellen. Leistungssysteme werden teilweise betrachtet, da sie einerseits einen Schluss zur Charakterisierung der jeweiligen Zielgruppe zulassen und andererseits mit dem neuen Profil abgeglichen werden müssen. Der Ansatz unterstützt bei der konkreten Definition von Zielgruppen bzw. Kundentypen, systematisiert die daran anknüpfenden Leistungen allerdings nicht. Eine Zuordnung von Kundenanforderungen und Leistungseigenschaften findet implizit durch den Abgleichungsprozess statt.

Tabelle 3-8: Kriterienbewertung für den Ansatz nach COOPER 2006

Objektbereich			Modellbereich		
Maschinen- u. Anlagenbau	Subskriptions-modell	Leistungssys-tem	Kundentypen	Leistungssys-temtypen	Konzeptionelle Zuordnung
○	○	◑	●	○	◑

●: Vollständig erfüllt, ◑: Teilweise erfüllt, ○: Nicht erfüllt

3.3 Vorarbeiten zur Beschreibung und Systematisierung von Teilleistungen

Der folgende Teilabschnitt untersucht und bewertet Modelle, die sich mit der Beschreibung von Teilleistungen in Bezug zu Leistungssystemen befassen. Die einzelnen Teilleistungen bilden den zweiten Baustein des hier verfolgten Konzeptionsansatzes. Sie bestimmen die Leistungsfähigkeit des Anbieters und sind in bedeutendem Maße für die reale Leistungserbringung erforderlich.

LIU ET AL. 2021 | *Structure for subscription-based offers*

Die Autoren LIU ET AL. entwickeln in ihrer Arbeit einen Ordnungsrahmen zur Strukturierung von hybriden Produkt-Service-Systemen für Subskriptions-Geschäftsmodelle (s. Abbildung 3-6). Der Ordnungsrahmen soll Unternehmen des Maschinen- und Anlagenbaus dabei unterstützen, die Komplexität neuer Kundenanforderungen zu beherrschen und zielgerichtet durch ein passendes Angebot zu adressieren (s. LIU ET AL. 2021, S. 718). Ihrer Auffassung nach lassen sich alle Elemente subskriptionsbasierten Angebote in sechs unterschiedliche Kategorien einordnen. Die Maschine bzw. das Equipment („*Machinery and equipment*") bildet den Kern des Angebots, da sie bzw. es maßgeblich für die Leistungserstellung im Rahmen der Anwendung verantwortlich ist. Die zweite Kategorie bildet die Gruppe Instandhaltung („*Maintenance*"). Sie inkludiert alle Teilleistungen, die zur Erhaltung eines konstanten Produktivitätszustands erforderlich sind. Die dritte Gruppe bezeichnen die Autoren als Modernisierung („*Modernization*"). Diese subsumiert alle Produkt-, Dienst- und Softwareleistungen, die zu einer kontinuierlichen Verbesserung beitragen. Diese drei Gruppen bilden das Basisangebot (Minimum Viable Product) für ein Subskriptions-Geschäftsmodell.

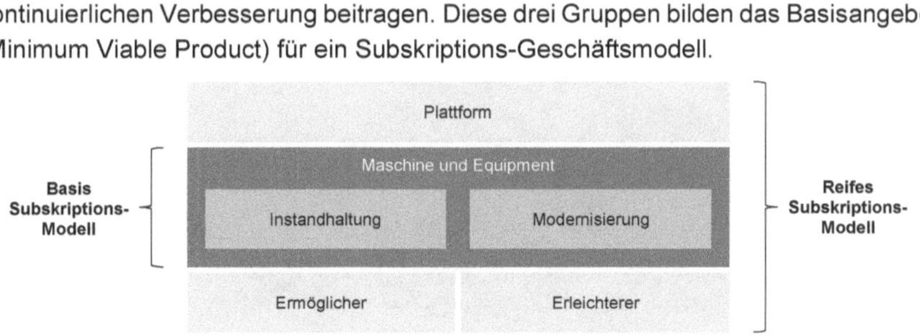

Abbildung 3-6: Struktur subskriptionsbasierter Angebote (LIU ET AL. 2021, S. 722)

Dieses Basisangebot kann durch zusätzliche Bausteine ergänzt werden. Einerseits Teilleistungen die sich der Gruppe der Ermöglicher („*Enabling*") zuordnen lassen und andererseits Teilleistungen der Gruppe der Erleichterer („*Relieving*"). Während die Ermöglicher zur Verbesserung der Kundenperformance beitragen, sorgen die Erleichterer dafür, dass die Kunden stärker ihre Kernprozesse fokussieren können. In Ergänzung zu den genannten Kategorien erwähnen die Autoren noch die Plattform („*Platform*") als fünften Baustein. In Kombination ergeben alle sechs Gruppen die leistungssystemseitige Basis für ein reifes Subskriptions-Geschäftsmodell (s. LIU ET AL. 2021, S. 722). Die Autoren zeigen in ihrer Arbeit einen klaren Bezug zum Maschinen- und Anlagenbau sowie Subskriptions-Geschäftsmodellen. Ein konkretes Vorgehen zur Konzeption wird jedoch nicht erwähnt.

Tabelle 3-9: Kriterienbewertung für den Ansatz nach LIU ET AL. 2021

Objektbereich			Modellbereich		
Maschinen- u. Anlagenbau	Subskriptions-modell	Leistungssys-tem	Kundentypen	Leistungssys-temtypen	Konzeptionelle Zuordnung
●	●	●	○	○	○

●: Vollständig erfüllt, ◑: Teilweise erfüllt, ○: Nicht erfüllt

BENDIG ET AL. 2021 | *Equipment-as-a-Service offer structure*

Die Autoren BENDIG ET AL. stellen in ihrer Arbeit einen Ordnungsrahmen auf, der die einzelnen Stufen unterschiedlicher Subskriptions-Angebote beschreibt (s. Abbildung 3-7).

Der Ordnungsrahmen wird von den Autoren anhand zweier Dimensionen aufgespannt: „*What to sell*" (Leistungssystem) und „*How to sell*" (Ertragsmechanik). Während sich die Seite der Ertragsmechanik in unterschiedliche Abrechnungsmechanismen gliedert, unterteilt sich die Dimension zur Beschreibung des Leistungssystems in „*Asset offering only*", „*Spare parts / consumables*", „*Service & maintenance contracts*", „*Digital products*" und „*Value-oriented combination*". Die einzelnen Kategorien zur Beschreibung der Elemente des Leistungssystems bauen inhaltlich aufeinander auf und werden im Rahmen des Modells jeweils als Ergänzung zur vorherigen Stufe gesehen (s. BENDIG ET AL. 2021, S. 6).

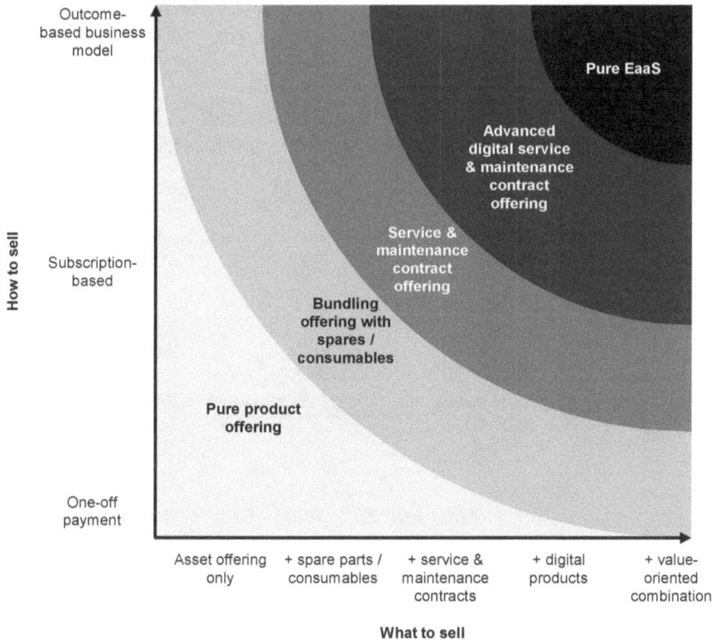

Abbildung 3-7: Equipment-as-a-Service offer structure (BENDIG ET AL. 2021, S. 6)

Während der Ansatz von BENDIG ET AL. neben der Betrachtung des Leistungssystems einen starken Bezug zum Maschinen- und Anlagenbau sowie Subskriptions-Geschäftsmodellen aufweist, werden die einzelnen Kundentypen sowie der Konzeptionsprozess nicht betrachtet. Zusätzlich ist anzumerken, dass sich die Autoren mit der Bezeichnung „*Subscription-based*" lediglich auf eine kontinuierliche gleichbleibende Zahlung beziehen, die keinerlei leistungsabhängige Komponenten beinhaltet. Somit haben die Autoren ein abweichendes Verständnis des Subskriptionsbegriffs, welches sich nur auf den Aspekt der Ertragsmechanik bezieht.

Tabelle 3-10: Kriterienbewertung für den Ansatz nach BENDIG ET AL. 2021

Objektbereich			Modellbereich		
Maschinen- u. Anlagenbau	Subskriptions-modell	Leistungssys-tem	Kundentypen	Leistungssys-temtypen	Konzeptionelle Zuordnung
●	◑	●	○	◑	○

●: Vollständig erfüllt, ◑: Teilweise erfüllt, ○: Nicht erfüllt

BOẞLAU ET AL. 2017 | *Kategorisierung von industriellen PSS-Geschäftsmodellen*

Die Autoren BOẞLAU ET AL. orientieren sich bei der Kategorisierung unterschiedlicher PSS-Geschäftsmodell- bzw. -Leistungstypen aufgrund der großen Heterogenität der Leistungen am zentralen Nutzenmodell. Das Nutzenmodell repräsentiert das Nutzenversprechen und gibt darüber Auskunft, wie die Aufgabenverteilung zwischen Kunde und Anbieter aussieht und welche Schlüsselprozesse dafür erforderlich sind. Die Autoren wählen eine Morphologie zur Beschreibung der unterschiedlichen Ausprägungen (s. Abbildung 3-8) (s. BOßLAU ET AL. 2017, S. 306–307).

Nutzen							
Leistungs-orientierung	Reine Materielle Kernleistung	Systemleistung	Integrationsleistung	Reine Dienstleistung			
Dienstleistung	Planend	Beratend	Schulend	Logistisch	Funktions-schaffend	Funktions-erhaltend	Optimierend
Sachleistung	Einfaches produktions-bezogenes Investitionsgut	Komplexes produktions-bezogenes Investitionsgut	Einfaches, nicht-produktionsbezogenes Investitionsgut	Komplexes, nicht-produktionsbezogenes Investitionsgut			
Nutzen-verprechen	Eigentums-erwerb	Verbrauchs-garantie	Verfügbarkeits-garantie	Know-how-Aufbau	Leistungs-flexibilität	Ergebnis-garantie	
Ausmaß Nutzenversp.	Kernnutzen	Aggregierte Nutzenversprechen	Integrierte Nutzenversprechen				
Quantifizierung Nutzenverspr.	Störungs-häufigkeit	Verfügbarkeits-kennzahl	Liefertreue	Zeitliche Verfügbarkeit	Kosten-einsparung	Soll-Einheiten	
Auswirkungen Nutzenverspr.	Funktions-sicherheit	Risiko-minimierung	Kosten-senkung	Innovations-sicherheit	Kunden Know-how	Strategische Partnerschaft	

Abbildung 3-8: Partialmodell ‚Nutzen' von PSS-Geschäftsmodellen (BOßLAU ET AL. 2017, S. 307)

In ihrem Partialmodell bezüglich des Nutzens der Leistung fokussieren die Autoren sowohl die Ausgestaltung des Leistungssystems als auch das damit verbundene angestrebte Nutzenversprechen. Zusätzlich wird das Nutzenversprechen entsprechend seinen Auswirkungen sowie der Möglichkeit zur Quantifizierung, die für eine Verknüpfung mit dem Ertragsmechanismus erforderlich ist, beschrieben (s. BOßLAU ET AL. 2017, S. 306–307).

Wertschöpfungsarchitektur								
Schlüssel-prozesse	Instandhaltung	Beschaffung	Installation	Upgrading	Kontinuierliche Verbesserung	Betrieb		
Schlüssel-ressourcen	Humanressourcen	Finanzielle Ressourcen	Organisatorische Ressourcen	Physische Ressourcen	Technologische Ressourcen			
Schlüssel-fähigkeiten	Wand-lungs-fähigkeit	Koopera-tions-fähigkeit	Vermitt-lungs-fähigkeit	Entwick-lungs-fähigkeit	Implemen-tierungs-fähigkeit	Entschei-dungs-fähigkeit	Innova-tions-fähigkeit	Erbring-ungs-fähigkeit

Abbildung 3-9: ‚Wertschöpfungsarchitektur' von PSS-Geschäftsmodellen (BOßLAU ET AL. 2017, S. 307)

Als weiteres Paritalmodell zur Kategorisierung von industriellen PSS-Leistungstypen beschreiben die Autoren die dazugehörige Wertschöpfungsarchitektur. Analog zum Nutzenmodell ist auch diese in Form einer Morphologie gegliedert (s.Abbildung 3-9).

Innerhalb dieser Partialbetrachtung werden Ausprägungen hinsichtlich der Schlüsselprozesse, -ressourcen und -fähigkeiten betrachtet. Die dadurch entstehende Wertschöpfungsarchitektur bildet einen zentralen Beitrag zur Beschreibung von Leistungssystemen, da sie erläutert, wie Fähigkeiten und Ressourcen zur Erbringung des Nutzenversprechens erforderlich sind und welche Prozesse konkret involviert sind (s. BOßLAU ET AL. 2017, S. 308).

Der von BOßLAU ET AL. vorgestellte Ansatz lässt sich klar dem Maschinen- und Anlagenbau zuordnen und berücksichtigt explizite Aspekte eines Subskriptions-Geschäftsmodells bspw. in Bezug auf das Nutzenversprechen oder die Übernahme anwendungsbezogener Risiken. Die Leistungssystembetrachtung erfolgt bereits in dezidierten Typen. Eine Systematisierung unterschiedlicher Kundentypen wird allerdings nicht vorgenommen, es werden lediglich die mit der Leistung verbundenen Nutzenversprechen detailliert betrachtet. Eine konkrete Zuordnungslogik zwischen Anforderungen und Leistungseigenschaften weist der morphologische Ansatz ebenfalls nicht auf.

Tabelle 3-11: Kriterienbewertung für den Ansatz nach BOßLAU ET AL. 2017

Objektbereich			Modellbereich		
Maschinen- u. Anlagenbau	Subskriptions-modell	Leistungssys-tem	Kundentypen	Leistungssys-temtypen	Konzeptionelle Zuordnung
●	◑	◑	◑	◑	○

●: Vollständig erfüllt, ◑: Teilweise erfüllt, ○: Nicht erfüllt

LAH U. WOOD 2016 | *Portfolio Components*

In ihrem Werk zu As-a-Service-Geschäftsmodellen stellen die Autoren einen Ordnungsrahmen auf, der alle wesentlichen Angebotselemente eines Subskriptions-Geschäftsmodells aus Portfoliosicht umfasst. Der Ordnungsrahmen besteht aus sieben Elementen, die jeweils einen Teil des Leistungssystems abdecken (s. Abbildung 3-10).

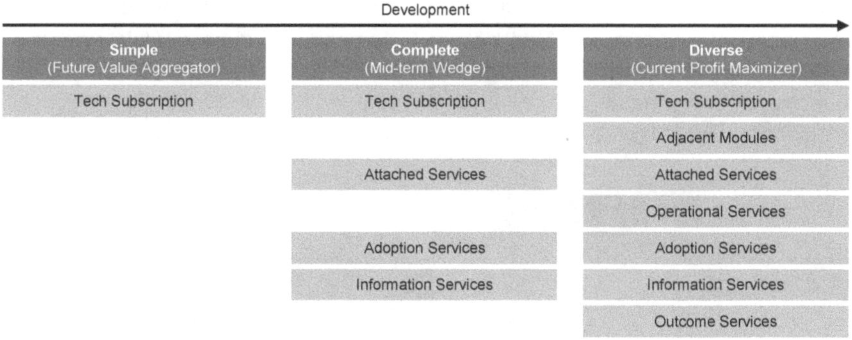

Abbildung 3-10: Portfolio Plan (LAH U. WOOD 2016, S. 136)

Die erste Kategorie „*Technology Subscription*“ umfasst die technologischen Bestandteile des Subskriptions-Angebots, die zur Anwendung erforderlich sind (z. B. Maschine). Die zweite Kategorie „*Adjacent Modules*“ umfasst Teilleistungen, die komplementär zu dem Kernangebot, den Wert des Leistungssystems verbessern. Die dritte Kategorie umfasst „*Attached Services*“, ergänzende Dienstleistungen, die es dem Kunden ermöglichen, das Kernangebot zu nutzen und die Leistungsfähigkeit zu erhalten. Die Kategorie „*Operational Services*“ bezieht sich auf Dienstleistungen, welche die operative Komplexität des Kunden reduzieren; sie beinhalten z. B. die Verwaltung von Systemen oder das Angebot einer Remote-Monitoring-Lösung. Die „*Adoption*

Services“ bilden die fünfte Kategorie und beziehen sich auf jene Teilleistungen, die den Kunden dabei unterstützen sollen, seine technischen Möglichkeiten optimal zu nutzen. Die „*Information Services*“ beziehen sich auf Teilleistungen, die den Wert des Kernangebots durch datenbasierte Einblicke und andere datenbezogene Aktivitäten erhöhen (z. B. Nutzungsdatenanalyse). Die letzte Kategorie bezieht sich auf die „*Outcome Services*“ und beschreibt primär die Bündelung von Angebotselementen (s. LAH u. WOOD 2016, S. 134–135). Während dieser Ansatz zur Strukturierung von Leistungssystemen einen starken Subskriptions-Bezug aufweist, werden die Kriterien des Modellbereichs nur vereinzelt adressiert.

Tabelle 3-12: Kriterienbewertung für den Ansatz nach LAH U. WOOD 2016

Objektbereich			Modellbereich		
Maschinen- u. Anlagenbau	Subskriptions-modell	Leistungssys-tem	Kundentypen	Leistungssys-temtypen	Konzeptionelle Zuordnung
◑	●	●	○	◑	○

●: Vollständig erfüllt, ◑: Teilweise erfüllt, ○: Nicht erfüllt

CORSTEN U. GÖSSINGER 2007 | *Gütersystematik*

Die Autoren ordnen unterschiedliche Wirtschaftsgüter nach ihren konstituierenden Merkmalen und entwickeln daraus eine sogenannte „*Gütersystematik*“.

In den Wirtschaftswissenschaften werden alle Leistungen als Güter bezeichnet, die direkt oder indirekt einen Nutzen erfüllen und somit ein Bedürfnis befriedigen. Demzufolge ist ein charakteristisches Merkmal von Gütern die „*Fähigkeit zur Nutzenstiftung*“. Der Wert des wirtschaftlichen Guts ergibt sich aus dem gestifteten Nutzen sowie der Knappheit auf dem Markt (s. CORSTEN U. GÖSSINGER 2007, S. 19–20). Entsprechend ihren Eigenschaften lassen sich Güter in Real- und Nominalgüter unterteilen (s. Abbildung 3-11).

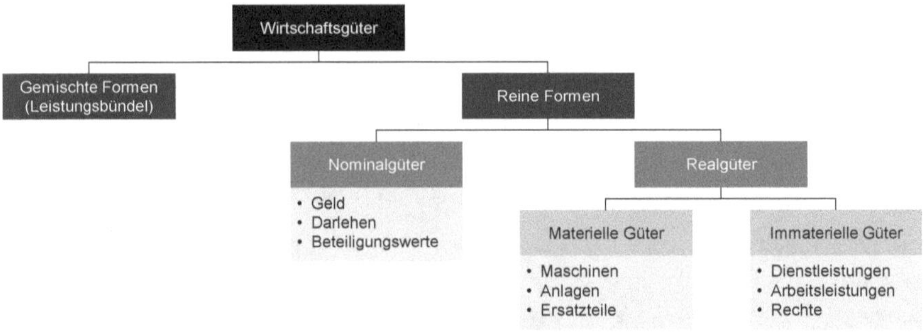

Abbildung 3-11: Gütersystematik (CORSTEN U. GÖSSINGER 2007, S. 20)

Nominalgüter beziehen sich auf Güter, deren Wert zugewiesen ist und in Geld ausgedrückt werden kann. Realgüter hingegen umfassen alle Güter, welche das Ergebnis eines Produktionsprozesses sind. Sie lassen sich in materielle und immaterielle Güter aufteilen. Materielle Güter umfassen wiederum alle physischen Sachgüter und immaterielle Güter alle nicht-physischen Leistungen wie z. B. Dienstleistungen, Arbeitsleistungen, Rechte und Informationen (s. SCHUH U. GUDERGAN 2016, S. 2).

Der vorgestellte Ansatz lässt sich klar dem Maschinen- und Anlagenbau zuordnen, ist jedoch innerhalb der Branchenbetrachtung geschäftsmodellunabhängig anwendbar. Der Ansatz betrachtet das gesamte Leistungsspektrum und untergliedert dieses gleichzeitig in die Reinformen bzw. Teilleistungen. Innerhalb der Betrachtung werden keine Kundentypen identifiziert, sodass eine konzeptionelle Zuordnung zwischen Kundenanforderungen und Leistungstypen ebenfalls nicht erfolgt. Durch die Systematisierung werden die Leistungen entsprechend gegliedert; eine konkrete Typenidentifikation erfolgt jedoch nicht.

Tabelle 3-13: Kriterienbewertung für den Ansatz nach CORSTEN U. GÖSSINGER 2007

Objektbereich			Modellbereich		
Maschinen- u. Anlagenbau	Subskriptions-modell	Leistungssys-tem	Kundentypen	Leistungssys-temtypen	Konzeptionelle Zuordnung
●	○	●	○	◑	○

●: Vollständig erfüllt, ◑: Teilweise erfüllt, ○: Nicht erfüllt

SPATH U. DEMUß 2006 | *Angebotstypen industrieller Dienstleistungen*

Die Autoren SPATH U. DEMUß vertreten in ihrer Arbeit die Meinung, dass bei hybriden Leistungsbündeln die Teilleistungen aus Sach- und Dienstleistungen sowie Rechten bestehen können, das Angebot *„reiner Dienstleistungen"* jedoch grundsätzlich nicht existiert, da *„der Absatz von Sachleistungen ohne die Inanspruchnahme von Dienstleistungen nicht vorstellbar ist"* (SPATH U. DEMUß 2006, S. 471). Jedes Leistungsbündel besitzt zwangsläufig immer einen gewissen Dienstleistungsanteil (z. B. Auslieferung oder Installation des physischen Produkts). In diesem Sinne spielen die industriellen Dienstleistungen für die Autoren eine bedeutende Rolle in der Betrachtung von Leistungssystemen (s. SPATH U. DEMUß 2006, S. 470–471).

Zum besseren Verständnis unterschiedlicher Angebotstypen gliedern die Autoren industrielle Dienstleistungen in vier Ebenen (s. Abbildung 3-12). Je tiefer der Betrachtungsfokus in Bezug auf die Ebenen, desto eher entspricht die Dienstleistung dem angebotenen Nutzenversprechen (Angebotssicht).

In Bezug auf das Leistungsangebot wird zwischen zwei Kategorien unterschieden: produktbegleitenden Dienstleistungen und Performance-Contracting-Leistungen. Die erste Kategorie bezieht sich auf Leistungen, die der Anbieter zur Absatzförderung seiner physischen Produkte anbietet. Die mit der Kernleistung verknüpften Dienstleistungen sorgen für einen zusätzlichen Mehrwert. Der Verkauf der Kernleistung steht allerdings nach wie vor im Mittelpunkt des Geschäftsmodells. Die zweite Kategorie beschränkt sich hingegen auf das Angebot von Leistungsbündeln. Hierbei steht die Leistungserbringung bzw. das Leistungsergebnis im Vordergrund. Das physische Kernprodukt steht hierbei nicht mehr im Vordergrund, sondern ist lediglich noch ein erforderlicher Baustein im Rahmen des übergreifenden Leistungsangebots (s. SPATH U. DEMUß 2006, S. 467–468).

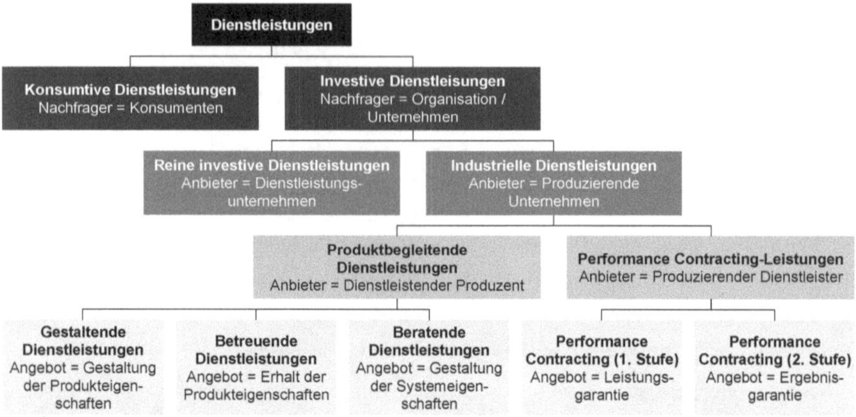

Abbildung 3-12: Systematisierung von Dienstleistungen (SPATH U. DEMUß 2006, S. 468)

Der Ansatz von SPATH U. DEMUß bezieht sich vordergründig auf industrielle Leistungen und dementsprechend auf Unternehmen des Maschinen- und Anlagenbaus. Im Rahmen ihrer Untergliederung beschreiben die Autoren jeweils, welches Nutzenversprechen durch die entsprechende Leistung erfüllt wird. Die Erwähnung konkreter Performance-Contracting-Leistungen weist auf einen Subskriptionsbezug hin, allerdings nur bezogen auf das Dienstleistungsangebot, Sachgüter werden nicht direkt berücksichtigt. Die betrachteten Dienstleistungen werden kategorisiert und in unterschiedliche Typen gegliedert. Analog zum Ansatz von TUKKER wird hier ebenfalls der Kunde nicht direkt berücksichtigt, weshalb auch keine Leistungszuordnung erfolgt.

Tabelle 3-14: Kriterienbewertung für den Ansatz nach SPATH U. DEMUß 2006

Objektbereich			Modellbereich		
Maschinen- u. Anlagenbau	Subskriptions-modell	Leistungssys-tem	Kundentypen	Leistungssys-temtypen	Konzeptionelle Zuordnung
●	◑	◑	○	◑	○

●: Vollständig erfüllt, ◑: Teilweise erfüllt, ○: Nicht erfüllt

TUKKER 2004 | *Eight types of product-service system*

Zur genaueren Definition von Produkt-Service-Systemen identifiziert TUKKER acht Archetypen, die das Leistungsspektrum abdecken und entsprechend ihrem materiellen bzw. immateriellen Leistungsanteil kategorisiert werden (s. Abbildung 3-13). Als weiteres Unterscheidungsmerkmal nutzt er die Leistungsziele (produktorientiert, nutzungsorientiert, ergebnisorientiert) die mit den jeweiligen hybriden Leistungsbündeln einhergehen (s. TUKKER 2004, S. 246–247).

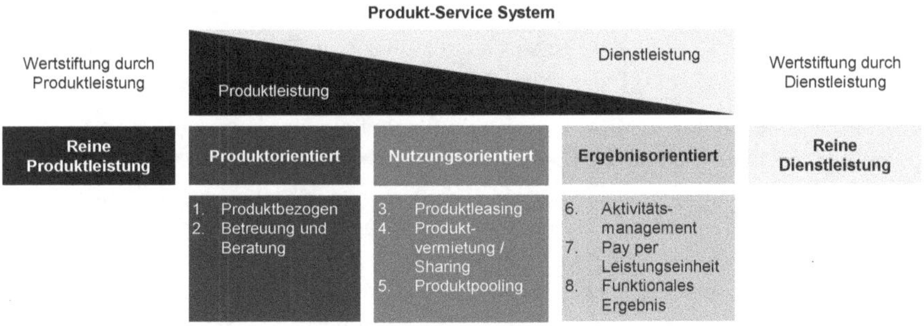

Abbildung 3-13: Acht Archetypen von Produkt-Service-Systemen (TUKKER 2004, S. 248)

Die drei zentralen Kategorien wonach TUKKER unterscheidet beschreibt er folgendermaßen:

- *Produktorientiert*: Das hier angebotene Geschäftsmodell orientiert sich primär am Produktverkauf, es werden jedoch einzelne Dienstleistungen zusätzlich angeboten.
- *Nutzungsorientiert*: In dieser Kategorie spielt das traditionelle Produkt zwar noch eine entscheidende Rolle, allerdings ist das Geschäftsmodell nicht zwingend an den Verkauf von Produkten gebunden. Das Produkt bleibt im Besitz des Anbieters und wird dem Kunden zur Verfügung gestellt.
- *Ergebnisorientiert*: Hierbei einigen sich der Kunde und der Anbieter auf ein zu erreichendes Ergebnis ohne eine vorbestimmte Produktleistung (s. TUKKER 2004, S. 248–249).

Der Ansatz von TUKKER lässt sich aufgrund des PSS-Bezugs eindeutig dem Maschinen- und Anlagenbau zuordnen. Die Betrachtung von Subskriptions-Geschäftsmodellen erfolgt lediglich indirekt durch die Einordnung der unterschiedlichen Nutzenversprechen, gemäß des Produkt- bzw. Dienstleistungsanteils. Das Leistungssystem wird in diesem Ansatz als kontinuierliches Spektrum zwischen Produkt- und Dienstleistung verstanden, wodurch das gesamte Spektrum möglicher Leistungssystemtypen abgedeckt wird. Die Identifikation konkreter Typen erfolgt ebenfalls, diese werden entsprechend ihrer primären Nutzenversprechen geclustert. Aufgrund der Tatsache, dass der Kunde und seine Bedürfnisse in diesem Ansatz nicht berücksichtigt werden, erfolgt auch kein konzeptioneller Zuordnungsprozess.

Tabelle 3-15: Kriterienbewertung für den Ansatz nach TUKKER 2004

Objektbereich			Modellbereich		
Maschinen- u. Anlagenbau	Subskriptions-modell	Leistungssys-tem	Kundentypen	Leistungssys-temtypen	Konzeptionelle Zuordnung
●	◑	●	○	●	○

●: Vollständig erfüllt, ◑: Teilweise erfüllt, ○: Nicht erfüllt

BELZ ET AL. 1997 | *Grundstruktur von Leistungssystemen*

Der Ansatz von BELZ ET AL. wurde bereits ausführlich im Rahmen der Definition von Leistungssystemen erläutert (s. Kapitel 2.1).

Das Modell lässt sich dem Maschinen- und Anlagenbau zuordnen, ist jedoch grundlegend auf alle Industriebereiche des B2B-Geschäfts anwendbar. Ein konkreter Geschäftsmodellbezug lässt sich nicht feststellen, die Schale der Leistungsintegration thematisiert jedoch Aspekte lösungsorientierter Geschäftsmodelle. Die Betrachtung des Leistungssystems ist holistisch und deckt alle Teilleistungen von PSS ab. Die Beschreibung konkreter Leistungs- oder Kundentypen erfolgt jedoch nicht. Der Prozess der konzeptionellen Zuordnung von Anforderungen und Leistungseigenschaften wird in diesem Ansatz nicht berücksichtigt.

Tabelle 3-16: Kriterienbewertung für den Ansatz nach BELZ ET AL. 1997

Objektbereich			Modellbereich		
Maschinen- u. Anlagenbau	Subskriptions-modell	Leistungssys-tem	Kundentypen	Leistungssys-temtypen	Konzeptionelle Zuordnung
◑	○	●	○	◑	○

●: Vollständig erfüllt, ◑: Teilweise erfüllt, ○: Nicht erfüllt

3.4 Vorarbeiten zur Konzeption von Leistungssystemen

Der dritte Untersuchungsbereich betrachtet Modelle, die sich konkret mit dem gestalterischen konzeptionellen Prozess der Systementwicklung befassen.

SARANCIC ET AL. 2022 | *Designing Industrial Product-Service System Projects*

Die Autoren SARANCIC ET AL. stellen in ihrer Arbeit einen sechsstufigen Prozess vor, der bei der Auswahl relevanter „*Produkte*" bzw. Teilleistungen aus dem Portfolio zur Gestaltung von PSS unterstützt (s. SARANCIC ET AL. 2022, S. 1120). Ein zentraler Aspekt dieses Ansatzes ist die Identifikation unterschiedlicher Kundentypen, die jeweils unterschiedliche Charakteristika aufweisen und individuelle Bedarfsprofile haben (s. Abbildung 3-14).

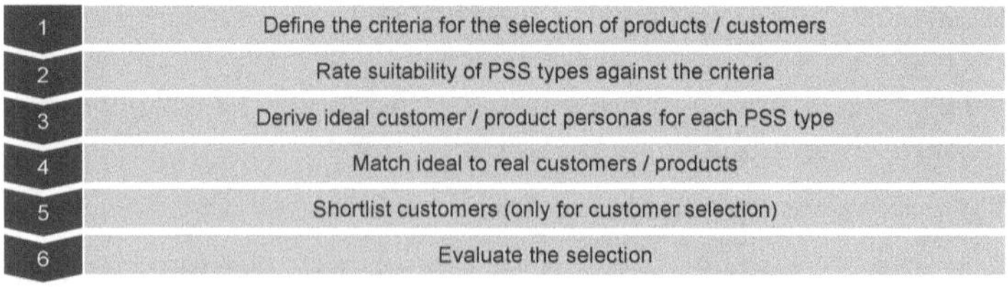

Abbildung 3-14: Auswahlprozess zur Konzeption von PSS (SARANCIC ET AL. 2022, S. 1121)

Der erste Schritt ihres Prozesses bezieht sich auf die Identifikation geeignete Merkmale, die als Kriterium bei der Auswahl passender PSS berücksichtigt werden sollen. Innerhalb des zweiten Schritts werden die identifizierten PSS-Kombinationen hinsichtlich der zuvor aufgestellten Merkmale bewertet. Im nächsten Schritt werden die am besten passenden Kundentypen für die identifizierten PSS-Kombinationen abgeleitet. Die Schritte 4-6 erfolgen in Abhängigkeit des betrachteten Anwendungsfalls und übertragen die theoretischen Konzepte der vorherigen Schritte in eine operative Umsetzung.

Der Ansatz lässt sich klar dem Maschinen- und Anlagenbau zuordnen, betrachtet die Themen Subskriptionsmodell, Kunden- und Leistungssystemtypen jedoch nur oberflächlich.

Tabelle 3-17: Kriterienbewertung für den Ansatz nach SARANCIC ET AL. 2022

Objektbereich			Modellbereich		
Maschinen- u. Anlagenbau	Subskriptions-modell	Leistungssys-tem	Kundentypen	Leistungssys-temtypen	Konzeptionelle Zuordnung
●	◑	○	◑	◑	●

●: Vollständig erfüllt, ◑: Teilweise erfüllt, ○: Nicht erfüllt

BURGER ET AL. 2022 | *Designing a Subscription Business Model for Industrial Goods*

BURGER ET AL. untersuchen in ihrem Beitrag, welche Befähiger in der produzierenden Industrie erforderlich sind, um Subskriptions-Geschäftsmodelle zu entwickeln. Ihr Ziel ist es, durch den Ansatz die Entwicklung von Subskriptions-Geschäftsmodellen zu unterstützen und eine Übersicht zu schaffen, welche (Teil-)Leistungen für entsprechende Nutzenversprechen erforderlich sind. Zur Auswahl der passenden „*Befähiger*" werden die Subskriptions-Geschäftsmodelle zunächst anhand der drei folgenden drei Merkmale charakterisiert: Umfang des Angebots, Anteil der Value-Co-Creation und Abrechnungslogik. Darüber hinaus definieren die Autoren relevante Befähiger und zusätzliche Akteure in einem potenziellen Subskriptions-Ökosystem (s. Abbildung 3-15).

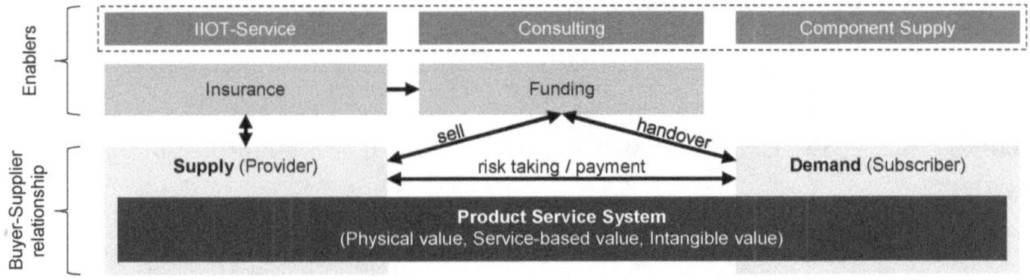

Abbildung 3-15: Aufbau eines Subskriptions-Ökosystems (BURGER ET AL. 2022, S. 9)

Das Modell fokussiert den Maschinen- und Anlagenbau und hat einen klaren Bezug zu Subskriptions-Geschäftsmodellen. Darüber hinaus werden Leistungssysteme betrachtet, jedoch lediglich in einer oberflächlichen Betrachtung.

Tabelle 3-18: Kriterienbewertung für den Ansatz nach BURGER ET AL. 2022

Objektbereich			Modellbereich		
Maschinen- u. Anlagenbau	Subskriptions-modell	Leistungssys-tem	Kundentypen	Leistungssys-temtypen	Konzeptionelle Zuordnung
●	●	◑	○	○	◑

●: Vollständig erfüllt, ◑: Teilweise erfüllt, ○: Nicht erfüllt

FREDERIKSEN ET AL. 2021 | *Method for Archetype-Based PSS Development*

Zur Unterstützung des PSS-Entwicklungsprozesses entwickeln FREDERIKSEN ET AL. einen präskriptiven Ansatz, der die Eignung unterschiedlicher PSS-Typen für ein ausgewähltes Subskriptions-Geschäftsmodell identifiziert. Die drei Typen gliedern sich in ein produktorientiertes, nutzungsorientiertes und ergebnisorientiertes Produkt-Service-System. Die Auswahl des passenden PSS-Typs basiert auf der Bewertung von zehn Kriterien, die sich auf unterschiedliche Aspekte des konkreten Geschäftsmodells beziehen (z. B. „*Ability to predict customer behaviour*", „*Company´s ownership*" etc.) (s. FREDERIKSEN ET AL. 2021, S. 6). Zusätzlich zum unterstützenden Tool definieren die Autoren einen fünfstufigen Prozess, dessen Ziel die Anwendung der Methodik ist.

Der vorgestellte Ansatz adressiert den Maschinen- und Anlagenbau und befasst sich durch die unterschiedlichen PSS-Typen auch indirekt mit Subskriptions-Geschäftsmodellen. Die Betrachtung von Leistungssystemen sowie deren charakteristische Merkmale stellt den zweiten zentralen Betrachtungsfokus dieser Arbeit dar, wobei die Autoren hierbei auf einer generischen Beschreibungsebene bleiben. Durch das Vorgehen wird die konzeptionelle Zuordnung ebenfalls indirekt und somit teilweise adressiert.

Tabelle 3-19: Kriterienbewertung für den Ansatz nach FREDERIKSEN ET AL. 2021

Objektbereich			Modellbereich		
Maschinen- u. Anlagenbau	Subskriptions-modell	Leistungssys-tem	Kundentypen	Leistungssys-temtypen	Konzeptionelle Zuordnung
●	◑	◑	○	●	◑

●: Vollständig erfüllt, ◑: Teilweise erfüllt, ○: Nicht erfüllt

SAKAO ET AL. 2017 | *Creating service modules for customising product/service systems*

Der Ansatz von SAKAO ET AL. befasst sich mit der Entwicklung einer Methodik, die zur bedarfsgerechten Gestaltung von PSS dient. Die Autoren nutzen sogenannte „*service modules*" zum Aufbau des jeweiligen PSS. Diese bestehen wiederum aus „*service components*", die als Teilleistungen verstanden werden können (s. SAKAO ET AL. 2017, S. 21). Vor dem Hintergrund steigender Komplexität hinsichtlich der Anzahl an Teilleistungen und zu erfüllende Kundenbedürfnisse, bedienen sich die Autoren der Modellierungsmethode der *Design Structure Matrix*. Sie unterstützt die Autoren in der konzeptionellen Zuordnung sowie der Strukturierung von Bedarfen und Teilleistungen. Zur Anwendung dieser Methode stellen SAKAO ET AL. zusätzlich einen fünfstufigen Prozess vor, der Industrieunternehmen bei der praxisgerechten Erstellung von PSS unterstützen soll (s. Abbildung 3-16).

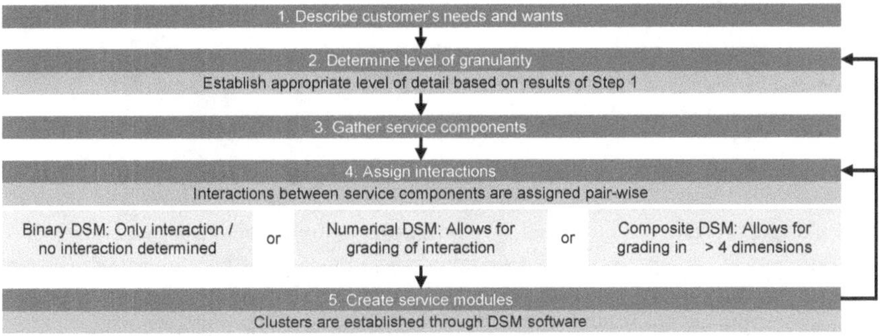

Abbildung 3-16: Prozess zur Erstellung von Leistungsmodulen (Sakao et al. 2017, S. 22)

Im ersten Schritt des Vorgehensmodells werden die Kundenbedarfe erhoben und beschrieben. Darauf aufbauend wird der passende Detaillierungsgrad bestimmt. Der dritte Schritt befasst sich anschließend mit der Auflistung aller verfügbaren Teilleistungen des gesamten Leistungsprogramms. Die verfügbaren Teilleistungen werden im vierten Schritt in einer *Design Structure Matrix* gegliedert, sodass gegenseitige Abhängigkeiten der einzelnen Teilleistungen beschrieben werden können. Je nach Detaillierungsgrad werden die Beziehungen binär, numerisch oder als zusammengesetzte DSM beschrieben. Im letzten Schritt werden mithilfe unterstützender Software die passenden Teilleistungen geclustert und zu passenden Teilleistungsmodulen gegliedert.

Wie bereits beschrieben, liegt der wesentliche Betrachtungsfokus dieses Ansatzes auf der konzeptionellen Zuordnung von Kundenbedarfen sowie den erforderlichen Teilleistungen zur Erfüllung jener Anforderungen. Durch die Betrachtung von PSS werden auch indirekt der Maschinen- und Anlagenbau sowie Leistungssysteme bzw. -typen betrachtet.

Tabelle 3-20: Kriterienbewertung für den Ansatz nach Sakao et al. 2017

Objektbereich			Modellbereich		
Maschinen- u. Anlagenbau	Subskriptions-modell	Leistungssys-tem	Kundentypen	Leistungssys-temtypen	Konzeptionelle Zuordnung
●	○	◑	○	◑	●

●: Vollständig erfüllt, ◑: Teilweise erfüllt, ○: Nicht erfüllt

Schuh et al. 2016 | *Leistungssystemgestaltung*

Die Autoren Schuh et al. zeigen in ihrer Arbeit ein Modell auf, um Leistungssysteme kundenspezifisch zu entwickeln. Das Modell untergliedert sich in drei Teilbereiche, die jeweils einen Aspekt der Leistungssystemgestaltung beeinflussen sowie internen und externen Einflussfaktoren (s. Abbildung 3-17).

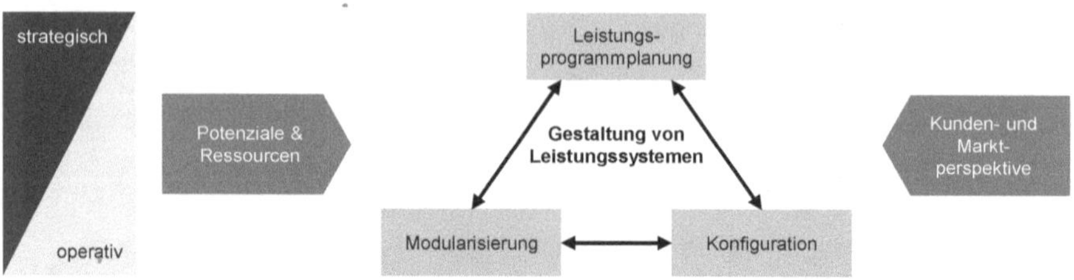

Abbildung 3-17: Aspekte der Leistungssystemgestaltung (SCHUH ET AL. 2016, S. 109)

Die Leistungsprogrammplanung, als Teil der strategischen Planung, umfasst das Gesamtportfolio aller angebotenen Leistungssysteme. Sie basiert auf den strategischen Vorgaben und Zielen des Unternehmens. Der damit verbundene Prozess der Modularisierung dient dazu, die angebotenen Leistungssysteme in sinnvolle Module zu gliedern, sodass möglichst wenige Schnittstellen zu anderen Modulen entstehen und die Komplexität reduziert wird. Innerhalb des Konfigurationsprozess werden die Leistungssysteme, basierend auf den Kundenanforderungen sowie den zuvor definierten Beziehungen zwischen den Teilleistungen, konfiguriert, um bedarfsspezifische Kundenprobleme zu lösen. Beeinflusst werden die drei Teilbereiche einerseits durch die verfügbaren Potenziale und Ressourcen zur Erstellung der Leistungen und andererseits durch die Anforderungen der Kunden bzw. die Kunden- und Marktperspektive (s. SCHUH ET AL. 2016, S. 108–109).

Der Ansatz von SCHUH ET AL. lässt sich dem Maschinen- und Anlagenbau zuordnen, ist jedoch gleichzeitig geschäftsmodellunabhängig anwendbar. Leistungssysteme werden vollständig in Bezug auf ihre Teilleistungen betrachtet. Die Identifikation spezifischer Kundentypen erfolgt nicht. Ziel des Prozesses der bedarfsspezifischen Leistungssystemkonfiguration ist die Bildung spezifischer Leistungssystemtypen. Der vorgestellte Ansatz zeigt zwar ein Vorgehen zur Erstellung dieser auf, identifiziert aber keine konkreten Typen. Die konzeptionelle Zuordnung – als Teil der Leistungskonfiguration – basierend auf den Anforderungen der Kunden wird ebenfalls teilweise betrachtet.

Tabelle 3-21: Kriterienbewertung für den Ansatz nach SCHUH ET AL. 2016

Objektbereich			Modellbereich		
Maschinen- u. Anlagenbau	Subskriptions-modell	Leistungssys-tem	Kundentypen	Leistungssys-temtypen	Konzeptionelle Zuordnung
●	○	●	○	◑	◑

●: Vollständig erfüllt, ◑: Teilweise erfüllt, ○: Nicht erfüllt

WOLF ET AL. 2010 | *Konfiguration investiver Produkt-Service-Systeme*

Der Ansatz von WOLF ET AL. zur Konfiguration von PSS leitet sich aus der Produktentwicklung ab und dient der Zusammenstellung eines kundenindividuellen PSS unter Berücksichtigung der kundenspezifischen Anforderungen. Das erläuterte Vorgehen erfordert unterschiedliche Elemente und gliedert sich entsprechend in die vier konsekutiven Phasen: 1. Technische Konfiguration, 2. Service-Konfiguration, 3. Sach- und

Serviceproduktkombination sowie 4. Bewertung der PSS-Varianten (s. Abbildung 3-18) (s. WOLF ET AL. 2010, S. 71–72).

Innerhalb des Vorgehens werden im Rahmen der technischen Konfiguration zunächst die Sachproduktvarianten ausgewählt, die effektiv zur Bewältigung des Kundenproblems geeignet sind. Im zweiten Schritt werden basierend auf den ausgewählten Sachproduktkonfigurationen, der entsprechenden Einsatzart und den spezifischen Lebenszyklusmerkmalen passende Serviceproduktvarianten ausgewählt. In der dritten Phase werden die identifizierten Serviceprodukt- und Sachproduktvarianten zu PSS-Varianten kombiniert. Diese werden im vierten Schritt gemäß ihrer Lebenszykluskosten bewertet, zur Auswahl des lebenszyklusoptimalen PSS (s. WOLF ET AL. 2010, S. 71 ff.).

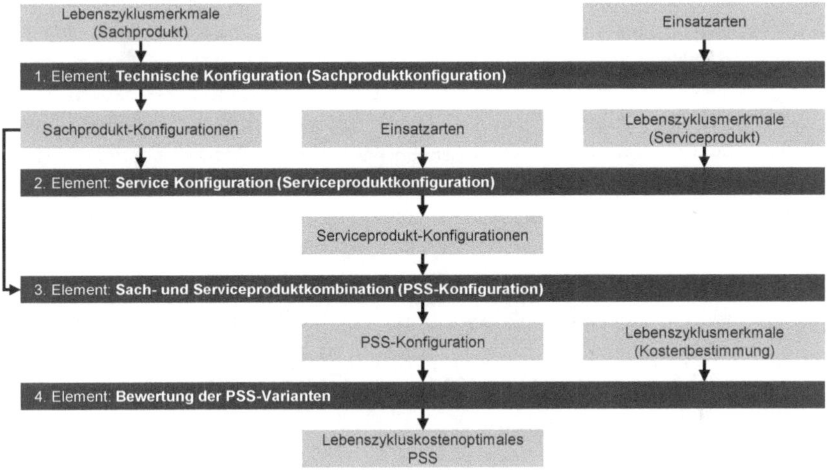

Abbildung 3-18: Vorgehen zur lebenszyklusorientierten PSS-Konfiguration (WOLF ET AL. 2010, S. 71)

Der hier vorgestellte Ansatz der Autoren Wolf et al. lässt sich dem Maschinen- und Anlagenbau zuordnen, weist allerdings keinen spezifischen Geschäftsmodellbezug auf. Die Betrachtung des Leistungssystems erfolgt sowohl auf der übergreifenden Systemebene als auch der spezifischeren Teilleistungsebene. Kundentypen werden innerhalb des Ansatzes nicht konkretisiert beschrieben, dafür sieht der Prozess allerdings die Entwicklung unterschiedlicher PSS-Konfigurationen bzw. -typen vor. In Bezug auf die Zusammenführung von Anforderungen und Leistungseigenschaften wird die Konzeptionsphase im Vorgehen nicht explizit erwähnt, weshalb anzunehmen ist, dass diese im Rahmen der einzelnen Konfigurationsschritte erfolgt.

Tabelle 3-22: Kriterienbewertung für den Ansatz nach WOLF ET AL. 2010

Objektbereich			Modellbereich		
Maschinen- u. Anlagenbau	Subskriptionsmodell	Leistungssystem	Kundentypen	Leistungssystemtypen	Konzeptionelle Zuordnung
●	○	●	○	◑	◑

●: Vollständig erfüllt, ◑: Teilweise erfüllt, ○: Nicht erfüllt

LINDAHL ET AL. 2007 | *Integrated Product and Service Engineering*

In der Arbeit von LINDAHL ET AL. wird die Entwicklungsmethode des *Integrated Product and Service Engineering* (IPSE) vorgestellt. Sie behandelt die unterschiedlichen Phasen der integrierten Entwicklung von Leistungssystemen. Aufgrund der Expertise der Autoren im Bereich Umweltforschung ist die IPSE-Methode insbesondere auf nachhaltige Geschäftsmodelle ausgerichtet. Laut den Autoren hat die Entwicklungsmethode sogar das Potenzial, das Konsumverhalten der Kunden durch neue nachhaltige Leistungsangebote für die Umwelt zu verbessern (s. LINDAHL ET AL. 2006, S. 2). LINDAHL ET AL. zeigen in ihrer Arbeit auf, dass Nachhaltigkeit im industriellen Kontext nicht allein durch alternative Ressourcen und effizientere Produktionsprozesse erreicht werden kann. Die Entwicklung hin zu einem nachhaltigen produzierenden Unternehmen erfordert eine umfangreiche Betrachtung der Wertschöpfungskette sowie des Produktlebenszyklus, des integrierten Leistungsangebots (s. LINDAHL ET AL. 2006, S. 4).

Vor diesem Hintergrund entwickeln die Autoren das IPSE unter Berücksichtigung der vor- und nachgelagerten Unternehmen in der Wertschöpfungskette. Das Entwicklungsmodell umfasst sechs zusammenhängende Phasen (s. Abbildung 3-19).

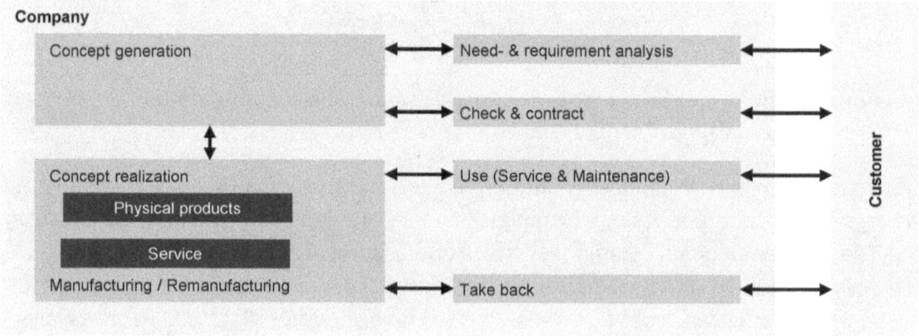

Abbildung 3-19: Phasenmodell des IPSE (LINDAHL ET AL. 2007, S. 139)

Der Ansatz von LINDAHL ET AL. lässt sich im Maschinen- und Anlagenbau verorten, fokussiert jedoch kein Geschäftsmodell im Spezifischen. Die Leistungssystembetrachtung ist übergreifend – insbesondere in Bezug auf die Konzeptentwicklung. Eine besondere Betrachtung dezidierter Kunden- und Leistungstypen erfolgt nicht; es werden lediglich allgemeine Anforderungen und Bedürfnisse der Kunden erhoben. Das von LINDAHL ET AL. vorgestellte Phasenmodell benennt die Konzeptionsphase („*Concept generation*“) explizit. Ausgangspunkt für die Erstellung eines entsprechenden Angebotskonzepts bildet die kundenseitige Bedürfnis- bzw. Anforderungsanalyse. Hierbei soll jedoch nicht nur der Kunde selbst, sondern auch die vor- und nachgelagerten Unternehmen der Wertschöpfungskette in Betracht gezogen werden. Sobald die Konzeptionierung des Leistungsangebots erfolgt ist, gilt es dieses im Hinblick darauf zu prüfen, inwiefern der Nutzen kundenseitig wahrgenommen wird. Die Phasen der Konzeptionierung sowie der anschließenden Prüfung werden iterativ durchlaufen, bis sich ein zufriedenstellendes Ergebnis eingestellt hat. Nach Vertragsabschluss wird in der Phase der Konzeptrealisierung das physische Produkt beim Kunden installiert und entsprechende Dienstleistungen erbracht. Während der Nutzungsphase soll ein kontinuierlicher Austausch mit dem Kunden erfolgen, um einen stetigen Lerneffekt sicherzustellen und eine schrittweise Anpassung bzw. Verbesserung des Angebots zu erzielen (s. LINDAHL ET AL. 2007, S. 138–139).

Tabelle 3-23: Kriterienbewertung für den Ansatz nach LINDAHL ET AL. 2007

Objektbereich			Modellbereich		
Maschinen- u. Anlagenbau	Subskriptions-modell	Leistungssys-tem	Kundentypen	Leistungssys-temtypen	Konzeptionelle Zuordnung
●	○	●	○	○	◑

●: Vollständig erfüllt, ◑: Teilweise erfüllt, ○: Nicht erfüllt

SPATH U. DEMUß 2006 | *Hybride Produktentwicklung für produzierende Dienstleister*

Nach SPATH U. DEMUS ist eine Trennung des Sach- sowie des Dienstleistungsangebots nicht mehr sinnvoll, da der Kunde nicht voneinander getrennte, sondern kombinierte Lösungsangebote fordert. Für den Anwender ist es meist gar nicht möglich, zwischen den Leistungsbestandteilen zu differenzieren bzw. diese gesondert zu betrachten (s. SPATH U. DEMUß 2006, S. 493).

Ein weiterer Aspekt, der für die Autoren besonders relevant ist, ist die erforderliche Integration des externen Faktors bei der Entwicklung hybrider Leistungssysteme. Die kundenintegrative Form der Leistungssystementwicklung ist eine konsequente Weiterentwicklung der „*Integrierten Produktentwicklung*“ (Parallelisierung der Produkt- und Dienstleistungsentwicklungsprozesse). Diese Veränderung sorgt für eine Integration der Konstruktionsmethoden für das physische Produkt sowie der Prozessentwicklungsvorgehen für die Dienstleistungen in den Entstehungsprozess des hybriden Leistungsangebots (s. Abbildung 3-20) (s. SPATH U. DEMUß 2006, S. 493–494).

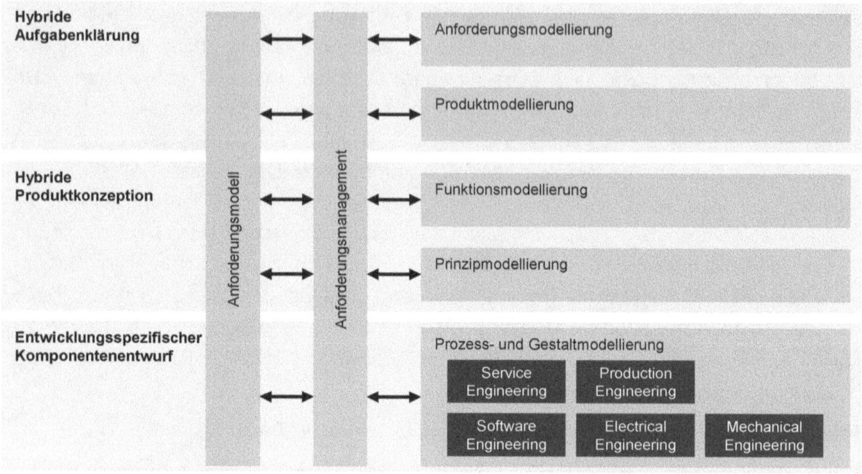

Abbildung 3-20: Hybride Produktentwicklung (SPATH U. DEMUß 2006, S. 494)

Der hybride Entwicklungsprozess nach SPATH U. DEMUß gliedert sich in drei zentrale Phasen: hybride Aufgabenklärung, hybride Produktkonzeption und entwicklungsspezifischer Komponentenentwurf. Im Vergleich zur integrierten Produktentwicklung werden die Teilleistungen nicht als gesonderte Elemente des Leistungssystems betrachtet, sondern als zusammenhängende Lösung. Dieser Zusammenhang erlaubt es den Unternehmen, bereits in der Entwicklungsphase ganzheitlich und lösungsorientiert zu denken (s. SPATH U. DEMUß 2006, S. 493 ff.).

Der beschriebene Ansatz ist dem Maschinen- und Anlagenbau zuzuordnen. Grundsätzlich ist der Ansatz von SPATH U. DEMUß geschäftsmodellunabhängig, allerdings betrachten die Autoren den Entwicklungsprozess vor dem Hintergrund serviceorientierter Geschäftsmodelle. Leistungssysteme werden konkret als hybride Systeme mit Dienst- und Sachleistungsanteilen verstanden. Im Rahmen des Ansatzes werden keine konkreten Kunden- oder Leistungstypen benannt, dafür aber der Prozess der Leistungszuordnung, die Konzeptionsphase, im Detail betrachtet. Sie dient der Funktions- sowie der Prinzipmodellierung im Anschluss an die hybride Aufgabenklärung. Die Phasen stehen im kontinuierlichen Austausch mit dem Anforderungsmanagement, welches die nutzerorientierten lösungsbezogenen Anforderungen im sogenannten Anforderungsmodell festhält.

Tabelle 3-24: Kriterienbewertung für den Ansatz nach SPATH U. DEMUß 2006

Objektbereich			Modellbereich		
Maschinen- u. Anlagenbau	Subskriptionsmodell	Leistungssystem	Kundentypen	Leistungssystemtypen	Konzeptionelle Zuordnung
●	◑	◑	○	○	◑

●: Vollständig erfüllt, ◑: Teilweise erfüllt, ○: Nicht erfüllt

VEREIN DEUTSCHER INGENIEURE 1997 | *Entwicklung technischer Produkte und Systeme*

Die Norm zur methodischen Entwicklung von Lösungsprinzipien wurde bereits eingehend im Rahmen der Konzeptionsdefinition im Kontext der Systementwicklung erläutert (s. Kapitel 2.3.1).

Der Ansatz ist eindeutig dem Maschinen- und Anlagenbau zuzuordnen, beschränkt seinen Betrachtungsfokus allerdings nicht nur auf ein spezifisches Geschäftsmodell. Das Vorgehensmodell ist generisch formuliert und kann dementsprechend sowohl übergeordnet auf Systemebene als auch auf Ebene der Teilleistungen angewendet werden. Eine konkrete Identifikation von Leistungstypen erfolgt nicht. Kunden und ihre spezifischen Eigenschaften werden dagegen teilweise berücksichtigt. Die Konzeptionsphase wird dahingegen ausführlich erläutert. Sie zeigt ein eindeutiges Vorgehen zur Verknüpfung von Anforderungen mit Leistungseigenschaften durch Funktionsstrukturen. Diese dienen wiederum dazu, die funktionale Struktur des Leistungssystems aufzuzeigen und somit eine bedarfsgerechte Leistungskonzeption zu entwickeln.

Tabelle 3-25: Kriterienbewertung für den Ansatz nach VEREIN DEUTSCHER INGENIEURE 1997

Objektbereich			Modellbereich		
Maschinen- u. Anlagenbau	Subskriptionsmodell	Leistungssystem	Kundentypen	Leistungssystemtypen	Konzeptionelle Zuordnung
●	○	◑	◑	○	◑

●: Vollständig erfüllt, ◑: Teilweise erfüllt, ○: Nicht erfüllt

AKAO 1990 | *Quality Function Deployment*

Die von AKAO entworfene Methode des *Quality Function Deployment* (QFD) ist ein Instrument der Produktentwicklung, das darauf abzielt, die Bedarfe der Kunden systematisch in den Entwicklungsprozess zu integrieren (s. SAATWEBER 2011, S. 29). Ziel der in Japan entwickelten Methode ist es, die Kundenbedarfe in jeder Phase des Entwicklungsprozesses zu berücksichtigen, um sicherzustellen, dass das Endprodukt bzw. die Endlösung alle Anforderungen des Kunden und folglich eine hohe Qualität erfüllt (s. RABL 2009, S. 129). Die Anwendung der Methodik erfolgt im Rahmen eines definierten QFD-Prozesses, der sich inhaltlich am Aufbau des *House of Quality* (HoQ) orientiert (s. Abbildung 3-21). Das HoQ bildet den passenden Ordnungsrahmen und unterstützt den Anwender in der strukturierten Durchführung der Methodik.

Innerhalb des Prozesses werden zunächst die Kundenanforderungen (Perspektive des Markts) erhoben. Parallel dazu werden die Produktmerkmale sowie deren Wirkungsbeziehungen untereinander erfasst (Perspektive des Anbieters). Beide Perspektiven werden anschließend innerhalb der Korrelationsmatrix miteinander verknüpft und bewertet. Aus den Wirkungsbeziehungen abgeleitet, werden die einzelnen Produktmerkmale im Anschluss priorisiert. Ergänzend erfolgt eine Bewertung der Konkurrenzangebote hinsichtlich der Erfüllung der Kundenanforderungen im Vergleich.

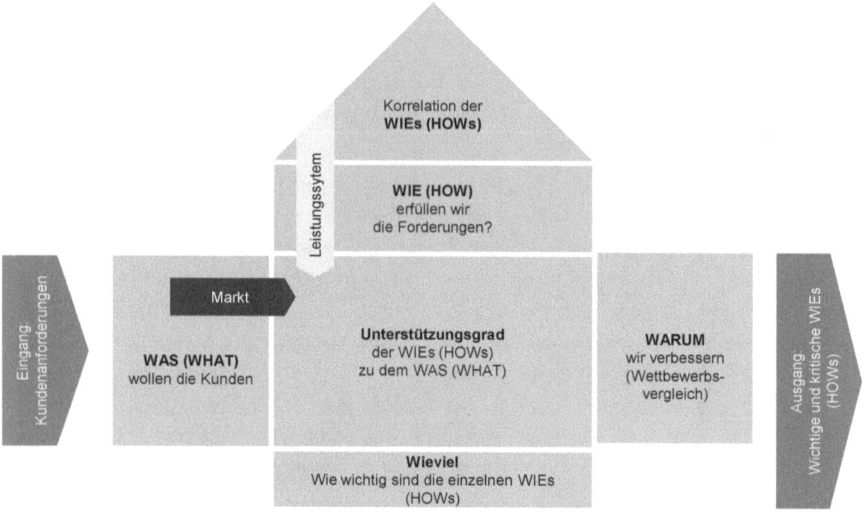

Abbildung 3-21: Vereinfachte Darstellung des House of Quality (SAATWEBER 2011, S. 72)

Der Ansatz weist zwar nur teilweise einen Bezug zum Maschinen- und Anlagenbau sowie Leistungssystemen auf, kann jedoch als zentrale Methode der konzeptionellen Zuordnung von Kundenanforderungen und Produktmerkmalen betrachtet werden.

Tabelle 3-26: Kriterienbewertung für den Ansatz nach AKAO 1990

Objektbereich			Modellbereich		
Maschinen- u. Anlagenbau	Subskriptions-modell	Leistungssys-tem	Kundentypen	Leistungssys-temtypen	Konzeptionelle Zuordnung
◑	○	◑	○	○	●

●: Vollständig erfüllt, ◑: Teilweise erfüllt, ○: Nicht erfüllt

3.5 Zwischenfazit: Ableitung des resultierenden Forschungsbedarfs

Aufbauend auf der Literaturanalyse erfolgt im Rahmen dieses Kapitels die Ableitung des Forschungsbedarfs. Dieser ergibt sich aus der übergreifenden Forschungslücke, welche sich aus den bestehenden Arbeiten ableiten lässt (s. Tabelle 3-28). Im Folgenden wird der aktuelle Stand der Forschung anhand der zuvor definierten Bewertungskriterien zusammengefasst.

In Bezug auf die Vorarbeiten zur Beschreibung von Bedarfstypen lässt sich kein Ansatz identifizieren, der Kundentypen entsprechend den Rahmenbedingungen neuer Subskriptionsgeschäftsmodelle im Maschinen- und Anlagenbau vollständig beschreibt. Während die Modelle vor allem unterschiedliche Kriterien zur Segmentierung bzw. Charakterisierung liefern, werden nur vereinzelt konkrete Typen daraus abgeleitet. Nur einzelne Gestaltungsansätze weisen einen Bezug zum Maschinen- und

Anlagenbau auf, ein konkreter Subskriptionsbezug lässt sich jedoch bei keinem der Modelle feststellen. Modellrelevante Aspekte zur Bildung dezidierter Leistungssystemtypen sowie zur konzeptionellen Zuordnung werden nur teilweise in den Ansätzen erwähnt.

Der zweite zentrale Betrachtungsbereich relevanter Vorarbeiten bezieht sich auf Ansätze zur Beschreibung und Systematisierung von Teilleistungen. Auch hier lässt sich feststellen, dass keiner der betrachteten Ansätze die Bewertungskriterien vollständig erfüllt. Analog zum vorherigen Betrachtungsbereich lassen sich jedoch auch vereinzelt Aspekte der Gestaltungsansätze auf diese Dissertationsschrift anwenden. Ein Branchenbezug ist bei den meisten Ansätzen gegeben, da die Komponenten des Leistungssystems bereits den Anforderungen des Maschinen- und Anlagenbaus entsprechen. Der Subskriptionsbezug lässt sich dagegen nur vereinzelt feststellen. Im Hinblick auf den Modellbereich unterstützen die betrachteten Ansätze hauptsächlich bei der Gliederung der Teilleistungen. Die konkrete Identifikation einzelner Leistungstypen bzw. -module erfolgt allerdings nicht.

In Bezug auf den dritten Untersuchungsbereich lässt sich ebenfalls kein Ansatz identifizieren, der alle betrachteten Kriterien vollständig erfüllt. Obwohl alle Vorarbeiten dieses Bereichs, bezogen auf den Objektbereich, eine starke Verknüpfung zum Maschinen- und Anlagenbau aufweisen und das Leistungssystem vollständig betrachten, fehlt der Subskriptionsbezug. Die konzeptionelle Zuordnung wird darüber hinaus nur aus Prozesssicht und nicht aus der inhaltlichen Zuordnungsperspektive betrachtet.

Zusammenfassend lässt sich feststellen, dass nach aktuellem Stand der Forschung kein Gestaltungsansatz existiert, der zur vollständigen Konzeption von bedarfsspezifischen Leistungssystemen für Subskriptions-Geschäftsmodelle im Maschinen- und Anlagenbau angewandt werden kann. Nichtsdestotrotz behandeln die untersuchten Ansätze Teilaspekte, welche vereinzelt bei der Entwicklung des Modells dieser Dissertationsschrift Berücksichtigung finden.

Tabelle 3-27: Übersicht der betrachteten Literatur

Dimension	Objektbereich			Modellbereich		
Bewertungskriterien	Maschinen- und Anlagenbau	Subskriptions-geschäftsmodell	Leistungssys-tembetrachtung	Kundentypen	Leistungssys-temtypen	Konzeptionelle Zuordnung
Vorarbeiten zur Beschreibung von Bedarfstypen						
HAGUE U. HARRISON 2022	○	○	◑	●	○	○
LIPPOLD 2021	○	○	○	◑	○	◑
MEFFERT ET AL. 2019	○	○	○	◑	○	○
ALMQUIST ET AL. 2018	○	○	○	●	◑	○
WOLFENSTETTER ET AL. 2015	●	○	◑	●	◑	◑
OSTERWALDER ET AL. 2014	○	○	●	◑	◑	●
SONG ET AL. 2013	●	○	○	●	○	◑
COOPER 2006	○	○	◑	●	○	◑
Vorarbeiten zur Beschreibung und Systematisierung von Teilleistungen						
LIU ET AL. 2021	●	●	●	○	○	○
BENDIG ET AL. 2021	●	◑	●	○	◑	○
BOßLAU ET AL. 2017	●	◑	◑	◑	◑	○
LAH U. WOOD 2016	◑	●	●	○	◑	○
CORSTEN U. GÖSSINGER 2007	●	○	●	○	◑	○
SPATH U. DEMUß 2006	●	◑	◑	○	◑	○
TUKKER 2004	●	◑	●	○	●	○
BELZ ET AL. 1997	◑	○	●	○	◑	○
Vorarbeiten zur Konzeption von Leistungssystemen						
SARANCIC ET AL. 2022	●	◑	○	◑	◑	●
BURGER ET AL. 2022	●	●	◑	○	○	◑
FREDERIKSEN ET AL. 2021	●	◑	◑	○	●	◑
SAKAO ET AL. 2017	●	○	◑	○	◑	●
SCHUH ET AL. 2016	●	○	●	○	◑	◑
WOLF ET AL. 2010	●	○	●	○	◑	◑
LINDAHL ET AL. 2007	●	○	●	○	○	◑
SPATH U. DEMUß 2006	●	◑	◑	○	○	◑
VEREIN DEUTSCHER INGENIEURE 1997	●	○	◑	◑	○	◑
AKAO 1990	◑	○	◑	○	○	●
Eigene Arbeit						
Dissertation HOLPER	●	●	●	●	●	●

●: Vollständig erfüllt, ◑: Teilweise erfüllt, ○: Nicht erfüllt

4 Herleitung des Konzeptansatzes

Aufbauend auf der identifizierten Forschungslücke (s. Kapitel 3) ist das Ziel dieses Kapitels den theoriebezogenen und methodischen Ordnungsrahmen für die Herleitung des Konzeptansatzes zu erläutern. Hierfür werden zunächst zentrale Theorien erläutert, die für diese Arbeit relevant sind und dementsprechend das grundlegende System zentraler Gedankenmodelle bilden (s. Kapitel 4.1). Im darauffolgenden Schritt werden Anforderungen an die zu entwickelnden Modelle formuliert (s. Kapitel 4.2). Zusätzlich werden zentrale methodische Grundlagen erläutert, die im Rahmen dieser Arbeit Anwendung finden (s. Kapitel 4.3). Aufbauend auf den forschungsmethodischen Grundlagen wird abschließend die konkretisierte Vorgehensweise im Rahmen dieser Dissertation vorgestellt (s. Kapitel 4.4).

4.1 Theoretischer Bezugsrahmen

4.1.1 Grundlagen der Systemtheorie

Die allgemeine Systemtheorie lässt sich auf den Biologen BERTALANFFY zurückführen und zielt darauf ab, offene Systeme vereinfacht zu beschreiben, die mit ihrer Umwelt in Verbindung stehen (vgl. BERTALANFFY 1968, S. 141 ff.). Zentraler Kerngedanke dieses systemtheoretischen Ansatzes ist es, komplexe Beziehungen in Systemen durch modellbasierte Illustration darzustellen und somit die Betrachtung zu vereinfachen (s. HABERFELLNER ET AL. 2019, S. 12).

Allgemein betrachtet lassen sich Systeme als Gebilde bezeichnen, die durch ihre Ein- (Input) und Ausgangsgrößen (Output) mit ihrer Systemumwelt in Verbindung stehen. Die Systemgrenze legt dabei fest, was zum betrachteten System gehört und was nicht. Jedes System kann wiederum in Teilsysteme (Subsystem) untergliedert werden und ist somit meist selbst Teil eines übergeordneten Systems (Supersystem) (s. Abbildung 4-1). Durch diese Betrachtungsweise ist es möglich, für jede Abstraktionsebene das für den Observationszweck optimale System zu definieren (s. FELDHUSEN ET AL. 2013, S. 238; s. ROPOHL 2009, S. 76; s. HABERFELLNER ET AL. 2019, S. 4 ff.). Der Autor PATZAK betrachtet zusätzlich den Aufbau des Systems auf der Relationsebene. Nach seiner Auffassung handelt es sich dabei um eine Menge an Elementen, die durch Eigenschaften beschrieben sind und Beziehungen untereinander aufweisen (s. PATZAK 1982, S. 19).

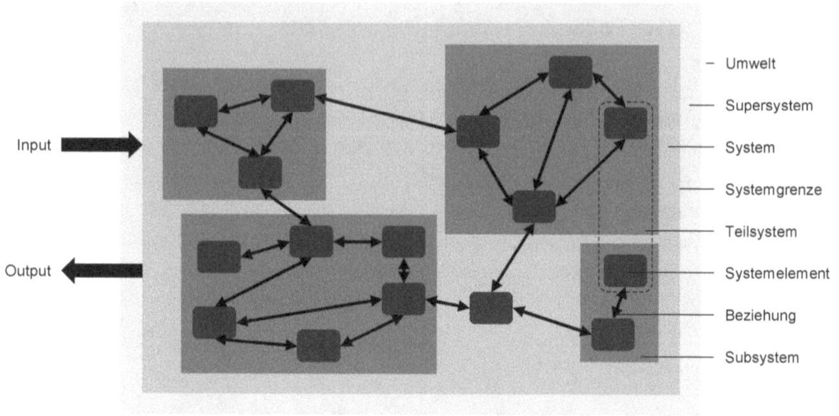

Abbildung 4-1: Begriffe der Systemtheorie (Hicking 2020, S. 82; Haberfellner et al. 2019, S. 5; Ropohl 2009, S. 76; Patzak 1982, S. 19)

Ulrich greift den Gedanken der Systemtheorie auf und überführt ihn in die Betriebswirtschaftslehre. Für ihn stellt die Systemtheorie „*einen interdisziplinären Ansatz dar, der alle Gestaltungs- und Führungsprobleme*" produktiver sozialer Systeme untersucht. Neben dem Verzicht auf „*Geschlossenheit und Mathematisierung*" bringt der Systemansatz aus seiner Sicht folgende Vorteile (s. Ulrich u. Hill 1976a, S. 308):

- *Terminologische Funktion*: Der Ansatz gibt ein abstraktes Begriffssystem vor, welches nicht durch A-priori-Annahmen über den realen Zustand vorbelastet ist.
- *Heuristische Funktion*: Der Ansatz erleichtert durch Strukturmodelle die Entdeckung neuer Aspekte und Zusammenhänge, was zu einer neuen Gewichtung der Themenschwerpunkte führen kann.
- *Integrationsfunktion*: Der Ansatz erlaubt eine Offenheit gegenüber unterschiedlichen Einflussfaktoren aus unterschiedlichen Wissenschaftsdisziplinen.

Aufbauend auf den Grundlagen der Systemtheorie fungiert das Systems-Engineering (SE) als Methodik zur Lösung von Problemen, welche die relevanten Faktoren aufeinander abstimmt (s. Haberfellner 2012, S. 27). Dieser Problemlösungsansatz – in Form eines Vorgehensmodells – basiert konkret auf vier Grundprinzipien (s. Abbildung 4-2), die in Kombination zu betrachten sind (s. Haberfellner et al. 2019, S. 27 ff.): 1. *Vom Groben ins Detail*: Der Betrachtungsrahmen sollte zunächst weit gefasst werden, sodass eine sukzessive Fokussierung der Problemstellung topdownerfolgen kann. 2. *Prinzip der Variantenbildung*: Es sollte sich nicht auf die erstbeste Lösung beschränkt, sondern stets durch Variantenbildung nach möglichen Alternativen gesucht werden. 3. *Strukturierung in Phasen*: Der Lösungsprozess sollte in überschaubare Teilschritte gegliedert werden, um so einen schrittweisen Prozess des Planens, Entscheidens und Konkretisierens mit vordefinierten Meilensteinen zu ermöglichen. 4. *Problemlösungszyklus*: Der Lösungsprozess sollte iterativ erfolgen und zunächst die

Phase der Zielsuche, dann der Lösungssuche und letztlich der Auswahl einer geeigneten Lösung durchlaufen.

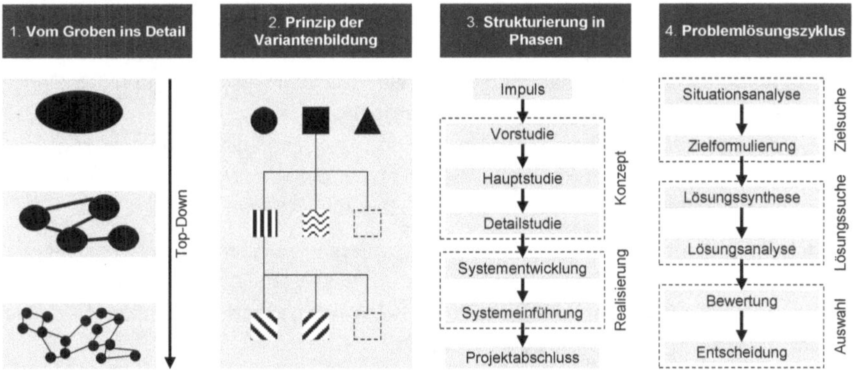

Abbildung 4-2: Prinzipien des Systems-Engineerings (HICKING 2020, S. 83; HABERFELLNER ET AL. 2019, S. 29 ff.)

Implikationen der Systemtheorie für diese Arbeit

Die theoretischen Grundlagen der Systemtheorie sowie des SE dienen dieser Dissertationsschrift im weiteren Verlauf als Bezugspunkt. Sie bieten eine methodische Grundlage zur Beantwortung der Forschungsfrage sowie zur Erreichung der beschriebenen Zielstellung. Grundlegend folgen die Kapitel dem deduktiven „*Top-down-Ansatz*" (Vom Groben ins Detail) und betrachten unterschiedliche Lösungsvarianten parallel (vgl. MINTO 2003, S. 22 ff.). Im Rahmen der Teilmodelle unterstützt die Systemtheorie einerseits mit dem Prinzip der Variantenbildung im Hinblick auf die Ableitung einzelner Kundentypen und andererseits durch die strukturgebende Funktion in Bezug auf die Systematisierung der Teilleistungen. Zusätzlich lassen sich einzelne Aspekte des Problemlösungszyklus auf das Vorgehen zur Konzeption von bedarfsspezifischen Leistungssystemen übertragen.

4.1.2 Grundlagen der Modelltheorie

Der geschilderte SE-Ansatz bietet zwar eine Möglichkeit, komplexe Systeme darzustellen, bildet jedoch nur Teilausschnitte selbiger ab. Die umfangreiche Darstellung komplexer Zusammenhänge erfordert demnach eine verallgemeinernde Abstraktion (s. STACHOWIAK 2013, S. 131).

Eine solche Abstraktion der Realität lässt sich durch die Bildung von Modellen realisieren. Das Denken in Modellen erlaubt es uns, komplexe Sachverhalte der Wirklichkeit besser darstellen, erklären und verstehen zu können. Mithilfe von Modellen lässt sich demnach eine Abbildung der Realität schaffen, die trotz vereinfachter Darstellung die Dynamik des Systems erfasst und somit die Typisierung von Phänomenen unterstützt. Der Abstraktionsvorgang muss jedoch bestimmte Kriterien erfüllen, um wissenschaftlichen Anforderungen zu genügen (s. LEHNER 1995, 26–27).

Grundsätzlich lassen sich drei Hauptmerkmale identifizieren, die den allgemeinen Modellbegriff charakterisieren (s. STACHOWIAK 2013, S. 131 ff.):

- *Abbildungsmerkmal*: Modelle bilden stets etwas ab, indem sie Repräsentationen von natürlichen oder künstlichen Originalen sind.
- *Verkürzungsmerkmal*: Durch die abstrahierte Darstellung werden nur die relevanten Eigenschaften des Originals dargestellt.
- *Pragmatisches Merkmal*: Modelle sind den Originalen nicht zwingend zugeordnet. Sie dienen aber konkreten Subjekten in bestimmten Zeitintervallen unter der Einschränkung dezidierter gedanklicher Operationen.

Je nach Darstellungszweck können Modelle in unterschiedlichen Varianten existieren. Primär lassen sie sich in Beschreibungs- und Analysemodelle aufteilen und gliedern sich innerhalb der Analysemodelle nochmals in Erklärungs- sowie Gestaltungsmodelle (s. Abbildung 4-3) (s. ZELEWSKI 2008, S. 43 ff.).

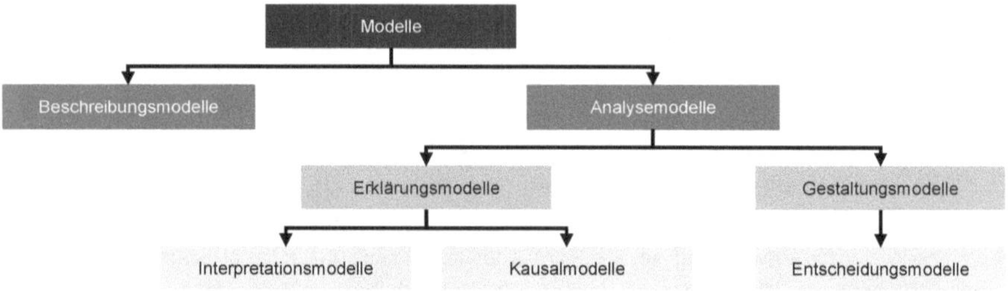

Abbildung 4-3: Einordnung unterschiedlicher Modellarten (eigene Darstellung i. A. a. ZELEWSKI 2008, S. 45)

Beschreibungsmodelle besitzen kein eigenständiges Erkenntnisziel; sie dienen in erster Linie der Erreichung des Beschreibungsziels bzw. der Beschreibung des Realproblems (s. ZELEWSKI 2008, S. 44). Mithilfe systemtheoretischer Grundbegriffe bilden Beschreibungsmodelle die Wirklichkeit durch Deskription ab, ohne das Realproblem weiterführend zu interpretieren (s. ULRICH 2001, S. 23). Hierbei soll das betrachtete Phänomen möglichst genau, aber gleichzeitig leicht verständlich dargestellt werden (s. LEHNER 1995, S. 37). Analysemodelle befassen sich darüber hinaus mit Erkenntniszielen, die nicht allein der Beschreibung von Sachverhalten dienen. Sie lassen sich in Erklärungs- und Gestaltungsmodelle unterteilen. Erklärungsmodelle zielen auf die Erfüllung des Erklärungsziels ab und dienen der Erläuterung von Sachverhalten hinsichtlich ihres Ursache-Wirkungs-Zusammenhangs. Je nachdem, ob die Erläuterung dem hermeneutischen (auf bestehenden Erkenntnissen beruhend) oder dem nomologischen (durch Verknüpfung von Aussagen) Ansatz folgt, liegt ein Interpretations- bzw. Kausalmodell vor (s. ZELEWSKI 2008, S. 44). Nach LEHNER sind Erklärungsmodelle „*Interpretationsschemata zur Analyse konkreter empirischer Systeme*", die zum Ziel haben, „*Zustandskonstellationen, Funktionsmechanismen, Ereignisfolgen u. ä.*" zu identifizieren (s. LEHNER 1995, S. 38). Die zweite Gruppe der Analysemodelle – die Gestaltungsmodelle – fokussieren das Gestaltungsziel. Im Kern dienen sie dazu,

Gestaltungsalternativen anzunehmen oder abzulehnen und somit eine Empfehlung zu ihrer Realisierung auszusprechen (s. ZELEWSKI 2008, S. 44). Sie fassen für den Entscheidungsträger konkrete Problemstellungen bzw. Phänomene zusammen und liefern gleichzeitig Ansatzpunkte, um das System gezielt zu manipulieren bzw. den Realitätsausschnitt steuernd zu gestalten (s. LEHNER 1995, S. 38).

Implikationen der Modelltheorie für diese Arbeit

Im Rahmen dieser Dissertationsschrift dienen die hier vorgestellten Modellarten als methodische Grundlagen für die Erreichung der zuvor formulierten Erkenntnisziele (s. Kapitel 1.2). In diesem Kontext werden Beschreibungsmodelle einerseits zur Beschreibung relevanter Kundentypen für Subskriptions-Geschäftsmodelle im Maschinen- und Anlagenbau eingesetzt und andererseits zur Deskription daran anknüpfender subskriptionsrelevanter Teilleistungen. Auf diesen Erkenntnissen aufbauend wird ein Erklärungsmodell entwickelt, welches die Zusammenhänge zwischen den zuvor beschriebenen kundenbezogenen Bedarfen auf der einen und den leistungsseitigen Funktionen auf der anderen Seite erläutert. Abschließend wird ein Gestaltungsmodell entwickelt, das die Methode zur bedarfsspezifischen Konzeption gestaltet.

4.1.3 Service Dominant Logic

Die Theorie der *Service Dominant Logic* (SDL) steht für eine grundlegende Veränderung der Denkweise im Marketing. Im Verlauf der vergangenen Jahre hat sich die vorherrschende Logik des Marketings vom Austausch materieller bzw. produzierte Güter hin zum Austausch von immateriellen Gütern (Fähigkeiten, Prozessen sowie Wissen) gewandelt. Laut VARGO U. LUSCH ist dieser neue Denkansatz umfassender und inklusiver, da er Produkte und Dienstleistungen gleichermaßen integriert und somit eine bessere Grundlage für die Weiterentwicklung des Marketinggedankens in Theorie und Praxis liefert (s. VARGO U. LUSCH 2004, S. 1–2).

Grundgedanke der SDL ist, dass der Wert einer Leistung sich nicht mehr im Produkt manifestiert, sondern erst durch die Leistungserbringung entsteht („*value in use*"). Somit dient das physische Produkt nur als Vehikel, um eine Leistung zu erbringen und das Wertversprechen (*Value Proposition*) zu erfüllen. Im Gegensatz *zur Goods Dominant Logic* (GDL) nimmt der Kunde eine aktive Rolle ein (s. VARGO U. LUSCH 2004, S. 7). Durch sogenannte *Value Cocreation* ist der Kunde aktiv in den Wertschöpfungsprozess integriert und trägt maßgeblich zur Werterschaffung bei (s. VARGO U. LUSCH 2016, S. 7; s. GREEN ET AL. 2017, S. 40–41).

Zur näheren Beschreibung der SDL formulieren die Autoren elf grundlegende Prämissen, welche in der folgenden Tabelle näher erläutert werden (s. VARGO U. LUSCH 2016, S. 8; s. BRUHN ET AL. 2019, S. 134 ff.).

Tabelle 4-1: Prämissen der SDL (s. VARGO U. LUSCH 2016, S. 8; s. DRENGNER 2012, S. 10)

Prämisse	Erklärung
1: *Service is the fundamental basis of exchange*	Wissen und Fähigkeiten (operante Ressourcen) bzw. Dienstleistungen bilden die Basis eines jeden Austauschprozesses.
2: *Indirect exchange masks the fundamental basis of exchange*	Dienstleistungen entstehen durch die Verknüpfung von Gütern, Geld und Institutionen und sind demnach nicht immer direkt erkennbar.
3: *Goods are a distribution mechanism for service provision*	In materiellen Gütern sind die angewandten Kompetenzen des Anbieters manifestiert, sodass diese lediglich als Vehikel für die Erbringung von Dienstleistungen dienen.
4: *Operant resources are the fundamental source of strategic benefit*	Die erfolgreiche Anwendung von Wissen und Fähigkeiten bringt den größtmöglichen Kundennutzen und dementsprechend Wettbewerbsvorteile.
5: *All economies are service economies*	Alle Volkswirtschaften sind dienstleistungsorientiert, da auch die Marktteilnehmer bzw. Anbieter spezialisiert sind und Dienstleistungen untereinander austauschen.
6: *Value is cocreated by multiple actors, always including the beneficiary*	Wertschöpfung entsteht immer nur durch Co-Creation von Anbieter und Kunde, da der Wert der Leistung erst durch die Erbringung bzw. Nutzung entsteht.
7: *Actors cannot deliver value but can participate in the creation and offering of value propositions*	Anbieter können nur Wertversprechen bzw. -angebote machen. Der tatsächliche Wert der Leistung entsteht erst durch die Wahrnehmung des Kunden.
8: *A service-centered view is inherently beneficiary oriented and relational*	Da eine Leistung nur durch Interaktion gemeinschaftlich einen Nutzen entwickeln kann, ist diese automatisch kundenorientiert.
9: *All social and economic actors are resource integrators*	Unternehmen integrieren Ressourcen und transformieren sie zu komplexen Leistungen. Da alle Marktteilnehmer am Markt interagieren, sind diese auch Ressourcenintegratoren.
10: *Value is always uniquely and phenomenologically determined by beneficiary*	Der Wert einer Leistung ist nicht objektiv, da er durch Kontexteinflüsse sowie die subjektiven Erfahrungen des Kunden definiert wird.
11: *Value cocreation is coordinated through actor-generated institutions and institutional arrangements*	Marktakteure bzw. Unternehmen existieren nicht eigenständig, sondern in wertschöpfenden Systemen.

Implikationen der *Service Dominant Logic* für diese Arbeit

In Bezug auf diese Arbeit liefert die SDL mit ihren Prämissen den zentralen theoretischen Bezugsrahmen für die durch Subskriptions-Geschäftsmodelle bedingten Veränderungen im Rahmen der Leistungssystemkonzeption. Durch den grundlegenden Paradigmenwechsel, der mit dem Wandel vom transaktionalen Produkt- hin zum kontinuierlichen Lösungsgeschäft einhergeht, wird deutlich, dass der wahrgenommene Wert der Leistung in Subskriptions-Geschäftsmodellen erst durch die Erbringung beim Kunden realisiert wird und dieser somit aktiv in die Wertschöpfung integriert ist. Dementsprechend ändert sich das Verständnis über den Wert von Leistungen respektive Leistungssystemen und wie sich dieser für die Kunden äußert. Im Hinblick auf diese Arbeit ist es somit wichtig, den übergeordneten Wert des zusammenhängenden Leistungssystems – im Gegensatz zum singulären Wert der einzelnen Teilleistungen separat – zu betrachten.

4.1.4 Prinzipal-Agenten-Theorie

Die Prinzipal-Agenten-Theorie lässt sich auf den Sozialwissenschaftler ROSS zurückführen, der in seinem 1973 erschienen Artikel die Beziehung zwischen zwei Akteuren betrachtet, bei ungleicher Verteilung von Informationen und Zielen der einzelnen Parteien (s. ROSS 1973, S. 134).

Ausgangspunkt der Theorie ist stets die vertragliche Beziehung zwischen zwei ökonomischen Akteuren: Ein Auftraggeber *„Prinzipal"* beauftragt einen Auftragnehmer *„Agent"* für die Erledigung einer Aufgabe (s. Abbildung 4-4). Beide Akteure schließen darüber einen Vertrag ab, welcher die inhaltlichen Rahmenbedingungen festlegt. Der in der Theorie verwendete Vertragsbegriff ist hierbei nicht eindeutig definiert, *„hierunter werden sämtliche Regelkomplexe verstanden, die geeignet sind, die Entscheidungen des Agenten zu definieren, zu beeinflussen und zu koordinieren"* (ALPARSLAN 2006, S. 14). Weiterhin herrscht zwischen den beiden Akteuren eine asymmetrische Informationsverteilung hinsichtlich relevanter Aspekte für die Durchführung der Arbeitsaufgabe. Diese Informationsasymmetrie lässt sich dadurch erklären, dass aufgrund von Arbeitsteilung und Spezialisierung der beauftragte Agent spezifisches bzw. zusätzliches Wissen für die Auftragsdurchführung besitzt. Dieser Informationsvorsprung birgt jedoch gleichzeitig ein Risiko für den Prinzipal, indem der besser informierte Agent den schlechter informierten Auftraggeber zur Maximierung des Eigennutzens bewusst ausnutzt. (s. ALPARSLAN 2006, S. 11 ff.)

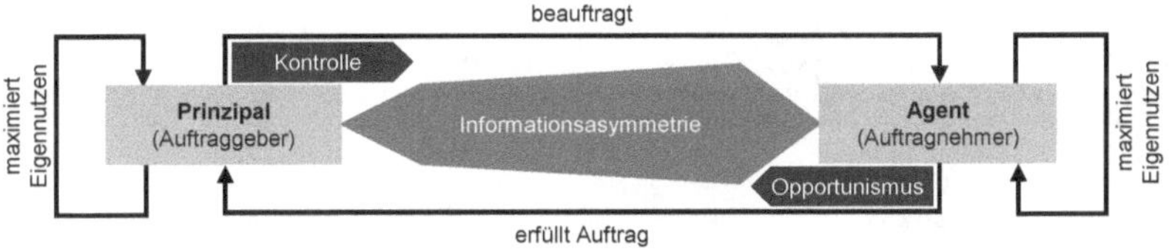

Abbildung 4-4: Beziehung zwischen Prinzipal und Agent (eigene Darstellung i. A. a. SNIPPERT ET AL. 2015, S. 572)

Die Informationsasymmetrien lassen sich dabei vier unterschiedlichen Typen zuordnen, welche im Folgenden näher erläutert werden (s. BRUHN ET AL. 2019, S. 113–114; s. ERLEI U. SCHMIDT-MOHR 2018, S. 1–2; s. HEYD U. BEYER 2011, S. 21 ff.):

- *Hidden Characteristics*: Die Leistungseigenschaften des Agenten sind für den Prinzipal (teilweise) verborgen. Aufgrund besserer Kenntnis des Agenten (z. B. über seine persönliche Leistungsfähigkeit) und der Maximierung des Eigennutzens besteht das Risiko, dass der Agent negative Eigenschaften verbirgt und positive zu gut darstellt. Diese Informationsasymmetrie ist vor allem innerhalb der Angebotsphase vor der Interaktionsbeziehung relevant, da der Prinzipal die Qualität der Leistung erst im Moment der Leistungserbringung bewerten kann.
- *Hidden Intention*: Die Absichten des Agenten sind für den Prinzipal (teilweise) verborgen. Dieses Verhalten kann im Rahmen der Vertragsgestaltung dazu führen, dass der Agent Lücken im Vertrag erkennt, diese nicht offen kommuniziert

und nach Vertragsabschluss für sich nutzt. Diese Asymmetrie der Informationen spielt besonders während der Vertragsgestaltung eine Rolle. Nach Abschluss des Vertrags kann der Prinzipal das Verhalten des Agenten beobachten, ist jedoch durch die Bedingungen des Vertrags gebunden.

- *Hidden Information*: Zusätzliche Informationen zur Bewertung der Leistung sind für den Prinzipal aufgrund fehlenden Sachverstands (teilweise) verborgen. Hierbei erhält der Agent während der Auftragserfüllung zusätzliche Informationen zur besseren Einschätzung der Aufgabe. Der Agent kann nun Handlungen wählen, welche für den Prinzipal sichtbar, aber nicht bewertbar sind.
- *Hidden Action*: Die Handlungen des Agenten sind für den Prinzipal (teilweise) verborgen und im Nachhinein auch nicht zweifelsfrei zu bewerten. Die Anstrengungen, welche der Agent zur Erreichung des Ziels unternimmt, sind nicht bewertbar. Für den Prinzipal ist es nicht möglich, zu beurteilen, ob das Ergebnis einzig auf die Fähigkeiten des Agenten zurückzuführen ist oder exogene Faktoren das Ergebnis beeinflusst haben. So kann der Agent bei Minderleistung diese exogenen Faktoren als Ausrede und bei positivem Einfluss als Eigenleistung darstellen.

Die genannten Informationsasymmetrien treten zu unterschiedlichen Zeitpunkten innerhalb der Prinzipal-Agenten-Beziehung auf (s. Abbildung 4-5) und bergen dementsprechend unterschiedliche Gefahren in sich.

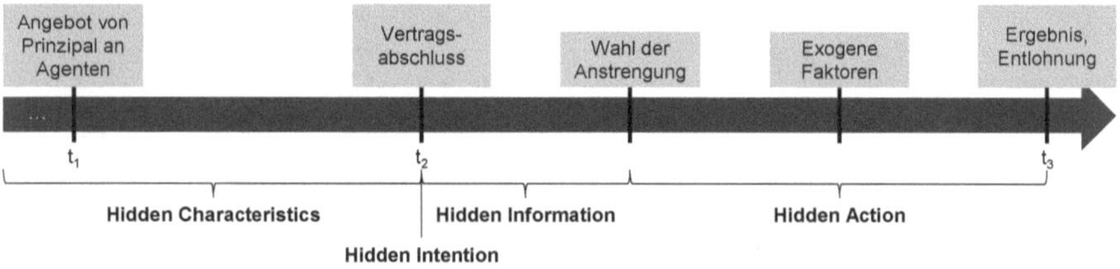

Abbildung 4-5: Informationsasymmetrien im zeitlichen Verlauf der Prinzipal-Agenten-Beziehung (HEYD U. BEYER 2011, S. 26 ff.)

Sofern keine Interessenskonflikte zwischen den Akteuren bestehen, müssen die Informationsasymmetrien nicht zwingend negative Konsequenzen mit sich bringen. Aufgrund der eigenen Nutzenmaximierung im Sinne des Homo oeconomicus führt die ungleiche Informationsverteilung jedoch zwangsläufig zu unterschiedlichen Gefahren für den Auftraggeber bzw. Prinzipal.

Tabelle 4-2: Gefahren aus Informationsasymmetrien (s. HEYD U. BEYER 2011, S. 30 ff.)

Gefahr für Prinzipal	Ursprüngliche Informationsasymmetrie	Erklärung
Adverse Selection	Hidden Characteristics	Auswahl eines Vertrags mit schlechten Eigenschaften, aufgrund der Annahme opportunistischen Verhaltens.

Hold Up	Hidden Intention	Nachträgliche Ausnutzung vertraglicher Verbindlichkeiten durch den Agenten.
Moral Hazard	Hidden Information	Moralisches Fehlverhalten aufgrund der Ausnutzung vertraglicher Sicherheiten.
Shirking	Hidden Action	Nur die Gesamtleistung kann bewertet werden, sodass einzelne Teammitglieder ihre Einzelanstrengungen reduzieren.

Implikationen der Prinzipal-Agenten-Theorie für diese Arbeit

Hinsichtlich dieser Arbeit liefert die Prinzipal-Agenten-Theorie die theoretische Grundlage zur Beschreibung der Verhaltensbeziehung zwischen Anbieter und Kunde bzw. Auftraggeber und Auftragnehmer im Rahmen einer (Subskriptions-)Geschäftsbeziehung. Das Verhalten beider Parteien ist nicht nur in Bezug auf die Leistungserbringungen und Nutzenrealisierung relevant, auch hinsichtlich der Konzeption von Leistungssystemen ist es wichtig, das Verhalten der Akteure zu antizipieren und dementsprechend darauf reagieren zu können. Aufgrund der Tatsache, dass es für den Anbieter schwierig ist, die tatsächlichen Bedarfe und Absichten des Kunden vollständig zu erkennen, müssen die damit verbundenen potenziellen Risiken – insbesondere bei der Übernahme zentraler Kundenrisiken – vorab bekannt sein. Die Ableitung dezidierter Kundentypen hilft dem Anbieter, den Kunden inklusive seiner Betriebsrisiken besser zu verstehen und entsprechend die damit verbundenen Informationsasymmetrien zu reduzieren.

4.2 Anforderungen an die zu entwickelnden Modelle

Die Anwendung der zuvor genannten Modelle zielt darauf ab, bestimmte Erkenntnisziele zu erreichen. Hierfür müssen die Modelle gewisse formalen und inhaltlichen Anforderungen erfüllen. Während die formalen Anforderungen Gestaltungshinweise zur Struktur der Modelle geben, adressieren die inhaltlichen Anforderungen den thematischen Rahmen der modellbezogenen Untersuchung. Im Folgenden werden die formalen und inhaltlichen Anforderungen an die zu entwickelnden Modelle hergeleitet.

4.2.1 Formale Anforderungen

Hinsichtlich der formalen Anforderungen orientiert sich diese Arbeit an den Grundsätzen ordnungsgemäßer Modellierung (s. Becker et al. 2012, S. 31 ff.; s. Patzak 1982, S. 309–310). Im Folgenden werden die einzelnen Bewertungskriterien erläutert:

- *Richtigkeit*: Hierbei kann sowohl die syntaktische als auch die semantische Richtigkeit bewertet werden. Das Modell ist syntaktisch (formal) richtig, wenn die vorgegebenen Regeln der Modellierungssprache eingehalten werden, sodass die Aussagen des Modells widerspruchsfrei reproduzierbar sind. Semantische (empirische) Richtigkeit liegt dagegen vor, wenn das Modell für den betrachteten Anwendungsfall zweckmäßig ist und die Realität bestmöglich abbildet.

- *Relevanz*: Diesem Kriterium zufolge sollen nur Sachverhalte modelliert werden, die für den betrachteten Modellierungszweck gemäß der formulierten Modellierungsziele von Bedeutung sind.
- *Wirtschaftlichkeit*: Das Kriterium der Wirtschaftlichkeit fordert, dass mit einem möglichst geringen Modellierungsaufwand der größtmögliche Nutzen erzielt werden soll, welcher den Modellierungszweck am ehesten erfüllt.
- *Klarheit*: Hiernach sollte das Modell adressatengerecht in Bezug auf die Lesbarkeit und Anschaulichkeit für den Anwender verständlich und nutzbar sein.
- *Vergleichbarkeit*: Nach diesem Bewertungskriterium sollten die Abläufe und Zusammenhänge der Realwelt mit denen der Modelle übereinstimmen, sodass diese vergleichbar sind. Zusätzlich sollten sie interoperabel sein und in andere Modelle übertragen werden können.
- *Systematischer Aufbau*: Dieses Kriterium fordert, dass sich das Modell an einem strukturgebenden Rahmenwerk orientiert, sodass die Inhalte auf unterschiedlichen Betrachtungsebenen konsistent sind.

PATZAK weist darauf hin, dass die Bewertungskriterien teilweise im Konflikt zueinanderstehen und demnach sorgfältig gegeneinander abgewogen werden müssen. Die Bewertung ist somit nie eindeutig und jedes Modell stellt entsprechend einen Kompromiss dar (s. PATZAK 1982, S. 310).

4.2.2 Inhaltliche Anforderungen

In Anlehnung an die formulierte Problemstellung (s. Kapitel 1.1) und Zielsetzung (s. Kapitel 1.2) dieser Arbeit lassen sich die folgenden inhaltlichen Anforderungen formulieren:

- *Begriffsverständnis*: Die grundlegenden Begrifflichkeiten „*Leistungssystem*", „*Subskriptions-Geschäftsmodell*" und „*Konzeption*" sollen präzise definiert werden, sodass ein einheitliches Begriffsverständnis bei den Lesern entsteht.
- *Systematische Beschreibung*: Die Beschreibung der bedarfsspezifischen Kundentypen sowie der subskriptionsrelevanten Leistungen soll einer Systematik folgen und durch charakteristische Merkmale geprägt sein.
- *Systematische Erklärung*: Die Wirkungszusammenhänge zwischen den kundenbezogenen Bedarfen sowie den leistungsseitigen Eigenschaften sollen logisch hergeleitet und die wechselseitigen Beziehungen eindeutig erläutert werden.
- *Systematische Gestaltung*: Die abgeleiteten Gestaltungsempfehlungen zur Konzeption von bedarfsspezifischen Leistungssystemen für Subskriptions-Geschäftsmodelle im Maschinen- und Anlagenbau sollen auf den in dieser Arbeit ermittelten Erkenntnissen beruhen und den Anwendern einen hohen Nutzen bringen.
- *Praxisgültigkeit*: Das Modell soll für die Praxis gültig sein und die Besonderheiten der praktischen Anwendung in vollem Umfang berücksichtigen.

- *Praxistauglichkeit*: Das Modell sollte durch die Gestaltungsempfehlungen eine hohe Anwendbarkeit in der industriellen Praxis haben und somit praxistauglich sein.

Die formulierten Anforderungen (s. Abbildung 4-6) bilden somit die Kriterien, die bei der Gestaltung der zu entwickelnden Modelle ganzheitlich zu erfüllen sind.

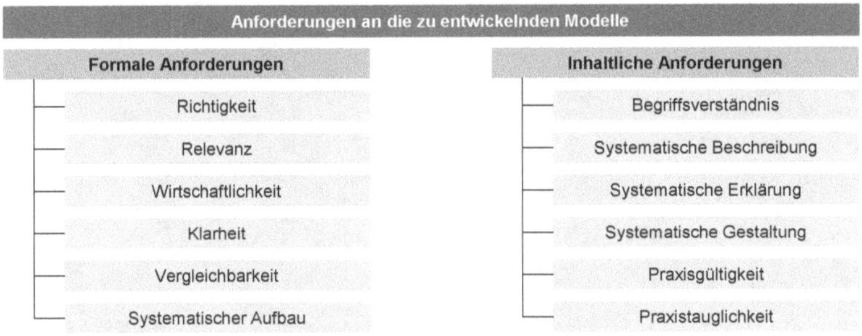

Abbildung 4-6: Übersicht formaler und inhaltlicher Modellanforderungen

4.3 Methodische Grundlagen

Um die zuvor genannten Anforderungen erfüllen zu können, wird auf bestehende Methoden zurückgegriffen. Im Folgenden werden die Methoden erläutert und auf ihre Anwendbarkeit untersucht, sodass eine Aussage über ihre Eignung für das Vorhaben dieser Dissertation getroffen werden kann.

4.3.1 Forschungsmethoden

Zur systematischen Erhebung und Analyse von Informationen werden im Rahmen dieser Arbeit folgende Forschungsmethoden eingesetzt:

Fallstudienforschung

Die Methode der Fallstudienforschung entstammt der Sozialforschung und nutzt eine oder mehrere Fallstudien zur Ableitung von theoretischen Konstrukten aus fallbasierten empirischen Beispielen (s. ROBRA-BISSANTZ U. STRAHRINGER 2020, S. 167; s. EISENHARDT U. GRAEBNER 2007, S. 25). Fallstudien stehen dabei stellvertretend für ein aktuelles Phänomen, welches sich im spezifischen „*Fall*“ äußert und in einer realen Umgebung existiert (s. YIN 2018, S. 50). Ziel der Methode ist es, diese realen Phänomene zu beschreiben, bestehende Theorien zu prüfen und neue Theorien aufzustellen (s. EISENHARDT 1989, S. 535). Die Methode gehört zu den qualitativ empirischen Forschungsmethoden und setzt voraus, dass der Forschende als außenstehender Beobachter die zu betrachtende Situation objektiv und unbeeinflusst wahrnimmt (s. ROBRA-BISSANTZ U. STRAHRINGER 2020, S. 167). Im Rahmen der Betrachtung können entweder eine oder mehrere Fallstudien analysiert werden (s. EISENHARDT 1989, S. 534). Jede Fallstudie bildet dabei ein eigenständiges Experiment, welches als analytische Einheit fungiert. Analog zur Durchführung zusammenhängender

Laborexperimente, erweitert jede Replikation bzw. Fallstudie die entstehende Theorie (s. EISENHARDT U. GRAEBNER 2007, S. 25). Die Datenerhebung kann hierbei auf unterschiedliche Arten erfolgen, EISENHARDT nennt bspw. die Datenaufnahme durch Interviews, Fragebögen oder Beobachtungen (s. EISENHARDT 1989, 534).

EISENHARDT beschreibt in ihrem Artikel „*Building Theories from Case Study*" den Prozess der Fallstudienforschung, welcher in acht konsekutive Schritte aufgeteilt ist (s. Abbildung 4-7).

Schritt 1	Schritt 2	Schritt 3	Schritt 4	Schritt 5	Schritt 6	Schritt 7	Schritt 8
Start	**Auswahl Fallstudien**	**Daten-erhebung**	**Forschungs-bereich**	**Daten-analyse**	**Gestaltung Hypothese**	**Literatur-recherche**	**Abschluss**
Definition der Forschungs-frage	Begründete Auswahl der betrachteten Fallstudien	Qualitative und quantita-tive Daten-aufnahme	Verknüpfung der Daten und Beschrei-bung der Fallstudien	Analyse der Daten durch das Suchen von Mustern	Konsistenz und Evidenz durch Wieder-holungen prüfen	Validierung mittels zu-stimmender und abwei-chender Literatur	Erreichung theoretischer Sättigung

Abbildung 4-7: Prozess zur Fallstudienforschung (eigene Darstellung i. A. a. EISENHARDT 1989, S. 533)

Innerhalb des Vorgehens wird zunächst die zentrale Forschungsfrage formuliert, die durch ein geeignetes Modell zur Lösung des Problems ergänzt wird. Hierbei werden grundlegende Erkenntnisse sowie bestehendes Erfahrungswissen berücksichtigt. Im folgenden Schritt werden die Fallstudien ausgewählt. Die Auswahl ist theoretisch begründet und stellt sicher, dass die Fallstudien generalisierbar sind und die bestehende Theorie replizieren oder erweitern. Der dritte Schritt bezieht sich auf die Datenerhebung, die mittels unterschiedlicher methodischer Werkzeuge erfolgen kann. Nachdem erste Daten erhoben und Muster erkannt worden sind, kann eine Anpassung des Forschungsbereichs sowie der eingesetzten Datenerhebungsmethoden erfolgen. Im fünften Schritt erfolgt die Analyse, zunächst im Einzelnen, dann übergreifend. Hierbei gilt es, induktiv generalisierbare Muster zu identifizieren. Anschließend wird das ursprünglich formulierte Modell mit den Forschungsergebnissen abgeglichen und konkretisiert. Ebenfalls wird in diesem Schritt die initiale Forschungsfrage beantwortet. In Schritt sieben werden die Ergebnisse durch zustimmende und abweichende Literatur validiert. Abgeschlossen ist der Forschungsprozess, sobald theoretische Sättigung erreicht ist (s. EISENHARDT 1989, S. 536 ff.). Im Rahmen dieser Arbeit wird die Fallstudienforschung als Informationsgrundlage genutzt, um einerseits zentrale Modellelemente zu Beschreibung und andererseits die Forschungsergebnisse zu validieren. Die erhobenen Fallstudien zeichnen sich alle durch ein etabliertes Subskriptions-Geschäftsmodell sowie die Einordnung in den Maschinen- und Anlagenbau aus.

Experteninterview

Bei dem Experteninterview handelt es sich um eine qualitative Forschungsmethode, deren Erkenntnisgewinn auf der mündlichen Befragung eines Experten bzw. einer Person, die selbst Teil des erforschten Handlungsfelds ist, beruht (s. WERNITZ 2018, S. 4). Die im Rahmen dieser Arbeit konsultierten Experten sind alle in Unternehmen des Maschinen- und Anlagenbaus tätig und haben durch ihre Arbeit einen direkten Bezug zum

Untersuchungsbereich dieser Dissertation. Die einzelnen Experteninterviews werden semi-strukturiert durchgeführt, was bedeutet, dass zuvor eine Liste an Leitfragen definiert wird, die durch spontane Fragen in Abhängigkeit des Gesprächsverlaufs ergänzt werden kann (s. ADEOYE-OLATUNDE U. OLENIK 2021, S. 1358).

Fokusgruppendiskussion

Bei dieser qualitativen Forschungsmethode diskutiert eine *„Fokus-Gruppe"*, bestehend aus mehreren Experten, ein spezifisches Thema unter der Leitung des Forschers, der eine moderierende Rolle einnimmt (s. LITTIG U. WALLACE 1997, S. 2 ff.). Im Rahmen dieses Forschungsprozesses werden die unterschiedlichen Fokusgruppendiskussionen als Teil des vom FIR an der RWTH Aachen organisierten Arbeitskreises *„Subscription Business Management"* mit Industrieexperten des Maschinen- und Anlagenbau geführt. Die Diskussionsrunden dienen sowohl der primären Informationsaufnahme als auch der Weiterentwicklung bestehender Ansätze.

Desk-Research

Im Rahmen der Desk-Research-Methode werden für den Untersuchungsbereich passende Literaturquellen identifiziert und hinsichtlich des definierten Forschungsziels untersucht (s. LEITING 2023, S. 113). Diese Methode ist der Sekundärforschung zuzuordnen, was bedeutet, dass die betrachteten Daten bereits veröffentlicht sind und nicht erstmals für den Forschungszweck erhoben werden (s. VARTANIAN 2011, S. 3). Die in Bezug auf diese Arbeit untersuchten Literaturquellen beziehen sich auf wissenschaftliche Veröffentlichungen, Studien, Berichte, Whitepaper sowie Websites und Broschüren von Subskriptions-Anbietern im Maschinen- und Anlagenbau.

Aktionsforschung

Der aus der Sozialforschung stammende Ansatz leitet sich aus dem amerikanischen Begriff der *„action research"* ab. Im Zentrum dieser Forschungsmethode steht die Zusammenarbeit von Praktikern und Forschern zur Lösung eines praxisbezogenen Problems (s. SPIESS 1994, S. 1). Die Besonderheit hierbei ist, dass Praktiker und Forscher direkt in das experimentelle Setting integriert sind und durch ihr iteratives reflektiertes Handeln zum Erkenntnisgewinn beitragen (s. PARODI ET AL. 2016, S. 10). Dieser Ansatz wurde vor allem im Hinblick auf die in dieser Arbeit durchgeführten Experteninterviews und Fokusgruppendiskussionen berücksichtigt.

Beobachtung

Die Beobachtung ist eine qualitative Forschungsmethode, bei der reale Vorgänge durch den Forscher betrachtet und analysiert werden. Im Rahmen dieser Arbeit findet diese Methode vor allem in Form von sogenannten teilnehmenden Beobachtungen (*„participant observation"*) Anwendung (s. BAKER 2006, S. 171–172). Hierbei kann der Forscher die relevanten Informationen direkt beobachten, da er selbst aktiver Teil der betrachteten Vorgänge ist (s. HOLST 2022, S. 105). Im Zeitraum 2019 bis 2024 war der Autor dieser Dissertationsschrift durch seine Tätigkeit am FIR an der RWTH Aachen selbst an zahlreichen Beratungsprojekten beteiligt und hatte dadurch die Möglichkeit, diverse Aspekte in Bezug auf die Konzeption von Leistungssystemen für Subskriptions-Geschäftsmodelle in der Praxis selbstständig zu beobachten.

4.3.2 Modellierungsmethoden

Zur Darstellung und Modellierung von Informationssystemen werden im Rahmen dieser Arbeit folgende Methoden verwendet:

Morphologie und Typologie

Die morphologische Methode gehört zu den kreativ-analytischen Techniken und beschreibt die *„Lehre des geordneten Denkens"* (s. Koch 2015, S. 286). Ursprünglich lässt sie sich auf den Schweizer Physiker Zwicky zurückführen. Der Gedanke war es, eine Methode zu entwickeln, die den Prozess der kreativen Ideenfindung durch ein systematisches strukturiertes Vorgehen ergänzt (s. Kaufmann 2021, S. 163–164). Grundlegendes Ziel der Methode ist die vollständige Erfassung aller möglichen Lösungskombinationen eines Problems durch die Aufgliederung seiner elementaren Bestandteile (s. Becker 2018, S. 170; s. Schawel u. Billing 2017, S. 219).

Die Morphologie sowie die darauf aufbauende Typologie lassen sich den systematisch-analytischen Forschungsmethoden zuordnen und dienen in erster Linie dem Erreichen des Beschreibungsziels (s. Becker 2018, S. 169; s. Zelewski 2008, S. 24). Durch ihren deskriptiven Charakter ermöglichen sie eine *„Systematisierung der Phänomenevielfalt"*, die entweder in Form einer *„Klassifizierung"* oder *„Typisierung"* erfolgt. Während die betrachteten Objekte innerhalb der Klassifizierung anhand eines einzelnen Kriteriums einer Gruppe zugeordnet werden, erfolgt die Zuordnung innerhalb der Typisierung durch mehrere Systematisierungskriterien, die in gleicher Weise erfüllt sein müssen (s. Zelewski 2008, S. 25).

Zur Anwendung der morphologischen Methode formuliert Zwicky fünf konsekutive Schritte, welche zur Lösungsfindung durchlaufen werden müssen. Zu Beginn in Schritt 1 erfolgt die zweckmäßige Verallgemeinerung und Beschreibung der Problemstellung. Darauffolgend werden in Schritt 2 die Parameter bestimmt, die zur Lösung des Problems erforderlich sind. In Schritt 3 kommt es zum Aufbau des morphologischen Kastens zur Ableitung der einzelnen Problemlösungen. Schritt 4 befasst sich mit der Bewertung der identifizierten Lösungsalternativen nach zuvor bestimmten Kriterien. Abschließend erfolgt in Schritt 5 die Auswahl der besten Lösung und Fokussierung bis zur Realisierung (s. Zwicky 1989, S. 17–18).

Ergänzend zum Vorgehen nach Zwicky formuliert Welter ebenfalls fünf Schritte, die zur praktischen Anwendung der Typisierung dienen (s. Welter 2006, S. 115–116; s. Große-Oetringhaus 1974, S. 79–80; s. Kluge 1999, S. 34 ff.):

- *Abgrenzung des Untersuchungsbereichs*: Zunächst muss der relevante Untersuchungsbereich verstanden und abgegrenzt werden. Durch die Abgrenzung wird festgelegt, welche Objekte weiter betrachtet werden und welche Charakteristika diese auszeichnen.

- *Auswahl geeigneter Merkmale*: Im folgenden Schritt wird der Untersuchungsbereich durch die Auswahl der für das Untersuchungsziel relevanten Merkmale erfasst. Die Merkmale lassen sich wiederum in typenbildende und -beschreibende sowie kontinuierliche und diskrete Merkmale differenzieren.
- *Festlegung sinnvoller Merkmalsausprägungen*: Basierend auf den ausgewählten Merkmalen erfolgt die Auswahl sinnvoller Merkmalsausprägungen in Anlehnung an das Untersuchungsziel. Die Merkmalsausprägungen dienen zur qualitativen und quantitativen Ausgestaltung der Merkmale.
- *Bildung von Typen durch Kombination von Merkmalen*: Durch eine sinnvolle Kombination von Merkmalsausprägungen unterschiedlicher Merkmale werden einzelne Typen gebildet. Die Kombinationen müssen stets logisch widerspruchsfrei, empirisch verifizierbar sowie praktisch brauchbar sein. Die Typenbildung kann auf zwei unterschiedliche Arten erfolgen: retrograd oder progressiv. Bei der retrograden (analytischen) Typenbildung ist der Untersuchungsbereichs bereits bekannt, sodass sukzessive die Merkmalsausprägungen ausgewählt werden, die einen konkreten Typ beschreiben. Die progressive (synthetische) Typenbildung hingegen versucht, die Merkmalsausprägungen sinnvoll zu kombinieren und dadurch einen Typ konstruktiv zu erzeugen. Allgemein sollten jedoch beide Vorgehensweisen sinnvoll miteinander kombiniert werden, um aussagekräftige Typen zu bilden.
- *Grafische Darstellung der gewonnenen Typen*: Abschließend werden die identifizierten Typen in einer geeigneten graphischen Darstellung (z. B. morphologischer Kasten) dargestellt.

In der folgenden Darstellung ist der schematische Aufbau eines morphologischen Kastens exemplarisch dargestellt (s. Abbildung 4-8). Die Darstellung zeigt den systematischen Aufbau der beschreibenden Merkmale sowie der dazugehörigen Merkmalsausprägungen. Für jedes Merkmal müssen mindestens zwei Ausprägungen existieren.

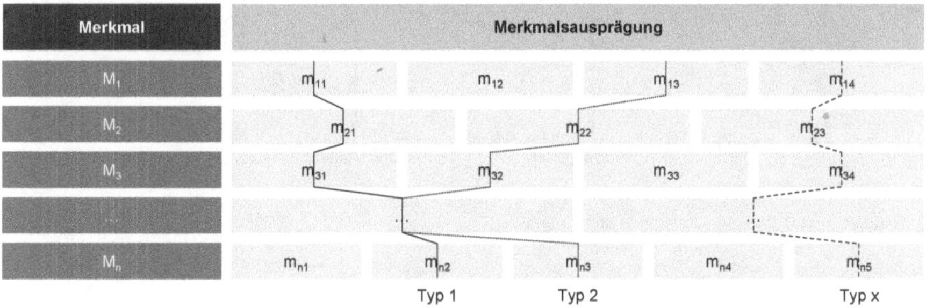

Abbildung 4-8: Exemplarischer Aufbau eines morphologischen Kastens (KÜLSCHBACH 2021, S. 67)

In Bezug auf diese Dissertationsschrift dient die morphologische Methode demnach zur systematischen Darstellung des Lösungsraums bezogen auf die Identifikation unterschiedlicher Kundentypen im Subskriptionsgeschäft (s. Kapitel 1). Die Methode unterstützt bei der strukturierten Identifikation differenzierbarer Kundentypen basierend auf deren Charakteristika (vgl. KLUGE 1999, S. 42). Die Charakteristika werden durch die einzelnen Merkmale repräsentiert und bilden dadurch das bedarfsspezifische Anforderungsprofil der Kundentypen ab.

Identifikation und Analyse von Ursache-Wirkungs-Beziehungen

Im Hinblick auf diese Arbeit sowie die Betriebswirtschaftslehre im Allgemeinen ist das zentrale Ziel die Identifikation von Ursache-Wirkungs-Beziehungen. Zentraler Aspekt ist hierbei die Rückführung der Wirkung auf ihre ursprüngliche Ursache. Die Aufdeckung jener Beziehung erweitert die Erkenntnisperspektive und sorgt somit für eine qualitative Verbesserung der abgeleiteten Gestaltungsempfehlungen (s. TÖPFER 2007, S. 39).

Der Erkenntnisgewinn – durch Erklärung der Ursache-Wirkungs-Beziehung – kann sinnvollerweise nur deduktiv erfolgen. Die Deduktion schließt dabei vom Allgemeinen (z. B. Erfahrungswissen) auf das Spezifische. Das zu Erklärende (Explanandum) wird hier anhand des Erklärungsgrunds (Explanans), der aus Gesetzmäßigkeiten bzw. Hypothesen besteht, die empirisch an der Realität geprüft sind, erläutert. Die allgemeingültigen Hypothesen sind hauptsächlich als „*Wenn-Dann-Aussagen*" formuliert. Zusätzlich ist eine Randbedingung erforderlich, die feststellt, ob die entsprechende Bedingung bzw. „*Wenn-Komponente*" erfüllt ist (s. TÖPFER 2007, S. 40). Diese durch Logik begründeten Zusammenhänge ermöglichen die Erklärung der Ursache bei gegebener Wirkung sowie die Prognose der Wirkung bei bekannter Ursache (s. Abbildung 4-9).

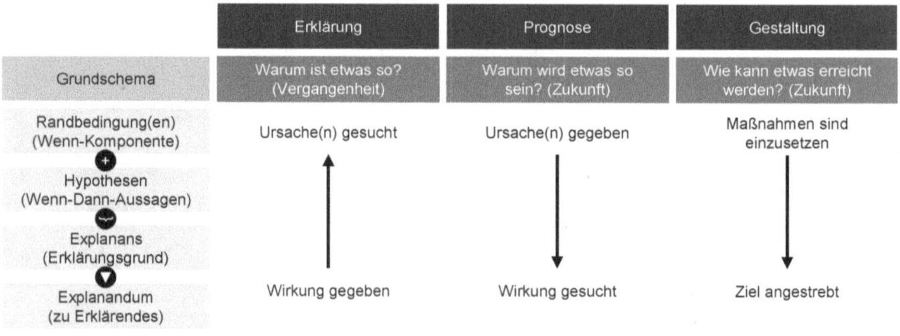

Abbildung 4-9: Erkenntnisgewinn bei Ursache-Wirkungs-Beziehungen (TÖPFER 2007, S. 40)

Die strukturierte Darstellung und Analyse von Ursache-Wirkungs-Beziehungen können durch unterschiedliche Methoden unterstützt werden. Zunächst sei die Methode des „*System Dynamics*" erwähnt, welche – angelehnt an die Grundlagen der Systemtheorie – in den 1950er Jahren von FORRESTER entwickelt wurde (s. FORRESTER 2007, S. 359). Die Methode dient zur Analyse, Modellierung und Gestaltung dynamisch-komplexer Systeme für sozioökonomischen Sachverhalte. Grundlegendes Ziel von System Dynamics ist es, Verhalten in Systemen zu erklären, um es beeinflussen zu können (s. GRÖSSER 2022, S. 1). Hierfür werden kausale Beziehungen zwischen den Systemelementen identifiziert, die als positive oder negative Rückkopplungen (sogenannte „*feedback loops*“) modelliert werden (s. FORRESTER 1994, S. 251). Eine ähnliche Methode formulieren die Autoren PROBST U. GOMEZ, die im Rahmen ihrer Methodik des vernetzten Denkens ebenfalls Wirkungsbeziehungen in sogenannten Kausaldiagrammen analysieren. Durch die Abbildung von Zusammenhängen, Einflüssen und Veränderungsmöglichkeiten wird somit ein umfassendes Verständnis der Problemsituation geschaffen. Einerseits gibt das Diagramm darüber Aufschluss, in welche Richtung die Wirkung erzeugt wird und andererseits, ob diese positiv oder negativ ausfällt (s. PROBST U. GOMEZ 1989, S. 9). Eine mögliche Darstellungsform eines Kausaldiagramms ist das Ishikawa-Diagramm. Es ist eine einfache Methode, um Problemursachen strukturiert darzustellen. Hierbei werden unterschiedliche wirkungsbezogene Ursachen in Haupt- und Nebenursachen untergliedert und strukturiert in einer übergeordneten Abbildung grafisch dargestellt (s. SCHULTE-ZURHAUSEN 2005, S. 535). Analog zur Darstellung in Form von Kausaldiagrammen lassen sich Ursache-Wirkungs-Beziehungen auch in Einflussdiagrammen respektive -matrizen darstellen. In dieser Darstellungsform repräsentieren die Spalten- und Zeilenüberschriften die Systemelemente (s. Abbildung 4-10). Innerhalb der Matrix werden die Wirkungsbeziehungen der Systemelemente abgebildet. Hierbei ist nicht nur die Bewertung möglich, ob ein Einfluss besteht, sondern auch wie stark dieser Einfluss ist. Die Einflussstärke wird numerisch auf einer vorgegebenen Skala bewertet und in die Matrix eingetragen. Die numerische Bewertung erfolgt durch die Befragung unterschiedlicher Experten parallel z. B. im Rahmen von Workshops, um die Aussagekraft der Bewertungen und folglich die Objektivität der Ergebnisse zu erhöhen. Basierend auf der Bewertung der einzelnen Beziehungen können jeweils Zeilen- und Spaltensummen (Aktiv- und Passivsummen) berechnet werden und somit der Grad der Einflussnahme eines Systemelements ermittelt werden. Während Elemente, die eine hohe Aktivsumme aufweisen, großen Einfluss auf andere Systemelemente haben, sind Elemente mit einer hohen Passivsumme durch starke Beeinflussung geprägt (s. HABERFELLNER ET AL. 2019, S. 380 ff.; s. PROBST U. GOMEZ 1989, S. 11–12).

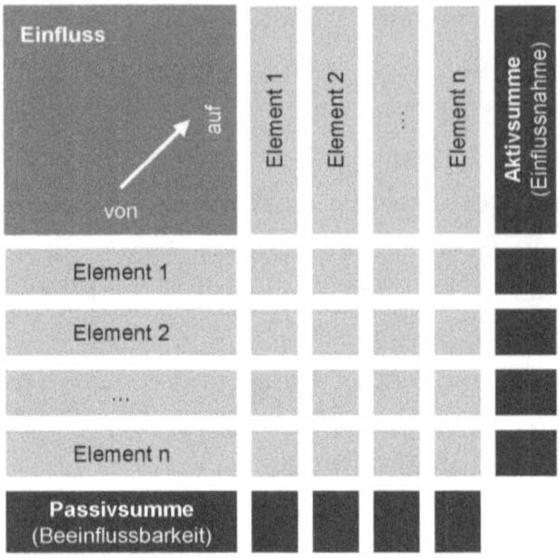

<u>Elemente in Einflussmatrix:</u>

Aktive Elemente: Elemente, die andere stark beeinflussen, selbst aber nur geringe Beeinflussung erfahren.

Passive Elemente: Elemente, die andere nur schwach beeinflussen, selbst aber starken Einfluss erfahren.

Kritische Elemente: Elemente, die andere stark beeinflussen und selber auch stark beeinflusst werden.

Träge Elemente: Elemente, die weder andere stark beeinflussen noch stark beeinflusst werden.

Abbildung 4-10: Beziehungsverhältnisse innerhalb einer Einflussmatrix (PROBST U. GOMEZ 1989, S. 11–12)

Ergänzend zu den qualitativen Methoden der Ursache-Wirkungs-Analyse existieren ebenfalls quantitative Methoden, die vor allem mathematische Modelle nutzen, um Wirkungsbeziehungen darzustellen. Sie bilden die Grundlage für eine weiterführende Simulationsbetrachtung (s. GRÖSSER 2022, S. 1). In der folgenden Arbeit liegt der Fokus allerdings auf der qualitativen Analysemethoden.

Die Methoden zur Betrachtung von Ursache-Wirkungs-Beziehungen finden in dieser Arbeit vor allem in der Gestaltung des Erklärungsmodells Anwendung. Mithilfe einer Wirkungsmatrix werden die Wirkungsbeziehungen zwischen den Anforderungen der bedarfsspezifischen Kundentypen sowie den leistungsspezifischen Funktionen des Subskriptions-Angebots abgebildet. Die komplexen Zusammenhänge können hierdurch ganzheitlich und strukturiert dargestellt werden.

4.4 Zwischenfazit: Konkretisierung der Vorgehensweise

Die übergeordnete Modellstruktur, die sich ebenfalls in der Kapitelstruktur dieser Dissertationsschrift widerspiegelt, gliedert sich in vier zusammenhängende Teilmodelle. Hierfür werden zunächst bedarfsorientierte Kundentypen basierend auf ihren charakteristischen Merkmalen identifiziert und beschrieben (s. Kapitel 5). Anschließend werden in Bezug auf die Anbieterseite subskriptionsrelevante Teilleistungen systematisiert und ebenfalls beschrieben (s. Kapitel 6). Beide Teilmodelle bauen inhaltlich vordergründig auf den Informationen der Fallstudien aus dem Maschinen- und Anlagenbau auf. Im darauffolgenden Kapitel werden die Wirkungsbeziehungen zwischen den Kundenbedarfen und den Funktionen der Subskriptionsleistungen analysiert und bewertet (s. Kapitel 7). Zur Anwendung der Ergebnisse bzw. praxisbezogenen Gestaltung wird anschließend eine Methode zur Konzeption bedarfsspezifischer Leistungssysteme für Subskriptions-Geschäftsmodelle im Maschinen- und Anlagenbau in Form eines Vorgehensmodells entwickelt (s. Kapitel 8). Abschließend erfolgt die Validierung der formulierten Methode mit Industrieexperten, die bereits Erfahrungen im Hinblick auf das

Angebot von Subskriptions-Geschäftsmodellen im Maschinen- und Anlagenbau haben.

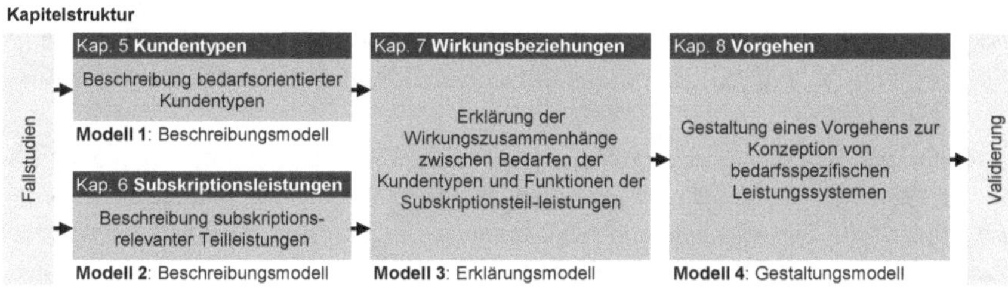

Abbildung 4-11: Vorgehensweise im Rahmen dieser Dissertationsschrift

Unterstützt werden die oben genannten Kapitel dieser Dissertationsschrift durch die im Folgenden genannten Forschungsmethoden.

In Kapitel fünf werden charakteristische Merkmale sowie deren Ausprägungen zur Beschreibung von Kundentypen im Subskriptionsgeschäft basierend auf einer Literaturrecherche sowie Expertenbefragungen im Rahmen einer Fokusgruppendiskussion identifiziert. Ergänzt werden die Informationen durch zusätzliche Erkenntnisse aus den Fallstudien des Maschinen- und Anlagenbaus. Durch Anwendung der morphologischen Methode und den Grundzügen des Systems-Engineerings werden die beschreibenden Eigenschaften systematisch in einem morphologischen Kasten gegliedert. Die Ableitung der entsprechenden Kundentypen erfolgt mittels analytischer Untersuchung basierend auf einer kritischen Fokusgruppendiskussion mit Industrieexperten des Arbeitskreises *Subscription Business Management*, einem der ersten Expertenkreise im deutschsprachigen Raum, der sich mit der Implementierung von Subskriptions-Geschäftsmodellen im Maschinen- und Anlagenbau befasst. Das sechste Kapitel baut auf den Informationen der erhobenen Fallstudien auf und leitet daraus praxisrelevante Teilleistungen für Subskriptions-Geschäftsmodelle ab. Angereichert werden diese Informationen durch eine ergänzende Literaturrecherche (Desk-Research). Die identifizierten Teilleistungen für Subskriptionsangebote werden anschließend systematisch beschrieben und in sinnvolle Gruppen gegliedert. Die Gliederung folgt dabei den Grundsätzen des Systems-Engineerings. Die Fallstudien dienen zusätzlich als primäre Grundlage für die Ableitung von Funktionen subskriptionsbezogener Geschäftsmodelle. Die Erkenntnisse zur Verknüpfung der Teilleistungen basieren vorwiegend auf Experteninterviews, die mit erfahrenen Praxisvertretern als Teil des Forschungsprojekts *Subscription-Canvas* durchgeführt werden. In Kapitel sieben werden die Wirkungsbeziehungen zwischen den kundenseitigen Bedarfen und den Funktionen der subskriptionsrelevanten Teilleistungen erläutert. Methodisch unterstützt wird das Erklärungsmodell durch Wirkungsmatrizen in Form eines *House of Quality*, das wiederum dem *Quality Function Deployment* entstammt. Die Gewichtung der Bedarfselemente sowie die Bewertung der Beziehungen innerhalb der Wirkungsmatrix basieren primär auf den Einschätzungen der Industrieexperten, die im Rahmen der Fallstudienerhebung konsultiert werden. Zusätzlich werden diese Informationen durch die Projektbzw. Praxiserfahrung des Autors ergänzt. Abschließend in Kapitel acht wird die Methode zur Konzeption bedarfsspezifischer Leistungssysteme gestaltet. Ziel der Methode ist die ganzheitliche Anwendung der zusammenhängenden Teilmodelle in der Industrie. Die entwickelte Methode wird anschließend durch abgeschlossene Beratungs- und Forschungsprojekte sowie das praxisbezogene Erfahrungswissen von Industrieexperten in Einzelinterviews validiert.

Zusammenfassend lassen sich die angewendeten Forschungsmethoden in zwei Kategorien einteilen (s. Tabelle 4-3): einerseits in Methoden, die strukturgebend wirken und dadurch zur Systematisierung der Ergebnisse beitragen und andererseits in Methoden, die zur Inhaltsgewinnung beitragen.

Tabelle 4-3: Methodische Unterstützung innerhalb dieser Dissertationsschrift

Kapitel	Inhalt	Methoden zur Strukturgewinnung	Methoden zur Inhaltsgewinnung
5	Beschreibungsmodell: Kundentypen	• Morphologische Methode • Systems-Engineering	• Fokusgruppendiskussion • Fallstudienforschung • Literaturrecherche
6	Beschreibungsmodell: Subskriptionsleistungen	• Systems-Engineering	• Experteninterviews • Fallstudienforschung • Literaturrecherche
7	Erklärungsmodell: Wirkungsbeziehungen	• Wirkungsmatrix • Kano-Modell • Quality-Function-Deployment • Value-Proposition-Design	• Experteninterviews
8	Gestaltungsmodell: Vorgehen	• PDCA-Zyklus • Systems-Engineering	• Abgeschlossene Projekte • Experteninterviews • Methoden Kap. 5 – Kap. 7

5 Beschreibung bedarfsspezifischer Kundentypen

Im Rahmen dieses Kapitels erfolgt die Herleitung unterschiedlicher Kundentypen für Subskriptionsangebote im Maschinen- und Anlagenbau. Die abgeleiteten Kundentypen bilden gemeinsam mit den Subskriptionsleistungen die inhaltliche Grundlage zur Herleitung der Wirkungsbeziehungen (s. Abbildung 5-1). Die Identifikation dezidierter Kundentypen ermöglicht es Unternehmen, Leistungsangebote genauer auf die spezifischen Bedarfe auszurichten und dementsprechend eine höhere Kundenzufriedenheit zu erreichen (vgl. ALMQUIST ET AL. 2018, S. 5). Gleichzeitig wird durch die bedarfsbezogene Kundensegmentierung die Möglichkeit standardisierter Leistungsmodule geschaffen, was wiederum zu einer Komplexitäts- und Aufwandsreduktion führt (s. OLBRICH 2022, S. 126 ff.; s. KRAUSE U. GEBHARDT 2018, S. 54).

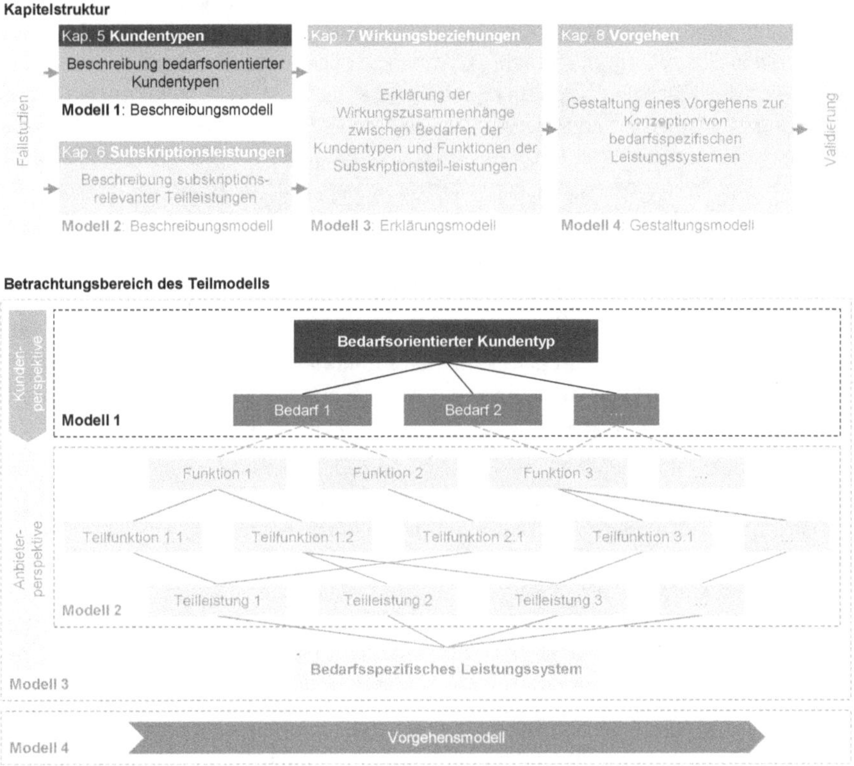

Abbildung 5-1: Erstes Teilmodell im Zusammenhang des Gesamtmodells

Vorrangiges Ziel dieses Kapitels ist die Beantwortung der ersten Forschungsfrage: *Wie können bedarfsspezifische Kundentypen des Maschinen- und Anlagenbaus systematisch beschrieben werden und anhand welcher Merkmale sind sie zu charakterisieren?*

Um dies zu erreichen, gilt es in Anlehnung an das Vorgehen nach WELTER, zunächst den Untersuchungsbereich abzugrenzen, sodass der Kunde als Untersuchungsobjekt klar definiert ist (s. Kapitel 5.1) (s. WELTER 2006, S. 115–116). Der nächste Schritt beinhaltet die Auswahl passender Merkmale, die zur Charakterisierung des Untersuchungsobjekts geeignet sind (s. Kapitel 5.2). Anschließend werden diese Merkmale durch relevante Merkmalsausprägungen ergänzt (s. Kapitel 5.3). Daraufhin werden durch eine sinnvolle Verknüpfung der Merkmale konkrete Kundentypen abgeleitet (s. Kapitel 5.4) und diese grafisch in einem morphologischen Kasten abgebildet (s. Kapitel 5.5). Zuletzt werden die Erkenntnisse als Zwischenfazit zusammengefasst (s. Kapitel 5.6).

Die Identifikation der beschreibenden Merkmale sowie der dazugehörigen Merkmalsausprägungen erfolgt zunächst durch eine grundlegende Literaturrecherche. Ergänzt werden die Ergebnisse der literaturbasierten Recherche durch die Erkenntnisse mehrerer Fokusgruppendiskussionen mit Industrieexperten im Rahmen des Arbeitskreises *Subscription Business Management* (s. Anhang 1) sowie den Inhalten der erhobenen Fallstudien des Maschinen- und Anlagenbaus (s. Anhang 3). Die Erkenntnisse aus den Fokusgruppendiskussionen sowie der Fallstudien dienen außerdem zur Ableitung der einzelnen Kundentypen. Die Ansätze dieses Beschreibungsmodells wurden zusätzlich in einem Konferenzbeitrag auf dem *Smart Service Summit 2022* veröffentlicht (s. SCHUH ET AL. 2023b, S. 153 ff.).

5.1 Auswahl des Betrachtungsbereichs

Zur Identifikation eindeutiger Typen gilt es zunächst, den Betrachtungsbereich auszuwählen und klar abzugrenzen und somit den Rahmen für die Untersuchung festzulegen. Hierfür soll der Untersuchungsgegenstand – Kundentypen im Subskriptionsgeschäft des Maschinen- und Anlagenbau – klar definiert werden.

Der Kundenbegriff ist zunächst mehrdeutig und beschreibt im Allgemeinen die Nachfrageseite der Geschäftsbeziehung, welche aus einzelnen Personen, Abteilungen, Organisationen oder anderen (öffentlichen) Institutionen bestehen kann (s. KITTINGER 2010, S. 7). Nachfrager stellen somit außerbetriebliche Marktteilnehmer dar, die zu Käufern bzw. Kunden werden, sofern sie eine Leistung beziehen (s. MEFFERT ET AL. 2019, S. 49). Dementsprechend bildet der Kunde mit seinen Bedürfnissen und Anforderungen das zu adressierende Zielsegment. Dieses gibt wiederum vor, wie das Leistungsangebot auszugestalten ist, um den größtmöglichen Kundennutzen zu erzielen.

Der Kundenbegriff lässt sich jedoch nicht nur horizontal zwischen unterschiedlichen Entitäten differenzieren, sondern auch vertikal innerhalb eines Unternehmens. So können nach WEBSTER U. WIND die organisationsbezogenen Beteiligten eines Kaufentscheidungsprozesses zur besseren Ausrichtung des Leistungsangebots in vier Betrachtungsebenen unterteilt werden (s. Abbildung 5-2) (s. WEBSTER U. WIND 1972, S. 15).

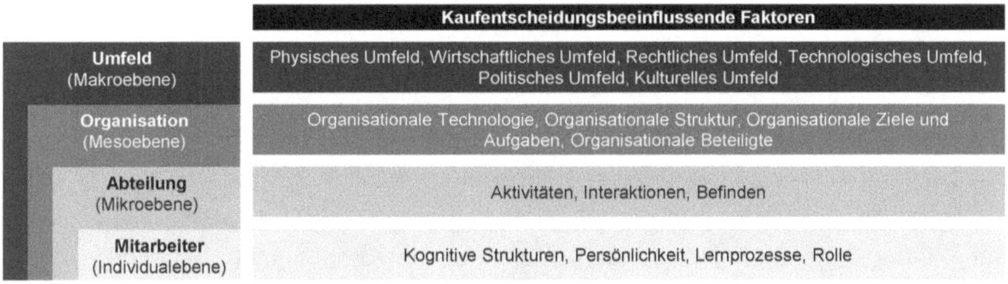

Abbildung 5-2: Betrachtungsebenen für industrielle Kunden (eigene Darstellung i. A. a. WEBSTER U. WIND 1972, S. 15; GRAF U. WITTE 2012, S. 515)

Die oberste Ebene bzw. Makroebene („*Umfeld*") fasst den Unternehmens- bzw. Kundenbegriff am weitesten und inkludiert auch unternehmensexterne Einflüsse bezogen auf den Kaufentscheidungsprozess. Der Betrachtungsfokus liegt hierbei nicht allein auf dem Kundenunternehmen, sondern auch auf dessen Netzwerk aus Zulieferern, Wettbewerbern, Endkunden und weiteren relevanten Institutionen. Die zweite Betrachtungsebene („*Organisation*") fasst den Untersuchungsbereich bereits etwas enger und bezieht sich nur auf die Organisation des Kunden. Hierbei wird das organisationale Kaufverhalten maßgeblich durch die strategischen Ziele des Unternehmens sowie die verfügbaren finanziellen, technologischen und personellen Ressourcen beeinflusst. Die Mikroebene („*Abteilung*") grenzt den Fokus nochmals ein und bezieht sich auf eine innerbetriebliche Organisationseinheit, die eine spezifische Teilaufgabe im Rahmen des Wertschöpfungsprozesses erfüllt. Die Bedarfe, die den Bezug der Leistung motivieren, variieren hierbei je nach Aufgabenart und -umfang. Auf der vierten Ebene („*Mitarbeiter*") wird der einzelne Angestellte als Betrachtungsbereich gewählt. Die Individualebene ist stark fokussiert und berücksichtigt die individuelle Persönlichkeit im Rahmen des Kaufentscheidungsprozesses (s. WEBSTER U. WIND 1972, S. 13 ff.).

Die Unterscheidung zwischen den unterschiedlichen Detailebenen spielt bei der Betrachtung der Kundenperspektive eine zentrale Rolle, da Eigenschaften und Bedürfnisse je nach Betrachtungsebene variieren können (s. EGGERT ET AL. 2020, S. 123; vgl. BLEICHER 2011, S. 87 ff.). Zur Identifikation geeigneter Kundentypen und der anschließenden sinnvollen Leistungszuordnung ist der Untersuchungsbereich bzw. die Betrachtungsebene so zu wählen, dass Bedürfnisse und Strategien der Kunden eindeutig identifizierbar sind (s. BRUHN 2019, S. 60). Eine Betrachtung auf der Makroebene ist demnach zu ungenau, da sie auch nicht steuerbare Einflüsse aus dem Umfeld berücksichtigt. Gleichzeitig ist auch eine Beobachtung auf der Mikro- oder Individualebene für diese Arbeit nicht adäquat, da sie nicht die zuvor beschriebenen formalen Anforderungen der Wirtschaftlichkeit und Vergleichbarkeit erfüllt. Es ist wichtig, das Nachfrageunternehmen als zusammenhängende Kundeneinheit zu verstehen, um die strategischen Ziele und Anforderungen ganzheitlich berücksichtigen zu können, die durch die Nutzung des Subskriptionsangebots erfüllt werden sollen. Aus diesem Grund bezieht sich der Kundenbegriff im weiteren Verlauf dieser Arbeit auf die organisatorische

Mesoebene. Diesen Kundenbegriff gilt es im folgenden Unterkapitel durch charakteristische Merkmale eindeutig zu beschreiben.

5.2 Auswahl geeigneter Merkmale und Merkmalsausprägungen

Zur Beschreibung der unterschiedlichen Kundentypen ist es erforderlich, geeignete charakteristische Merkmale und deren Ausprägungen zu definieren. Diese sollten nach BRUHN folgende Anforderungen erfüllen, um eine zielführende Segmentierung zu ermöglichen (s. BRUHN 2019, S. 61–62):

- *Verhaltensrelevanz*: Die Merkmale weisen einen direkten Bezug zum Kaufverhalten der Nachfrager auf.
- *Messbarkeit*: Die Merkmale können durch existierende Methoden identifiziert und bemessen werden.
- *Zeitliche Stabilität*: Die Merkmale sind für einen gewissen Zeitraum konstant und gültig.

Die Merkmale untergliedern sich in die drei Hauptkategorien: (1) Allgemeine Merkmale, (2) Operative Merkmale und (3) Situative Merkmale. Die Kategorien sind in Anlehnung an SHAPIRO U. BONOMA hierarchisch gegliedert und entwickeln sich von einer generischen zu einer spezifischen Perspektive. Grundsätzlich gilt, je spezifischer die Betrachtungsperspektive, desto schwieriger ist die Informationsgewinnung (vgl. SHAPIRO U. BONOMA 1984, S. 3 ff.). Jede dieser Kategorien umfasst unterschiedliche beschreibende Merkmale, die durch entsprechende Merkmalsausprägungen erweitert werden. Mithilfe der unterschiedlichen Ausprägungen kann das gesamte Spektrum der jeweiligen Merkmale dargestellt werden (s. WELTER 2006, S. 115). Im Weiteren werden die Merkmale sowie ihre Ausprägungen näher erläutert.

5.2.1 Operative Merkmale

Die erste Kategorie an Merkmalen zur Beschreibung der Kundentypen konzentriert sich auf betriebliche Merkmale, die Aufschluss über den prozessualen Status sowie die Strategie des Kunden geben.

Vorherrschender Produktionsfaktor

Als zentrale Eigenschaft der technisch-ökonomischen Struktur des Kundenunternehmens beschreibt dieses Merkmal den wichtigsten Produktionsfaktor für die Wertschöpfungsprozesse des Kundenunternehmens (s. THOMMEN ET AL. 2020, S. 25). Als Produktionsfaktoren werden jene Mittel bezeichnet, die kombiniert werden, um Leistungen zu erstellen (s. KELLNER ET AL. 2020, S. 31). Die eingesetzten Produktionsfaktoren können ge- (Potenzialfaktoren) oder verbraucht (Repetitivfaktoren) werden und stellen somit die Grundlage der produktiven Prozesse dar. Je nach Leistungsziel variieren die eingesetzten Inputfaktoren, sodass der vorherrschende Produktionsfaktor Aufschluss über die zentralen Wertschöpfungsprozesse des Kunden gibt (s. CORSTEN U. GÖSSINGER 2007, S. 111). Hinzukommend gibt der zentrale Produktionsfaktor Auskunft darüber, welche Inputfaktoren kritisch sind und somit für die Wertschöpfung des

Kunden besonders wichtig sind. Die entsprechenden Ausprägungen dieses Merkmals beziehen sich demnach auf relevantesten Inputfaktoren der Kundenunternehmen und werden im Folgenden näher erläutert:

- *Personalintensiv*: Unternehmen, die diese Eigenschaftsausprägung erfüllen, weisen einen hohen Lohnkostenanteil an den gebündelten Produktionskosten auf (s. THOMMEN ET AL. 2020, S. 25). Die Wertschöpfungsprozesse dieser Unternehmen erfordern einen hohen personellen Aufwand.
- *Maschinen- und Anlagenintensiv*: Diese Unternehmen sind gekennzeichnet durch einen hohen Bestand an Assets, in Form von Maschinen- und / oder Anlagen. Durch den intensiven Einsatz von Maschinen und Anlagen besteht eine hohe Kapitalbindung (s. THOMMEN ET AL. 2020, S. 27). Die Wertschöpfung dieser Unternehmen ist stark durch Maschinen und / oder Anlagen geprägt, sodass die Verfügbarkeit dieser Produktionsfaktoren essenziell ist.
- *Materialintensiv*: Unternehmen dieses Typs zeichnen sich durch einen hohen Rohstoffverbrauch und entsprechend hohe Materialkosten aus (s. THOMMEN ET AL. 2020, S. 27). Für Kunden, die diese Eigenschaft erfüllen, hängt die Qualität der eingesetzten Verbrauchsmaterialien auch meist mit der Outputqualität der eigenen Leistung zusammen. Demnach ist für diese Unternehmen eine hohe Verfügbarkeit qualitativer Materialien besonders wichtig.
- *Energieintensiv*: Die (Produktions-)Prozesse dieser Unternehmen sind durch einen hohen Energieverbrauch und entsprechend hoher Energiekosten geprägt (s. THOMMEN ET AL. 2020, S. 27). Unternehmen dieses Typs besitzen ein hohen energiebezogenes Einsparungspotenzial.

Ressourcenverfügbarkeit

Dieses Merkmal bezieht sich auf den Zugang zu den erforderlichen Produktionsfaktoren, die für die Anwendungsprozesse des Kunden benötigt werden. Aus betriebswirtschaftlicher Sicht lassen sich die eingesetzten Ressourcen grundlegend in die Kategorien „*Elementarfaktoren*" und „*Dispositive Faktoren*" unterteilen. Zu den Elementarfaktoren gehören Werkstoffe, Betriebsmittel sowie die menschliche Arbeitsleistung (s. GUTENBERG 1951, S. 3). Diese werden im Produktionsprozess eingesetzt, gehen als Bestandteil in die produzierten Erzeugnisse ein oder werden zum Einsatz der Betriebsmittel benötigt (s. THOMMEN ET AL. 2020, S. 8). Die dispositiven Faktoren fokussieren dagegen Arbeitsleistungen, die im direkten Zusammenhang mit der Steuerung von Betriebsprozessen (Managementprozesse) stehen (s. GUTENBERG 1951, S. 3). Neben den genannten Ressourcen spielt auch das verfügbare finanzielle Kapital eine wichtige Rolle. Die finanziellen Mittel sind erforderlich, um Schlüsselaktivitäten, -ressourcen und -partner zu finanzieren (s. MEFFERT ET AL. 2019, S. 278). Je nach Status und Größe des Unternehmens variiert die Verfügbarkeit dieser Ressourcen und dementsprechend die Fähigkeit, Teilleistungen intern abzubilden (s. THOMMEN ET AL. 2020, S. 189). Somit lassen sich in Bezug auf die unternehmensbezogene Ressourcenverfügbarkeit die folgenden Ausprägungen identifizieren:

- *Ressourcen vorwiegend leicht verfügbar*: Das Unternehmen des Kunden verfügt über umfangreiche eigene Ressourcen und ist somit in der Lage, den Wertschöpfungsprozess ganzheitlich abzudecken. Die Integration externen Ressourcen erfolgt lediglich, sofern dies eine besondere strategische Bedeutung hat. Das Unternehmen hat jedoch keine Probleme bei einer Kapazitätsveränderung auf neue Elementarfaktoren zurückzugreifen. Die leichte Zugänglichkeit zu den Produktionsfaktoren bietet dem Kunden die Möglichkeit, sich schnell und flexibel an Marktveränderungen anzupassen.
- *Ressourcen vorwiegend schwer verfügbar*: Das Kundenunternehmen verfügt nur über wenige eigene Ressourcen (bspw. aufgrund einer starken Begrenzung) und kann somit nur teilweise Leistungen selbstständig abbilden. Die eingeschränkten verfügbaren Ressourcen werden fokussiert auf die Kernaktivitäten angewendet. Das Unternehmen hat große Probleme, bei einer Kapazitätsveränderung auf neue Elementarfaktoren zurückzugreifen. Die erschwerte Zugänglichkeit zu den Produktionsfaktoren schränkt den Kunden in der Umsetzung neuer Projekte bzw. in seinem langfristigen Wachstum ein.

Kritikalität der Anwendungsprozesse

Dieses Merkmal beschreibt, wie bedeutend die Anwendungsprozesse für das Kundenunternehmen sind. Je höher die Kritikalität, desto gravierender sind die Auswirkungen bei einem Ausfall der Prozesse (s. MEER 2015, S. 1). Dabei hängt die Höhe der Kritikalität von unterschiedlichen Faktoren ab, wie z. B. entstehenden Umsatzverlusten, der Verletzung vertraglicher Pflichten, auftretender Reputationsschäden oder der Gefährdung von Personen (s. RÜHL 2021, S. 48–49). Allerdings spielen nicht nur die Auswirkungen des Ausfalls eine Rolle auf die Kritikalität, auch der Aufwand der Wiederherstellung sowie möglichen Gegenmaßnahmen sind von Bedeutung (s. KALLWIES ET AL. 2008, S. 44). So spielt hierbei auch das Vorhandensein redundanter Prozesse und Maschinen eine wichtige Rolle. Durch das Vorhandensein mehrfach ausgelegter technischer Systeme bzw. Prozesse kann bei einem Ausfall das parallele System übernehmen und somit das Betriebsrisiko senken. Im Allgemeinen korreliert der Kritikalitätswert stark mit dem Risiko der entsprechenden Anwendungsprozesse. Je nach Strategie und Risikobereitschaft des Kundenunternehmens gilt es dementsprechend, Sicherungsmaßnahmen für (besonders) kritische Prozesse zu ergreifen. Im Folgenden wird zwischen diesen drei Merkmalsausprägungen unterschieden:

- *Unkritisch*: Der Ausfall der Anwendungsprozesse hat für das Unternehmen keine oder nur geringe Auswirkungen (s. KALLWIES ET AL. 2008, S. 44). Eine durchgängige Verfügbarkeit der Maschinen bzw. Anlagen ist nur bedingt erforderlich. Die Überwachung der kritischen Anwendungsprozesse würde dem Kunden nur einen geringen Mehrwert bringen. Redundante Prozesse / Systeme sind für diesen Anwendungsfall anwendbar.
- *Kritisch*: Der Ausfall der Anwendungsprozesse hat für das Unternehmen gewisse sichtbare Auswirkungen (s. KALLWIES ET AL. 2008, S. 44). Der Ausfall der Maschinen bzw. Anlagen führt zu Einschränkungen, führt jedoch nicht zu

schwerwiegenden Folgen. Die Überwachung der kritischen Anwendungsprozesse würde dem Kunden einen gewissen Mehrwert bringen. Redundante Prozesse / Systeme sind für diesen Anwendungsfall nur teilweise anwendbar.

- *Hochkritisch*: Der Ausfall der Anwendungsprozesse hat für das Unternehmen bedrohlich existenzielle Auswirkungen (s. KALLWIES ET AL. 2008, S. 44). Die Maschinen bzw. Anlagen sind essenziell für die Wertschöpfung des Kunden. Ein Ausfall hat schwerwiegende Folgen für das Unternehmen. Die Überwachung der kritischen Anwendungsprozesse würde dem Kunden einen großen Mehrwert bringen. Redundante Prozesse / Systeme sind für diesen Anwendungsfall nicht anwendbar.

Kontinuität der Anwendungsprozesse

Das Merkmal zur Kontinuität der Anwendungsprozesse beschreibt, inwiefern die Produktions- bzw. Anwendungsprozesse des Kunden kontinuierlich oder diskret ablaufen. Die Kontinuität korreliert dabei stark mit der Anzahl produzierter Erzeugnisse (s. LIPPOLD 2021, S. 17). Das Merkmal variiert in Abhängigkeit des vom Kunden festgelegten Anwendungsprozesses. Zentrales Kriterium ist hierbei die *„Häufigkeit der Wiederholung“* eines bestimmten Anwendungsvorgangs (s. THOMMEN ET AL. 2020, S. 198). Es lassen sich folgende Merkmalsausprägungen unterscheiden:

- *Diskreter Anwendungsprozess*: Eine niedrige Stabilität liegt vor, wenn die Prozesse diskret sind und das Unternehmen in Einzelfertigung arbeitet. Das Kundenunternehmen agiert hauptsächlich auftragsbezogen und nutzt die vorhandenen Produktionsfaktoren zur Herstellung (s. THOMMEN ET AL. 2020, S. 198). Beispielhaft hierfür ist die Herstellung von Sondermaschinen oder auftragsspezifischen Anlagen (s. LIPPOLD 2021, S. 16). Das Leistungsangebot wird vom Kunden punktuell in Anspruch genommen.
- *Phasenbezogener Anwendungsprozess*: Die Anwendungsprozesse weisen eine mittlere Stabilität auf, sofern die Anwendungsprozesse des Kunden einer gewissen Wiederholrate folgen. Die Anwendung ist zwar nach wie vor diskontinuierlich, jedoch bezogen auf die Charge kontinuierlich (s. LIPPOLD 2021, S. 16). Das Leistungsangebot wird vom Kunden regelmäßig in Anspruch genommen.
- *Kontinuierlicher Anwendungsprozess*: Eine hohe Ausprägung der Stabilität liegt vor, wenn das Kundenunternehmen einen kontinuierlichen Fertigungsprozess verfolgt. Charakteristisch für diesen Anwendungstyp ist die Fertigung einer großen Stückzahl an Erzeugnissen über einen längeren Zeitraum (s. THOMMEN ET AL. 2020, S. 198). Das Leistungsangebot wird vom Kunden kontinuierlich in Anspruch genommen.

Strategische Erfolgsgröße

Dieses Merkmal beschreibt das primäre strategische Erfolgskriterium, das das Kundenunternehmen bei seinen Geschäftsaktivitäten – insbesondere in der Produktion der Erzeugnisse – verfolgt (s. ATKINSON 1999, S. 337). Ursprünglich aus dem Projektmanagement abgeleitet, unterscheiden sich produzierende Unternehmen vorrangig in den drei Dimensionen: Kosten, Qualität und Zeit in Bezug auf den Anwendungsprozess (s. LÖDDING 2014, S. 23). Die Besonderheit ist jedoch, dass die jeweiligen Erfolgskriterien bzw. Zielgrößen im Konflikt zueinander stehen bzw. wechselseitige Abhängigkeiten aufweisen (s. VAN WYNGAARD ET AL. 2012, S. 1991). So wirkt sich z. B. eine Steigerung der Qualitätsanforderungen negativ auf die Fertigungskosten aus und eine Verkürzung des Zeitplans könnte zu einer schlechteren Erzeugnisqualität führen. Allgemein hängt die Wahl der strategischen Erfolgsgröße stark mit der übergreifenden Strategie des Unternehmens zusammen. Im Folgenden werden die entsprechenden Merkmalsausprägungen näher erläutert:

- *Kosten*: Der Hauptfokus des Kunden liegt auf der Einhaltung bzw. Reduktion seiner anwendungsbezogenen Kosten. Eine wichtige Zielgröße dieses Kundentyps ist die Erreichung einer hohen Produktivität bei geringen Kosten, die sich aus dem Verhältnis von Output und Input in Bezug auf die Anwendung ergibt (s. LÖDDING 2014, S. 24). Durch eine Erhöhung seiner Betriebskosten verliert der Kunde wichtiges Kapital, welches bspw. für neue Innovationen benötigt wird (s. WAGNER U. ERASMUS 2023, S. 31).
- *Qualität*: Der Hauptfokus des Kunden liegt auf der Erreichung einer hohen Erzeugnisqualität. Bedingt durch endkundenspezifische Anforderungen oder die Art des Erzeugnisses ist eine überdurchschnittlich hohe Fertigungsgenauigkeit sowie -qualität erforderlich. Ziel dieses Kundentyps ist es den Anteil fehlerhafter Erzeugnisse bestmöglich zu reduzieren (s. LÖDDING 2014, S. 25). Abweichende Qualitätsmerkmale können zu Vertrauensverlust oder gar Rückrufen führen (s. WAGNER U. ERASMUS 2023, S. 31).
- *Zeit*: Der Hauptfokus des Kunden liegt in der Erreichung zeitbezogener Ziele und dem Erreichen einer hohen Termintreue. Für diesen Kundentyp ist es wichtig, schnell am Markt zu agieren und dementsprechend die anwendungsbezogene Zeit zu reduzieren (s. LÖDDING 2014, S. 24–25). Zeitliche Abweichungen in Bezug auf Liefervereinbarungen können ebenfalls zu Vertrauensverlusten oder möglichen Strafzahlungen für den Kunden führen.

Abschließend werden die operativen Merkmale mit ihren entsprechenden Ausprägungen in einer Tabelle zusammenfassend dargestellt (s. Tabelle 5-1).

Tabelle 5-1: Übersicht operativer Merkmale und Ausprägungen

<table>
<tr><th>Merkmal</th><th colspan="12">Merkmalsausprägungen</th></tr>
<tr><td>Vorherrschender Produktionsfaktor</td><td colspan="3">personalintensiv</td><td colspan="3">maschinen- und anlagenintensiv</td><td colspan="3">materialintensiv</td><td colspan="3">energieintensiv</td></tr>
<tr><td>Ressourcenverfügbarkeit</td><td colspan="6">Ressourcen vorwiegend schwer verfügbar</td><td colspan="6">Ressourcen vorwiegend leicht verfügbar</td></tr>
<tr><td>Kritikalität der Anwendungsprozesse</td><td colspan="4">unkritisch</td><td colspan="4">kritisch</td><td colspan="4">hochkritisch</td></tr>
<tr><td>Kontinuität der Anwendungsprozesse</td><td colspan="4">diskreter Anwendungsprozess</td><td colspan="4">phasenbezogener Anwendungsprozess</td><td colspan="4">kontinuierlicher Anwendungsprozess</td></tr>
<tr><td>Strategische Erfolgsgröße</td><td colspan="4">Kosten</td><td colspan="4">Qualität</td><td colspan="4">Zeit</td></tr>
</table>

5.2.2 Situative Merkmale

Innerhalb der zweiten Kategorie werden Merkmale beschrieben, welche den Leistungsumfang in Bezug auf den konkreten Anwendungsfall näher erläutern. Der Fokus liegt hier vor allem auf den Risiken, die durch das Leistungsangebot seitens des Anbieters übernommen werden.

Risikoneigung

Das Merkmal der Risikoneigung beschreibt die Risikotoleranz des Kunden bzw. dessen Risikobereitschaft. Es gibt an, inwieweit der Kunde bereit ist, Risiken zur Erreichung der Unternehmensziele einzugehen (s. SCHNECK 2010, S. 27–28). In Abhängigkeit unterschiedlicher Einflussfaktoren, wie bspw. der Kritikalität der Prozesse, fällt die Risikoaffinität je nach Kunde unterschiedlich aus. Die Risikoaffinität kann folgende Ausprägungen annehmen:

- *Risikoavers*: Der Kunde besitzt eine geringe Risikotoleranz. Je mehr Risiken seitens des Anbieters durch das Leistungsangebot übernommen werden, desto höher ist der Nutzen für den Kunden (s. SCHNECK 2010, S. 28).
- *Risikoneutral*: Der Kunde ist Risiken gegenüber neutral eingestellt. Er besitzt weder eine ausgeprägte Risikoaversion noch eine hohe Risikoaffinität (s. SCHNECK 2010, S. 28).
- *Risikoaffin*: Der Kunde hat eine hohe Risikotoleranz. Die durch den Anbieter übernommenen Betriebsrisiken liefern dem Kunden zwar einen zusätzlichen Nutzen, stellen jedoch kein Begeisterungsmerkmal dar (s. SCHNECK 2010, S. 28).

Zentrale Kundenrisiken

Dieses Beschreibungsmerkmal befasst sich mit den zentralen Risiken des Kunden, die durch das Leistungsangebot adressiert und im Rahmen des Subskriptions-Geschäftsmodells übernommen werden sollen (s. STOPPEL U. ROTH 2016, S. 83). Die Übernahme zentraler Kundenrisiken durch ein erweitertes Nutzenversprechen stellt einen Kernaspekt subskriptionsorientierter Geschäftsmodelle dar (s. FRANK ET AL. 2021, S. 10 ff.). Neue technologische Fortschritte der Industrie 4.0 ermöglichen es, Zustände zu beobachten und die entsprechenden Daten zu analysieren. Durch die umfangreichere, datenbasierte Erfassung des Produktivzustands des physischen Produkts sowie der Möglichkeit, datenbasiert Wertschöpfungsprozesse des Kundenunternehmens zu überwachen, können Anbieter erstmals Kundenrisiken beurteilen, bewerten und somit wirtschaftlich übernehmen. Die Risiken werden somit geteilt und nicht mehr alleine vom Kunden, sondern gemeinsam mit dem Anbieter getragen (s. GAIARDELLI ET AL. 2021, S. 192–193). Die Übernahme zentraler Kundenrisiken ermöglicht es dem Anbieterunternehmen, neue Nutzenversprechen zu formulieren, sein Leistungsangebot gegenüber dem Kunden zu erweitern und folglich zusätzliche wirtschaftliche Potenziale abzuschöpfen (s. STOPPEL U. ROTH 2016, S. 82 ff.). Die wesentlichen, durch das subskriptionsbezogene Leistungsangebot adressierten, Betriebsrisiken werden im Folgenden näher beschrieben:

- *Investitionsrisiko*: Diese Merkmalsausprägung bezieht sich auf das Risiko, welches mit der Finanzierung bzw. dem Erwerb der Maschine / Anlage einhergeht. Die Finanzierung des zentralen Produkts übernimmt der Anbieter, sodass eventuelle finanzielle Ausfälle zu Lasten des Anbieters gehen (s. FRANK ET AL. 2021, S. 11).
- *Verfügbarkeitsrisiko*: Dieses Risiko bezieht sich auf die Garantieübernahme, die der Anbieter gegenüber dem Kunden in Bezug auf die Verfügbarkeit der Maschine / Anlage übernimmt. Mithilfe dienstleistungs- und softwarebezogener Leistungen muss der Anbieter mindestens das vereinbarte Verfügbarkeitsniveau des physischen Produkts sicherstellen (s. FRANK ET AL. 2021, S. 10–11).
- *Marktrisiko*: Dieses Risiko bezieht sich auf marktbezogene Nachfrage für das Kundenunternehmen. Der Anbieter übernimmt das Risiko, das durch eine geringere Nachfrage und dementsprechende Auslastung des Kunden entsteht (s. FRANK ET AL. 2021, S. 11).
- *Prozessrisiko*: Hierbei übernimmt der Anbieter Risiken, die sich auf die Prozesse des Kunden beziehen. Es wird garantiert, dass die mit der Produktion zusammenhängenden Prozesse störungsfrei ablaufen (s. STOPPEL U. ROTH 2016, S. 84).
- *Qualitätsrisiko*: Dieses Risiko bezieht sich auf die Qualität des produzierten Outputs. Der Anbieter garantiert, dass durch die korrekte Anwendung seines Leistungsangebots eine bestimmte Fertigungsqualität erreicht wird (s. FRANK ET AL. 2021, S. 11).
- *Wertrisiko*: Dieses Risiko bezieht sich auf die Entstehung unvorhergesehener Kosten bzw. Einflüsse für den Kunden und den damit verbundenen ausbleibenden ökonomischen Erfolg (s. STOPPEL U. ROTH 2016, S. 87). Der Anbieter garantiert, dass mit der Inanspruchnahme der Leistung eine gewisse Steigerung des wirtschaftlichen Kundenerfolgs einhergeht, der sich bspw. in zusätzlichen Gewinnen oder reduzierten Kosten äußert (s. FRANK ET AL. 2021, S. 11).

Marktsituation

Dieses Kriterium beschreibt, inwieweit der Markt des Endkunden und somit dessen Auslastung (periodischen) Schwankungen unterlegen ist. Die nachfragebedingte Auslastung des Kundenmarkts hängt von unterschiedlichen Einflüssen ab, wie bspw. der Beschaffenheit des Erzeugnisses, dem Anwendungszweck oder den Gebrauchsgewohnheiten der Endkunden (s. BÖSCHEN 2017, S. 185). Auslastungsschwankungen sind jedoch nicht nur kundeninduziert, sondern lassen sich auch auf unternehmensinterne Schwankungen z. B. durch Prozessinstabilität zurückführen (s. WILLE 2016, S. 69). Im Rahmen des Lean Managements wird diese, durch eine unausgeglichene Auslastung entstehende, Verschwendungsart als „*Mura*“ bezeichnet. Eine Möglichkeit, diese Verschwendungsart zu reduzieren, entsteht durch eine erhöhte Flexibilisierung der Produktion (s. MAHADEVAN U. CHEJARLA 2023, S. 20). Für das beschreibende Merkmal lassen sich die folgenden beiden Ausprägungen identifizieren:

- *Beständig*: Der Kundenmarkt unterliegt keinen oder geringen Schwankungen und ist durch einen kontinuierlichen Absatz gekennzeichnet.
- *Volatil*: Der Kundenmarkt unterliegt mittleren bis starken Schwankungen und ist durch einen wechselhaften Absatz gekennzeichnet.

Abschließend werden die situativen Merkmale mit ihren entsprechenden Ausprägungen in einer Tabelle zusammenfassend dargestellt (s. Tabelle 5-2).

Tabelle 5-2: Übersicht situativer Merkmale und Ausprägungen

Merkmal	Merkmalsausprägungen					
Risikoneigung	risikoavers		risikoneutral		risikoaffin	
Zentrale Kundenrisiken	Investitionsrisiko	Verfügbarkeitsrisiko	Marktrisiko	Prozessrisiko	Qualitätsrisiko	Wertrisiko
Marktsituation	beständig			volatil		

5.2.3 Bedarfsbezogene Merkmale

Im Rahmen der dritten Kategorie werden die jeweiligen Bedarfe der Kunden fokussiert. Diese geben zusätzlich zu den operativen und situativen Rahmenbedingungen Aufschluss über die Motive der Kunden, die zum Kauf des Leistungsangebots bewegen. Die einzelnen Bedarfe ergeben sich aus den typspezifischen Anforderungen und repräsentieren das „*Erforderliche*" zur Erreichung der kundenbezogenen Unternehmensziele (vgl. HABER U. FARGNOLI 2019, S. 257 ff.). Die im Rahmen dieser Arbeit betrachteten bedarfsbezogenen Merkmale orientieren sich dabei an den von ALMQUIST ET AL. definierten „*Elements of Value*" (s. Kapitel 3.2), welche als grundlegende Werteelemente im B2B-Geschäft identifiziert wurden (s. ALMQUIST ET AL. 2018, S. 5 ff.). Da jedoch nicht alle Werteelemente für Subskriptions-Geschäftsmodelle im Maschinen- und Anlagenbau relevant sind, werden nur die wesentlichen Elemente im Rahmen dieser Arbeit betrachtet.

Funktionsbezogener Bedarf

Dieses Merkmal befasst sich mit den allgemeinen funktionsbezogenen Bedarfen, die seitens der Kunden bestehen können. Sie entsprechen den grundlegenden Voraussetzungen, die objektiv messbar sind und die Basisanforderungen an das Leistungsangebot darstellen. Im Vordergrund dieses bedarfsbezogenen Merkmals steht die Erfüllung der Funktionalität in Bezug auf den Anwendungsprozesses. Für dieses Beschreibungsmerkmal lassen sich die folgenden drei Ausprägungen identifizieren:

- *Spezifikation erfüllen*: Der Kunde hat den Bedarf nach einer grundlegenden Erfüllung der zuvor festgelegten Funktions- und Leistungsmerkmale (s. KÖSTER 2013, S. 100). Hierzu zählen auch regulatorische Anforderungen (z. B. Gesetzesanforderungen), die bezogen auf den Anwendungsprozess erfüllt werden müssen.

- *Qualität erhöhen*: Dieser Bedarf des Kunden bezieht sich darauf, die Qualität seiner Produkte und / oder Prozesse durch die Leistungsanwendung zu verbessern. Explizit wird ein höheres Qualitätsniveau angestrebt, welches z. B. zu einer Verringerung der Kosten durch eine verbesserte Leistung oder einer besseren Wettbewerbsfähigkeit durch erhöhte Kundenzufriedenheit führen kann.
- *Kein Bedarf*: Der Kunde hat keinen expliziten funktionsbezogenen Bedarf.

Sichtbarkeitsbezogener Bedarf

Jenes Merkmal konzentriert sich auf die sichtbarkeitsbezogenen Kundenbedarfe. Diese beschreiben das Verlangen nach Transparenz und der damit verbundenen Reduktion anwendungsbezogener Risiken. Das Sichtbarmachen von Zuständen und Einflüssen erlaubt es den Unternehmen, Ursachen zu analysieren und entsprechende Wirkungszusammenhänge abzuleiten (s. SCHUH ET AL. 2020a, S. 20). Das beschreibende Merkmal lässt sich in die folgenden Merkmalsausprägungen untergliedern:

- *Transparenz erhalten*: Der Bedarf nach Transparenz bezieht sich darauf, dass relevante Informationen über Zustände, zeitliche Entwicklungen und Wirkungszusammenhänge, die mit der Anwendung in Verbindung stehen, sichtbar werden und für weitere Aktionen genutzt werden können. So benötigt der Kunde z. B. Transparenz über den Zustand seiner kritischen Maschinen / Anlagen, um bei Störungen frühzeitig darauf reagieren zu können. Erst durch die genaue Erkenntnis / Transparenz sind die Unternehmen in der Lage, gezielte und effektive Maßnahmen zu ergreifen.
- *Risiko reduzieren*: Diese Merkmalsausprägung bezieht sich auf den expliziten Bedarf nach allgemeiner Sicherheit bzw. der Reduktion potenzieller Unsicherheiten, die mit der Anwendung des Leistungsangebots zusammenhängen (z. B. Risiko eines unvorhergesehenen Stillstands aufgrund eines Defekts) (s. KÖSTER 2013, S. 100).
- *Kein Bedarf*: Der Kunde hat keinen expliziten sichtbarkeitsbezogenen Bedarf.

Finanzbezogener Bedarf

Dieses Beschreibungsmerkmal bezieht sich auf Bedarfe, die im direkten Zusammenhang mit den finanziellen Kennzahlen und Zielstellungen des Kunden stehen. Neben dem grundlegenden Streben nach Gewinn eines wirtschaftlichen Unternehmens beziehen sich diese Bedarfe auf verschiedene finanzielle Aspekte, die für den Erfolg des Unternehmens von Bedeutung sind. Dieses Merkmal untergliedert sich in die folgenden Ausprägungen:

- *Umsatz erhöhen*: Der Kunde hat den Bedarf nach einer Erhöhung des Gesamtwerts aller verkauften Leistungen entweder durch eine Erhöhung des Verkaufspreises und / oder der Absatzmenge (Produktivitätssteigerung).
- *Kosten reduzieren*: Hierbei besteht der Bedarf nach einer Reduktion der wertschöpfungsbezogenen Gesamtkosten des Unternehmens (z. B. Investitionskosten, Produktionskorsten etc.) (s. KÖSTER 2013, S. 100).

- *Finanzierung erhalten*: Diese Merkmalsausprägung bezieht sich auf den Bedarf nach finanziellen Ressourcen, um Investitionen tätigen zu können und die finanzielle Stabilität sicherzustellen. Der Kunde kann unterschiedliche Motive haben, die einen Bedarf nach Finanzierung begründen, z. B. begrenzte eigene Mittel oder die Verteilung des Investitionsrisikos auf einen längeren Zeitraum (s. KÖSTER 2013, S. 100).
- *Liquidität erhöhen*: Dieser Aspekt bezieht sich auf das Bedürfnis nach ausreichenden finanziellen Mitteln, um die fälligen Verbindlichkeiten im Rahmen des Betriebs rechtzeitig bedienen zu können. Eine wichtige Rolle in diesem Zusammenhang spielt das Verhältnis von Investitions- (CapEx) zu Betriebsausgaben (OpEx).
- *Kein Bedarf*: Der Kunde hat keinen expliziten finanzbezogenen Bedarf.

Nutzungsbezogener Bedarf

Dieses Merkmal umfasst jene Bedarfe, die sich auf die Nutzung bzw. Anwendung des Leistungssystems beziehen und einen funktionalen Nutzen haben. Die Motivation hierfür liegt in der Möglichkeit das Leistungssystem entsprechend den eigenen Bedürfnissen flexibel nutzen zu können. Somit lässt sich dieses Merkmal in die folgenden Ausprägungen untergliedern:

- *Flexibilität erhöhen*: Der Kunde hat einen Bedarf nach Freiheit, sich an ändernde Gegebenheiten anzupassen und dementsprechend das Leistungsangebot nach Bedarf für sich zu nutzen.
- *Reaktionsfähigkeit erhöhen*: Diese Merkmalsausprägung bezieht sich auf das Bedürfnis, auf Einflüsse und Änderungen durch schnelle und gezielte Anpassungen an die neue Situation reagieren zu können.
- *Stabilität erhalten*: Hierbei besteht der Bedarf nach Konsistenz in Bezug auf die Anwendung. Eine hohe Stabilität hinsichtlich der Prozesse und Erzeugnisse ermöglicht dem Kunden eine langfristige Planbarkeit.
- *Verfügbarkeit sicherstellen*: Diese Merkmalsausprägung bezieht sich darauf, dass die Leistung, die dem Kunden zur Verfügung gestellt wird, innerhalb eines vereinbarten zeitlichen Rahmens zur Verfügung steht und genutzt werden kann.
- *Kein Bedarf*: Der Kunde hat keinen expliziten nutzungsbezogenen Bedarf.

Aufwandsbezogener Bedarf

Im Rahmen dieses Merkmals werden alle Bedarfe zusammengefasst, die dem Kunden die Geschäftstätigkeit erleichtern. Die Erfüllung dieser Bedarfe bewirkt eine Verbesserung bzw. Erleichterung der operativen Wertschöpfungsprozesse. Folgende Bedarfe sind hinsichtlich einer verbesserten Geschäftstätigkeit von Relevanz:

- *Aufwand reduzieren*: Dieser Bedarf bezieht sich darauf, den Aufwand des Kunden sowie die eingesetzten Ressourcen zur Durchführung seiner Geschäftsaktivitäten mit Hilfe des Leistungsangebots zu senken (s. KÖSTER 2013, S. 100).

- *Organisation verbessern*: Dieser Bedarf bezieht sich auf die Fähigkeit des Anbieters, die Anwendungsprozesse des Kunden zu strukturieren und zu koordinieren, um planungsbezogene Aufwände des Kunden zu reduzieren.
- *Integration erleichtern*: Hierbei besteht der Bedarf nach einer zusammenhängenden integrierten Lösung, die sich nahtlos in die vorhandenen Prozesse und Systeme eingliedert. Koordinationsaufwände, welche durch die Abstimmung einzelner Teilleistungen für den Kunden entstehen, werden reduziert.
- *Probleme reduzieren*: Der Kunde hat den Bedarf, dass Probleme frühzeitig erkannt und proaktiv adressiert werden, sodass unvorhergesehene negative Einflüsse seltener auftreten.
- *Kein Bedarf*: Der Kunde hat keinen expliziten aufwandsbezogenen Bedarf.

Wertbezogener Bedarf

Dieses Merkmal bezieht sich auf Bedarfe, die einen inspirativen Nutzen erfüllen und zunehmend subjektiven Anforderungen entsprechen. Die wertbezogenen Bedarfe des Kunden hängen eng mit der zukunftsorientierten strategischen Ausrichtung des Unternehmens zusammen. Sie lassen sich in die folgenden Elemente untergliedert:

- *Reputation verbessern*: Dieser Bedarf bezieht sich auf das Bestreben, die Wahrnehmung des Kunden bzw. dessen Ruf im Markt zu stärken und zu verbessern.
- *Innovation fördern*: Dieser Bedarf bezieht sich auf den Wunsch nach neuen fortschrittlichen Lösungen, Verfahren und Technologien, zur Modernisierung und Unterstützung der Wertschöpfungsprozesse (s. KÖSTER 2013, S. 100).
- *Weiterentwicklung fördern*: Hierbei strebt der Kunde eine Entwicklung bzw. Erweiterung seiner bisherigen Geschäftsaktivitäten an.
- *Nachhaltigkeit erhöhen*: Dieser Bedarf des Kunden bezieht sich auf das Streben, ökologische, ökonomische und soziale Nachhaltigkeit in allen Aspekten des Unternehmens zu erreichen.
- *Kein Bedarf*: Der Kunde hat keinen expliziten wertbezogenen Bedarf.

Abschließend werden die bedarfsbezogenen Merkmale mit ihren entsprechenden Ausprägungen in einer Tabelle zusammenfassend dargestellt (s. Tabelle 5-3).

Tabelle 5-3: Übersicht bedarfsbezogener Merkmale und Ausprägungen

<table>
<tr><th>Merkmal</th><th colspan="5">Merkmalsausprägungen</th></tr>
<tr><td>Funktionsbezogener Bedarf</td><td colspan="2">Spezifikationen erfüllen</td><td colspan="2">Qualität erhöhen</td><td>kein Bedarf</td></tr>
<tr><td>Sichtbarkeitsbezogener Bedarf</td><td colspan="2">Transparenz erhalten</td><td colspan="2">Risiko reduzieren</td><td>kein Bedarf</td></tr>
<tr><td>Finanzbezogener Bedarf</td><td>Umsatz erhöhen</td><td>Kosten reduzieren</td><td>Finanzierung erhalten</td><td>Liquidität erhöhen</td><td>kein Bedarf</td></tr>
<tr><td>Nutzungsbezogener Bedarf</td><td>Flexibilität erhöhen</td><td>Reaktionsfähigkeit erhöh.</td><td>Stabilität erhalten</td><td>Verfügbarkeit sicherstellen</td><td>kein Bedarf</td></tr>
</table>

Aufwandsbezogener Bedarf	Aufwand reduzieren	Organisation verbessern	Integration erleichtern	Probleme reduzieren	kein Bedarf
Wertbezogener Bedarf	Reputation verbessern	Innovation fördern	Weiterentwicklung förd.	Nachhaltigkeit erhöhen	kein Bedarf

Die zuvor genannten beschreibenden Merkmale sowie deren Merkmalsausprägungen lassen sich zusammenfassend in einem übergeordneten morphologischen Kasten darstellen (s. Tabelle 5-4). Darauf aufbauend werden im Weiteren die bedarfsorientierten Kundentypen abgeleitet.

Tabelle 5-4: Morphologischer Kasten zur Beschreibung von Kundentypen

	Merkmal	Merkmalsausprägungen					
Operativ	Vorherrschender Produktionsfaktor	personalintensiv	maschinen- und anlagenintensiv	materialintensiv	energieintensiv		
	Ressourcenverfügbarkeit	Ressourcen vorwiegend schwer verfügbar	Ressourcen vorwiegend leicht verfügbar				
	Kritikalität der Anwendungsprozesse	unkritisch	kritisch	hochkritisch			
	Kontinuität der Anwendungsprozesse	diskreter Anwendungsprozess	phasenbezogener Anwendungsprozess	kontinuierlicher Anwendungsprozess			
	Strategische Erfolgsgröße	Kosten	Qualität	Zeit			
Situativ	Risikoneigung	risikoavers	risikoneutral	risikoaffin			
	Zentrale Kundenrisiken	Investitionsrisiko	Verfügbarkeitsrisiko	Marktrisiko	Prozessrisiko	Qualitätsrisiko	Wertrisiko
	Marktsituation	Beständig	Volatil				
Bedarf	Grundlegende Bedarfe	Spezifikationen erfüllen	Qualität erhöhen	kein Bedarf			
	Sichtbarkeitsbezogene Bedarfe	Transparenz erhalten	Risiko reduzieren	kein Bedarf			
	Finanzbezogene Bedarfe	Umsatz erhöhen	Kosten reduzieren	Finanzierung erhalten	Liquidität erhöhen	kein Bedarf	
	Nutzungsbezogene Bedarfe	Flexibilität erhöhen	Reaktionsfähigkeit erhöh.	Stabilität erhalten	Verfügbarkeit sicherstellen	kein Bedarf	
	Aufwandsbezogene Bedarfe	Aufwand reduzieren	Organisation verbessern	Integration erleichtern	Probleme reduzieren	kein Bedarf	
	Wertbezogene Bedarfe	Reputation verbessern	Innovation fördern	Weiterentwicklung förd.	Nachhaltigkeit erhöhen	kein Bedarf	

5.3 Bildung von Typen und grafische Darstellung durch Kombination von Merkmalen

Aufbauend auf den zuvor identifizierten Merkmalen sowie deren Ausprägungen werden nun Typen von Kunden abgeleitet, die exemplarisch für das Subskriptionsgeschäft im Maschinen- und Anlagenbau sind. Wie bereits erläutert, erfolgt die Typenbildung in

Kombination analytisch (Auswahl passender Merkmale zur Beschreibung eines bekannten Typs) und synthetisch (Kombination passender Merkmale zur Konstruktion eines neuen Typs) (s. Kapitel 4.3.2). Anhand ihrer charakteristischen Merkmalsausprägungen werden die identifizierten Typen jeweils in dem zuvor beschriebenen morphologischen Kasten (s. Tabelle 5-4) grafisch dargestellt. Die Bildung von Typen erfolgt so lange, bis eine Sättigung erreicht und das Spektrum der wesentlichen Kundentypen für Subskriptions-Geschäftsmodelle im Maschinen- und Anlagenbau erfasst ist. Im Rahmen dieser Arbeit konnten durch die Gespräche mit den Industrieexperten sowie dien zusätzlich erhobenen Fallstudien insgesamt sieben distinkte Kundentypen identifiziert werden. Im Folgenden werden die einzelnen Kundentypen mit ihren spezifischen Charakteristika näher erläutert:

5.3.1 Kundentyp 1: Verfügbarkeitsorientiert

Der erste identifizierte Typ ist der verfügbarkeitsorientierte Typ, dessen Fokus auf der garantierten Verfügbarkeit seiner Maschinen / Anlagen liegt. Aufgrund der hohen Kritikalität der Anwendungsprozesse erfordern diese eine hohe Zuverlässigkeit. Oftmals sind diese Unternehmen stark in die Wertschöpfungsketten anderer Unternehmen integriert, sodass ein hoher Druck auf der erfolgreichen Durchführung der Anwendungsprozesse liegt. Zur Sicherstellung einer hohen Verfügbarkeit ist ein erhöhter digitaler Reifegrad des Kunden erforderlich. Die Prozessstabilität ist allgemein sehr hoch und beinhaltet nur wenige Stillstandszeiten. Aufgrund des kontinuierlichen Anwendungsprozesses sind die Unternehmen in der Lage, hohe Stückzahlen zu produzieren. Zentrale Erfolgskriterien dieses Kundentyps sind zum einen die Einhaltung zeitbezogener Zielvorgaben und zum anderen das Erreichen von Kostenzielen. Zur bestmöglichen Anwendung und Risikominimierung, bezieht dieser Kundentyp vom Anbieter ein ganzheitliches Leistungsspektrum. Die zentralen Risiken beziehen sich hierbei auf das Verfügbarkeits-, Kapazitäts- und allgemeine Prozessrisiko.

Tabelle 5-5: Grafische Darstellung des verfügbarkeitsorientierten Kundentyps

Merkmal		Merkmalsausprägungen					
Operativ	Vorherrschender Produktionsfaktor	personalintensiv	maschinen- und anlagenintensiv	materialintensiv	energieintensiv		
	Ressourcenverfügbarkeit	Ressourcen vorwiegend schwer verfügbar	Ressourcen vorwiegend leicht verfügbar				
	Kritikalität der Anwendungsprozesse	unkritisch	kritisch	hochkritisch			
	Kontinuität der Anwendungsprozesse	diskreter Anwendungsprozess	phasenbezogener Anwendungsprozess	kontinuierlicher Anwendungsprozess			
	Strategische Erfolgsgröße	Kosten	Qualität	Zeit			
Situativ	Risikoneigung	risikoavers	risikoneutral	risikoaffin			
	Zentrale Kundenrisiken	Investitionsrisiko	Verfügbarkeitsrisiko	Marktrisiko	Prozessrisiko	Qualitätsrisiko	Wertrisiko

	Marktsituation	beständig			volatil	
Bedarf	Grundlegende Bedarfe	Spezifikationen erfüllen	Qualität erhöhen	kein Bedarf		
	Sichtbarkeitsbezogene Bedarfe	Transparenz erhalten	Risiko reduzieren	kein Bedarf		
	Finanzbezogene Bedarfe	Umsatz erhöhen	Kosten reduzieren	Finanzierung erhalten	Liquidität erhöhen	kein Bedarf
	Nutzungsbezogene Bedarfe	Flexibilität erhöhen	Reaktionsfähigkeit erhöh.	Stabilität erhalten	Verfügbarkeit sicherstellen	kein Bedarf
	Aufwandsbezogene Bedarfe	Aufwand reduzieren	Organisation verbessern	Integration erleichtern	Probleme reduzieren	kein Bedarf
	Wertbezogene Bedarfe	Reputation verbessern	Innovation fördern	Weiterentwicklung förd.	Nachhaltigkeit erhöhen	kein Bedarf

Nicht-charakteristische Merkmalsausprägung	Charakteristische Merkmalsausprägung

5.3.2 Kundentyp 2: Finanzierungsorientiert

Dieser Kundentyp zeichnet sich durch sein Interesse an den buchhalterischen Vorteilen eines Subskriptions-Geschäftsmodells aus. Bisherige Einkäufe dieses Kundentyps hinsichtlich des Leistungssystems wurden bislang über transaktionale Kauf- oder traditionelle Leasingverträge geregelt. Dementsprechend wurden die Ausgaben in der Bilanz des Kunden bisher auch als Dauerschuldverhältnis oder als Investitionsausgabe aufgeführt, was folglich zu einer hohen Kapitalbelastung des Kunden führte. Durch den Wandel von einer einmaligen Transaktion, hin zu wiederkehrenden Zahlungen, wandeln sich die Investitions- (CapEx) zu Betriebsausgaben (OpEx). Dieser Transfer bringt dem Kundentyp nicht nur steuerliche Vorteile, da Betriebsausgaben gegenüber Investitionsausgaben einer anderen Art der Besteuerung unterliegen, sondern auch eine erhöhte Liquidität finanzieller Mittel ermöglichen. Auch Kunden, die bislang keinen Zugang zum angebotenen Leistungssystem aufgrund begrenzter finanzieller Ressourcen hatten, haben durch die Verschiebung von CapEx zu OpEx neue Möglichkeiten dieses zu nutzen.

Tabelle 5-6: Grafische Darstellung des finanzierungsorientierten Kundentyps

Merkmal		Merkmalsausprägungen			
Operativ	Vorherrschender Produktionsfaktor	personalintensiv	maschinen- und anlagenintensiv	materialintensiv	energieintensiv
	Ressourcenverfügbarkeit	Ressourcen vorwiegend schwer verfügbar		Ressourcen vorwiegend leicht verfügbar	
	Kritikalität der Anwendungsprozesse	unkritisch	kritisch	hochkritisch	
	Kontinuität der Anwendungsprozesse	diskreter Anwendungsprozess	phasenbezogener Anwendungsprozess	kontinuierlicher Anwendungsprozess	
	Strategische Erfolgsgröße	Kosten	Qualität	Zeit	

Situativ	Risikoneigung	risikoavers	**risikoneutral**	risikoaffin			
	Zentrale Kundenrisiken	**Investitionsrisiko**	Verfügbarkeitsrisiko	Marktrisiko	Prozessrisiko	Qualitätsrisiko	Wertrisiko
	Marktsituation	beständig	**volatil**				
Bedarf	Grundlegende Bedarfe	**Spezifikationen erfüllen**	Qualität erhöhen	kein Bedarf			
	Sichtbarkeitsbezogene Bedarfe	Transparenz erhalten	**Risiko reduzieren**	kein Bedarf			
	Finanzbezogene Bedarfe	Umsatz erhöhen	Kosten reduzieren	**Finanzierung erhalten**	**Liquidität erhöhen**	kein Bedarf	
	Nutzungsbezogene Bedarfe	**Flexibilität erhöhen**	Reaktionsfähigkeit erhöh.	Stabilität erhalten	Verfügbarkeit sicherstellen	kein Bedarf	
	Aufwandsbezogene Bedarfe	Aufwand reduzieren	Organisation verbessern	Integration erleichtern	Probleme reduzieren	**kein Bedarf**	
	Wertbezogene Bedarfe	Reputation verbessern	Innovation fördern	Weiterentwicklung förd.	Nachhaltigkeit erhöhen	**kein Bedarf**	

Nicht-charakteristische Merkmalsausprägung	**Charakteristische Merkmalsausprägung**

5.3.3 Kundentyp 3: Flexibilitätsorientiert

Für diesen Kundentyp steht die Flexibilisierung seiner Produktionskapazitäten im Vordergrund. Seine Wettbewerbsposition auf dem vorwiegend volatilen Markt behauptet er durch qualitative Leistungsvorteile. Die Wertschöpfungsprozesse dieses Kundentyps sind durch eine beschränkte Ressourcenverfügbarkeit sowie eine geringe Kritikalität und Stabilität geprägt. Aufgrund des unregelmäßigen Einsatzes der Maschine bzw. Anlage lohnt es sich nicht, deren Eigentümer und Betreiber zu werden. Da die Erzeugniskomplexität jedoch einen mittleren bis hohen Grad aufweist, ist der Kundentyp auf die Anwendung der Maschine / Anlage angewiesen. Die Flexibilisierung der Produktionskapazität ermöglicht es ihm, eine optimierte Auslastung zu erreichen und dementsprechend kostenbezogene Ziele zu realisieren. Das Leistungssystem, welches der Kunde bezieht, umfasst das gesamte Spektrum aus Produkt-, Dienst- und Softwareleistungen. Hierdurch lagert er die mit der Anwendung zusammenhängenden Leistungsbestandteile weitestgehend aus und stärkt somit seine Unabhängigkeit gegenüber externen Einflüssen.

Tabelle 5-7: Grafische Darstellung des flexibilitätsorientierten Kundentyps

Merkmal		Merkmalsausprägungen			
Operativ	Vorherrschender Produktionsfaktor	**personalintensiv**	maschinen- und anlagenintensiv	materialintensiv	energieintensiv
	Ressourcenverfügbarkeit	**Ressourcen vorwiegend schwer verfügbar**	Ressourcen vorwiegend leicht verfügbar		
	Kritikalität der Anwendungsprozesse	**unkritisch**	kritisch	hochkritisch	

<table>
<tr><td rowspan="2"></td><td>Kontinuität der Anwendungsprozesse</td><td colspan="10">diskreter Anwendungsprozess</td><td colspan="10">phasenbezogener Anwendungsprozess</td><td colspan="10">kontinuierlicher Anwendungsprozess</td></tr>
<tr><td>Strategische Erfolgsgröße</td><td colspan="10">Kosten</td><td colspan="10">Qualität</td><td colspan="10">Zeit</td></tr>
<tr><td rowspan="3">Situativ</td><td>Risikoneigung</td><td colspan="10">risikoavers</td><td colspan="10">risikoneutral</td><td colspan="10">risikoaffin</td></tr>
<tr><td>Zentrale Kundenrisiken</td><td colspan="5">Investitionsrisiko</td><td colspan="5">Verfügbarkeitsrisiko</td><td colspan="5">Marktrisiko</td><td colspan="5">Prozessrisiko</td><td colspan="5">Qualitätsrisiko</td><td colspan="5">Wertrisiko</td></tr>
<tr><td>Marktsituation</td><td colspan="15">beständig</td><td colspan="15">volatil</td></tr>
<tr><td rowspan="6">Bedarf</td><td>Grundlegende Bedarfe</td><td colspan="10">Spezifikationen erfüllen</td><td colspan="10">Qualität erhöhen</td><td colspan="10">kein Bedarf</td></tr>
<tr><td>Sichtbarkeitsbezogene Bedarfe</td><td colspan="10">Transparenz erhalten</td><td colspan="10">Risiko reduzieren</td><td colspan="10">kein Bedarf</td></tr>
<tr><td>Finanzbezogene Bedarfe</td><td colspan="6">Umsatz erhöhen</td><td colspan="6">Kosten reduzieren</td><td colspan="6">Finanzierung erhalten</td><td colspan="6">Liquidität erhöhen</td><td colspan="6">kein Bedarf</td></tr>
<tr><td>Nutzungsbezogene Bedarfe</td><td colspan="6">Flexibilität erhöhen</td><td colspan="6">Reaktionsfähigkeit erhöh.</td><td colspan="6">Stabilität erhalten</td><td colspan="6">Verfügbarkeit sicherstellen</td><td colspan="6">kein Bedarf</td></tr>
<tr><td>Aufwandsbezogene Bedarfe</td><td colspan="6">Aufwand reduzieren</td><td colspan="6">Organisation verbessern</td><td colspan="6">Integration erleichtern</td><td colspan="6">Probleme reduzieren</td><td colspan="6">kein Bedarf</td></tr>
<tr><td>Wertbezogene Bedarfe</td><td colspan="6">Reputation verbessern</td><td colspan="6">Innovation fördern</td><td colspan="6">Weiterentwicklung förd.</td><td colspan="6">Nachhaltigkeit erhöhen</td><td colspan="6">kein Bedarf</td></tr>
</table>

Nicht-charakteristische Merkmalsausprägung	Charakteristische Merkmalsausprägung

5.3.4 Kundentyp 4: Lösungsorientiert

Der vierte Kundentyp entspricht dem lösungsorientierten Kundentyp. Dieser Kunde hat den größten Nutzen, sofern er die mit der Maschine bzw. Anlagen zusammenhängenden Prozesse weitestgehend auslagern kann und lediglich das Ergebnis bezieht. Der Fokus dieses Typs liegt auf seinen Kernkompetenzen respektive -prozessen. Periphere Prozesse stellen für ihn einen zusätzlichen Aufwand dar, die nicht zur direkten Wertschöpfung beitragen und dementsprechend auch nur eine mittlere bis niedrige Kritikalität aufweisen. Aufgrund seiner hohen Erzeugnisqualität differenziert er sich am Markt über Leistungsvorteile gegenüber seinem Wettbewerb. Aufgrund seiner Leistungsvorteile verfügt dieser Kundentyp über eine gute Positionierung im Markt und entsprechend hohe (finanzielle) Ressourcen. Das umfangreiche Leistungsangebot zielt darauf ab, dem Kunden alle Aufgaben rund um die Anwendung der Maschine / Anlage abzunehmen. Gleichzeitig ermöglicht es dieses ganzheitliche Angebot, große Teile der mit dem Maschinen- / Anlageneinsatz verbundenen Kundenrisiken zu übernehmen.

Tabelle 5-8: Grafische Darstellung des lösungsorientierten Kundentyps

Merkmal		Merkmalsausprägungen					
Operativ	Vorherrschender Produktionsfaktor	**personalintensiv**	**maschinen- und anlagenintensiv**	materialintensiv	energieintensiv		
Operativ	Ressourcenverfügbarkeit	Ressourcen vorwiegend schwer verfügbar	**Ressourcen vorwiegend leicht verfügbar**				
Operativ	Kritikalität der Anwendungsprozesse	**unkritisch**	**kritisch**	hochkritisch			
Operativ	Kontinuität der Anwendungsprozesse	diskreter Anwendungsprozess	**phasenbezogener Anwendungsprozess**	kontinuierlicher Anwendungsprozess			
Operativ	Strategische Erfolgsgröße	Kosten	**Qualität**	Zeit			
Situativ	Risikoneigung	risikoavers	**risikoneutral**	risikoaffin			
Situativ	Zentrale Kundenrisiken	**Investitionsrisiko**	**Verfügbarkeitsrisiko**	Marktrisiko	**Prozessrisiko**	**Qualitätsrisiko**	Wertrisiko
Situativ	Marktsituation	**beständig**	volatil				
Bedarf	Grundlegende Bedarfe	**Spezifikationen erfüllen**	**Qualität erhöhen**	kein Bedarf			
Bedarf	Sichtbarkeitsbezogene Bedarfe	Transparenz erhalten	Risiko reduzieren	**kein Bedarf**			
Bedarf	Finanzbezogene Bedarfe	**Umsatz erhöhen**	Kosten reduzieren	Finanzierung erhalten	Liquidität erhöhen	kein Bedarf	
Bedarf	Nutzungsbezogene Bedarfe	Flexibilität erhöhen	Reaktionsfähigkeit erhöh.	**Stabilität erhalten**	Verfügbarkeit sicherstellen	kein Bedarf	
Bedarf	Aufwandsbezogene Bedarfe	**Aufwand reduzieren**	**Organisation verbessern**	**Integration erleichtern**	**Probleme reduzieren**	kein Bedarf	
Bedarf	Wertbezogene Bedarfe	Reputation verbessern	Innovation fördern	Weiterentwicklung förd.	Nachhaltigkeit erhöhen	**kein Bedarf**	

Nicht-charakteristische Merkmalsausprägung	**Charakteristische Merkmalsausprägung**

5.3.5 Kundentyp 5: Qualitätsorientiert

Der qualitätsorientierte Kundentyp hat besonders hohe Anforderungen an die Produktions- und Erzeugnisqualität. Seine Position am Markt behauptet er durch qualitätsbezogene Leistungsvorteile. Dementsprechend bestimmt das Ergebnis seiner Wertschöpfungsprozesse seine Wettbewerbsfähigkeit. Unternehmen dieses Typs zeichnen sich weiterhin durch ihre hohen Anforderungen an die erforderlichen Produktionsfaktoren aus, die wiederum einen Einfluss auf die Erzeugnisqualität haben. Die Wertschöpfungstiefe dieser Unternehmen ist hoch, sodass die dazugehörigen Fertigungsprozesse einen hohen Komplexitätsgrad aufweisen und entsprechend kritisch für den Gesamterfolg sind. Demzufolge stellt auch die Qualität die entscheidende strategische Erfolgsgröße für diesen Kundentyp dar. Die zentralen Risiken dieses Kundentyps sind einerseits das Qualitätsrisiko und andererseits das Prozessrisiko, welches mit der

Fertigung verbunden ist. Aufgrund der hohen Abhängigkeit vom Produktionsergebnis verhalten sich diese Kunden allerdings meist risikoavers.

Tabelle 5-9: Grafische Darstellung des qualitätsorientierten Kundentyps

Merkmal		Merkmalsausprägungen					
Operativ	Vorherrschender Produktionsfaktor	personalintensiv	**maschinen- und anlagenintensiv**	**materialintensiv**	energieintensiv		
Operativ	Ressourcenverfügbarkeit	**Ressourcen vorwiegend schwer verfügbar**		Ressourcen vorwiegend leicht verfügbar			
Operativ	Kritikalität der Anwendungsprozesse	unkritisch	kritisch	**hochkritisch**			
Operativ	Kontinuität der Anwendungsprozesse	diskreter Anwendungsprozess	**phasenbezogener Anwendungsprozess**	kontinuierlicher Anwendungsprozess			
Operativ	Strategische Erfolgsgröße	Kosten	**Qualität**	Zeit			
Situativ	Risikoneigung	**risikoavers**	risikoneutral	risikoaffin			
Situativ	Zentrale Kundenrisiken	Investitionsrisiko	Verfügbarkeitsrisiko	Marktrisiko	**Prozessrisiko**	**Qualitätsrisiko**	Wertrisiko
Situativ	Marktsituation	**beständig**	volatil				
Bedarf	Grundlegende Bedarfe	**Spezifikationen erfüllen**	**Qualität erhöhen**	kein Bedarf			
Bedarf	Sichtbarkeitsbezogene Bedarfe	**Transparenz erhalten**	Risiko reduzieren	kein Bedarf			
Bedarf	Finanzbezogene Bedarfe	Umsatz erhöhen	Kosten reduzieren	Finanzierung erhalten	Liquidität erhöhen	**kein Bedarf**	
Bedarf	Nutzungsbezogene Bedarfe	Flexibilität erhöhen	Reaktionsfähigkeit erhöh.	**Stabilität erhalten**	Verfügbarkeit sicherstellen	kein Bedarf	
Bedarf	Aufwandsbezogene Bedarfe	Aufwand reduzieren	Organisation verbessern	Integration erleichtern	Probleme reduzieren	**kein Bedarf**	
Bedarf	Wertbezogene Bedarfe	**Reputation verbessern**	**Innovation fördern**	Weiterentwicklung förd.	Nachhaltigkeit erhöhen	kein Bedarf	

Nicht-charakteristische Merkmalsausprägung	**Charakteristische Merkmalsausprägung**

5.3.6 Kundentyp 6: Kostenorientiert

Dieser Kundentyp ist der kostenorientierte bzw. -bewusste Typ. Diese Kundenart betrifft vor allem mittlere bis größere Unternehmen, die eine gewisse Marktpräsenz besitzen und deren Fokus vorrangig auf der Erreichung wirtschaftlicher Ziele liegt. Aufgrund ihrer wirtschaftlichen Ausrichtung sind die Unternehmen dieses Typs kosten- bzw. gewinnorientiert und tendenziell in Profit- / Loss-Centern organisiert. Diese Kundenart behauptet sich im Wettbewerb durch die Sicherstellung von Kostenvorteilen. Dementsprechend spielt die Effizienz der Wertschöpfungsprozesse eine wichtige Rolle, sodass einzelne Prozesse bereits datenseitig erfasst und überwacht werden. Um maximale Effizienz zu erreichen, ist die Wertschöpfung durch eine hohe

Maschinen- bzw. Anlagenpräsenz geprägt. Der Wertschöpfungsprozess unterliegt keiner besonderen Kritikalität und ist vorrangig stabil. Zur Vermeidung hoher Investitionskosten wird der Kunde nicht Eigentümer der Produktleistung. Um zusätzliche Kostenvorteile zu erzielen, bildet dieser Kunde dienstleistungsbezogene Leistungen intern ab. Zentrale Risiken umfassen das Investitions- sowie das Marktrisiko.

Tabelle 5-10: Grafische Darstellung des kostenorientierten Kundentyps

	Merkmal	Merkmalsausprägungen					
Operativ	Vorherrschender Produktionsfaktor	personalintensiv	**maschinen- und anlagenintensiv**	materialintensiv	energieintensiv		
Operativ	Ressourcenverfügbarkeit	**Ressourcen vorwiegend schwer verfügbar**	Ressourcen vorwiegend leicht verfügbar				
Operativ	Kritikalität der Anwendungsprozesse	unkritisch	**kritisch**	hochkritisch			
Operativ	Kontinuität der Anwendungsprozesse	diskreter Anwendungsprozess	**phasenbezogener Anwendungsprozess**	**kontinuierlicher Anwendungsprozess**			
Operativ	Strategische Erfolgsgröße	**Kosten**	Qualität	Zeit			
Situativ	Risikoneigung	risikoavers	**risikoneutral**	risikoaffin			
Situativ	Zentrale Kundenrisiken	**Investitionsrisiko**	Verfügbarkeitsrisiko	Marktrisiko	Prozessrisiko	Qualitätsrisiko	**Wertrisiko**
Situativ	Marktsituation	**beständig**	volatil				
Bedarf	Grundlegende Bedarfe	**Spezifikationen erfüllen**	Qualität erhöhen	kein Bedarf			
Bedarf	Sichtbarkeitsbezogene Bedarfe	**Transparenz erhalten**	**Risiko reduzieren**	kein Bedarf			
Bedarf	Finanzbezogene Bedarfe	Umsatz erhöhen	**Kosten reduzieren**	Finanzierung erhalten	**Liquidität erhöhen**	kein Bedarf	
Bedarf	Nutzungsbezogene Bedarfe	Flexibilität erhöhen	Reaktionsfähigkeit erhöh.	**Stabilität erhalten**	Verfügbarkeit sicherstellen	kein Bedarf	
Bedarf	Aufwandsbezogene Bedarfe	**Aufwand reduzieren**	Organisation verbessern	Integration erleichtern	Probleme reduzieren	Kein Bedarf	
Bedarf	Wertbezogene Bedarfe	Reputation verbessern	Innovation fördern	Weiterentwicklung förd.	Nachhaltigkeit erhöhen	**Kein Bedarf**	

Nicht-charakteristische Merkmalsausprägung	**Charakteristische Merkmalsausprägung**

5.3.7 Kundentyp 7: Performanceorientiert

Der siebte identifizierte Kundentyp besitzt ein hohes Optimierungspotenzial und strebt dementsprechend eine hohe Leistungsfähigkeit an. Kunden dieses Typs sind meist große Unternehmen, deren Fokus auf der Erreichung von Kostenvorteilen gegenüber dem Wettbewerb liegt. Aufgrund ihrer stringenten Performanceorientierung streben diese Unternehmen einen hohen digitalen Reifegrad an, der einen hohen Automatisierungsgrad erlaubt. Die Wertschöpfungsprozesse dieses Kundentyps sind durch einen hohen Aufwand an Produktionsfaktoren geprägt, sodass ein Bedarf nach Optimierung des Ressourceneinsatzes besteht. Die Kritikalität der Anwendungsprozesse sowie deren Stabilität bzw. Kontinuität ist tendenziell hoch. Neben der Realisierung von Optimierungspotenzialen stehen für diesen Kundentyp kosten- und zeitbezogene Ziele im Vordergrund. Der Leistungsumfang umfasst alle drei Leistungsarten, um die größtmögliche Effizienz in der Anwendung zu erreichen. Zentrale Risiken dieses Kundentyps sind unter anderem das Wert- und das Produktivitätsrisiko, welche beide aus ineffektiven Zuständen hervorgehen.

Tabelle 5-11: Grafische Darstellung des performanceorientierten Kundentyps

	Merkmal	Merkmalsausprägungen					
Operativ	Vorherrschender Produktionsfaktor	personalintensiv	maschinen- und anlagenintensiv	materialintensiv	energieintensiv		
Operativ	Ressourcenverfügbarkeit	Ressourcen vorwiegend schwer verfügbar	Ressourcen vorwiegend leicht verfügbar				
Operativ	Kritikalität der Anwendungsprozesse	unkritisch	kritisch	hochkritisch			
Operativ	Kontinuität der Anwendungsprozesse	diskreter Anwendungsprozess	phasenbezogener Anwendungsprozess	kontinuierlicher Anwendungsprozess			
Operativ	Strategische Erfolgsgröße	Kosten	Qualität	Zeit			
Situativ	Risikoneigung	risikoavers	risikoneutral	risikoaffin			
Situativ	Zentrale Kundenrisiken	Investitionsrisiko	Verfügbarkeitsrisiko	Marktrisiko	Prozessrisiko	Qualitätsrisiko	Wertrisiko
Situativ	Marktsituation	beständig	volatil				
Be	Grundlegende Bedarfe	Spezifikationen erfüllen	Qualität erhöhen	kein Bedarf			
Be	Sichtbarkeitsbezogene Bedarfe	Transparenz erhalten	Risiko reduzieren	kein Bedarf			
Be	Finanzbezogene Bedarfe	Umsatz erhöhen	Kosten reduzieren	Finanzierung erhalten	Liquidität erhöhen	kein Bedarf	
Be	Nutzungsbezogene Bedarfe	Flexibilität erhöhen	Reaktionsfähigkeit erhöh.	Stabilität erhalten	Verfügbarkeit sicherstellen	kein Bedarf	
Be	Aufwandsbezogene Bedarfe	Aufwand reduzieren	Organisation verbessern	Integration erleichtern	Probleme reduzieren	kein Bedarf	
Be	Wertbezogene Bedarfe	Reputation verbessern	Innovation fördern	Weiterentwicklung förd.	Nachhaltigkeit erhöhen	kein Bedarf	

Nicht-charakteristische Merkmalsausprägung	Charakteristische Merkmalsausprägung

Es ist anzumerken, dass die identifizierten Typen zunächst ein abstrahiertes Abbild stereotypischer Kundentypen darstellen. In der Praxis beschränkt sich der Bedarf eines Unternehmens jedoch nicht nur auf ein einzelnes Bedarfselement, sondern setzt sich meist – wie bereits in den morphologischen Kästen illustriert – aus unterschiedlichen Elementen zusammen. Die konkrete Bewertung der Bedarfselemente erfolgt in einem späteren Kapitel (s. Kapitel 7.1).

5.4 Zwischenfazit: Bedarfsspezifische Kundentypen im Subskriptionsgeschäft

Ziel dieses Kapitels war die Beschreibung bedarfsspezifischer Kundentypen im Maschinen- und Anlagenbau. Hierfür wurde zunächst der Untersuchungsbereich abgegrenzt und der adressierte Kundenbegriff genauer definiert. Diesem Kundenbegriff entsprechend wurden geeignete Merkmale ausgewählt, die eine umfassende Beschreibung des Kundentyps zulassen. Die Merkmale wurden anschließend durch aussagekräftige Merkmalsausprägungen ergänzt, welche die Bandbreite möglicher charakteristischer Erscheinungsformen darstellen. Die Merkmale sowie deren Ausprägungen wurden daraufhin in einem morphologischen Kasten systematisch strukturiert. Basierend auf dem morphologischen Kasten wurden nachfolgend charakteristische Kundentypen abgeleitet. Die Herleitung erfolgte dabei kombiniert sowohl analytisch (retrograd) als auch synthetisch (progressiv). Beide Methoden der Typenbildung wurden im Wechsel angewandt, um möglichst aussagekräftige Kundentypen zu identifizieren. Insgesamt wurden sieben unterschiedliche Typen identifiziert, die jeweils unterschiedliche Charakteristika aufweisen. Gemäß ihren Charakteristika wurden den einzelnen Kundentypen abschließend entsprechende Bedarfe zugeordnet (s. Abbildung 5-3).

Kundentyp	Bedarf
Kundentyp 1 **Verfügbarkeitsorientiert**	Spezifikationen erfüllen, Transparenz erhalten, Risiko reduzieren, Reaktionsfähigkeit erhöhen, Stabilität erhalten, Verfügbarkeit sicherstellen, Probleme reduzieren
Kundentyp 2 **Finanzierungsorientiert**	Spezifikationen erfüllen, Risiko reduzieren, Finanzierung erhalten, Liquidität erhöhen, Flexibilität erhöhen
Kundentyp 3 **Flexibilitätsorientiert**	Spezifikationen erfüllen, Risiko reduzieren, Flexibilität erhöhen, Reaktionsfähigkeit erhöhen, Verfügbarkeit sicherstellen, Organisation verbessern, Integration erleichtern
Kundentyp 4 **Lösungsorientiert**	Spezifikationen erfüllen, Qualität erhöhen, Umsatz erhöhen, Stabilität erhalten, Aufwand reduzieren, Organisation verbessern, Integration erleichtern, Probleme reduzieren
Kundentyp 5 **Qualitätsorientiert**	Spezifikationen erfüllen, Qualität erhöhen, Transparenz erhalten, Stabilität erhalten, Reputation verbessern, Innovation fördern
Kundentyp 6 **Kostenorientiert**	Spezifikationen erfüllen, Transparenz erhalten, Risiko reduzieren, Kosten reduzieren, Liquidität erhöhen, Stabilität erhalten, Aufwand reduzieren
Kundentyp 7 **Performanceorientiert**	Spezifikationen erfüllen, Qualität erhöhen, Umsatz erhöhen, Kosten reduzieren, Reaktionsfähigkeit erhöhen, Verfügbarkeit sicherstellen, Aufwand reduzieren, Innovation fördern, Weiterentwicklung fördern, Nachhaltigkeit erhöhen

Abbildung 5-3: Identifizierte Kundentypen und deren Bedarfe

Für den verfügbarkeitsorientierten Kundentyp steht die Verfügbarkeit seiner Maschinen bzw. Anlagen im Vordergrund. Sein Bedarf, das Ausfallrisiko zu senken, um stabile funktionsfähige Prozesse zu erhalten, ist besonders hoch. Der finanzierungsorientierte Kundentyp hat einen hohen Bedarf nach einer Finanzierung sowie einer verbesserten Liquidität. Er sieht das Subskriptions-Geschäftsmodell als Möglichkeit, seine Bilanz durch eine CapEx-zu-OpEx-Verschiebung zu verbessern. Für den flexibilitätsorientierten Kundentyp spielt die Risikosenkung auch eine zentrale Rolle, allerdings bezogen auf eine Über- bzw. Unterdeckung der Fertigungskapazitäten. Sein Bedarf an Flexibilität äußert sich jedoch nicht nur in der Fähigkeit, sich anzupassen, sondern auch diese Anpassung schnell und effektiv durchführen zu können. Der Bedarf des lösungsorientierten Kundentyps bezieht sich vor allem auf eine Reduktion des planerischen Aufwands durch Organisation und Integration der Leistung. Ergänzend hierzu hat der qualitätsorientierte Kundentyp einen hohen Bedarf an einer ausgeprägten Produktions- und Erzeugnisqualität, welche sich durch die Erfüllung qualitätsbezogener Spezifikationen äußert. Aufgrund der stetigen Qualität erlangt dieser Typ Stabilität sowie eine verbesserte Planbarkeit. Der zentrale Bedarf des kostenorientierten Kundentyps richtet sich an die Senkung seiner Gesamtkosten. Abschließend äußert sich der Bedarf des performanceorientierten Kundentyps durch eine allgemeine Aufwands- und vor allem Zeitreduktion sowie langfristiger Wachstumsaussichten durch ein stetiges Umsatzwachstum.

Die identifizierten Kundentypen bilden im weiteren Verlauf dieser Dissertationsschrift die Anforderungsseite des Leistungsangebots ab. Diese gilt es in den folgenden Kapiteln durch entsprechende Leistungen bzw. Leistungssysteme zu adressieren, mit dem Ziel eine hohe Übereinstimmung und folglich Kundenzufriedenheit zu erreichen.

6 Beschreibung subskriptionsrelevanter Leistungen

Innerhalb dieses Kapitels werden die Teilleistungen vorgestellt, die zur Realisierung subskriptionsbezogener Nutzenversprechen erforderlich sind. Ergänzend zu den zuvor beschriebenen bedarfsspezifischen Kundentypen (s. Kapitel 1) bilden die subskriptionsrelevanten Leistungen die zweite inhaltliche Grundlage zur Herleitung der Wirkungsbeziehungen zwischen den kundenseitigen Bedarfen und den leistungssystembezogenen Funktionen (s. Abbildung 6-1). Die Teilleistungen bilden das Werkzeug des Anbieters, um von einem theoretischen Nutzenversprechen zu einer realisierten Leistung zu gelangen (s. LAH U. WOOD 2016, S. 141 ff.). Gebildet werden sie durch die Anwendung zentraler Schlüsselressourcen im Rahmen entsprechender Schlüsselaktivitäten (s. OSTERWALDER U. PIGNEUR 2010, S. 34 ff.).

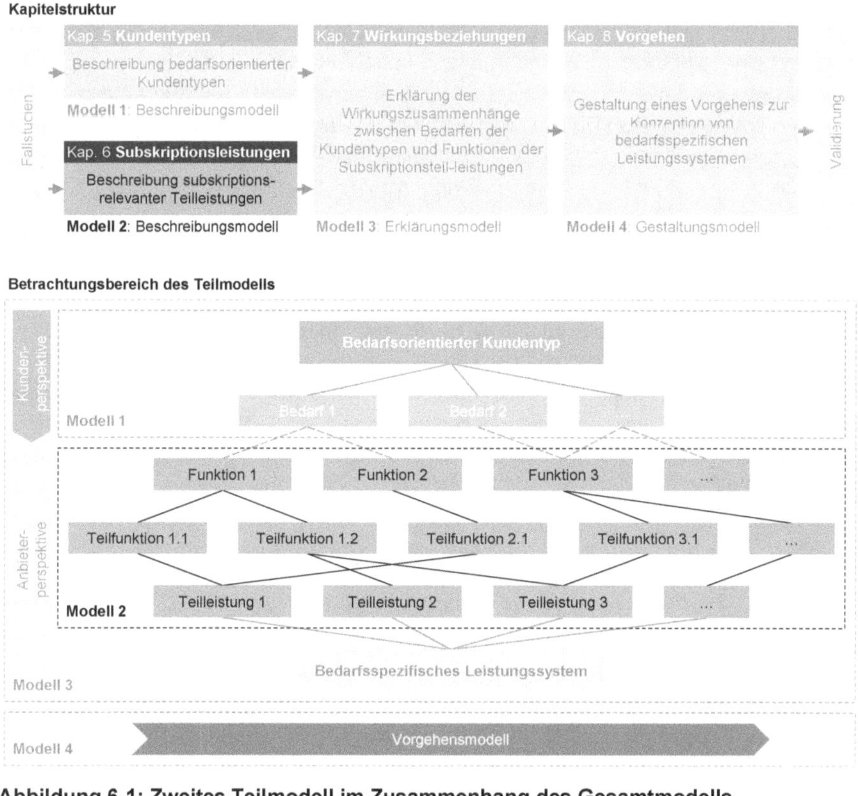

Abbildung 6-1: Zweites Teilmodell im Zusammenhang des Gesamtmodells

Das zentrale Ziel dieses Kapitels ist die Beantwortung der zweiten Forschungsfrage: *Wie können Subskriptions-Leistungen systematisch beschrieben werden und wie sind diese sinnvoll zu kategorisieren?*

Zur Beantwortung dieser Fragestellung gilt es zuerst, das Ordnungsschema aufzubauen, welches für die Kategorisierung und spätere Beschreibung der Teilleistungen erforderlich ist (s. Kapitel 6.1). Daran anknüpfend werden die einzelnen Teilleistungen gemäß ihrer Leistungsart erläutert (s. Kapitel 6.2). Neben einer grundlegenden Beschreibung der Teilleistungen werden auch die zentralen Funktionen inklusive der Teilfunktionen beschrieben, die durch die Teilleistungen erfüllt werden (s. Kapitel 6.3). Anschließend werden die identifizierten Teilleistungen mit den zuvor beschriebenen Teilfunktionen verknüpft (s. Kapitel 6.4). Zusätzlich werden die internen Beziehungen innerhalb eines Leistungssystems zwischen den einzelnen Teilleistungen beschrieben und erklärt (s. Kapitel 6.5). Abschließend werden die Erkenntnisse dieses Kapitels als Zwischenfazit zusammengefasst (s. Kapitel 6.6).

Die subskriptionsrelevanten Leistungen werden primär aus realen Leistungssystemen operierender Maschinen- und Anlagenbauunternehmen abgeleitet (s. Anhang 4). Die identifizierten Teilleistungen werden durch eine ausführliche Literaturrecherche verifiziert und sinnvoll ergänzt. Die Informationen zur Verknüpfung der Teilleistungen basieren vorwiegend auf Experteninterviews, die mit erfahrenen Praxisvertretern als Teil des Forschungsprojekts *Subscription-Canvas* durchgeführt wurden (s. Anhang 2). Analog zum vorherigen Beschreibungsmodell wurden die Ergebnisse dieses Kapitels ebenfalls in einem Konferenzbeitrag veröffentlicht (s. SCHUH ET AL. 2023b).

6.1 Kategorisierung subskriptionsrelevanter Leistungen

Zur systematischen Beschreibung der Teilleistungen ist es zunächst erforderlich, eine geeignete Kategorisierung für diese zu bestimmen. In der Literatur lassen sich hierzu unterschiedliche Ansätze identifizieren, die jeweils einen differenzierten Fokus aufweisen (s. Kapitel 0). Grundsätzlich wird in den Modellen jedoch zwischen materiellen und immateriellen Leistungen unterschieden (vgl. TUKKER 2004, S. 248; vgl. BRUHN ET AL. 2019, S. 31; vgl. SPATH U. DEMUß 2006, S. 474). Diese Unterscheidung spiegelt auch den maßgeblichen Aufbau von PSS-Angeboten wider, wonach das angebotene Leistungssystem physische Leistungsaspekte mit nicht-physischen kombiniert (s. HELO ET AL. 2017, S. 20). Einige Arbeiten erweitern diesen Gedanken und sehen das physische Produkt als zentralen Bestandteil des Leistungsangebots (vgl. BELZ ET AL. 1997, S. 29; vgl. AURICH ET AL. 2006, S. 307; vgl. HELO ET AL. 2017, S. 20). Im Rahmen dieser Dissertationsschrift bilden die materiellen Leistungen (Produktleistungen) ebenfalls die erforderliche Basis, um subskriptionsbezogene Angebote realisieren zu können. Das zentrale physische Produkt ist nicht nur zwingend erforderlich, um das gewünschte Ergebnis bzw. den gewünschten Output beim Kunden zu erzielen, sondern auch das Nutzungsverhalten datentechnisch zu erfassen. Jedoch ist ein Leistungssystem, welches nur aus materiellen Leistungen besteht, nicht ausreichend, um subskriptionsbezogene Nutzenversprechen realisieren zu können (s. ARDOLINO ET AL. 2016, S. 563). Wie bereits im vorherigen Teil dieser Arbeit erläutert, erfordern Subskriptions-Geschäftsmodelle ebenfalls nicht-materielle (digitale) Leistungskomponenten, um das Nutzungsverhalten der Kunden analysieren, daraus lernen und darauf reagieren zu können (s. Kapitel 2.2.2) (s. LERCH U. GOTSCH 2014, S. 261). Entsprechend werden auch immaterielle Leistungsanteile innerhalb dieser Arbeit berücksichtigt. Die immateriellen Leistungsanteile lassen sich wiederum gemäß ihren Charaktereigenschaften in dienstleistungs- und softwarebezogene Leistungen aufteilen (s. MITTAG ET AL. 2018, S. 103). Entsprechend ergibt sich eine übergeordnete Kategorisierung gemäß den drei Leistungsarten (s. Kapitel 2.1.2): Produktleistung, Dienstleistung und Softwareleistung (s. Abbildung 6-2).

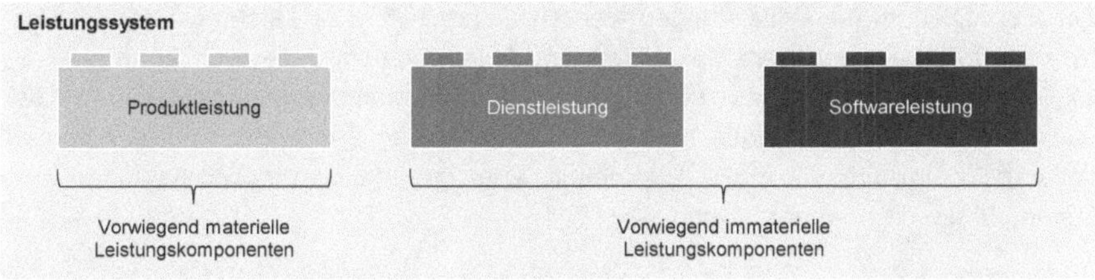

Abbildung 6-2: Komponenten des Leistungssystems (eigene Darstellung i. A. a. HELO ET AL. 2017, S. 21)

Die drei zentralen Leistungskategorien dienen im weiteren Verlauf als zentraler Ordnungsrahmen für die Beschreibung subskriptionsrelevanter Leistungen (vgl. BENDIG ET AL. 2021, S. 10).

6.2 Systematische Beschreibung einzelner Teilleistungen

Für den Aufbau von Leistungssystemen werden grundsätzlich einzelne Teilleistungen benötigt (s. BELZ ET AL. 1997, S. 28). Sie bilden die erforderlichen funktionalen Elemente zur Realisierung des Nutzenversprechens (vgl. SHEN ET AL. 2017, S. 5). Im folgenden Abschnitt werden die einzelnen Teilleistungen gemäß den zuvor genannten drei Leistungskategorien eingeordnet und beschrieben. Zusätzlich erfolgt eine detailliertere Systematisierung ihrem aktivitätsbezogenen inhaltlichen Zusammenhang entsprechend (*Produktsystem*, *Betriebsmittel* etc.). Die einzelnen Teilleistungen werden zunächst hinsichtlich ihres Einsatzzwecks bzw. ihrer Aufgabe beschrieben. Die Aufgabe gibt an, welchen Zweck die jeweilige Teilleistung innerhalb des Leistungssystems erfüllt. Zusätzlich werden die Teilleistungen hinsichtlich ihrer Schlüsselressourcen beschrieben, die zur Realisierung benötigt werden. Die erforderlichen Ressourcen lassen sich dabei in die folgenden drei Kategorien einordnen: rein physische Ressourcen (materiell), rein intangible Ressourcen (immateriell) sowie eine Kombination aus beiden (hybrid). Abschließend werden die Teilleistungen hinsichtlich ihres Prozesscharakters beschrieben. In Anlehnung an das *St. Galler Management-Modell* lassen sich Unternehmensprozesse entweder den Management-, Geschäfts- oder Unterstützungsprozessen zuordnen (s. RÜEGG-STÜRM U. GRAND 2014, S. 120–121). Entsprechend werden die Teilleistungen, je nachdem, ob sie eine organisierende (Managementprozesse), erzeugende (Geschäftsprozesse) oder unterstützende (Unterstützungsprozesse) Aufgabe verfolgen, kategorisiert.

Es ist zu beachten, dass die folgenden Teilleistungen aus Gründen der Übertragbarkeit abstrahiert dargestellt werden. Durch die Verallgemeinerung der jeweiligen Teilleistungsumfänge wird eine übergreifende Anwendbarkeit im Maschinen- und Anlagenbau sichergestellt. Bei einer entsprechenden Realanwendung sollten die Teilleistungen allerdings mit dem Leistungsangebot des Anbieters abgeglichen und ggf. für den entsprechenden Anwendungsfall angepasst werden.

Zur Identifikation der Teilleistungen werden unterschiedliche Leistungsangebote bestehender Anbieter aus dem Maschinen- und Anlagenbau betrachtet (s. Anhang 4). Es ist jedoch anzumerken, dass nur ein Teil – nicht zwingend der gesamte Umfang – der Teilleistungen des Leistungssystems im Rahmen eines Subskriptions-Geschäftsmodells angeboten werden muss. Die identifizierten generalisierten Teilleistungen werden im Folgenden näher erläutert.

6.2.1 Produktleistungen

Produktleistungen umfassen in diesem Kontext alle materiellen durch einen Produktionsprozess gefertigten Leistungen, die an die Bereitstellung eines konkreten physischen Objekts geknüpft sind. In dieser Arbeit werden die Produktleistungen in die Kategorien *Produktsystem* und *Betriebsmittel* unterteilt. Folgend werden die dazugehörigen Teilleistungen näher beschrieben.

Produktsystem

- **(P1) Anlage**: Die Anlage stellt die komplexeste Form technischer Artefakte dar und besteht aus mehreren zusammenhängenden Maschinen (s. PAHL ET AL. 2021, S. 9). Sie bildet das Kernelement des Leistungssystems und dient zur Erfüllung einer konkreten technischen Prozessaufgabe. Die mit dieser Teilleistung zusammenhängenden Prozesse beziehen sich vor allem auf die Produktion bzw. die Erzeugung eines Outputs. Zur Bereitstellung dieser Teilleistung werden vor allem materielle Ressourcen eingesetzt.
- **(P2) Maschine**: Die Maschine ist im Gegensatz zur Anlage weniger komplex, setzt sich jedoch auch aus kleineren Teilsystemen – den Baugruppen – zusammen (s. PAHL ET AL. 2021, S. 9). Analog zur Anlage kann auch die Maschine das zentrale Element des Leistungssystems darstellen. Ihre Funktion dient der Erfüllung einer konkreten Arbeitsaufgabe, weshalb die dazugehörigen Prozesse eng mit der Produkt- bzw. Outputerzeugung zusammenhängen. Diese Teilleistung basiert ebenfalls vordergründig auf materiellen Ressourcen.
- **(P3) Baugruppe**: Die Baugruppe bildet ein Teilsystem einer Maschine ab und ist entsprechend weniger komplex (s. PAHL ET AL. 2021, S. 9). Sie kann ebenfalls alternativ zur Anlage und Maschine den Kern des Leistungssystems bilden. In diesem Fall bildet die Baugruppe ein Teilsystem einer übergeordneten Maschine zur Erfüllung einer Teilaufgabe, die wiederum die übergeordnete Funktion der Maschine ermöglicht. Entsprechend haben die dazugehörigen Prozesse einen erzeugenden Charakter. Im Gegensatz zur Anlage oder Maschine ist der Adressat dieser Teilleistung nicht der Endnutzer, sondern in der Regel

der Hersteller des übergeordneten Systems, in das die Baugruppe integriert wird. Analog zu der Maschine / Anlage benötigt auch diese Teilleistung materielle Ressourcen.

- **(P4) Einzelteil**: Das Einzelteil bildet das kleinste Systemelement und weist dementsprechend relativ zu den zuvor genannten Teilleistungen die geringste Komplexität auf (s. PAHL ET AL. 2021, S. 9). Das Einzelteil erfüllt eine Teilfunktion und stellt ein Element einer übergeordneten Baugruppe dar. Das Einzelteil hat eine bestimmte Funktion, die zur Erfüllung der Maschinen- bzw. Anlagenaufgabe erforderlich ist. Entsprechend beziehen sich die Prozesse dieser Teilleistung ebenfalls auf die Lösung einer technischen Aufgabe zur Erzeugung eines Outputs. Auch diese Teilleistung richtet sich vor allem an den Hersteller des übergeordneten Maschinen- oder Anlagensystems und erfordert materielle Ressourcen.
- **(P5) Smarte Komponente**: Die Smarte Komponente bildet einen Teil des Maschinen- / Anlagensystems und bezieht sich auf eine Baugruppe oder ein Einzelteil mit erweiterten Funktionen zur Datenerfassung, -verarbeitung und -übertragung. Sie umfasst neben Sensoren, Prozessoren, Datenspeichern, Kommunikationstechnologien auch Software sowie ein eingebettetes Betriebssystem (s. PORTER U. HEPPELMANN 2014, S. 5 ff.). Die Smarte Komponente erweitert die Fähigkeiten der Maschine / Anlage durch die Möglichkeit, Informationen zu sammeln, diese zu analysieren und das gewonnene Wissen mit anderen Elementen innerhalb des vernetzten Systems auszutauschen. Diese Teilleistung hat vordergründig eine unterstützende Prozessfunktion und benötigt eine Kombination aus materiellen und immateriellen Ressourcen zur Realisierung.

Produktbezogene Teilleistungen P

Kategorie: Produktsystem

	Definition
Anlage	Integrierte technische Einheit bestehend aus verschiedenen Maschinen zur Erfüllung einer Produktions- oder Verarbeitungsaufgabe
Maschine	Technische Einheit, die sich aus unterschiedlichen Baugruppen zusammensetzt und eine bestimmte Aufgabe erfüllt
Baugruppe	Teilsystem einer Maschine bestehend aus mehreren Einzelteilen zur Erfüllung einer Teilaufgabe
Einzelteil	Einzelnes Systemelement einer Baugruppe innerhalb des Maschinen- / Anlagensystems
Smarte Komponente	Komponente des Maschinen- / Anlagensystems zur Erfassung, Verarbeitung oder Übertragung anwendungsbezogener Daten

Abbildung 6-3: Teilleistungen der Kategorie Produktsystem

Betriebsmittel

- **(P6) Verbrauchsmaterial**: Die Teilleistung Verbrauchsmaterial umfasst alle physischen Materialien und Komponenten, die während des Betriebs der Maschine / Anlage verbraucht oder ausgetauscht werden müssen, um den Betrieb aufrecht zu erhalten (s. DEUTSCHES INSTITUT FÜR NORMUNG E. V. (DIN) 2010, S. 9). Je nach Anwendungsfall kann es sich hier um materielle Eingangsgrößen für den Produktionsprozess oder regelmäßig auszutauschende Verschleißteile handeln. Das Verbrauchsmaterial – als Komplementärgut zur Maschine / Anlage – hat einen erzeugenden Prozesscharakter.

- **(P7) Ersatzteil**: Das Ersatzteil besteht aus einer Baugruppe oder einem Einzelteil und dient dazu eine defekte oder abgenutzte Komponente der Maschine / Anlage zu ersetzen und somit die Funktionsfähigkeit zu erhalten oder wieder herzustellen. Das Ersatzteil erfüllt die gleiche Funktion der zu ersetzenden Komponente und verfolgt dadurch eine unterstützende Prozessfunktion.

Produktbezogene Teilleistungen P

Kategorie: Betriebsmittel

	Definition
Verbrauchsmaterial	Materialien oder Komponenten, die in regelmäßigen Abständen ersetzt oder aufgefüllt werden müssen, um den reibungslosen Betrieb der Maschine / Anlagen zu erhalten
Ersatzteil	Baugruppe oder Einzelteil, mit der Aufgabe ein beschädigtes oder abgenutztes Element im Maschinen- / Anlagensystem zu ersetzen, um dessen Funktion zu erfüllen

Abbildung 6-4: Teilleistungen der Kategorie Betriebsmittel

6.2.2 Dienstleistungen

Zur Erbringung der Teilleistungen hinaus werden interne und externe Faktoren eingesetzt, um eine nutzenstiftende Wirkung zu erzielen (s. BRUHN ET AL. 2019, S. 25). Innerhalb dieser Arbeit werden die Dienstleistungen in die Kategorien *Instandhaltung*, *Aufbau*, *Training*, *Unterstützung*, *Logistik*, *Integriertes Management*, *Finanzen* und *Optimierung* unterteilt. Die spezifischen Teilleistungen der einzelnen Kategorien werden nachfolgend näher beschrieben.

Instandhaltung

- **(D1) Wartung**: Diese Teilleistung umfasst alle „*Maßnahmen zur Verzögerung des Abbaus des vorhandenen Abnutzungsvorrats*" (DEUTSCHES INSTITUT FÜR NORMUNG E. V. (DIN) 2003, S. 3). Ziel dieser Aktivität ist es, durch gezielte Tätigkeiten Störungen und Ausfälle zu minimieren und dadurch die Lebensdauer der Maschine / Anlage zu erhöhen. Diese Teilleistung hat eine unterstützende Prozessfunktion und benötigt materielle (z. B. Ersatzteile) und immaterielle (z. B. Arbeitsleistung des Servicetechnikers) Ressourcen zur Erfüllung der Aufgabe.
- **(D2) Inspektion**: Die Inspektion bezieht sich auf „*Maßnahmen zur Feststellung und Beurteilung des Istzustandes einer Betrachtungseinheit einschließlich der Bestimmung der Ursache der Abnutzung und dem Ableiten der notwendigen Konsequenzen für eine künftige Nutzung*" (DEUTSCHES INSTITUT FÜR NORMUNG E. V. (DIN) 2003, S. 3). Je nach Anwendungsfall kann die Inspektion digital, hybrid oder auch rein manuell erfolgen.
- **(D3) Instandsetzung**: Die Teilleistung Instandsetzung bezieht sich auf jene Maßnahmen, die „*zur Rückführung einer Betrachtungseinheit in den funktionsfähigen Zustand, mit Ausnahme von Verbesserungen*" verbunden sind

(DEUTSCHES INSTITUT FÜR NORMUNG E. V. (DIN) 2003, S. 4). Diese Teilleistung ist reaktiver Natur, da sie – im Gegensatz zur Wartung und Inspektion – erst zum Einsatz kommt, wenn bereits eine Störung aufgetreten ist.

- **(D4) Verbesserung**: Diese Teilleistung bezieht sich auf die *„Kombination aller technischen und administrativen Maßnahmen sowie Maßnahmen des Managements zur Steigerung der Funktionssicherheit einer Betrachtungseinheit, ohne die von ihr geforderte Funktion zu ändern"* (DEUTSCHES INSTITUT FÜR NORMUNG E. V. (DIN) 2003, S. 4). Analog zu den anderen Maßnahmen der Instandhaltung besitzt auch diese Teilleistung einen unterstützenden Prozesscharakter und basiert vordergründig auf materiellen sowie immateriellen Ressourcen.
- **(D5) Reinigung**: Diese Teilleistung leistet einen Beitrag zur Instandsetzung der Maschine / Anlage durch die Entfernung von Verunreinigungen bzw. Säuberung der Betrachtungseinheit (s. DEUTSCHES INSTITUT FÜR NORMUNG E. V. (DIN) 2011, S. 70). Analog zu den Maßnahmen der Instandhaltung zielt auch diese Teilleistung darauf ab, die Leistungsfähigkeit zu erhalten und somit die Lebensdauer zu erhöhen, wodurch sie ebenfalls einen unterstützenden Charakter hat.

Dienstleistungsbezogene Teilleistungen D

Kategorie: Instandhaltung

	Definition
Wartung	Maßnahme der Instandhaltung zur Verzögerung des Abbaus des Abnutzungsvorrats der Maschine / Anlage
Inspektion	Maßnahme der Instandhaltung zur Erfassung und Beurteilung des aktuellen Maschinen- / Anlagenzustands
Instandsetzung	Maßnahme der Instandhaltung zur Wiederherstellung des definierten Soll-Zustands
Verbesserung	Maßnahme der Instandhaltung zur Optimierung der Maschinen- / Anlagenzuverlässigkeit
Reinigung	Prozess der Säuberung zur Entfernung von Verunreinigungen an der Maschine / Anlage

Abbildung 6-5: Teilleistungen der Kategorie Instandhaltung

Aufbau

- **(D6) Konfiguration**: Die Konfiguration befasst sich mit der Fähigkeit des Anbieters, die Teilleistungen seines Leistungsangebots vorab an die konkreten Rahmenbedingungen und Anforderungen des Kunden anzupassen. Der Anpassungsgrad hängt hierbei von der Bereitschaft zur Individualisierung des Anbieters ab und kann stark variieren.
- **(D7) Installation**: Die Teilleistung Installation bezieht sich auf die Montage der Maschine / Anlage an ihrem vorhergesehenen Standort. Sie umfasst alle Aktivitäten, die erforderlich sind, um die Maschine / Anlage ordnungsgemäß aufzubauen und für die Inbetriebnahme vorzubereiten (s. DEUTSCHES INSTITUT FÜR NORMUNG E. V. (DIN) 2011, S. 69).
- **(D8) Inbetriebnahme**: Diese Teilleistung bezieht sich auf den erstmaligen Betrieb der Maschine / Anlage. Sie umfasst unterschiedliche Aktivitäten, die sicherstellen, dass die betrachtete Einheit ordnungsgemäß funktioniert und die

spezifizierten Leistungsanforderungen erfüllt. Zu den Aktivitäten dieser Teilleistung zählen unter anderem die Einstellung und Einrichtung der Maschine bzw. Anlage (s. DEUTSCHES INSTITUT FÜR NORMUNG E. V. (DIN) 2011, S. 69–70). Die Teilleistung der Inbetriebnahme – sowie die der Installation und Konfiguration – besitzen alle eine unterstützende Funktion in Bezug auf den Kernanwendungsprozess.

Dienstleistungsbezogene Teilleistungen D

Kategorie: Aufbau

	Definition
Konfiguration	Prozess der spezifischen Zusammenstellung und Anpassung der Maschine / Anlage gemäß den Rahmenbedingungen des Kunden
Installation	Prozess zur Montage der Maschinen- / Anlagenkapazität und Vorbereitung für die Inbetriebnahme
Inbetriebnahme	Prozess zur Überprüfung der ordnungsgemäßen Funktionalität der Maschine / Anlage und Überführung dieser in den Betriebszustand

Abbildung 6-6: Teilleistungen der Kategorie Aufbau

Training

- **(D9) Schulung**: Diese Teilleistung bezieht sich auf alle Aktivitäten zur Vermittlung von Wissen und Fähigkeiten in Bezug auf die Maschinen- / Anlagennutzung. Schulungsinhalte können z. B. die korrekte und sichere Maschinen- / Anlagenbedingung oder Informationen über die regelmäßige Wartung sein. Die Schulungen sind sowohl zu Beginn in Vorbereitung auf die Nutzungsphase als auch während des Betriebs zur Weiterbildung relevant. Die Schulung kann sowohl physisch in Persona als auch digital per Onlinekurs oder Lernplattform durchgeführt werden.
- **(D10) Beratung**: Die Beratung bezieht sich in diesem Kontext auf die Einbeziehung von Experten seitens des Anbieterunternehmens und der damit verbundenen Vermittlung von Fachwissen zur Entscheidungshilfe, Prävention von Problementwicklungen, Bewältigungshilfe bei Herausforderungen oder der Unterstützung zur Weiterentwicklung (s. SCHUBERT ET AL. 2019, S. 28 ff.). Die Beratung kann dabei unterschiedliche Aspekte fokussieren, zielt jedoch im Kern immer darauf ab eine Verbesserung beim Kundenunternehmen herbeizuführen (s. LIPPOLD 2015, S. 1). Beide Teilleistungen verbessern die Kernprozesse des Kunden und haben somit einen unterstützenden Prozesscharakter.

Dienstleistungsbezogene Teilleistungen D

Kategorie: Training

	Definition
Schulung	Prozess der Wissens- und Kompetenzvermittlung im Rahmen von persönlichen oder digitalen Kursen
Beratung	Prozess der Vermittlung von Fachwissen in Form von Lösungsvorschlägen zur Erreichung einer Verbesserung

Abbildung 6-7: Teilleistungen der Kategorie Training

Unterstützung

- **(D11) Support**: Die Support-Teilleistung bezieht sich auf eine ortsunabhängige technische Unterstützung des Kunden über das Telefon und / oder andere Kommunikationskanäle. Der Kundensupport kann in unterschiedlichen Umfängen und Detaillierungsgraden erfolgen.
- **(D12) Zertifizierung**: Diese Teilleistung bezieht sich auf den Prozess der offiziellen und unabhängigen Bestätigung, dass definierte Standards bzw. (gesetzliche) Anforderungen erfüllt werden. Die Zertifizierung kann sich auf unterschiedliche Aspekte wie z. B. die Prozesse des Kunden, Qualitätsstandards oder den Zustand der Maschine / Anlage beziehen. Beide Teilleistungen haben einen unterstützenden Prozesscharakter.

Dienstleistungsbezogene Teilleistungen D

Kategorie: Unterstützung

	Definition
Support	Prozess der ortsunabhängigen technischen Unterstützung bei Frage- und Problemstellungen des Kunden
Zertifizierung	Prozess der unabhängigen Bestätigung, das bestimmte Normen / Anforderungen erfüllt sind

Abbildung 6-8: Teilleistungen der Kategorie Unterstützung

Logistik

- **(D13) Verbrauchsmaterialversorgung**: Inhaltlich befasst sich diese Teilleistung mit dem Prozess der Bereitstellung benötigter Verbrauchsmaterialien zur richtigen Zeit am richtigen Ort entsprechend den Kundenanforderungen. Dies umfasst die Bedarfsermittlung und Lieferung der passenden Materialien.
- **(D14) Verbrauchsmaterialentsorgung**: Diese Teilleistung bezieht sich auf den Prozess der fachgerechten Entsorgung verbrauchter oder abgenutzter Verbrauchsmaterialien. Je nach Material müssen hierbei besondere (Schutz-)Maßnahmen zur Lagerung und Entsorgung getroffen werden.
- **(D15) Ersatzteilversorgung**: Die Ersatzteilversorgung befasst sich – analog zur Verbrauchsmaterialversorgung – mit der Bereitstellung erforderlicher Ersatzteile zur Wiederherstellung der ursprünglichen Funktion gemäß der Anforderungen des Kunden (s. Deutsches Institut für Normung e. V. (DIN) 2010, S. 10). Auch diese Teilleistung umfasst Bedarfsermittlung und Lieferung der gewünschten Teile.
- **(D16) Lagerung**: Diese Teilleistung bezieht sich auf die Fähigkeit, die erforderlichen Verbrauchsmaterialen und Ersatzteile des Kunden in einem Vorrat zu lagern und bei Bedarf bereitzustellen. Die Lagerprozesse sind eng mit den jeweiligen Versorgungsprozessen verknüpft (s. Schmidt u. Schneider 2008, S. 373 ff.). Analog zu den anderen Teilleistungen der Kategorie Logistik hat auch diese Teilleistung eine unterstützende Prozessfunktion.

Dienstleistungsbezogene Teilleistungen

Kategorie: Logistik

D

	Definition
Verbrauchsmaterial-versorgung	Prozess der Bedarfsermittlung und Lieferung der benötigtem Verbrauchsmaterialien zur richtigen Zeit am richtigen Ort
Verbrauchsmaterial-entsorgung	Prozess der Entsorgung verbrauchter oder abgenutzter Verbrauchsmaterialien
Ersatzteilversorgung	Prozess der Bedarfsermittlung und Lieferung der benötigten Ersatzteile zur richtigen Zeit am richtigen Ort
Lagerung	Prozess zur Aufbewahrung und Bereitstellung der erforderlichen Verbrauchsmaterialien und Ersatzteile

Abbildung 6-9: Teilleistungen der Kategorie Logistik

Integriertes Management

- **(D17) Qualitätsmanagement**: Diese Teilleistung umfasst jene Prozesse, die sich mit der Planung, Überwachung und Steuerung der kundenbezogenen Qualitätsprozesse und -ziele befassen (s. DEUTSCHES INSTITUT FÜR NORMUNG E. V. (DIN) 2015, S. 31). Das zu erreichende zuvor festgelegte Qualitätsziel kann sich dabei z. B. auf einzelne Maschinen und / oder Anlagen, den Anwendungsprozess sowie den Output, der sich aus der Anwendung ergibt, beziehen.
- **(D18) Prozessmanagement**: Das Prozessmanagement befasst sich mit der Planung, Steuerung, Überwachung und Optimierung von inner- und überbetrieblichen Kundenprozessen zur Steigerung ihrer Qualität und Effizienz (vgl. BECKER U. KAHN 2012, S. 8).
- **(D19) Energiemanagement**: Die Teilleistung des Energiemanagements umfasst alle Prozesse, die sich mit der Planung, Überwachung und Optimierung des kundenbezogenen Energieverbrauchs befassen (s. DEUTSCHES INSTITUT FÜR NORMUNG E. V. (DIN) 2018, S. 7–8). Der Betrachtungsfokus kann hierbei sowohl auf einzelnen Maschinen und / oder Anlagen als auch ganzen Prozessketten liegen.
- **(D20) Flottenmanagement**: Diese Teilleistung ist insbesondere dann relevant, wenn das Leistungsangebot nicht nur ein einzelnes Produkt umfasst, sondern aus einer größeren Anzahl an Elementen besteht, die eine zusätzliche Planung, Koordination und Überwachung erfordern. Ziel des Flottenmanagements ist der optimierte Einsatz der vorhandenen Ressourcen (s. SCHNIEDER 2007, S. 413–414).
- **(D21) Projektmanagement**: Bei dieser Teilleistung geht es um die Planung, Organisation, Überwachung und Steuerung von dezidierten Kundenprojekten zur Erreichung der übergeordneten Projektziele (s. DEUTSCHES INSTITUT FÜR NORMUNG E. V. (DIN) 2020, S. 9). Diese Teilleistung unterstützt den Kunden dabei, Prozesse der Unternehmung, die unmittelbar mit dem Anwendungsprozess in Verbindung stehen, erfolgreich zu managen.
- **(D22) Kostenmanagement**: Diese Teilleistung baut auf dem Projektmanagement auf und legt einen gezielten Fokus auf die Planung, Überwachung und Optimierung der Kosten, welche durch die Anwendung der Produktleistung

entstehen. In Anlehnung an die funktionale Prozesseinordnung des *St. Galler Management-Modells* lässt sich diese Teilleistung analog zu den anderen Teilleistungen dieser Kategorie den Managementprozessen zuordnen und weist somit einen organisierenden Charakter auf.

Dienstleistungsbezogene Teilleistungen D

Kategorie: Int. Management

	Definition
Qualitätsmanagement	Prozess zur Analyse und Optimierung der Produktionsqualität
Prozessmanagement	Prozess zur Organisation und Optimierung von Unternehmensprozessen
Energiemanagement	Prozess zur Analyse und Optimierung des Energieverbrauchs
Flottenmanagement	Prozess zur Verwaltung, Steuerung und Überwachung der Maschinen- / Anlagenflotte
Projektmanagement	Prozess zur Planung, Steuerung und Controlling von Projekten
Kostenmanagement	Prozess zur Analyse und Optimierung der anfallenden Kosten sowie Planung des Budgets

Abbildung 6-10: Teilleistungen der Kategorie Integriertes Management

Finanzen

- **(D23) Finanzierung**: Diese Teilleistung bezieht sich auf die Bereitstellung finanzieller Mittel seitens des Anbieters zur Anschaffung der Maschine / Anlage (s. HÖLSCHER U. HELMS 2020, S. 1). Durch die Finanzierung ist der Kunde in der Lage, seinen kurzfristigen Kapitalbedarf zu decken und die Rückzahlung über einen bestimmten Zeitraum zu strecken.
- **(D24) Verkauf Zweitmarkt**: Im Rahmen dieser Teilleistung werden die gebrauchten Maschinen / Anlagen der Kunden auf dem Sekundärmarkt angeboten und weiterverkauft. Seitens des Anbieters werden die Maschinen / Anlagen für den Weiterverkauf vorbereitet und in Abhängigkeit ihres Zustands instandgesetzt.
- **(D25) Versicherung**: Diese Teilleistung bezieht sich auf die Fähigkeit, Kundenrisiken hinsichtlich unvorhersehbarer Ereignisse zu übernehmen. Mithilfe der Versicherung werden Sicherheitsbedürfnisse des Kunden gedeckt, dadurch dass die Risiken auf das Kollektiv übertragen werden. Somit basiert das zugrunde liegende Konzept auf einem Risikotransfer von Kunde zu Anbieter gegen eine Prämienzahlung (s. ZWACK 2017, S. 53).
- **(D26) Garantie**: Diese Teilleistung bezieht sich auf die Zusage des Herstellers, dass für einen konkreten (Garantie-)Zeitraum das Leistungsangebot eine bestimmte Qualität bzw. Beschaffenheit aufweist (s. BOHNSTEDT 2018, S. 203). Sollte die Beschaffenheit nicht gegeben sein, ist der Anbieter verpflichtet ausgleichende Maßnahmen zu treffen (z. B. Ersatz, Reparatur etc.). Hierdurch wird gewährleistet, dass die Erfüllung eines dezidierten Nutzenversprechens sichergestellt ist.

Dienstleistungsbezogene Teilleistungen

Kategorie: Finanzen

D

	Definition
Finanzierung	Prozess der Beschaffung finanzieller Ressourcen zur Tätigung einer Investition
Verkauf Zweitmarkt	Prozess der Aufbereitung und dem Angebot der Maschine / Anlage auf dem Zweitmarkt
Versicherung	Vertrag, der eine finanzielle Kompensation regelt, um Schäden / Verluste, die im Zusammenhang mit dem Anwendungsprozess stehen, abzudecken
Garantie	Versprechen des Herstellers die Qualität und Leistungsfähigkeit der Maschine / Anlage für einen bestimmten Zeitraum zu gewährleisten

Abbildung 6-11: Teilleistungen der Kategorie Finanzen

Optimierung

- **(D27) Retrofit**: Diese Teilleistung bezieht sich auf die Modernisierung und Optimierung der Bestandsmaschinen- und / oder Anlagen des Kunden. Aufbauend auf der vorhandenen Infrastruktur wird neue Technologie eingebaut, die zu einer höheren Produktivität bzw. Verlängerung der Lebensdauer führt (s. WEINZIERL 2023, S. 1 ff.).
- **(D28) Update**: Diese Teilleistung bezieht sich auf die Bereitstellung von Aktualisierungen für entsprechende bereits installierte Produkt- und Softwareleistungen zur Verbesserung der Performance.
- **(D29) Upgrade**: Hierbei erhält der Kunde durch die Installation neuer (Software-)Technologie eine Erweiterung bzw. Verbesserung des Funktionsumfangs seiner bereits installierten Produkt- und Softwareleistungen.

Dienstleistungsbezogene Teilleistungen

Kategorie: Optimierung

D

	Definition
Retrofit	Prozess der Modernisierung von Bestandsmaschinen- / Anlagen durch den Austausch oder die Ergänzung von Systemkomponenten
Update	Physische oder digitale Erneuerung der Version bestehender Systemkomponenten
Upgrade	Physische oder digitale Erweiterung des Funktionsumfangs durch neue Systemkomponenten

Abbildung 6-12: Teilleistungen der Kategorie Optimierung

6.2.3 Softwareleistungen

Die dritte Leistungskategorie umfasst alle Teilleistungen, die als Anwendung auf Computern sowie mobilen Endgeräten ausgeführt werden können (s. LACKES U. SIEPERMANN 2018, S. 1). Die Softwareleistungen sind immaterieller Natur und dienen dazu, mithilfe von Hardwarekomponenten Informationen zu verarbeiten, Operationen durchzuführen oder eine gewünschte Funktion bereitzustellen (s. LASSMANN ET AL. 2006, S. 127). Die Softwareleistungen werden in dieser Arbeit den Kategorien *Anwendungssoftware*, *Planungstools*, *Nutzungsdaten*, *Monitoring* und *Netzwerk* zugeordnet. Im Folgenden werden die zugehörigen Teilleistungen näher erläutert.

Steuerungshilfe

- **(S1) Steuerungssoftware**: Diese Teilleistung umfasst alle Softwareelemente, die zur lokalen Steuerung und Automatisierung des zentralen physischen Produkts erforderlich sind, um die grundlegende Funktionalität zu ermöglichen. Somit stellt sie ein Komplementärgut zur Maschine / Anlage dar und hat dementsprechend auch einen erzeugenden Prozesscharakter analog zur Maschine oder Anlage. In der Regel ist die Steuerungssoftware zum Zeitpunkt der Auslieferung bereits in die Maschine / Anlage integriert.
- **(S2) Anwendungshilfe**: Hierbei handelt es sich um eine Unterstützung des Kunden in digitalisierter Form (z. B. Handbuch, Erklärvideo etc.) zur effektiven und sicheren Anwendung des physischen Produkts. Der Kunde erhält Wissen über die sachgemäße Anwendung und kann somit die Leistungsfähigkeit optimal nutzen und mögliche Risiken minieren.
- **(S3) Remote-Control**: Diese Teilleistung bezieht sich auf die Möglichkeit, die angebundene Maschine / Anlage des Kunden mittels Informations- und Kommunikationstechnik, z. B. durch den Anbieter im Falle einer unerwarteten Störung, aus der Ferne zu steuern und zu betreiben (s. WEBER U. REICHEL 2018, S. 43). Analog zur vorherigen Teilleistung, hat auch diese einen unterstützenden Prozesscharakter.

Softwarebezogene Teilleistungen
Kategorie: Steuerungshilfe

S

	Definition
Steuerungssoftware	Software zur automatisierten Steuerung der Maschine / Anlage
Anwendungshilfe	Digitales Lehrmedium zur Schulung des Kunden in der Anwendung der Maschine / Anlage
Remote-Control	Software zur Steuerung der Maschine / Anlage trotz räumlicher Distanz

Abbildung 6-13: Teilleistungen der Kategorie Steuerungshilfe

Planungstools

- **(S4) Auftragsverwaltungstool**: Das Auftragsverwaltungstool dient zur effizienten und transparenten Organisation bzw. Verwaltung von Aufträgen. Die Software hat eine unterstützende Prozessfunktion.
- **(S5) Produktionsplanungs- und -steuerungssystem**: Das Produktionsplanungs- und Steuerungssystem (PPS) ist eine Software zur Planung, Überwachung und Steuerung von Anwendungs- bzw. Produktionsprozessen im Hinblick auf die eingesetzten Ressourcen (s. CLAUS ET AL. 2021, S. 4). Die Ressourcen können sich hierbei z. B. auf die Maschinen- / Anlagenkapazität oder die erforderlichen Verbrauchsmaterialien beziehen. Durch umfassende Analysen können darüber hinaus zukünftige Bedarfe antizipiert und eingeplant werden.
- **(S6) Instandhaltungsmanagement-Software**: Diese Teilleistung bezieht sich auf ein softwarebasiertes Instandhaltungssystem – auch als *Computerized*

Maintenance Management System (CMMS) bekannt – das Instandhaltungsinformationen zentralisiert und dadurch den Prozess der Instandhaltung unterstützt (s. GORSKI ET AL. 2022, S. 1–2).

- **(S7) Product-Lifecycle-Management-Software**: Bei dieser Teilleistung handelt es sich um eine Softwarelösung zur Unterstützung des *Product Lifecycle Management* (PLM). Die Software dient zur Speicherung und Bereitstellung aller Produktinformationen über den gesamten Lebenszyklus hinweg (s. FELDHUSEN U. GEBHARDT 2008, S. 3).

Softwarebezogene Teilleistungen S

Kategorie: Planungstools

	Definition
Auftragsverwaltungstool	Software zur Unterstützung der Auftragsabwicklung hinsichtlich der Verwaltung und Organisation von Kundenaufträgen
Produktionsplanungs- und -steuerungssystem	Software zur Planung, Steuerung und Überwachung des Produktions- bzw. Anwendungsprozesse
Instandhaltungs-management-Software	Software zur Planung und Organisation von Instandhaltungsaktivitäten
Product-Lifecycle-Management-Software	Software zur ganzheitlichen Verwaltung von Daten über den gesamten Produktlebenszyklus

Abbildung 6-14: Teilleistungen der Kategorie Planungstools

Nutzungsdaten

- **(S8) Datenaufbereitung**: Diese Teilleistung bezieht sich auf den Prozess der Aufbereitung von Maschinen- bzw. Anlagenrohdaten, die im Kontext der Anwendung entstehen. Das Ziel dieser Teilleistung besteht darin, die Daten für den Kunden nutzbar zu machen und sie in eine verwertbare Form zu bringen.
- **(S9) Datenanalyse**: Diese Teilleistung bezieht sich auf die softwarebasierte systematische Analyse und Auswertung des Nutzungsverhaltens anhand diverser prozessrelevanter Datenströme. Mithilfe der analysierten Daten ist der Anbieter in der Lage, Empfehlungen aussprechen, die darauf abzielen, den Anwendungsprozess und die Performance der Maschine / Anlage zu verbessern (s. UNRUH 2010, S. 1).
- **(S10) Programmierschnittstelle**: Die Programmierschnittstelle, auch als *Application Programming Interface* (API) bezeichnet, ist eine standardisierte Schnittstelle, die den Austausch von Daten und somit die Kommunikation mit anderen Softwareprogrammen erlaubt (s. AMANN ET AL. 2021, S. 264). Diese Teilleistung befähigt den Kunden oder andere relevante Stakeholder, die Maschine / Anlage bzw. ihre Nutzungsdaten nahtlos in die eigenen Softwaresysteme zu integrieren, um diese für sich nutzen zu können.

Softwarebezogene Teilleistungen S

Kategorie: Nutzungsdaten

	Definition
Datenaufbereitung	Prozess der Bereinigung und Transformation von Rohdaten zur weiteren Verwendung
Datenanalyse	Prozess zur Analyse der Nutzungsdaten hinsichtlich der Maschinen- / Anlagenanwendung
Programmierschnittstelle	Datenzugang für den Kunden anhand einer definierten Programmierschnittstelle

Abbildung 6-15: Teilleistungen der Kategorie Nutzungsdaten

Monitoring

- **(S11) Alarmbenachrichtigung**: Die Teilleistung Alarmbenachrichtigung bezieht sich auf ein automatisiertes Warnsystem, welches den Kunden bei auftretenden kritischen Ereignissen automatisch benachrichtigt. Der Kunde kann hierbei individuelle Schwellenwerte angepasst an seine Bedürfnisse vorgeben, um die Reaktivität der Teilleistung zu beeinflussen.
- **(S12) Condition-Monitoring**: Condition-Monitoring bezieht sich auf ein System, welches kontinuierlich bzw. in regelmäßigen Abständen den aktuellen Zustand des physischen Produkts erfasst und somit überwacht (s. WEINZIERL 2021, S. 1; s. ARDOLINO ET AL. 2018, S. 11). Die erfassten Zustandsdaten können anschließend entweder manuell oder durch entsprechende Software analysiert werden, um sie für die weitere Nutzung vorzubereiten.
- **(S13) Predictive Maintenance**: Diese Teilleistung bezieht sich auf die Anwendung einer Software, die Zustandsdaten der Maschine / Anlage analysiert und mittels Mustererkennung einen potenziellen Ausfall vorhersagt (s. MÜHLNICKEL ET AL. 2018, S. 351). Basierend auf der resultierenden Ausfallwahrscheinlichkeit der Maschine / Anlage können somit prädiktive – vorausschauende – Instandhaltungsleistungen durchgeführt werden, bevor es zu einem tatsächlichen Versagen des Assets kommt (s. LUGHOFER U. SAYED-MOUCHAWEH 2019, S. 1).
- **(S14) Benchmarking**: Die Teilleistung Benchmarking bezieht sich auf den datenbasierten Vergleich analoger Anwendungsszenarien in Bezug auf die Performance und / oder den Anwendungsprozess sowohl innerhalb als auch außerhalb des Kundenunternehmens. Aufgrund der unternehmensübergreifenden Perspektive ist der Anbieter in der Lage, aus vergleichbaren Anwendungsszenarien Optimierungspotenziale bei einzelnen Kunden zu identifizieren und auf andere zu transferieren.
- **(S15) Dashboard**: Diese Teilleistung bezieht sich auf grafische Benutzeroberflächen, die anwendungsrelevante Informationen zusammengefasst darstellen. Zusätzlich bietet diese Teilleistung Metriken und Indikatoren zur Unterstützung der Entscheidungsfindung und Überwachung von Anwendungsprozessen (s. PETTIT U. LEAO 2022, S. 255).
- **(S16) Dokumentation**: Diese Teilleistung umfasst jene Prozesse, die sich mit der digitalen Aufzeichnung von Informationen befassen (s. DEUTSCHES INSTITUT FÜR NORMUNG E. V. (DIN) 2015, S. 47). Das digitale Datenformat ermöglicht eine

automatisierte Erfassung und Speicherung der entsprechenden Informationen, die bspw. für die Einhaltung von Vorschriften oder die Instandhaltung der Maschine / Anlage benötigt werden.

- **(S17) Reporting**: Im Rahmen dieser Teilleistungen werden automatisiert Berichte erstellt, die z. B. Informationen über den Zustand der Maschine / Anlage oder dessen Performance beinhalten. Innerhalb des Reports werden die relevanten Informationen zusammengefasst und für die jeweilige Zielgruppe aufbereitet. Diese und alle anderen Teilleistungen der Kategorie Monitoring lassen sich den unterstützenden Prozessen zuordnen.

Softwarebezogene Teilleistungen S

Kategorie: Monitoring

	Definition
Alarmbenachrichtigung	Digitale automatisierte Meldung von kritischen Zuständen
Condition-Monitoring	Software zur automatisierten Überwachung des Maschinen- / Anlagenzustands
Predictive Maintenance	Software zur Antizipation potenzieller Ausfälle und Planung entsprechender Instandhaltungsmaßnahmen
Benchmarking	Software zum Vergleich von Performancedaten mit bestehenden Daten
Dashboard	Zusammenfassende digitale Darstellung von relevanten anwendungsbezogenen Informationen
Dokumentation	Prozess der Speicherung von Informationen zur weiteren Verwendung
Reporting	Prozess der Aggregation relevanter Informationen in Form eines Statusberichts

Abbildung 6-16: Teilleistungen der Kategorie Monitoring

Netzwerk

- **(S18) Internet-of-Things-Plattform**: Diese Teilleistung bezieht sich auf eine vom Anbieter bereitgestellte Plattform, die physische Einheiten (z. B. Maschinen / Anlagen) über das Internet verbindet, sodass sie miteinander kommunizieren und interagieren können (s. MATHES U. SEUFERT 2022, S. 239).
- **(S19) Onlinehandel**: Die Teilleistung Onlinehandel bezieht sich auf eine anbieterseitige Onlineplattform zum Verkauf von eigenen Produkten wie bspw. Ersatzteilen oder Verbrauchsmaterialien.

Softwarebezogene Teilleistungen S

Kategorie: Netzwerk

	Definition
Internet-of-Things-Plattform	Plattform zur Vernetzung von Objekten über das Internet zum Austausch von Daten
Onlinehandel	Digitaler Marktplatz auf der Kunden Teilleistungen über das Internet einkaufen können

Abbildung 6-17: Teilleistungen der Kategorie Netzwerk

Die hier identifizierten abstrahierten Teilleistungen dienen im weiteren Verlauf der Arbeit als Grundlage für den Entwurf von Funktionsstrukturen. Diese bilden die funktionalen Zusammenhänge zwischen den leistungsseitigen Fähigkeiten der Anbieterunternehmen und den formulierten Nutzenversprechen gegenüber den Kunden ab.

6.3 Beschreibung von Funktionen und zugehöriger Teilfunktionen von Subskriptions-Geschäftsmodellen

Einer der zentralen Treiber des Subskriptionsgeschäfts ist ein Wandel in der kundenseitigen Erwartungshaltung gegenüber zukünftigen Nutzenversprechen sowie den dazugehörigen Leistungsangeboten (s. ALLMENDINGER ET AL. 2021, S. 14–15). Im Gegensatz zu bisherigen Angeboten ist der Anbieter nun in der Lage, durch die datenbasierte Analyse des Kunden neue, in der Zukunft liegende Nutzenversprechen, wie z. B. eine potenzielle Leistungssteigerung, anzubieten. Die Erwartungshaltung des Kunden gegenüber einer zukünftigen Nutzenerfüllung bildet die Basis der langfristig orientierten Beziehung zwischen Kunde und Anbieter.

Grundsätzlich beschreibt das Nutzenversprechen eines Geschäftsmodells das, was dem Kunden im Rahmen des Leistungsangebots offeriert wird und beinhaltet somit alle Leistungen des Anbieters, die dem Kunden von Nutzen sind (s. GASSMANN ET AL. 2014, S. 7). Das formulierte Nutzenversprechen hängt hierbei eng mit der zentralen Funktion des Leistungssystems zusammen und beantwortet die Frage: Welchen Nutzen erfüllt das Produkt bzw. Leistungssystem beim Kunden? Die Besonderheit im Hinblick auf Subskriptions-Geschäftsmodelle ist, dass die Kunden eine Lösung ihrer bestehenden Probleme bzw. Befriedigung ihrer aktuellen Bedürfnisse erwarten. Somit ergibt sich ein Paradigmenwechsel gegenüber der bisherigen produktzentrierten Denkweise, bei der bisher das Produkt mit seinen technischen Eigenschaften im Vordergrund stand (s. SCHWARZ ET AL. 2016, S. 72–73; s. SCHUH ET AL. 2019, S. 5). Entsprechend konzipiert sich das Leistungssystem im Rahmen eines Subskriptions-Geschäftsmodells anhand der zu erfüllenden Funktion zur Messung und Lösung des zentralen Kundenproblems (vgl. BOTTA 2007, S. 70).

Das Prinzip der Funktionsstruktur stammt ursprünglich aus der Produktentwicklung und dient dazu, ein Produkt im Hinblick auf seine zu erfüllende Funktion sowie die entsprechenden Funktionsträger, durch die diese erfüllt werden soll, zu beschreiben (s. GERICKE ET AL. 2021, S. 233). Das Prinzip kann jedoch auf (Leistungs-)Systeme übertragen werden, wobei die Funktionsstruktur die gleiche Aufgabe erfüllt (vgl. VEREIN DEUTSCHER INGENIEURE 2019a, S. 18). Es ist anzumerken, dass sich die Gesamtfunktion eines Leistungssystems aus unterschiedlichen Funktionen zusammensetzt. Zur Erreichung eines höheren Detaillierungsgrads werden die einzelnen Funktionen nochmals in Teilfunktionen untergliedert (s. GERICKE ET AL. 2021, S. 243). Somit ergeben sich insgesamt zwei Funktionsebenen im Rahmen dieser Arbeit (s. Abbildung 6-18).

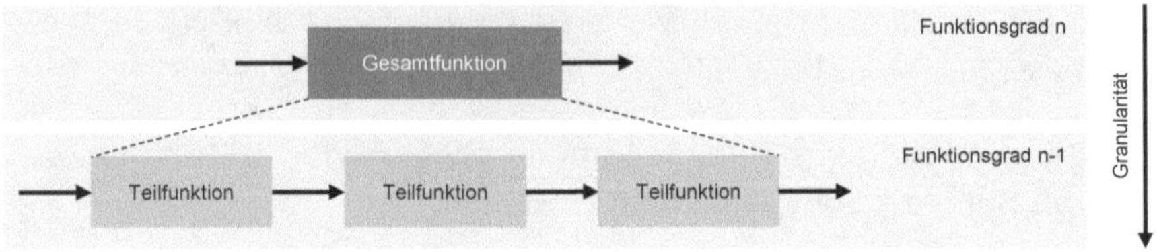

Abbildung 6-18: Hierarchische Gliederung der Funktionsstruktur (GERICKE ET AL. 2021, S. 244)

Im folgenden Abschnitt werden nun die zentralen Funktionen respektive Nutzenversprechen und Teilfunktionen subskriptionsbezogener Geschäftsmodelle im Maschinen- und Anlagenbau näher erläutert.

6.3.1 Funktion 1: Input reduzieren

Eine konkrete Aufgabe von Subskriptions-Geschäftsmodellen ist die Reduktion kundenseitiger Aufwände, die mit der Anwendung des physischen Produkts einhergehen. Der Kunde soll durch die Nutzung des Geschäftsmodells in Bezug auf seine verfügbaren Produktionsfaktoren entlastet werden, sodass er diese besser für seine Kernaktivitäten einsetzen kann (s. LIU ET AL. 2021, S. 721). Die Produktionsfaktoren werden hierbei entsprechend der Einteilung nach GUTENBERG in Elementarfaktoren (Ressourcen zur Durchführung des Anwendungsprozesses wie z. B. Arbeitsleistung, Betriebsmittel oder Werkstoffe) und dispositive Faktoren (Ressourcen zur Planung und Organisation des Anwendungsprozesses) unterteilt (vgl. GUTENBERG 1951, S. 3 ff.).

Entsprechend der genannten Untergliederung lässt sich die übergeordnete Funktion in die folgenden Teilfunktionen aufteilen (s. Abbildung 6-19):

- **(F1.1) Arbeitsaufwand reduzieren**: Diese Teilfunktion bezieht sich auf die objektbezogene bzw. ausführende Arbeitsleistung (s. GUTENBERG 1951, S. 4). Der Einsatz integrierter Leistungssysteme sorgt für eine Senkung menschlicher Arbeitsaufwände auf Seite des Kunden. Diese Aufwandsreduktion entsteht durch einen erhöhten Automatisierungsgrad, der intuitiven / einfachen Anwendung und einer Auslagerung von peripheren Arbeitsaufgaben (s. LIU 2022, S. 111–112).
- **(F1.2) Betriebsmittelaufwand reduzieren**: Die hier betrachteten Betriebsmittel beziehen sich auf unterschiedliche materielle und immaterielle Betriebsmittel wie z. B. Maschinen / Anlagen oder finanzielle Mittel. So ist der Anbieter bspw. in der Lage, aufgrund der Analyse des Nutzungsverhaltens und der anschließenden Bestimmung des optimalen Betriebszustands, die optimale Anzahl an physischen Produkten abzuleiten. Zusätzlich lässt sich durch ein Subskriptions-Geschäftsmodell auch der initiale finanzielle Aufwand durch den CapEx-zu-OpEx-Wandel reduzieren.
- **(F1.3) Werkstoffaufwand reduzieren**: Dieser Aspekt bezieht sich auf die Reduktion aller eingesetzten Roh-, Hilfs- und Betriebsstoffe, die für den

Anwendungsprozess erforderlich sind. Ermöglich wird dies zum einen durch die Analyse des Nutzungsverhaltens und zum anderen durch Verbrauchsmaterialien und Ersatzteile, die entwicklungsseitig bestmöglich auf das physische Produkt abgestimmt sind.

- **(F1.4) Planungs- und Organisationsaufwand reduzieren**: Eine wesentliche Funktion integrierter Leistungssysteme ist die Steigerung des Komforts bzw. Reduktion des planungs- und organisationsbezogenen Aufwands für den Kunden (s. HERMANN 2019, S. 192; s. ALLMENDINGER ET AL. 2021, S. 14–15). GUTENBERG bezeichnet diese Produktionsfaktoren als dispositive Faktoren und bezieht sich hierbei auf Aufwände, die die Lenkung und Überwachung des Anwendungsprozesses betreffen (s. GUTENBERG 1951, S. 3). Die Aufwandsreduktion bezieht sich hierbei insbesondere auf die Übernahme von Managementprozessen mit einer organisierenden Funktion (s. LIU 2022, S. 111–112).

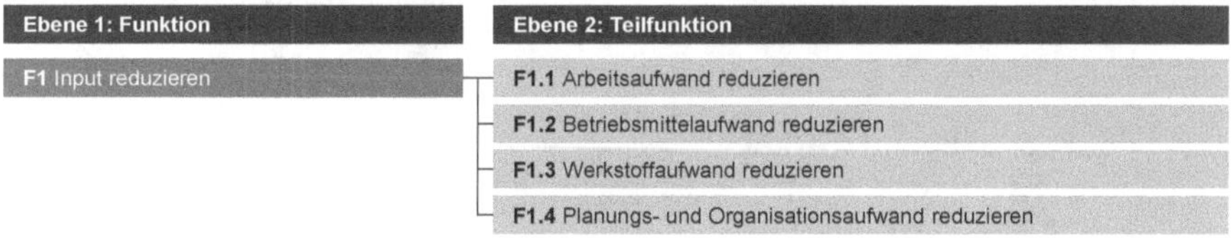

Abbildung 6-19: Teilfunktionen der Funktion ‚Input reduzieren'

6.3.2 Funktion 2: Output erhöhen

Eine weitere Funktion von Subskriptions-Geschäftsmodellen bezieht sich auf die Steigerung der Effektivität zur Erreichung eines bestimmten Outputs. Die Effektivität steht hierbei für den „*Grad der Zielerreichung*", indem sie „*das erzielte Ergebnis im Verhältnis zum definierten Ziel*" betrachtet (s. FOCKE U. STEINBECK 2018, S. 5). Insbesondere im Subskriptionsgeschäft spielt die Kennzahl der Effektivität im Hinblick auf die angestrebte Produktivitätssteigerung eine besondere Rolle (s. HOLST 2022, S. 152). Im Vergleich zum transaktionalen Geschäft beinhalten Subskriptions-Geschäftsmodelle oftmals Leistungsgarantien, die an ein bestimmtes Ergebnis geknüpft sind (z. B. Verfügbarkeit der Maschine, produzierte Einheiten etc.) (s. EBI 2021, S. 110). Die Kennzahl der *Overall Equipment Effectiveness* (OEE) bietet hierbei ein ganzheitliches Maß, um die „*Gesamtanlageneffektivität*" bzw. den Wertschöpfungsgrad zu bewerten (s. HOLST 2022, S. 152; s. BENDIG ET AL. 2021, S. 10). Sie setzt sich aus den drei Faktoren Verfügbarkeit, Leistung und Qualität zusammen und kann entsprechend unterteilt werden (s. FOCKE U. STEINBECK 2018, S. 8).

Gemäß dieser Gliederung lässt sich auch die übergeordnete Funktion in die entsprechenden Teilfunktionen unterteilen (s. Abbildung 6-20):

- **(F2.1) Verfügbarkeitsgrad erhöhen**: Der Verfügbarkeitsgrad bestimmt die Nutzbarkeit bzw. den Zugang zu einer konkreten Leistung und wird durch eine Minimierung der Ausfallzeit reguliert (GASSMANN U. FRANKENBERGER 2016). Mithilfe digital vernetzter Maschinen / Anlagen ist der Anbieter in der Lage,

Betriebszustände zu überwachen und auf potenzielle Störungen frühzeitig zu reagieren (s. FRANK ET AL. 2021, S. 5). Hierdurch kann wiederum die Verfügbarkeit und dementsprechend die Effektivität der Maschinen und Anlagen erhöht werden.

- **(F2.2) Leistungsgrad erhöhen**: Erst durch das kombinierte Angebot eines integrierten Leistungssystems wird die kontinuierliche Leistungssteigerung des Kunden möglich. Aufgrund der verfügbaren Nutzungsdaten durch den digitalen Schatten des Kunden und anschließender Analyse ist der Anbieter in der Lage, den für den Kunden bestmöglichen Betriebszustand zu ermitteln und entsprechend den Leistungsgrad zur erhöhen (s. LENART U. HORST 2019, S. 15). Durch die Feinabstimmung der Maschine, angepasst an die Situation des Kunden, kann z. B. die Leistungskapazität erhöht und somit die Performance gesteigert werden (s. HOLPER U. FRANK 2021, S. 18). Die Erhöhung des Leistungsgrads kann darüber hinaus sogar Teil des Subskriptionsvertrags sein und sich in der Bemessungsgrundlage widerspiegeln (z. B. Kostenreduktion) (s. EBI 2021, S. 54; s. STOPPEL U. ROTH 2016, S. 83).
- **(F2.3) Qualitätsgrad erhöhen**: Die Anwendung von umfangreichen Leistungssystemen im Rahmen von Subskriptions-Geschäftsmodellen führt darüber hinaus zu einer Steigerung der Erzeugnisqualität (s. EBI 2021, S. 113). Aufgrund des integrierten Angebots besteht die Möglichkeit, erforderliche Verbrauchsmaterialien anzubieten, die optimal auf das physische Produkt und dessen Einsatzzweck abstimmt sind (s. SCHUH ET AL. 2020d, S. 483). Auch der Einsatz originaler Ersatzteile vom Anbieter sorgt dafür, dass die Produktionsqualität erhalten bleibt.

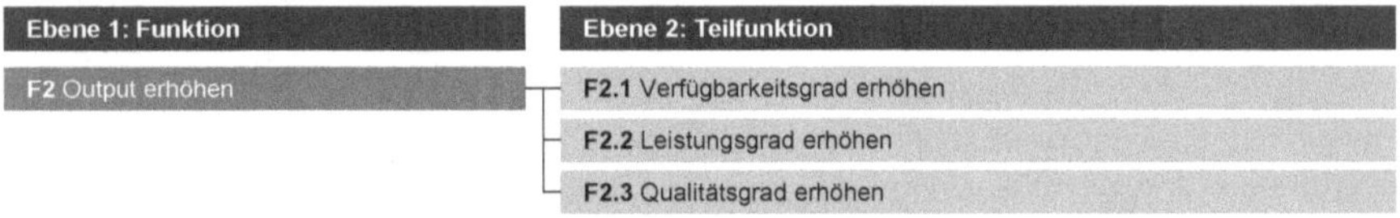

Abbildung 6-20: Teilfunktionen der Funktion ‚Output erhöhen'

6.3.3 Funktion 3: Risiko reduzieren

Eine wesentliche Funktion von Subskriptions-Geschäftsmodellen bezieht sich auf die Reduktion kundenseitiger Betriebsrisiken (s. FRANK ET AL. 2021, S. 10 ff.). Hierbei kommt es zu einer veränderten Verteilung der unternehmerischen Risiken gegenüber dem transaktionalen Produktgeschäft, wobei der Anbieter die Verantwortung für wesentliche Betriebsrisiken des Kunden übernimmt (s. BRUHNS U. WIETSCHORKE 2021, S. 67; s. EBI ET AL. 2019, S. 767). Folglich kommt es zu einer Angleichung der unternehmerischen Interessen von Kunde und Anbieter (s. SCHUH ET AL. 2020c, S. 287). Die Möglichkeit, Betriebsrisiken abzusichern und gleichzeitig ein rentables Geschäftsmodell anbieten zu können, wird vor allem durch neue technologische Fortschritte ermöglicht (s. BENDIG ET AL. 2021, S. 7). Durch einen umfassenden datenbasierten Einblick in die Anwendungsprozesse des Kunden ist der Anbieter in der Lage, Risiken besser bzw. realistischer einschätzen zu können und dementsprechend seine Handlungen danach auszurichten (s. BURGMANN ET AL. 2023, S. 165).

Die übergeordnete Funktion – Kundenrisiken zu reduzieren – kann jedoch wiederum durch unterschiedliche Teilfunktionen erreicht werden (s. Abbildung 6-21):

- **(F3.1) Investitionsrisiko reduzieren**: Durch eine Veränderung der Angebotsstruktur und dem damit verbundenen Wegfallen der großen Einmalinvestition wird das Risiko des Kunden, dass das Investitionsgut bzw. das physische Produkt nicht die geplante Rendite erzielt, minimiert (s. STOPPEL U. ROTH 2016, S. 82). Der Transfers von Investitions- zu Betriebsausgaben sorgt dafür, dass das Investitionsgut nicht in den Besitz des Kunden übergeht, sondern der Anbieter der Besitzer bleibt (s. BRUHNS U. WIETSCHORKE 2021, S. 67).
- **(F3.2) Verfügbarkeitsrisiko reduzieren**: Durch das Angebot der Leistungen in Form von Service-Level-Agreements sowie der Verknüpfung mit entsprechenden Abrechnungsmechanismen (z. B. *Pay-for-availability*) ist der Anbieter dazu motiviert, das Risiko des Kunden – das physische Produkt nicht nutzen zu können – zu senken (s. STOPPEL U. ROTH 2016, S. 81–82). Maßnahmen wie z. B. eine kontinuierliche Überwachung des Nutzungsverhaltens oder regelmäßige Instandhaltungsleistungen helfen dem Anbieter, diese Teilfunktion zu erfüllen.
- **(F3.3) Prozessrisiko reduzieren**: Mittels effizienzsteigernder Maßnahmen wie z. B. der Analyse und Auswertung des Nutzungsverhaltens ist der Anbieter imstande, prozessbezogene Optimierungspotenziale zu heben (s. HOLST U. STICH 2023, S. 351). Hierdurch wird das Risiko ineffizienter interner Prozessabläufe und dementsprechend verpasster Nutzungskapazitäten für den Kunden reduziert (s. STOPPEL U. ROTH 2016, S. 84). In bisherigen transaktionalen Geschäftsmodellen war der Kunde stets für seine eigenen Prozesse selbst verantwortlich. Durch die stärkere Integration des Anbieters im Rahmen eines Subskriptions-Geschäftsmodells in die Wertschöpfungsprozesse des Kunden ist er jedoch in der Lage, das Risiko für kritische Prozesse besser zu übernehmen (s. BRUHNS U. WIETSCHORKE 2021, S. 68).
- **(F3.4) Marktrisiko reduzieren**: Mithilfe geeigneter Abrechnungsmechanismen (z. B. *Pay-per-use*) ist der Anbieter in der Lage, zusätzlich Teile des Marktrisikos zu übernehmen. Es wird angenommen, dass der Erfolg des Kunden direkt mit der Nutzungsintensität des physischen Produkts zusammenhängt. Da der Kunde nur für die aktive Nutzung zahlt, trägt er nicht das Risiko einer niedrigen Nachfrage und der damit verbundenen geringen Auslastung seiner Assets (s. STOPPEL U. ROTH 2016, S. 84).
- **(F3.5) Qualitätsrisiko reduzieren**: Die Überwachung der Wertschöpfungsprozesse und Kontrolle der eingesetzten Verbrauchsmaterialien ermöglicht es zudem, vereinbarte Qualitätsstandards zu erfüllen und entsprechende Garantien auszusprechen. Nicht erfüllte Qualitäten führen zu kostenintensiven Nachbesserungen oder gar Ausschuss oder Vertragsstrafen. Dieses Risiko kann durch Subskriptions-Geschäftsmodelle ebenfalls seitens des Anbieters reduziert oder sogar vollständig übernommen werden (BRUHNS U. WIETSCHORKE 2021).

- **(F3.6) Wirtschaftsrisiko reduzieren**: Die Übernahme ökonomischer Risiken ist die umfassendste Möglichkeit, Betriebsrisiken des Kunden zu übernehmen (s. HOLST U. STICH 2023, S. 350). Dies wird möglich einerseits durch Abrechnungsmechanismen, die sich an den wirtschaftlichen Erfolg des Kunden binden (z. B. *Profit sharing*) und andererseits durch Versicherungsleistungen, welche auftretende Ausfälle und Schäden finanziell kompensieren bzw. absichern (s. STOPPEL U. ROTH 2016, S. 83 ff.). Diese Form der Risikoübernahme erfordert allerdings einen starke Integration des Anbieters und ist demnach mit einem hohen Aufwand für den Anbieter verbunden (s. HOLST U. STICH 2023, S. 351–352).

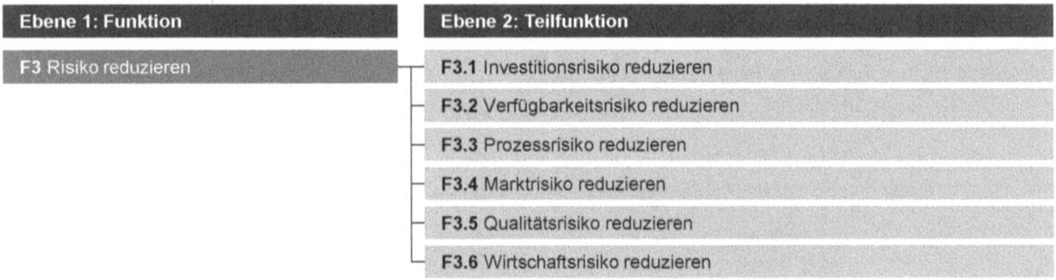

Abbildung 6-21: Teilfunktionen der Funktion ‚Risiko reduzieren'

6.3.4 Funktion 4: Flexibilität erhöhen

Eine weitere Funktion von Subskriptions-Geschäftsmodellen liegt in der Steigerung der Flexibilität des Kunden (s. LIU ET AL. 2021, S. 720–721; s. POLINER 2022, S. 21). Der Begriff der Flexibilität bezieht sich hierbei auf die Möglichkeit, effektiv auf sich verändernde Einflüsse zu reagieren (s. GONG U. JANSSEN 2012, S. 63). Demnach wirkt sich eine hohe Flexibilität auch positiv auf die Resilienz des Unternehmens aus, sodass dynamisch auf negative Einflüsse reagiert werden kann und sich dadurch eine gewisse Widerstandsfähigkeit einstellt (vgl. ISHFAQ 2012, S. 216). Durch die Anpassungsfähigkeit des Geschäftsmodells ist der Kunde in der Lage, das Leistungsangebot bedarfsabhängig zu nutzen und dementsprechend seine leistungsbezogene Flexibilität zu erhöhen (s. SCHUH ET AL. 2020e, S. 602). Ermöglicht wird diese Funktionalität durch entsprechende Abrechnungsmechanismen, eine flexible Vertragsgestaltung sowie der bedarfsgerechten Anpassung des Leistungssystem (s. HOLST U. STICH 2023, S. 350 ff.; s. LIU 2022, S. 110).

Unterteilen lässt sich diese übergeordnete Funktion in einzelne Teilfunktionen, die folgend näher erläutert werden (s. Abbildung 6-22):

- **(F4.1) Kapazitäten flexibilisieren**: Gemäß der Ausrichtung am direkten Kundennutzen tendieren immer mehr Unternehmen des Maschinen- und Anlagenbaus dazu, die Flexibilität des Kunden in den Vordergrund zu stellen und dementsprechend die Vertragslaufzeit, Wechselbarrieren und Kündigungsfristen zu reduzieren (s. HOLST 2022, S. 172). Im besten Fall sollte der Kunde nicht durch vertragsbedingte Regularien an das Leistungsangebot gebunden sein (negativer Lock-in-Effekt), sondern durch das Bewusstsein für den zusätzlichen Mehrwert (positiver Lock-in-Effekt) (s. Stich et al. 2022, S. 173). Neben der vertragsbedingten Flexibilisierung können jedoch auch angepasste Produktionskapazitäten durch Prozessmanagement für Logistik- und Anwendungsprozesse zu einer erhöhten Reaktionsfähigkeit und entsprechend zu einer Verbesserung der Flexibilität führen (s. Gong u. Janssen 2012, S. 64 ff.).

- **(F4.2) Leistung bedarfsgerecht abrechnen**: Die Leistungsabrechnung im Rahmen von Subskriptions-Geschäftsmodellen besitzt viele Freiheitsgrade und lässt sich demzufolge bestmöglich an die Anforderungen des Kunden anpassen (s. Frank et al. 2021, S. 6). Die unterschiedlichen Anpassungsmöglichkeiten sind der Zeitpunkt der Abrechnung (z. B. monatlich, jährlich etc.), die Zusammensetzung aus fixen und variablen Komponenten sowie die angesetzte Bemessungsgrundlage (z. B. Nutzungszeit, Anzahl produzierter Einheiten etc.) (s. Rix et al. 2022, S. 57 ff.). Aufgrund der zahlreichen Kombinationsmöglichkeiten ergibt sich hierdurch eine Vielzahl an unterschiedlichen Preismodellen, die den Kunden zusätzliche Flexibilität bieten.
- **(F4.3) Kostenstruktur flexibilisieren**: Der Wandel von langfristigen Investitions- hin zu kurzfristigeren Betriebsausgaben bietet großes Potenzial zur Steigerung der Flexibilität des Kunden. Betriebsausgaben haben den Vorteil, bedarfsorientiert abgerechnet zu werden bzw. die Nutzung neuer kundenorientierter Abrechnungsmechanismen zu ermöglichen. Zusätzlich wird die Liquidität des Kundenunternehmens, die oftmals erforderlich ist, um grundlegende Transformationen anzustoßen, aufgrund einer reduzierten Kapitalbindung erhöht (s. Tzuo 2018, S. 90).
- **(F4.4) Personal befähigen**: Ein stetig wachsender Mangel an Nachwuchsfachkräften sowie komplexer werdende Prozesse schränken die Unternehmen in ihrer flexiblen Durchführung von Prozessen ein (s. Prinz et al. 2022, S. 508). Die Unterstützung und Befähigung der Mitarbeiter des Kunden in Form von Training, Assistenzsystemen sowie einer Intelligenten Wissensmanagementplattform bietet dabei zusätzliche Möglichkeiten, Wissen zu sichern und dieses zielorientiert einzusetzen (s. Prinz et al. 2022, S. 510 ff.).

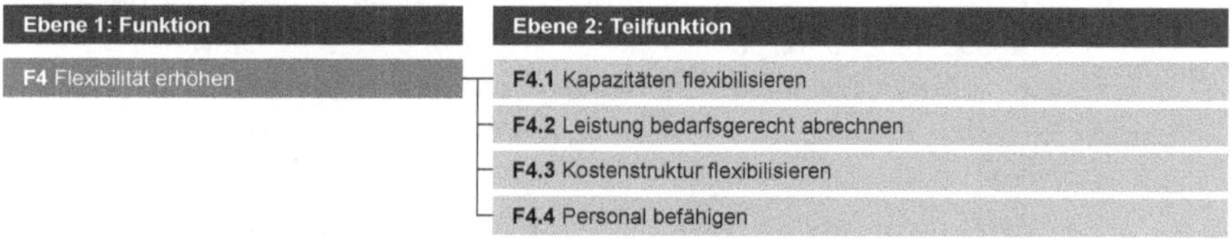

Abbildung 6-22: Teilfunktionen der Funktion ‚Flexibilität erhöhen'

6.3.5 Funktion 5: Planbarkeit erhöhen

Eine zusätzliche Funktion von Subskriptions-Geschäftsmodellen ist es, die Planbarkeit für den Kunden zu verbessern (s. Poliner 2022, S. 21). Im Gegensatz zu klassischen transaktionalen Geschäftsmodellen, sind Subskriptions-Geschäftsmodelle auf eine langfristige Laufzeit ausgerichtet. Die langfristige Ausrichtung des Geschäftsmodells sorgt auf beiden Seiten der Geschäftsbeziehung für mehr Stabilität und folglich für eine bessere Planbarkeit (s. ALLMENDINGER ET AL. 2021, S. 16).

Die übergeordnete Funktion lässt sich in die folgenden Teilfunktionen untergliedern (s. Abbildung 6-23):

- **(F5.1) Transparenz erhöhen**: Ein wesentliches Merkmal industrieller Subskriptions-Geschäftsmodelle ist die datenbasierte Einsicht in die Anwendungsprozesse des Kunden (s. STICH ET AL. 2022, S. 170). Die zusätzliche Transparenz bringt jedoch nicht nur Vorteile für den Anbieter, sondern vor allem auch für den Kunden, der vor allem langfristig von den abgeleiteten Verbesserungen z. B. durch die Identifikation von Effizienzpotenzialen profitiert. Aufgrund der Langfristigkeit des Geschäftsmodells und dem damit einhergehenden längeren Betrachtungshorizont können hierbei nicht nur einzelne konkrete Zustände, sondern kontinuierliche Verläufe sichtbar gemacht werden (s. DEMUS U. DRISS 2020, S. 12 ff.). Durch die systematische Aufbereitung und Bereitstellung der Daten sorgt diese zusätzliche Erkenntnis aus Sicht der Kunden für eine einfachere Identifikation zusätzlicher Potenziale und eine bessere Planbarkeit z. B. hinsichtlich der tatsächlich erforderlichen Kapazitäten oder potenzieller Ausfälle in der Anwendung.
- **(F5.2) Störungen antizipieren**: Ein wichtiger Aspekt zur Erhöhung der Planbarkeit im Rahmen von Subskriptions-Geschäftsmodellen ist die Sicherstellung einer Leistungsgarantie bzw. einer kontinuierlich hohen Verfügbarkeit des zentralen physischen Produkts (s. EBI 2021, S. 110). Dies wird möglich durch eine prädiktives respektive vorausschauendes Instandhaltungskonzept, welches bevorstehende Ausfälle antizipiert und diese frühzeitig adressiert (s. BENDIG ET AL. 2021, S. 10). Hierdurch werden unvorhergesehene negative Einflüsse minimiert und die Planbarkeit erhöht.
- **(F5.3) Unterstützungsprozesse auslagern**: Ein weiterer Aspekt, der für eine Erhöhung der Planbarkeit sorgt, ist die Übernahme von Unterstützungsprozessen durch den Anbieter. Das integrierte Angebot des Anbieters ermöglicht ihm eine ganzheitliche Betrachtung der Prozesse, sodass er diese optimal aufeinander abstimmen kann. Somit ist der Anbieter in der Lage, bspw. die Verwaltung von Aufträgen oder die Beschaffung von Verbrauchsmaterialien zu steuern, diese am Anwendungsprozess auszurichten und folglich für zusätzliche Planbarkeit zu sorgen.
- **(F5.4) Zahlungsintervalle festlegen**: Die Leistungsabrechnung im Rahmen von Subskriptions-Geschäftsmodellen orientiert sich stets an einem vereinbarten Zeit- oder Leistungsintervall, welches im Vorhinein vertraglich mit dem Kunden vereinbart wird (s. MALLACH ET AL. 2022, S. 246 ff.). Die kontinuierliche Erfassung von Nutzungsdaten sorgt für die erforderliche Transparenz, sodass der Kunde in der Lage ist, die zukünftigen Zahlungen frühzeitig in seine Finanzplanung miteinzubeziehen (s. STICH ET AL. 2022, S. 173).

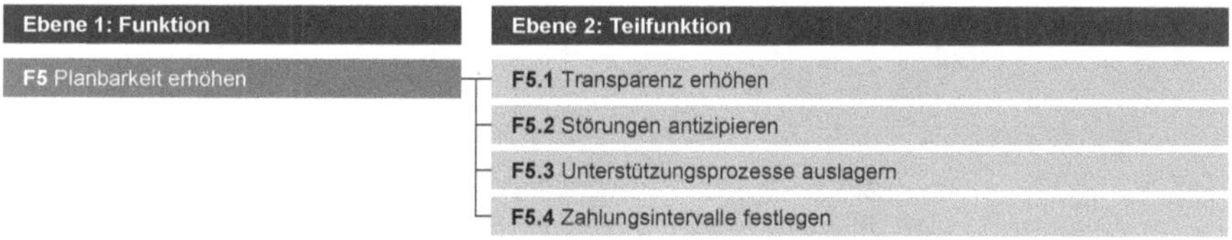

Abbildung 6-23: Teilfunktionen der Funktion ‚Planbarkeit erhöhen'

6.3.6 Funktion 6: Einkaufbarkeit erleichtern

Die hohen Investitionskosten, die mit der Neuanschaffung einer Maschine / Anlage verbunden sind, erschweren oft den Einkaufsprozess für Unternehmen des Maschinen- und Anlagenbaus (s. KHISRO 2020, S. 72). Im Vergleich zum klassischen transaktionalen Geschäft ermöglichen Subskriptions-Geschäftsmodelle die Kosten der Investition über einen langfristigeren Zeitraum zu verteilen, wodurch der Zugang zur Leistung erleichtert wird (s. POLINER 2022, S. 19). Die geringere finanzielle Einstiegshürde sorgt aber auch gleichzeitig dafür, dass die Kaufentscheidung innerhalb des Unternehmens bereits auf einer niedrigeren budgetbezogenen Verantwortungsstufe getroffen werden kann und somit potenziell aufwändige Freigabeprozesse vermieden werden können (vgl. SCHNAARS ET AL. 2022, S. 293).

Die Einkaufbarkeit wird bei Subskriptions-Geschäftsmodellen vordergründig durch folgende beiden Teilfunktionen ermöglicht (s. Abbildung 6-24):

- **(F6.1) Investitionsausgaben umwandeln**: Die Umwandlung der hohen Investitionsausgabe in geringere laufende Betriebsausgaben ermöglicht es den Unternehmen, die hohen initialen Kosten über den Nutzungszeitraum zu verteilen und somit den anfänglichen kurzfristigen Finanzdruck zu verringern (s. KHISRO 2020, S. 72). Somit erhalten auch Kundensegmente, die nur über geringe finanzielle Mittel verfügen, Zugang zur Leistung. Auch die mit der Umwandlung in Betriebsausgaben verbundenen steuerlichen Vorteile (je nach geltendem Steuerrecht) können zu einer Erleichterung der Einkaufbarkeit führen. Im Gegensatz zu einer Abschreibung über die Nutzungsdauer können Betriebsausgaben in der Regel als Betriebsaufwand verbucht und somit direkt steuerlich abgesetzt werden, was wiederum zu Vorteilen führt (s. SCHUH ET AL. 2020c, S. 367).
- **(F6.2) Vertriebskanäle anpassen**: Ebenfalls sorgt eine Anpassung der Vertriebskanäle an die Bedürfnisse bzw. Situation des Kunden für eine Erleichterung der Einkaufbarkeit des Geschäftsmodells (s. TZUO 2018, S. 19–20). So lassen sich z. B. digitale Komponenten des Leistungssystems während der Nutzungsphase über eine Onlineplattform flexibel hinzubuchen.

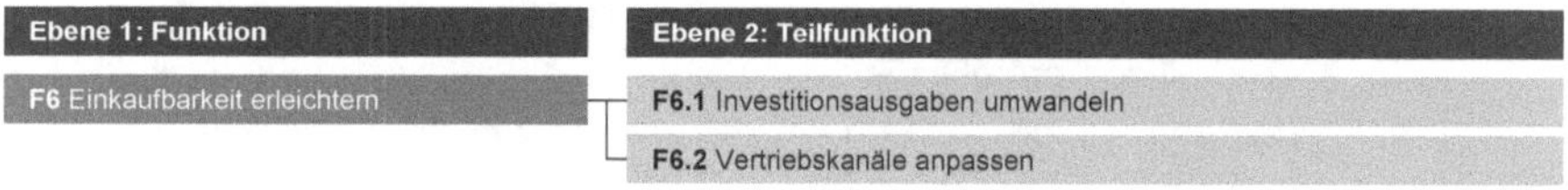

Abbildung 6-24: Teilfunktionen der Funktion ‚Einkaufbarkeit erleichtern'

6.3.7 Funktion 7: Nachhaltigkeit verbessern

Subskriptions-Geschäftsmodelle ermöglichen eine effiziente und nachhaltige Nutzung von Leistungssystemen und sorgen dadurch für eine Verbesserung der Nachhaltigkeit produzierender Unternehmen (s. RIESENER ET AL. 2020, S. 730; s. EBI 2021, S. 111). Insbesondere die ökologische Nachhaltigkeit wird durch eine Verlängerung des Produktlebenszyklus aufgrund eines effizienteren Maschinen- / Anlageneinsatzes sowie einer gezielteren Nutzung von Ressourcen verbessert (s. SCHUH ET AL. 2020c, S. 283 ff.). Hinzukommend unterstützt die Art und Weise, wie die Komponenten des Leistungssystems hergestellt, genutzt und entsorgt werden, das Modell der Kreislaufwirtschaft (s. BRESSANELLI ET AL. 2018, S. 219). So werden physische Produkte bspw. dahingehend entwickelt, dass sie langlebig sind, leicht repariert und recycelt werden können. Ein weiterer Paradigmenwechsel auf Seiten des Anbieters hinsichtlich der Nutzung von Ressourcen ergibt sich aufgrund der Übernahme zentraler Kundenrisiken. Ein unvorhergesehener Reparatureinsatz führt nun nicht mehr zu neuen Erträgen, sondern verursacht plötzliche zusätzliche Kosten. Demzufolge muss insbesondere der Service entsprechend effizient und ressourcenschonend sein, um eine positive Marge innerhalb der Subskription zu erreichen (s. STICH ET AL. 2022, S. 169–170). Auch opportunistisches Nutzungsverhalten auf Seiten des Kunden wird durch eine kontinuierliche datenbezogene Überwachung reduziert (s. BRESSANELLI ET AL. 2018, S. 219). Somit ist ein SG ein nachhaltiges Geschäftsmodell, welches sowohl Anbieter als auch Kunde zu einem schonenden Umgang begrenzter Ressourcen motiviert.

Die übergeordnete Funktion, die Nachhaltigkeit zu verbessern, lässt sich wiederum in die folgenden beiden Teilfunktionen untergliedern (s. Abbildung 6-25):

- **(F7.1) Ressourcenverbrauch reduzieren**: Eine Verminderung der eingesetzten Ressourcen im Rahmen der Subskription entsteht vordergründig durch zwei bestimmte Zustände: Einerseits können Maschinen und Anlagen angepasst an die konkrete Anwendungssituation effizienter eingesetzt werden und andererseits erfordert der zielgerichtete effiziente Einsatz weniger Verbrauchsfaktoren wie z. B. Ersatzteile oder Verbrauchsmaterialien (s. EBI 2021, S. 111; s. BRESSANELLI ET AL. 2018, S. 219). Auch die Schulung der Anwender kann dazu führen, den Ressourcenverbrauch bezogen auf den Anwendungsprozess zu senken. Darüber hinaus kann je nach Anwendungsfall die Nutzung recycelter Verbrauchsmaterialien und Ersatzteile ebenfalls zu einem verminderten Verbrauch von Ressourcen beitragen (s. EBI 2021, S. 111).
- **(F7.2) Produktlebenszyklus verlängern**: Der Lebenszyklus des zentralen physischen Produkts kann durch unterschiedliche Ansätze verlängert werden. Eine Maßnahme ist die Durchführung vorausschauender und vorbeugender Instandhaltungsmaßnahmen wie z. B. eine regelmäßige Wartung der Maschine / Anlage. Die stetige Kontrolle führt dazu, potenziell unnötigen Verschleiß zu vermeiden und dadurch den Lebenszyklus zu verlängern (s. LUGHOFER U. SAYED-MOUCHAWEH 2019, S. 1–2). Zusätzlich bietet der ausbleibende Eigentumsübertrag an den Kunden aus Sicht des Anbieters die Möglichkeit, alte ausrangierte

Produkte wieder aufzuarbeiten und erneut in den Wertschöpfungskreislauf im Sinne der Kreislaufwirtschaft einzugliedern (s. SCHUH ET AL. 2020c, S. 143 ff.; s. SCHNEIDER ET AL. 2020, S. 199). Eine weitere Maßnahme ergibt sich durch die Gestaltung des physischen Produkts sowie des Leistungssystems im Allgemeinen. Dieses sollte möglichst modular aufgebaut sein und standardisierte Schnittstellen aufweisen, um verschlissene alte Komponenten leicht und schnell austauschen zu können (s. SCHUH ET AL. 2020c, S. 145). Ergänzend zu den vorherigen Maßnahmen ermöglichen Updates und Upgrades der Komponenten, das Leistungssystem auf dem neuesten Stand zu halten, ohne das gesamte System ersetzen zu müssen (s. FRANK ET AL. 2021, S. 13).

- **(F7.3) Leistungssystem anpassen**: Die Analyse der Nutzungsdaten kann nicht nur dazu genutzt werden, den optimalen Betriebszustand zu ermitteln, sondern auch das Leistungssystem kontinuierlich an die tatsächlichen Bedarfe des Kunden anzupassen (s. KENNER U. SEITER 2022, S. 201). Teilleistungen, die im Laufe der Nutzungsphase obsolet geworden sind, können durch relevantere ausgetauscht werden. Hierdurch wird dafür gesorgt, dass die Ressourcen stets zielgerichtet und sinnvoll eingesetzt werden.

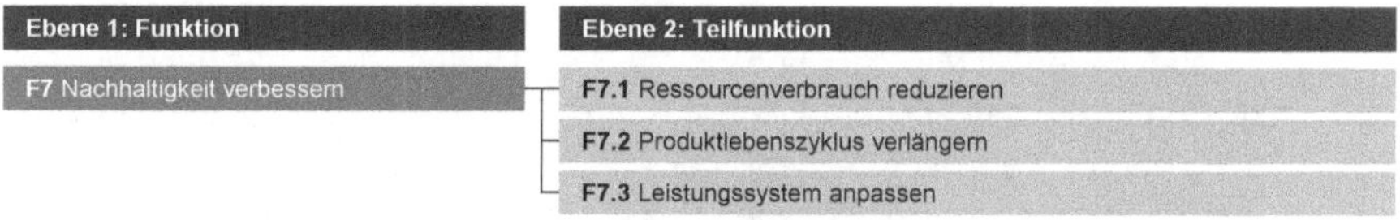

Abbildung 6-25: Teilfunktionen der Funktion ‚Nachhaltigkeit verbessern'

6.4 Beschreibung der funktionalen Zusammenhänge zwischen Teilleistungen und deren Teilfunktionen

Aufbauend auf den identifizierten Teilleistungen (s. Kapitel 6.2) sowie den zu erfüllenden Funktionen bzw. Teilfunktionen in Bezug auf ein Subskriptionsangebot (s. Kapitel 6.3), erfolgt nun die Zusammenführung im Rahmen der Beschreibung der funktionalen Zusammenhänge. Diese Zuordnung ist wichtig, um zu verstehen, warum eine Teilleistung zur Lösung eines spezifischen Kundenproblems für ein Leistungssystem ausgewählt wird. Erst das Verständnis über die funktionalen Fähigkeiten einer Teilleistung ermöglicht eine sinnvolle und systematische Zuordnung. Die Verknüpfung zwischen Teilleistungen und Teilfunktionen erfolgt gemäß der jeweiligen leistungsbezogenen Funktion einer Teilleistung und beantwortet somit die Fragestellung, welche Funktionen die einzelnen Teilleistungen erfüllen (vgl. VAN OSTAEYEN 2014, S. 59 ff.). Die Beschreibung der funktionalen Zusammenhänge gliedert sich in die folgenden Unterkapitel anhand der einzelnen Leistungskategorien (Produkt-, Dienst- und Softwareleistung) auf.

6.4.1 Teilfunktionen der Produktleistungen

Im folgenden Abschnitt werden die funktionalen Zusammenhänge zwischen den Produktleistungen sowie deren Teilfunktionen im Hinblick auf die Anwendung innerhalb eines Subskriptions-Geschäftsmodells näher erläutert:

Teilfunktionen Anlage: Die Anlage ist so konzipiert, dass sie einfach und intuitiv zu bedienen ist. Durch zusätzliche Automatisierung wird der Arbeitsaufwand des Bedieners reduziert. Eine Anpassung der Anlage an den optimalen Betriebszustand sorgt für einen optimierten Einsatz der Betriebsmittel und somit für eine Senkung unnötiger Betriebsmittelaufwände. Die parallele Entwicklung von Verbrauchsmitteln, die bestmöglich an die Anwendung der Anlage angepasst sind, ermöglicht es, Werkstoffaufwände zu reduzieren und gleichzeitig einen höheren Qualitätsgrad zu erzielen. Dieser optimierte Einsatz an Verbrauchsmaterialien, kombiniert mit einem auf den Anwendungsfall ausgerichteten Betriebszustand, führt zu einer Reduktion des allgemeinen Ressourcenverbrauchs. Zuletzt ermöglichen ein modularer Aufbau der Anlage sowie die Nutzung standardisierter Schnittstellen, defekte Komponenten auszutauschen und dadurch den Produktlebenszyklus zu verlängern.

Teilfunktionen Maschine: Analog zur Anlage – als zentrales physisches Produkt des Leistungssystems – erfüllt die Maschine die gleichen Teilfunktionen, die auch die Anlage erfüllt. Durch eine betriebsgerechte Entwicklung erfüllt sie ebenso die Teilfunktionen in Bezug auf die Reduktion betrieblicher Aufwände, die Erhöhung des Qualitätsgrads sowie die Senkung des allgemeinen Ressourcenbedarfs. Ebenso erleichtert der modulare Aufbau die Verlängerung des Produktlebenszyklus.

Teilfunktionen Baugruppe: Als eine mögliche Form der zentralen physischen Komponente des Leistungssystems erfüllt diese Teilleistung die gleichen Teilfunktionen, die auch eine Anlage bzw. Maschine erfüllt.

Teilfunktionen Einzelteil: Parallel zu den zuvor genannten Formen des zentralen physischen Produkts (Anlage, Maschine, Baugruppe) erfüllt auch das Einzelteil die gleichen Teilfunktionen im Hinblick auf dessen Einsatz als Teil des Leistungssystems.

Teilfunktionen Smarte Komponente: Die Smarte Komponente erweitert den Funktionsumfang des Leistungssystems außerordentlich. Die Möglichkeit, Betriebszustände zu ermitteln und daraus mögliche Störungen vorausschauend abzuleiten, sorgt für eine Erhöhung des Verfügbarkeitsgrads und damit einhergehend für eine Senkung des entsprechenden Verfügbarkeitsrisikos. Auch bietet die Erfassung von Nutzungsdaten die Möglichkeit, den für die Nutzung optimalen Betriebszustand zu ermitteln und dadurch nicht nur den Leistungs-, sondern auch den Qualitätsgrad der Anwendung zu steigern. Parallel sorgt dies für eine Reduktion des Qualitäts- und Prozessrisikos, welches mit der Anwendung verknüpft ist. Die Fähigkeit, das Nutzungsverhalten zu erfassen und digital abzubilden, ermöglicht zusätzlich die Verwendung nutzungsbezogener Abrechnungsmechanismen. Allgemein bietet die datenbasierte Transparenz zusätzliche Chancen, um den Produktlebenszyklus durch gezielte Instandhaltungsmaßnahmen zu verlängern und das Leistungssystem durch eine kontinuierliche Analyse des

Nutzungsverhaltens respektive des spezifischen Anwendungsfalls bestmöglich an die Bedarfe anzupassen.

Teilfunktionen Verbrauchsmaterial: Verbrauchsmaterialien, die optimal auf die Nutzung und Technologien des physischen Produkts abgestimmt sind, können gezielter und ressourcenschonender eingesetzt werden und dementsprechend den erforderlichen Werkstoffaufwand reduzieren. Auch die kombinierte Entwicklung des physischen Produkts mit den dazu passenden Verbrauchsmaterialen ermöglicht es, durch technologische Vorteile eine höhere Outputqualität zu erzielen und dadurch den Qualitätsgrad zu erhöhen. Zusätzlich kann durch die integrierte Bereitstellung des Verbrauchsmaterials dessen Qualität sichergestellt und das Qualitätsrisiko gesenkt werden.

Teilfunktionen Ersatzteil: Analog zu den Verbrauchsmaterialien ermöglichen die gemeinschaftliche Entwicklung und das integrierte Angebot von Ersatzteilen und physischem Produkt zusätzliche vorteilhafte Funktionen. Durch einen gezielteren Einsatz passender Ersatzteile kann der Werkstoff- und dadurch auch der Ressourcenaufwand reduziert werden. Durch die zuverlässige Qualität der Ersatzteile wird eine durchgehende Anwendungsqualität sichergestellt und folglich das Qualitätsrisiko gesenkt. Das langfristig orientierte Angebot passender Ersatzteile erlaubt es darüber hinaus, den Produktlebenszyklus zu verlängern.

Die Zusammenhänge zwischen den Teilleistungen und den Teilfunktionen werden anschließend in der folgenden Tabelle zusammengefasst dargestellt (s. Tabelle 6-1).

Tabelle 6-1: Funktionale Zusammenhänge zwischen Produktleistungen und Teilfunktionen

Teilfunktion	F1				F2			F3						F4				F5				F6		F7		
Teilleistung	F1.1 Arbeitsaufwand reduzieren	F1.2 Betriebsmittelaufwand reduzieren	F1.3 Werkstoffaufwand reduzieren	F1.4 Planungs- und Organisationsaufwand reduzieren	F2.1 Verfügbarkeitsgrad erhöhen	F2.2 Leistungsgrad erhöhen	F2.3 Qualitätsgrad erhöhen	F3.1 Investitionsrisiko reduzieren	F3.2 Verfügbarkeitsrisiko reduzieren	F3.3 Prozessrisiko reduzieren	F3.4 Marktrisiko reduzieren	F3.5 Qualitätsrisiko reduzieren	F3.6 Wirtschaftsrisiko reduzieren	F4.1 Kapazitäten flexibilisieren	F4.2 Leistung bedarfsgerecht abrechnen	F4.3 Kostenstruktur flexibilisieren	F4.4 Personal befähigen	F5.1 Transparenz erhöhen	F5.2 Störungen antizipieren	F5.3 Unterstützungsprozesse auslagern	F5.4 Zahlungsintervalle festlegen	F6.1 Investitionsausgaben umwandeln	F6.2 Vertriebskanäle anpassen	F7.1 Ressourcenverbrauch reduzieren	F7.2 Produktlebenszyklus verlängern	F7.3 Leistungssystem anpassen
P1 Anlage	●	●	●				●																	●	●	
P2 Maschine	●	●	●				●																	●	●	
P3 Baugruppe	●	●	●				●																	●	●	
P4 Einzelteil	●	●	●				●																	●	●	
P5 Smarte Komponente	●	●	●		●	●	●		●	●		●			●			●	●		●			●	●	●
P6 Verbrauchsmaterial			●				●					●												●		
P7 Ersatzteil			●		●		●		●			●												●	●	

●: Teilleistung X trägt zur Erfüllung der Teilfunktion Y bei

6.4.2 Teilfunktionen der Dienstleistungen

Im nächsten Abschnitt werden die funktionalen Zusammenhänge zwischen den Dienstleistungen sowie deren Teilfunktionen im Hinblick auf die Anwendung innerhalb eines Subskriptions-Geschäftsmodells näher erläutert:

Teilfunktionen Wartung: Diese Teilleistung nimmt dem Kunden die Aufgabe ab, seine physischen Produkte eigenständig zu warten und reduziert dementsprechend den mitarbeiterbezogenen Arbeits- sowie den damit verbundenen Planungs- und Organisationsaufwand des Kundenunternehmens. Zusätzlich wird durch eine regelmäßige Wartung unnötiger Verschleiß minimiert, der Lebenszyklus verlängert und dadurch der Ressourcenverbrauch bzw. Betriebsmittelaufwand verringert. Durch regelmäßige Wartungen können potenzielle Störungen frühzeitig entdeckt und dadurch der Verfügbarkeitsgrad langfristig erhöht werden. Eine regelmäßige Wartung verbessert darüber hinaus auch die Anwendungsqualität, da sichergestellt wird, dass alle Komponenten des physischen Produkts ordnungsgemäß funktionieren und Abweichungen behoben werden.

Teilfunktionen Inspektion: Die Durchführung dieser Teilleistung durch den Anbieter sorgt ebenfalls für eine Reduktion der kundenseitigen Arbeitsbelastung. Diese Auslagerung eines Unterstützungsprozesses bewirkt wiederum eine Verminderung der arbeitsbezogenen Aufwände. Zusätzlich zu einer Verbesserung der Verfügbarkeit durch ein frühzeitiges Erkennen von Defekten bzw. potenziellem Verschleiß bringt die regelmäßige Inspektion Transparenz über den aktuellen Maschinen- / Anlagenzustand. Dieses Wissen ermöglicht es dem Kunden wiederum, Ausfälle zu antizipieren und das Verfügbarkeitsrisiko zu senken. Darüber hinaus wird unnötiger ressourcenbezogener Verschleiß vermieden, was positiv zu einer Verlängerung des Produktlebenszyklus beiträgt. Ergänzend wird das Qualitätsrisiko reduziert, da durch eine regelmäßige Inspektionen Abweichungen der regulären Funktion und Qualität früh erkannt werden.

Teilfunktionen Instandsetzung: Diese Teilleistung bewirkt analog zu den vorherigen beiden Maßnahmen im Rahmen der Instandhaltung, bedingt durch die Auslagerung eines Unterstützungsprozesses, eine Senkung des Arbeits- und Organisationsaufwands. Ergänzend sorgt die Wiederherstellung des anwendungsfähigen Zustands für eine langfristigere Nutzbarkeit und somit für eine Verringerung erforderlicher Betriebsmittel.

Teilfunktionen Verbesserung: Als Teil der Instandhaltung bewirkt diese Teilleistung eine Verbesserung der Funktionssicherheit, die sich wiederum positiv auf den Verfügbarkeits- sowie den Qualitätsgrad des physischen Produkts auswirkt. Diese stetige Anpassung des Leistungssystems bewirkt zudem eine Verlängerung des Produktlebenszyklus.

Teilfunktionen Reinigung: Die Übernahme dieser Teilleistung durch den Anbieter sorgt ebenfalls – analog zu vorherigen Teilleistungen – für eine Senkung des Planungs- und Organisations- sowie des generellen Arbeitsaufwands auf Kundenseite. Ähnlich wie bei der Wartung führt auch die Reinigung durch die Entfernung von

Schmutz und Schadstoffablagerungen dazu, potenzielle Verschleißfaktoren zu beseitigen und dadurch die Lebensdauer des physischen Produkts zu erhöhen. Parallel senkt dies den Ressourcenverbrauch und schont somit den langfristigen Betriebsmittelbedarf. Die Vermeidung von Verschmutzungen, welche den Verschleiß erhöhen und die Anwendungsqualität beeinträchtigen, führt nicht nur zu einer Steigerung der generellen Verfügbarkeit des physischen Produkts, sondern auch zu einer Verbesserung des qualitätsbezogenen Risikos.

Teilfunktionen Konfiguration: Durch die Konfiguration kann das Leistungssystem an die anwendungsspezifischen Umstände des Kunden angepasst und dadurch der Leistungsgrad erhöht und das Risiko einer ineffizienten Anwendung gesenkt werden. Zusätzlich ist der Anbieter in der Lage, planerische Tätigkeiten des Kunden zu übernehmen und somit dessen Planungs- und Organisationsaufwand zu reduzieren.

Teilfunktionen Installation: Die Installation durch den Anbieter ermöglicht es, sicherzustellen, dass das physische Produkt ordnungsgemäß aufgebaut wird, sodass keine Störungen auftreten und alle Funktionen in der vereinbarten Qualität erfüllt werden können.

Teilfunktionen Inbetriebnahme: Ergänzend zur Installation gewährleistet die Inbetriebnahme durch den Anbieter eine störungsfreie Anlaufphase der Maschine / Anlage und reduziert dadurch das initiale Verfügbarkeits- und Qualitätsrisiko. Außerdem nimmt der Anbieter hierdurch Arbeitsaufwände, die der Kunden ansonsten hätte, ab.

Teilfunktionen Schulung: Durch den Anbieter durchgeführte Schulungen fördern das Wissen und die Fähigkeiten des Bedienpersonals. Dies sorgt für ein besseres Verständnis für die Nutzung der Maschine / Anlage und dementsprechend einen höheren Qualitäts- und Leistungsgrad sowie einen verbesserten Verfügbarkeitsgrad aufgrund der Vermeidung von Fehlern durch eine unsachgemäße Bedienung. Zusätzlich können geschulte Anwender Fehler frühzeitiger erkennen und geeignete Gegenmaßnahmen treffen.

Teilfunktionen Beratung: Die Beratung als Teilleistung kann im Rahmen ihrer Ausführung unterschiedliche Themenfelder adressieren und somit auch verschiedene Funktionen bewirken. Grundsätzlich zielt sie jedoch auf die Lösung von Problemen respektive eine Optimierung der Anwendungsprozesse ab und führt zu einer Senkung des Prozessrisikos. Parallel können durch die prozessbezogene Betrachtung Schwachstellen im Anwendungsprozess identifiziert und behoben werden, um den Leistungs- und Qualitätsgrad zu erhöhen. Durch Beratung des Kunden hinsichtlich externer Veränderungen und Einflussfaktoren des Markts kann das Marktrisiko gesenkt werden. Die Teilleistung erhöht somit die Transparenz über externe Einflüsse und macht den Kunden entsprechend resilient. Zusätzlich sorgt die Beratung dafür, dass Leistungssystem kontinuierlich hinsichtlich der aktuellen Bedarfe zu überprüfen und Maßnahmen zur Anpassung abzuleiten.

Teilfunktionen Support: Diese Teilleistung unterstützt den Kunden bei Problemen bzw. unerwarteten Störungen, die Fehlerursache schneller zu identifizieren und zu beheben. Hierdurch wirkt sich diese Teilleistung positiv auf den Verfügbarkeitsgrad aus und reduziert entsprechend das damit verbundene Verfügbarkeitsrisiko durch die Vermeidung größerer Schäden. Gleichzeitig werden die Mitarbeiter vor Ort durch zusätzliche Transparenz über den Zustand der Maschine / Anlage sowie die Hilfestellungen des Supports befähigt, eigenständig erste Maßnahmen zu ergreifen.

Teilfunktionen Zertifizierung: Diese Teilleistung entlastet den Kunden, da er weniger Ressourcen für die Überwachung und Prüfung der Qualität bzw. Sicherstellung von Standards aufwenden muss. Eine noch größere Senkung des Arbeitsaufwands kann durch eine Automatisierung des Zertifizierungsprozesses erzielt werden.

Teilfunktionen Verbrauchsmaterialversorgung: Hierbei übernimmt der Anbieter die Aufgabe der Versorgung mit Verbrauchsmaterialien. Der Kunde hat folglich einen geringeren Planungs- und Organisationsaufwand zur Beschaffung seiner erforderlichen Materialien. Aufgrund der Transparenz hinsichtlich der aktuellen Verbrauchs- und Nutzungsdaten des Kunden ist der Anbieter zudem in der Lage, das erforderliche Verbrauchsmaterial zielgerichtet bereitzustellen. Hierdurch können, aufgrund der bedarfsgesteuerten Beschaffung, Überbestände vermieden werden und somit der Bedarf an Lagerfläche sowie unnötige Kapitalbindung reduziert werden. Zusätzlich sorgt der auf die Anwendung abgestimmte Versorgungsprozess dafür, das Risiko eines ineffizienten Prozesses zu senken.

Teilfunktionen Verbrauchsmaterialentsorgung: Sofern auch die Verbrauchsmaterialentsorgung durch den Anbieter durchgeführt wird, entlastet sie ebenfalls den Arbeits- bzw. Planungs- und Organisationsaufwand des Kunden. Gleichzeitig sorgt sie für eine Verringerung des prozessseitigen Risikos, da sich der Kunde nicht mehr mit umwelt- und gesundheitsbezogenen Auswirkungen, die sich negativ auf die wertschöpfenden Prozesse auswirken können, befassen muss.

Teilfunktionen Ersatzteilversorgung: Analog zur Verbrauchsmaterialversorgung übernimmt auch hier der Anbieter zentrale Versorgungsaufgaben und entlastet somit den Kunden hinsichtlich seines Arbeits- und Planungsaufwands. Die Versorgung erfolgt auch hier bedarfsgerecht, sodass Überbestände und die dazugehörigen Nachteile vermieden werden können. Die Verknüpfung des Ersatzteilversorgungsprozesses mit anderen instandhaltungsbezogenen Dienstleistungen eröffnet zudem zusätzliche Effizienzpotenziale, die zu einer Senkung des damit verbundenen Prozess- und Verfügbarkeitsrisikos führen.

Teilfunktionen Lagerung: Die anbieterseitige Lagerung von Verbrauchsmaterialien und Ersatzteilen, die für den Anwendungsprozess erforderlich sind, senkt den organisatorischen Aufwand des Kunden. Hinzukommend können durch den Wegfall von Lagerbeständen die Kapitalbindung gesenkt und zusätzliche Lagerungskosten eingespart werden. Darüber hinaus bringt diese Teilleistung dem Kunden zusätzliche Flexibilität, da er seinen Materialbedarf nun nicht mehr an die ihm zur Verfügung stehenden Lagerkapazitäten anpassen muss.

Teilfunktionen Qualitätsmanagement: Das Qualitätsmanagement bewirkt nicht nur eine Senkung des bestehenden Qualitätsrisikos aufgrund kontinuierlicher Risikoanalysen und der Ableitung von Präventionsmaßnahmen, sondern auch eine Erhöhung des Qualitätsgrads durch die Festlegung von Standards und eines kontinuierlichen Verbesserungsprozesses. Zudem wird der Kunde durch die Auslagerung dieser unterstützenden Teilleistung entlastet, was zu einer Senkung des damit verbundenen Planungs- und Arbeitsaufwands führt.

Teilfunktionen Prozessmanagement: Das Prozessmanagement – mit besonderem Fokus auf den Anwendungsprozess – hat eine umfangreiche Funktionalität. So bewirkt es eine Leistungssteigerung durch die Identifikation und Beseitigung ineffizienter Prozessabläufe und fördert gleichzeitig die bestmögliche Auslastung der Betriebsmittel. Außerdem trägt das Prozessmanagement zu einer Verbesserung der Qualität durch die Festlegung von prozessbezogenen Standards und Qualitätskontrollen bei. Eine weitere Funktion dieser Teilleistung ist die Flexibilisierung der Kapazitäten. Das aktive Management der Prozesse ermöglicht es, diese agiler zu gestalten, sodass schneller und einfacher auf sich verändernde Bedingungen wie z. B. unvorhergesehene Störungen reagiert werden kann. Allgemein trägt das Prozessmanagement zu einer erheblichen Senkung des Prozessrisikos bei.

Teilfunktionen Energiemanagement: Die Anwendung dieser Teilleistung wirkt sich positiv auf den Ressourcen- respektive den Energieverbrauch in Bezug auf die Anwendung aus. Hierbei unterstützt die Identifikation von effizienzsteigernden Maßnahmen wie z. B. der Verbesserung des physischen Produkts oder der Produktionsumgebung sowie ein aktives Lastmanagement, um den Zeitpunkt des Energieverbrauchs zu optimieren und die Energiekosten zu senken. Durch ein kontinuierliches Monitoring des Energieverbrauchs sowie die Durchführung von Energieaudits und -analysen können potenzielle Risiken und Chancen frühzeitig identifiziert werden und Maßnahmen rechtzeitig getroffen werden, um das Marktrisiko zu senken. Gleichzeitig wird das Kundenunternehmen durch die Auslagerung dieses Unterstützungsprozesses entlastet, sodass dessen Planungs- und Organisationsaufwand reduziert wird.

Teilfunktionen Flottenmanagement: Die Teilleistung Flottenmanagement bringt zusätzliche Transparenz über die Kapazitäten des gesamten Verbunds physischer Produkte und ermöglicht somit eine bessere Anordnung bzw. Flexibilisierung der verfügbaren Kapazitäten. Diese Optimierung hinsichtlich der Auslastung bestehender Betriebsmittel ermöglicht es, den Verfügbarkeitsgrad zu erhöhen und somit den allgemeinen Ressourcenverbrauch zu verbessern. Diese Funktionalität bewirkt auch gleichzeitig eine Minderung des Investitionsrisikos, da sichergestellt wird, dass die physischen Produkte bestmöglich ausgelastet werden und die Stillstandszeiten minimiert werden. Analog zu den vorherigen Teilleistungen führt auch die Auslagerung dieses Unterstützungsprozesses zu einer Senkung des Planungs- und Organisationsaufwands.

Teilfunktionen Projektmanagement: Durch Projektmanagement wird der Kunde dahingehend unterstützt, dass seine Projekte systematisch durch den Anbieter geplant und begleitet werden. Diese Übernahme von Arbeits- und Planungsaufwänden führt zu einer Entlastung des Kunden. Die im Rahmen des Projektmanagements vorab durchgeführte Budget- und Terminplanung hilft dabei, unerwartete Kosten zu vermeiden und somit das wirtschaftliche Risiko zu minimieren. Parallel unterstützt die zu Beginn durchgeführte Anforderungserhebung dabei, die Bedürfnisse des Marktes klar zu identifizieren und die Anwendung entsprechend darauf auszurichten. Hinzukommend ermöglicht das Projektmanagement, die Ressourcen des Kunden bestmöglich einzusetzen und dadurch dessen Ressourcenverbrauch zu minimieren.

Teilfunktionen Kostenmanagement: Die Auslagerung dieser unterstützenden Teilleistung sorgt ebenfalls für eine Reduktion des Planungs- und Organisationsaufwands. Darüber hinaus bringt sie Transparenz über alle potenziellen Kostenquellen, sodass unnötige Ausgaben erkannt und gesenkt werden können. Weiterhin unterstützt das Kostenmanagement bei der vorausschauenden Kosten- bzw. Budgetplanung und minimiert somit das wirtschaftliche Risiko unvorhergesehener Kosten. Als Teil des Kostenmanagements erfolgt hierbei auch die Sicherstellung ausreichender liquider Mittel, um stets alle laufenden Ausgaben decken und auf marktbezogene Veränderungen flexibel reagieren zu können.

Teilfunktionen Finanzierung: Die Finanzierung des physischen Produkts durch den Anbieter erfolgt durch die Umwandlung der Investitionsausgaben, die mit dem Kauf des physischen Produkts verbundenen sind, in betriebliche Ausgaben. Das Investitionsrisiko des Kunden wird somit reduziert, da es auf den Anbieter übertragen wird. Zusätzlich ermöglicht die Aufteilung der Kosten, von einer hohen Zahlung in mehrere kleinere, neue Preismodelle, die eine bedarfsgerechte Abrechnung mit variablen Zahlungsintervallen zulassen.

Teilfunktionen Verkauf Zweitmarkt: Diese Teilleistung fördert die Nachhaltigkeit, indem sie die Wiederverwendung des physischen Produkts unterstützt und somit dessen Produktlebenszyklus verlängert. Zusätzlich sorgt dies für eine Einsparung an Ressourcen, sofern die Produkte wiederverwendet oder aufbereitet werden können.

Teilfunktionen Versicherung: Die Versicherung als Teilleistung trägt maßgeblich dazu bei, unterschiedliche betriebsrelevante Risiken des Kunden auf den Anbieter (oder eine vergleichbare Versicherungsgesellschaft) gegen eine finanzielle Zahlung zu übertragen. So schützt die Versicherung bspw. das investierte Kapitel, indem sie bspw. Schutz vor unerwarteten Naturkatastrophen oder Unfällen bietet, die zu Schäden am physischen Produkt führen können.

Teilfunktionen Garantie: Die anbieterseitige Garantie sichert dem Kunden einen definierten Produktivzustand zu. Somit garantiert der Anbieter einen bestimmten Verfügbarkeits-, Leistungs- und Qualitätsgrad in Bezug auf die Anwendung und reduziert dementsprechend das Verfügbarkeits-, Prozess- und Qualitätsrisiko des Kunden.

Teilfunktionen Retrofit: Die Modernisierung alter Maschinen / Anlagen ermöglicht es, deren Lebenszyklus zu verlängern und folglich den Bedarf an neuen Betriebsmitteln zu verringern.

Teilfunktionen Update: Die in Form von Updates implementierten Verbesserungen können auf unterschiedliche Weise zu einer Erhöhung des Outputs führen. So kann z. B. die Beseitigung von Fehlern zu einem besseren Verfügbarkeitsgrad und die Optimierung der Ressourcennutzung zu einem erhöhten Leistungsgrad führen. Durch Updates wird das Leistungssystem kontinuierlich an sich ändernde Bedürfnisse angepasst, was zu einer Verlängerung des Lebenszyklus führt.

Teilfunktionen Upgrade: Analog zu den Updates können durch gezielte Upgrades Verbesserungen hinsichtlich des Verfügbarkeits-, Leistungs- und Qualitätsgrads erzielt werden. Darüber hinaus ermöglichen Upgrades eine Erweiterung der Funktionalität, sodass weniger Betriebsmittel mit einem erhöhten Funktionsumfang ausreichen. Ebenso wie bei den Updates lässt sich auch durch diese Teilleistung eine Anpassung des Leistungssystems bewirken, sodass der Lebenszyklus des Leistungssystems aufgrund einer funktionalen Erweiterung verlängert werden kann.

Die Zusammenhänge zwischen den Teilleistungen und den Teilfunktionen werden anschließend in der folgenden Tabelle zusammengefasst dargestellt (s. Tabelle 6-2).

Tabelle 6-2: Funktionale Zusammenhänge zwischen Dienstleistungen und Teilfunktionen

Teilfunktion	F1				F2			F3						F4				F5				F6		F7		
Teilleistung	F1.1 Arbeitsaufwand reduzieren	F1.2 Betriebsmittelaufwand reduzieren	F1.3 Werkstoffaufwand reduzieren	F1.4 Planungs- und Organisationsaufwand reduzieren	F2.1 Verfügbarkeitsgrad erhöhen	F2.2 Leistungsgrad erhöhen	F2.3 Qualitätsgrad erhöhen	F3.1 Investitionsrisiko reduzieren	F3.2 Verfügbarkeitsrisiko reduzieren	F3.3 Prozessrisiko reduzieren	F3.4 Marktrisiko reduzieren	F3.5 Qualitätsrisiko reduzieren	F3.6 Wirtschaftsrisiko reduzieren	F4.1 Kapazitäten flexibilisieren	F4.2 Leistung bedarfsgerecht abrechnen	F4.3 Kostenstruktur flexibilisieren	F4.4 Personal befähigen	F5.1 Transparenz erhöhen	F5.2 Störungen antizipieren	F5.3 Unterstützungsprozesse auslagern	F5.4 Zahlungsintervalle festlegen	F6.1 Investitionsausgaben umwandeln	F6.2 Vertriebskanäle anpassen	F7.1 Ressourcenverbrauch reduzieren	F7.2 Produktlebenszyklus verlängern	F7.3 Leistungssystem anpassen
D1 Wartung	●	●			●		●		●			●							●	●				●	●	
D2 Inspektion	●	●			●		●		●			●						●	●	●				●	●	
D3 Instandsetzung	●	●			●				●			●								●				●	●	
D4 Verbesserung							●																		●	
D5 Reinigung	●	●			●		●		●			●							●	●				●	●	
D6 Konfiguration						●				●																
D7 Installation												●								●						
D8 Inbetriebnahme	●											●								●						
D9 Schulung						●	●			●		●					●		●							
D10 Beratung	●					●	●	●		●	●						●									●
D11 Support					●				●								●									
D12 Zertifizierung	●																			●						
D13 Verbrauchsmaterialversorgung	●		●	●						●										●				●		
D14 Verbrauchsmaterialentsorgung	●									●										●						
D15 Ersatzteilversorgung	●		●	●	●				●	●										●				●		
D16 Lagerung				●																●						

D17 Qualitätsmanagement	●			●			●					●								●						
D18 Prozessmanagement	●	●	●	●		●	●			●		●		●						●				●		
D19 Energiemanagement			●	●							●									●				●		
D20 Flottenmanagement				●										●						●						
D21 Projektmanagement	●			●		●					●		●	●						●				●		
D22 Kostenmanagement				●				●			●		●							●						
D23 Finanzierung								●					●		●	●				●	●	●				
D24 Verkauf Zweitmarkt																									●	
D25 Versicherung								●			●	●	●													
D26 Garantie									●	●																
D27 Retrofit		●																							●	●
D28 Update	●		●			●	●																	●	●	●
D29 Upgrade	●		●			●	●																	●	●	●

●: Teilleistung X trägt zur Erfüllung der Teilfunktion Y bei

6.4.3 Teilfunktionen der Softwareleistungen

Im letzten Abschnitt werden die funktionalen Zusammenhänge zwischen den Softwareleistungen sowie deren Teilfunktionen im Hinblick auf die Anwendung innerhalb eines Subskriptions-Geschäftsmodells näher erläutert:

Teilfunktionen Steuerungssoftware: Mithilfe der Steuerungssoftware kann die Nutzung der Maschine / Anlage teilweise automatisiert werden, sodass die Anwendung benutzerfreundlicher ist und Arbeitsaufwände des Bedieners reduziert werden. Darüber hinaus ermöglicht die automatisierte Steuerung eine präzisere Regelung der Anwendungsprozesse, was zu einer höheren Genauigkeit und Qualität der Anwendung führt. Außerdem werden durch den höheren Automatisierungsgrad Bedienungsfehler vermieden, sodass ebenfalls der Qualitäts- und Leistungsgrad gesteigert wird. Zuletzt kann diese Teilleistung den Ressourcen- bzw. Energieverbrauch optimieren, indem sie den Betrieb an den tatsächlichen Anwendungsfall anpasst.

Teilfunktionen Anwendungshilfe: Die Anwendungshilfe ermöglicht es dem Anwender, Problemursachen schneller zu identifizieren und zu beheben. Parallel hilft eine gut strukturierte Anwendungshilfe z. B. in Form eines Benutzerhandbuchs, Fehler präventiv in der Anwendung zu vermeiden, um das Verfügbarkeitsrisiko zu senken. Zusätzlich kann das Benutzerhandbuch Hinweise für die sachgemäße Wartung und Pflege des physischen Produkts liefern, sodass der Produktlebenszyklus verlängert werden kann. Allgemein trägt die Anwendungshilfe zu einer höheren Transparenz über die korrekte Anwendung, häufige Fehler und deren Ursachen bei und befähigt dadurch die Anwender Probleme selbstständig zu identifizieren bzw. zu beheben.

Teilfunktionen Remote-Control: Der Einsatz dieser Teilleistung bewirkt ebenfalls eine Reduktion des Verfügbarkeitsrisikos bzw. Erhöhung des Verfügbarkeitsgrads aufgrund der Tatsache, dass Anpassungen am Leistungssystem bzw. Instandhaltungsmaßnahmen durch die Zeit- und Ortsunabhängigkeit schneller und flexibler durchgeführt werden können. Zusätzlich können Planungsaufwände eingespart werden, die ansonsten durch die Organisation eines Vor-Ort-Instandhaltungseinsatzes entstehen würden.

Teilfunktionen Auftragsverwaltungstool: Das Auftragsverwaltungstool erleichtert die Planung und Organisation aktueller Aufträge und senkt somit den damit verbundenen Aufwand. Die systematische Verwaltung bestehender Aufträge stellt darüber hinaus sicher, dass die erforderlichen Anwendungskapazitäten verfügbar sind.

Teilfunktionen Produktionsplanungs- und -steuerungssystem: Die Anwendung eines PPS-Systems ermöglicht eine effizientere Planung und Organisation der Produktion bzw. Anwendung des physischen Produkts, sodass die Allokation von Arbeitskräften, Betriebsmitteln und Werkstoffen optimiert und die Auslastung gesteigert werden kann. Durch die übergreifende Perspektive des Systems können Engpässe frühzeitig antizipiert und behoben werden, was wiederum zu einer Erhöhung des Leistungsgrads führt und das Prozessrisiko dementsprechend senkt. Zusätzlich ermöglicht die verbesserte Anordnung der Aufträge es, Durchlaufzeiten zu minimieren und die Kapazitäten der verfügbaren Betriebsmittel bestmöglich einzusetzen. Aufgrund der Aggregation mehrerer anwendungsbezogener Informationen wie z. B. der auftragsbezogenen Werkstoffaufwände, Betriebsmittelkapazitäten oder Prozessabläufe im Rahmen der Anwendung, bieten PPS-Systeme zusätzliche Transparenz über die Anwendung.

Teilfunktionen Instandhaltungsmanagement-Software: Diese Teilleistung führt für den Kunden zu einem reduzierten Planungs- und Organisationsaufwand, da die Software instandhaltungsbezogene Ressourcen automatisiert anhand von Parametern wie z. B. der Kritikalität zuordnen und organisieren kann. Die Aufwände, die durch eine händische Planung und Verwaltungen entstehen würden, werden somit reduziert. Die Software unterstützt bei einer effizienten Ressourcenallokation und erhöht dadurch die Flexibilität bzw. Verfügbarkeit der instandhaltungsbezogenen Ressourcen. Die vorausschauende Eingliederung von Instandhaltungsmaßnahmen in den Anwendungsprozess, die durch diese Teilleistung begünstigt wird, senkt das Prozess- und Verfügbarkeitsrisiko.

Teilfunktionen Product-Lifecycle-Management-Software: Mithilfe dieser Teilleistung können alle Daten, die das Leistungssystem befassen, zentral erfasst und verwaltet werden. Diese konsolidierte Informationsquelle und die dadurch geschaffene zusätzliche Transparenz über den Lebenszyklus hinweg, erleichtern die Anpassung des Systems in einer späteren Phase. Zusätzlich können Anpassungen des Leistungssystems im Laufe des Lebenszyklus besser nachverfolgt werden, sodass neue Änderungen leichter in das bestehende System integriert werden können.

Teilfunktionen Datenaufbereitung: Durch die seitens des Anbieters durchgeführte Aufbereitung der Anwendungsdaten profitiert der Kunde einerseits von den Erfahrungen des Anbieters, welche Anwendungsdaten in welchem Kontext besonders relevant sind, und andererseits von der Reduktion des eigenen Arbeitsaufwands aufgrund der Auslagerung der Teilleistung. Die aufbereiteten Daten besitzen gegenüber den Rohdaten einen höheren Wert für den Kunden aufgrund der zusätzlichen Transparenz über die Anwendung der Maschine / Anlage. Gleichzeitig befähigt diese zusätzliche Transparenz den Kunden dazu, eigenständig Datenauswertungen durchzuführen und Maßnahmen abzuleiten.

Teilfunktionen Datenanalyse: Die Auswertung der anwendungsbezogenen Daten ermöglicht es, eine ineffiziente Anwendung des physischen Produkts zu identifizieren und kontextbezogen den optimalen Betriebszustand abzuleiten. Somit kann die Datenanalyse eine Reduktion des Arbeits-, Betriebsmittel- oder Werkstoffaufwands bewirken. Gleichzeitig wirkt sich die Anpassung an den optimalen Betriebszustand auch positiv auf den Leistungs- und Qualitätsgrad der Maschine / Anlage aus, da die Anwendung zielgerichteter erfolgen kann. Neben den Leistungs- und Qualitätsverbesserungen trägt die Analyse der Nutzungsdaten vor allem dazu bei, potenzielle Störungen zu antizipieren und somit Verfügbarkeitsrisiko zu reduzieren. Erst durch die Identifikation von Mustern wird es möglich, Prognosen über zukünftige Maschinen- / Anlagenzustände zu treffen, um Gegenmaßnahmen frühzeitig einleiten zu können. Diese Funktionalität ermöglicht es wiederum, das physische Produkt rechtzeitig präventiv zu warten, sodass der Verschleiß minimiert und die Lebensdauer verlängert werden kann. Eine weitere Teilfunktion dieser Teilleistung bezieht sich auf die Identifikation des bestmöglichen Leistungssystems entsprechend den sich ändernden Bedarfen des Kunden. Mithilfe der Nutzungsdatenanalyse wird ersichtlich, welche Teilleistungen häufig genutzt werden und in dem konkreten Anwendungsfall einen tatsächlichen Mehrwert bringen oder nicht zwingend erforderlich sind. Im Laufe des Nutzungsphase kann somit das ursprüngliche Leistungssystem flexibel an die neuen Bedarfe angepasst werden.

Teilfunktionen Programmierschnittstelle: Diese Teilleistung unterstützt als technischer Enabler die datenbezogene Transparenz des Kunden, da erst die Schnittstelle den Zugriff auf die Daten sowie deren erweiterte Nutzung ermöglicht.

Teilfunktionen Alarmbenachrichtigung: Durch diese Teilleistung wird der Kunde rechtzeitig über Änderungen, bezogen auf den Maschinen- / Anlagenzustand, informiert und erhält folglich zusätzliche Transparenz, um potenzielle Störungen antizipieren zu können. Diese Warnung ermöglicht es, Instandhaltungskapazitäten frühzeitiger einzuplanen und somit das Verfügbarkeitsrisiko zu senken.

Teilfunktionen Condition-Monitoring: Aufbauend auf der Datenanalyse der anwendungsbezogenen Daten, bietet das Condition-Monitoring die Möglichkeit, den aktuellen Zustand des physischen Produkts sichtbar zu machen. Hierdurch können mögliche Abweichungen frühzeitig identifiziert, daraus resultierende Störungen antizipiert und die Lebensdauer der Maschine / Anlage verlängert werden. Durch diese zusätzliche Transparenz ist der Kunde sowohl in der Lage, Ausfälle und dadurch auch das Verfügbarkeitsrisiko zu minimieren als auch einen ineffizienten Betriebszustand zu ermitteln und somit das Qualität- und Prozessrisiko zu senken.

Teilfunktionen Predictive Maintenance: Diese Teilleistung bezieht sich auf die Informationen, die durch das Condition-Monitoring bereitgestellt werden, um Vorhersagen treffen zu können, wann Instandhaltungsmaßnahmen optimalerweise durchgeführt werden sollten. Durch eine früh- bzw. rechtzeitige Instandhaltung können ineffiziente Betriebszustände und somit höhere Werkstoffaufwände sowie unnötiger Verschleiß an den Betriebsmitteln vermieden werden. Darüber hinaus können durch prädiktive

Instandhaltungsmaßnahmen vorhersagbare Ausfälle vermieden werden, sodass das Ausfallrisiko minimiert und der Verfügbarkeitsgrad verbessert wird. Vor allem bewirken vorausschauende Instandhaltungsmaßnahmen allerdings eine Verlängerung des Produktlebenszyklus, da der Verschleiß reduziert wird und die Abnutzung demnach minimal ist.

Teilfunktionen Benchmarking: Das Benchmarking, welches datenbasiert durch den Anbieter unterstützt wird, entlastet den Kunden in seinem Arbeitsaufwand, Informationen über analoge Anwendungen zu erheben und sich anschließend zu vergleichen. Mithilfe dieser Teilleistung erhält der Kunde einen Überblick über vergleichbare Anwendungen und transferierbare Optimierungspotenziale (Best Practices), die ansonsten nur der übergreifenden Perspektive des Anbieters vorbehalten sind. Diese zusätzliche Transparenz liefert nicht nur Hinweise zur Erhöhung des Leistungsgrads, sondern auch über branchenspezifische Markttrends. Somit sind die Kunden in der Lage, Marktentwicklungen frühzeitig zu erkennen und darauf zu reagieren.

Teilfunktionen Dashboard: Diese Teilleistung bietet die effektive Möglichkeit, anwendungsbezogene Daten des Kunden übersichtlich und leicht verständlich darzustellen. Durch benutzerdefinierte Ansichten kann die Transparenz beispielsweise über Zustandsdaten benutzerspezifisch gesteuert werden, sodass alle Stakeholder nur die Informationen einsehen können, die für sie relevant sind.

Teilfunktionen Dokumentation: Eine durch den Anbieter (automatisiert) durchgeführte Dokumentation anwendungsbezogener Informationen (z. B. Einhaltung einer festgelegten Erzeugnisqualität, Durchführung regelmäßiger Wartungsarbeiten etc.) entlastet den Kunden in seinem Arbeitsaufwand und ermöglicht es ihm, stärker seine Kernprozesse zu fokussieren. Potenzielle Fehler, die im Zuge einer manuellen Dokumentation entstehen können, werden reduziert. Somit leistet die systematische Dokumentation einen Beitrag zur Senkung des Prozess- und Qualitätsrisikos. Darüber hinaus sorgt sie für eine retrospektive Transparenz, was z. B. für die Identifikation von Störungsursachen hilfreich sein kann.

Teilfunktionen Reporting: Mithilfe dieser Teilleistung wird ebenfalls ein Unterstützungsprozess des Kunden ausgelagert, wodurch sich dessen Arbeitsaufwand senkt. Aufbauend auf den dokumentierten Informationen erfüllt das Reporting die Teilfunktion, automatisiert relevante Informationen zusammenzufassen und Erkenntnisse daraus abzuleiten, was wiederum zu einer Qualitäts- und Transparenzsteigerung führt.

Teilfunktionen Internet-of-Things-Plattform: Diese Teilleistung fungiert primär als Befähiger. Durch ihre Funktionalität, unterschiedliche Intelligente Geräte in Bezug auf die Anwendung miteinander zu vernetzen, um Informationen auszutauschen, werden andere Teilleistungen dazu befähigt, diese Daten zu verarbeiten und somit neue Teilfunktionen zu realisieren. Demzufolge trägt diese Teilleistung indirekt dazu bei, den Verfügbarkeits-, Leistungs- oder Qualitätsgrad der Anwendung zu steigern und die damit verbundenen Risiken zu minimieren.

Teilfunktionen Onlinehandel: Das anbieterseitige Leistungsangebot über das Internet bzw. einen Onlinehandel ermöglicht es dem Kunden, Teilleistungen schneller und einfacher zu beziehen und dadurch seinen organisatorischen Aufwand zu senken. Dem Kunden vereinfacht dieser zusätzliche Vertriebskanal die Anpassung der bezogenen Leistungen respektive des aktiven Leistungssystems z. B. durch das Hinzubuchen / Abwählen von Softwareleistungen.

Die Zusammenhänge zwischen den Teilleistungen und den Teilfunktionen werden anschließend in der folgenden Tabelle zusammengefasst dargestellt (s. Tabelle 6-3).

Tabelle 6-3: Funktionale Zusammenhänge zwischen Softwareleistungen und Teilfunktionen

Teilfunktion	F1				F2			F3						F4				F5				F6		F7		
Teilleistung	F1.1 Arbeitsaufwand reduzieren	F1.2 Betriebsmittelaufwand reduzieren	F1.3 Werkstoffaufwand reduzieren	F1.4 Planungs- und Organisationsaufwand reduzieren	F2.1 Verfügbarkeitsgrad erhöhen	F2.2 Leistungsgrad erhöhen	F2.3 Qualitätsgrad erhöhen	F3.1 Investitionsrisiko reduzieren	F3.2 Verfügbarkeitsrisiko reduzieren	F3.3 Prozessrisiko reduzieren	F3.4 Marktrisiko reduzieren	F3.5 Qualitätsrisiko reduzieren	F3.6 Wirtschaftsrisiko reduzieren	F4.1 Kapazitäten flexibilisieren	F4.2 Leistung bedarfsgerecht abrechnen	F4.3 Kostenstruktur flexibilisieren	F4.4 Personal befähigen	F5.1 Transparenz erhöhen	F5.2 Störungen antizipieren	F5.3 Unterstützungsprozesse auslagern	F5.4 Zahlungsintervalle festlegen	F6.1 Investitionsausgaben umwandeln	F6.2 Vertriebskanäle anpassen	F7.1 Ressourcenverbrauch reduzieren	F7.2 Produktlebenszyklus verlängern	F7.3 Leistungssystem anpassen
S1 Steuerungssoftware	●						●																			
S2 Anwendungshilfe					●				●								●									
S3 Remote-Control					●				●					●						●						
S4 Auftragsverwaltungstool				●		●																				
S5 Produktionsplanungs- und -steuerungss.		●		●		●				●				●				●						●		
S6 Instandhaltungsmanagement-Softw.				●					●	●																
S7 Product-Lifecycle-Management-Softw.				●				●										●						●		●
S8 Datenaufbereitung	●	●	●		●	●	●		●	●		●			●		●	●	●	●	●			●	●	●
S9 Datenanalyse	●	●	●		●	●	●		●	●		●			●		●	●	●	●	●			●	●	●
S10 Programmierschnittstelle																	●	●								
S11 Alarmbenachrichtigung					●				●										●						●	
S12 Condition-Monitoring		●			●				●	●								●	●					●	●	
S13 Predictive Maintenance		●			●				●									●	●					●	●	
S14 Benchmarking	●					●												●								
S15 Dashboard				●														●								
S16 Dokumentation	●									●		●						●								
S17 Reporting	●						●											●		●						
S18 Internet-of-Things-Plattform	●		●		●	●	●		●	●		●			●			●	●		●			●	●	
S19 Onlinehandel																							●			●

●: Teilleistung X trägt zur Erfüllung der Teilfunktion Y bei

6.5 Erläuterung der hierarchischen Wirkungsbeziehungen zwischen Teilleistungen eines Leistungssystems

Im vorherigen Abschnitt wurde aufgezeigt, welche (Teil-)Funktionen die Teilleistungen als Element eines zusammenhängenden Leistungssystems erfüllen. Die Fähigkeit, Funktionen bzw. Teilfunktionen zu erfüllen, hängt jedoch teilweise wiederum von den Fähigkeiten anderer Teilleistungen ab, sodass gewisse Abhängigkeiten zwischen den Systemelementen bestehen. Aus diesem Grund ist es ebenso wichtig, die Interdependenzen zwischen den Teilleistungen eines Leistungssystems zu berücksichtigen (s. CORSTEN U. GÖSSINGER 2007, S. 347). So muss z. B. das physische Produkt in der Lage sein, Zustandsdaten zu erfassen und diese zu übertragen, um die Teilleistung Condition-Monitoring sinnvoll anwenden zu können.

Im Hinblick auf die Wirkungsbeziehungen wird ersichtlich, dass es Teilleistungen gibt, die mehrere Voraussetzungen – im Sinne vorangegangener Teilleistungen – erfordern und andere komplett eigenständig anwendbar sind. Entsprechend lassen sich zwischen den Teilleistungen die folgenden drei Gruppen identifizieren (vgl. LIU ET AL. 2021, S. 722) (s. Abbildung 6-26):

- *Befähiger*: Teilleistungen, die eine befähigende Wirkung haben und zwingend erforderlich sind, um die Anwendung anderer darauf aufbauender Teilleistungen zu ermöglichen.
- *Erleichterer*: Teilleistungen, die eine erleichternde Wirkung haben und die Anwendung anderer Teilleistungen vereinfachen bzw. unterstützen.
- *Empfänger*: Teilleistungen, die keinen direkten Einfluss auf andere Teilleistungen haben.

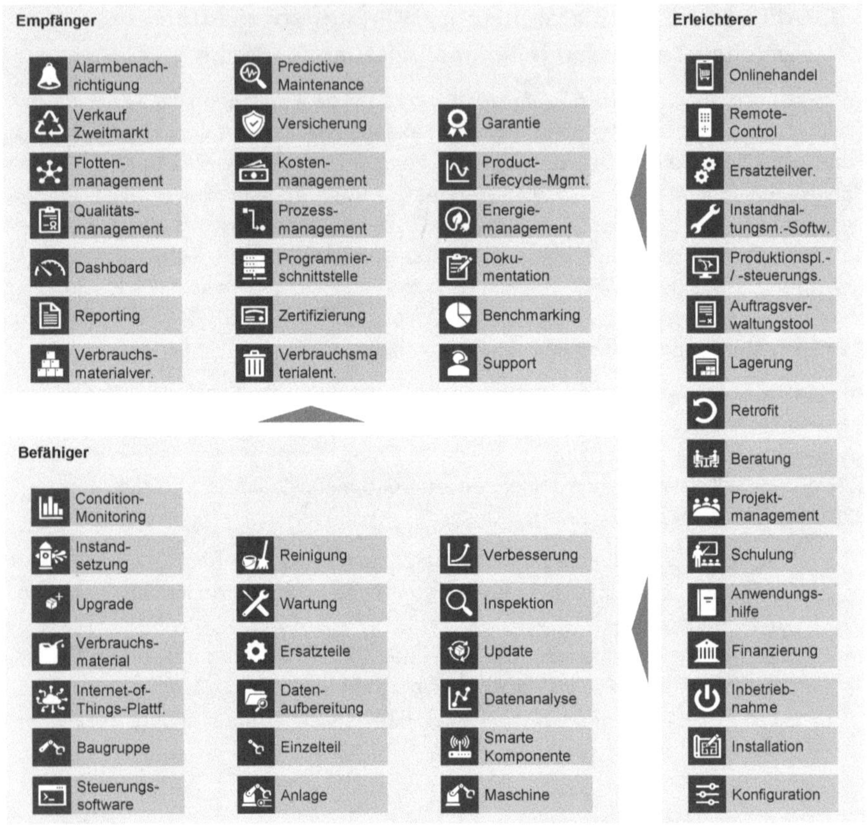

Abbildung 6-26: Gliederung der Teilleistungen entsprechend ihrer Wirkung

Die dadurch bestehenden Verbindungen zwischen den Teilleistungen lassen sich somit in zwei Kategorien unterteilen: befähigende und erleichternde Verbindungen. Eine befähigende Verbindung liegt dann vor, wenn die Funktionalität einer Teilleistung grundlegend vorhanden sein muss, um die Funktionen einer anderen Teilleistung nutzen zu können. Die erleichternde Verbindung ist dagegen nicht zwingend erforderlich und vereinfacht lediglich die Funktionserfüllung der verknüpften Teilleistung. Die Wirkungsbeziehungen sowie die hierarchische Gliederung zwischen den Teilleistungen, welche in Kapitel 6.2 identifiziert worden sind, sind im Folgenden schematisch dargestellt (s. Abbildung 6-27).

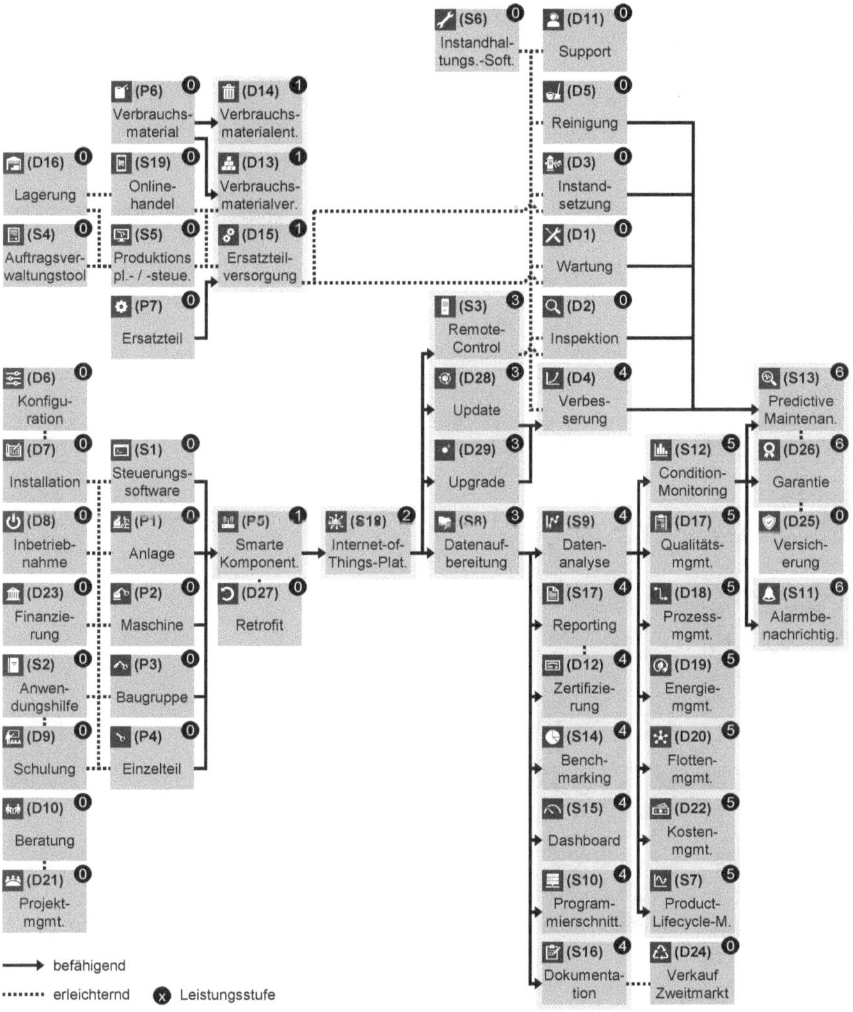

Abbildung 6-27: Hierarchische Wirkungsbeziehungen der Teilleistungen

Im Rahmen dieser Betrachtung gibt die jeweilige Leistungsstufenzahl an, wie viele befähigende bzw. leistungsbezogene Vorstufen erforderlich sind, um die betrachtete Teilleistung nutzen zu können. Teilleistungen mit einer niedrigen Zahl erfordern demzufolge weniger Vorleistungen als Teilleistungen mit einer hohen Leistungsstufenzahl (s. Anhang 5). Diese Bewertung ist relevant, um abschätzen zu können, wie einfach bzw. schnell eine Teilleistung implementiert werden kann bzw. wie viel Vorarbeit es bedarf, um diese sinnvoll anwenden zu können. Im weiteren Verlauf dieser Arbeit hilft diese Einordnung bei der Auswahl von Teilleistungen für bedarfsspezifische Leistungssysteme im Hinblick auf ihre jeweilige Umsetzungsrelevanz (s. Kapitel 7.4).

6.6 Zwischenfazit: Funktionen subskriptionsrelevanter Teilleistungen

Ziel dieses Abschnitts war die Beschreibung subskriptionsrelevanter Teilleistungen hinsichtlich ihrer Funktionen für Anwendungen im Maschinen- und Anlagenbau (s. Abbildung 6-28).

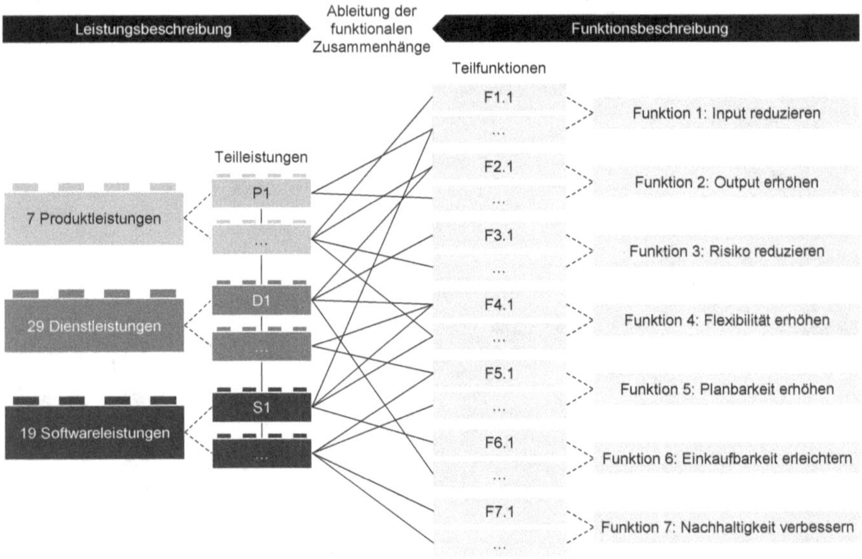

Abbildung 6-28: Schematische Darstellung zur Ableitung der funktionalen Zusammenhänge

Hierzu wurden zunächst die drei grundlegenden Leistungskategorien (Produkt-, Dienst- und Softwareleistung) beschrieben und voneinander abgegrenzt. Daraufhin wurden die aus Praxisbeispielen abgeleiteten Teilleistungen einer der drei Kategorien zugeordnet und systematisch erläutert. Insgesamt konnten 55 generalisierbare Teilleistungen (7 Produktleistungen, 29 Dienstleistungen, 19 Softwareleistungen) identifiziert und beschrieben werden. Im Anschluss wurden die Funktionen erläutert, die aus den zentralen Nutzenversprechen von Subskriptions-Geschäftsmodellen abgeleitet werden konnten. Hierfür wurden sowohl die Erkenntnisse aus den identifizierten Fallstudien als auch einer literaturbasierten Recherche genutzt. Die 7 identifizierten Kernfunktionen lauten: 1. Input reduzieren, 2. Output erhöhen, 3. Risiko reduzieren, 4. Flexibilität erhöhen, 5. Planbarkeit erhöhen, 6. Einkaufbarkeit erleichtern, 7. Nachhaltigkeit verbessern. Die einzelnen Funktionen wurden anschließend durch detailliertere Teilfunktionen erweitert, die wiederum einen Beitrag zur Erfüllung der übergeordneten Funktion liefern. Darauffolgend wurden dann – im Sinne der Leistungssystemarchitektur – die funktionalen Zusammenhänge zwischen den einzelnen Teilleistungen sowie den Teilfunktionen beschrieben und tabellarisch dargestellt. Abschließend wurden die

Wirkungsbeziehungen – innerhalb des Leistungssystems – zwischen den identifizierten Teilleistungen erläutert, um die hierarchische Wirkstruktur abbilden zu können. Aus den identifizierten Wirkungsbeziehungen konnten zuletzt die Wirkungsart sowie die hierarchischen Zusammenhänge abgeleitet werden.

Die abgeleiteten Zusammenhänge zwischen Teilleistungen und Teilfunktionen bilden im weiteren Verlauf dieser Arbeit die Grundlage für die Konzeption bedarfsspezifischer Leistungssysteme. Die Erkenntnisse, welche Teilleistungen welche Funktionen erfüllen, ermöglichen es, das Leistungssystem unter funktionalen Gesichtspunkten zusammenzustellen und demgemäß konkrete Bedarfe der Kunden zu adressieren. Im nächsten Kapitel gilt es, die Bedarfsprofile der zu Beginn identifizierten Kundentypen mit den leistungssystemseitigen Funktionen zu verknüpfen, sodass bedarfsspezifische Leistungssysteme daraus abgeleitet werden können.

7 Verknüpfung von bedarfsspezifischen Kundentypen und Subskriptionsleistungen

Aufbauend auf den Ergebnissen der vorherigen beiden Kapitel, werden im Rahmen dieses Abschnitts die Beziehungen zwischen den kundenseitigen Bedarfen auf der einen und den leistungssystembezogenen Funktionen auf der anderen Seite erläutert (s. Abbildung 7-1). Diese bedarfsorientierte Verknüpfung von Kunden- und Anbieterperspektive ermöglicht es, bedarfsspezifische Leistungssysteme zu konzeptionieren, welche den kundenseitigen Nutzen in den Mittelpunkt stellen, um eine hohe Kundenzufriedenheit zu erzielen (vgl. OSTERWALDER ET AL. 2014, S. 42).

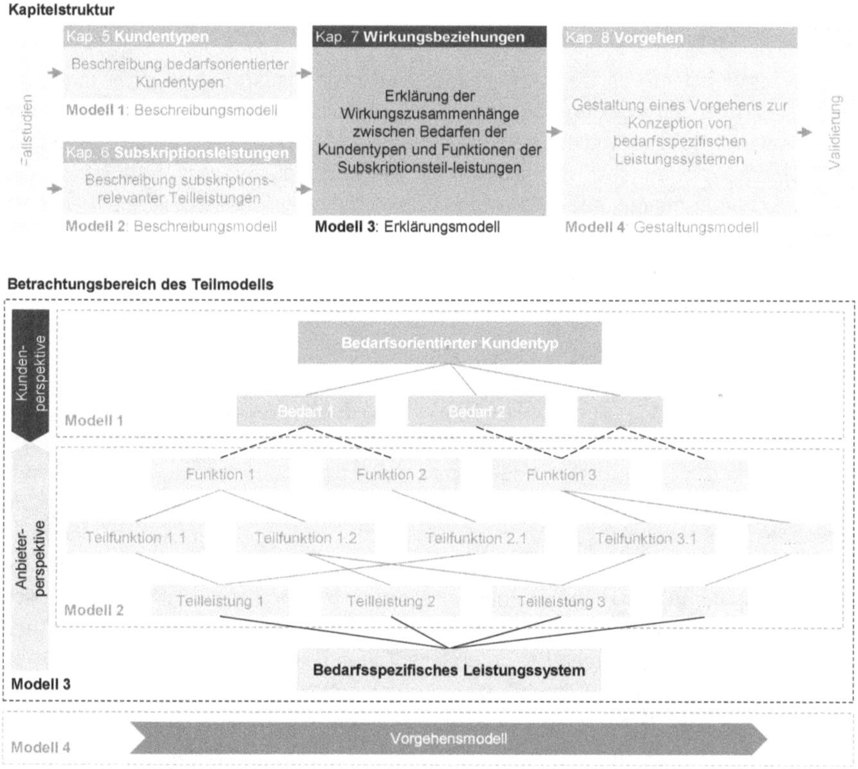

Abbildung 7-1: Drittes Teilmodell im Zusammenhang des Gesamtmodells

Zentrales Ziel dieses Kapitels ist die Beantwortung der dritten Forschungsfrage: *Welche Faktoren beeinflussen die Zuordnung von subskriptionsrelevanten Teilleistungen zu Kundenbedarfen, wie können diese klassifiziert und in eine logische Verknüpfung gebracht werden?*

Zur Beantwortung dieser Forschungsfrage werden die Grundlagen des *Quality Function Deployment* (QFD) angewandt. Hierfür werden zunächst die Anforderungen, welche sich aus den bereits beschriebenen Bedarfseigenschaften der Kundentypen ergeben, priorisiert und gewichtet (s. Kapitel 7.1). Diese Bedarfe werden daraufhin den zuvor erläuterten Funktionen bzw. Teilfunktionen in einer Korrelationsmatrix gegenübergestellt. Die daraus abgeleiteten Beziehungen verdeutlichen, wie stark die einzelnen Teilfunktionen dazu beitragen, die konkreten Bedarfe der Kundentypen zu erfüllen (s. Kapitel 7.2). Im Anschluss werden die typspezifischen Gewichtungen auf die Beziehungen projiziert, um die relativen Bedeutungen der Teilfunktionen für die jeweiligen Kundentypen zu erhalten (s. Kapitel 7.3). Basierend auf diesen Informationen werden im Anschluss die bedarfsspezifischen Leistungssysteme für die identifizierten Kundentypen konzipiert (s. Kapitel 7.4). Abschließend werden die Erkenntnisse dieses Kapitels in einem Zwischenfazit zusammengefasst (s. Kapitel 7.5).

Die Gewichtung der Bedarfselemente sowie die Bewertung der Beziehungen innerhalb der Korrelationsmatrix basieren primär auf den Einschätzungen der Industrieexperten, die im Rahmen der Fallstudienerhebung befragt wurden (s. Anhang 3). Die Befragung der Industrieexperten stellt ein valides Mittel der Informationsgewinnung dar, da alle sieben Experten mindestens zwei Jahre Praxiserfahrung in Bezug auf das Angebot von Subskriptions-Geschäftsmodellen im Maschinen- und Anlagenbau aufweisen konnten. Diese Einschätzung wurde im Rahmen der zusätzlichen Validierungsgespräche nochmals im Detail überprüft und verifiziert.

7.1 Gewichtung der Kundenbedarfe

Die Grundlage für die typenbezogene Gewichtung der Kundenbedarfe bilden die zuvor abgeleiteten Kundentypen im Subskriptionsgeschäft (s. Kapitel 1). Im Rahmen der Beschreibung bedarfsorientierter Kundentypen bildeten die bedarfsbezogenen Merkmale eines der wesentlichen Merkmale zur Charakterisierung der unterschiedlichen Kundentypen (s. Kapitel 5.2.3). Durch die Auswahl der bedarfsbezogenen Merkmale wurde jedoch ersichtlich, dass die jeweiligen Kundenbedarfe nicht eindimensional sind und aus singulären Bedarfen bestehen, sondern meist eine komplexe Struktur aufweisen, die sich aus mehreren Bedarfselementen zusammensetzt (s. CHONG U. CHEN 2010, S. 396). Die Bedeutung der unterschiedlichen Bedarfselemente ist dabei für jeden Kundentyp unterschiedlich und spiegelt seine individuellen Präferenzen wider. Um die typspezifischen Präferenzen, in Form von Bedarfsprofilen, bestmöglich abbilden zu können, werden die einzelnen Bedarfselemente typspezifisch gewichtet (s. SHRIVASTAVA 2016, S. 1367–1368). Ein Modell, welches sich für diese Bewertung besonders eignet, ist das *Kano-Modell* (s. MARITAN 2015, S. 63). Das Modell ermöglicht es, die Anforderungen und Präferenzen von Kunden zu verstehen, einzelne Systemelemente eines Angebots zu unterscheiden und ihren Einfluss auf die Kundenzufriedenheit bzw. ihre Fähigkeit zur Bedarfserfüllung zu bewerten (vgl. KANO ET AL. 1984, S. 147 ff.). Da sich das ursprüngliche Modell allerdings vorwiegend auf die Bewertung von Produktmerkmalen respektive *„product qualities"* bezieht, wird es im Rahmen dieser Arbeit hinsichtlich der Erfüllung von Kundenbedarfen leicht abgewandelt (vgl.

MARITAN 2015, S. 63–64). Entsprechend betrachtet das hier verwendete Modell nicht den Erfüllungsgrad von Basis-, Leistungs- und Begeisterungsmerkmalen eines Produkts, sondern von Basis-, Leistungs- und Begeisterungsbedarfen eines Kundentyps (s. Abbildung 7-2). Die dafür verwendeten drei Bedarfskategorien werden im Folgenden näher erläutert:

- **Basisbedarfe** bilden die grundlegenden Bedürfnisse des Kunden ab, ihre Erfüllung durch das Angebot wird vom Kunden vorausgesetzt und als selbstverständlich angesehen (s. HAMPSHIRE ET AL. 2022, S. 57). Eine Erfüllung dieser Bedarfe führt nicht zwingend zu einer höheren Kundenzufriedenheit; werden sie jedoch nicht erfüllt, kann dies zu Unzufriedenheit führen (s. COLEMAN, SR. 2015, S. 1).
- **Leistungsbedarfe** repräsentieren die zentralen Bedürfnisse des Kunden, ihre Erfüllung wirkt sich proportional auf die Zufriedenheit aus (s. ISHAK ET AL. 2020, S. 3). Je mehr Leistungsbedarfe erfüllt werden, desto höher ist die Kundenzufriedenheit; werden diese Bedarfe jedoch nicht befriedigt, führt dies zu Unzufriedenheit (s. FICALORA U. COHEN 2010, S. 48).
- **Begeisterungsbedarfe** stehen für jene Bedürfnisse, deren Erfüllung nicht erwartet wird, was somit zu einer überproportionalen Zufriedenheit führt. Da die Erfüllung nicht vorausgesetzt wird, entsteht auch keine Unzufriedenheit, sofern diese Bedürfnisse nicht erfüllt werden (s. SAUERWEIN 2000, S. 29).

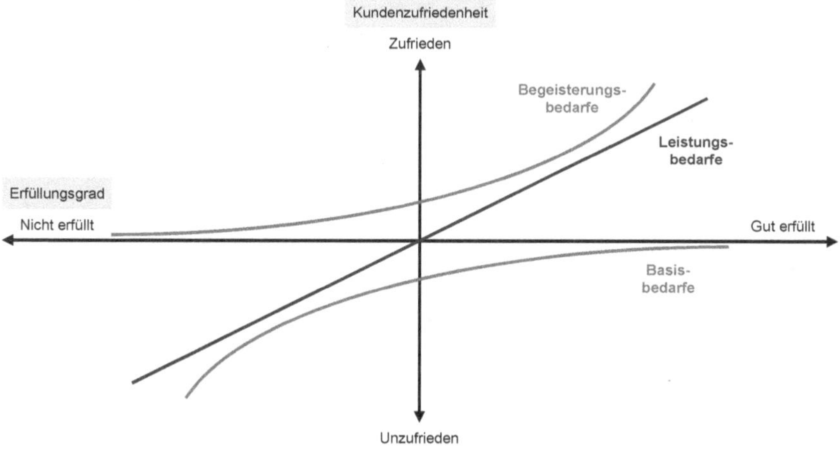

Abbildung 7-2: Adaptiertes Kano-Modell (eigene Darstellung i. A. a. SAUERWEIN 2000, S. 30)

Auf dieser Bedarfskategorisierung aufbauend, wurden im Rahmen des Forschungsprojekts *Subscription-Canvas* Unternehmen des Maschinen- und Anlagenbaus im Rahmen eines Arbeitstreffens befragt, welchen Stellenwert sie den einzelnen Bedarfselementen aus Sicht ihrer Kunden zuordnen würden. Für jeden Kundentyp konnten die einzelnen Bedarfe jeweils als Basis-, Leistungs- oder Begeisterungsbedarf bewertet werden. Sofern aus Sicht der Befragten kein explizites Interesse eines Kundentyps an einem konkreten Bedarf bestand, wurde dieser als *„nicht relevant"* bezeichnet. Basierend auf der jeweiligen Bewertung wurde den Bedarfen der entsprechende numerische Wert zugeordnet (Nicht relevant = 0, Basisbedarf = 1, Leistungsbedarf = 2 und Begeisterungsbedarf = 3). Dieser entspricht gleichzeitig der Gewichtung der Kundenbedarfe eines jeweiligen Kundentyps. Im folgenden Abschnitt sind die gemittelten Ergebnisse der Befragung tabellarisch dargestellt (s. Tabelle 7-1).

Tabelle 7-1: Typspezifische Gewichtung der Kundenbedarfe

Kundenbedarfe	Kundentypen	Typ 1 verfügbarkeitsorientiert	Typ 2 finanzierungsorientiert	Typ 3 flexibilitätsorientiert	Typ 4 lösungsorientiert	Typ 5 qualitätsorientiert	Typ 6 kostenorientiert	Typ 7 performanceorientiert
B1: Funktionsbezogene Bedarfe	Spezifikationen erfüllen	1	1	1	1	2	1	1
	Qualität erhöhen	-	-	-	2	3	-	2
B2: Sichtbarkeitsbezogene Bedarfe	Transparenz erhalten	2	-	-	-	2	2	-
	Risiko reduzieren	2	2	2	-	-	1	-
B3: Finanzbezogene Bedarfe	Umsatz erhöhen	-	-	-	2	-	-	3
	Kosten reduzieren	-	-	-	-	-	3	3
	Finanzierung erhalten	-	3	-	-	-	-	-
	Liquidität erhöhen	-	3	-	-	-	2	-
B4: Nutzungsbezogene Bedarfe	Flexibilität erhöhen	-	2	3	-	-	-	-
	Reaktionsfähigkeit erhöhen	2	-	3	-	-	-	2
	Stabilität erhalten	3	-	-	2	3	2	-
	Verfügbarkeit sicherstellen	3	-	1	-	-	-	2
B5: Aufwandsbezogene Bedarfe	Aufwand reduzieren	-	-	-	3	-	1	2
	Organisation verbessern	-	-	2	3	-	-	-
	Integration erleichtern	-	-	2	3	-	-	-
	Probleme reduzieren	2	-	-	1	-	-	-
B6: Wertbezogene Bedarfe	Reputation verbessern	-	-	-	-	2	-	-
	Innovation fördern	-	-	-	-	1	-	2
	Weiterentwicklung fördern	-	-	-	-	-	-	3
	Nachhaltigkeit erhöhen	-	-	-	-	-	-	2

1: Basisbedarf, 2: Leistungsbedarf, 3: Begeisterungsbedarf, -: kein expliziter Bedarf

Mithilfe der gewichteten Ergebnisse können typspezifische Bedarfsprofile abgeleitet werden, durch die ersichtlich wird, welche Motivation der jeweilige Kundentyp besitzt, das Subskriptionsangebot zu nutzen (s. Anhang 6). Diese Bedarfsprofile dienen wiederum als Bewertungskriterium, welches dabei unterstützt, die passenden Teilleistungen anhand des individuellen Bedarfs eines Kundentyps auszuwählen (s. HERRMANN U. HUBER 2009, S. 160–161). Konkret bilden die Bedarfsprofile einen wesentlichen Input für das folgende Modell, da sie es ermöglichen, aus der generellen

Korrelationsmatrix zwischen Kundenbedarfen und Teilleistungen typspezifische Leistungssysteme abzuleiten.

7.2 Erläuterung der Beziehungen zwischen Kundenbedarfen und leistungsbezogenen Funktionen

Aufbauend auf den zuvor beschriebenen Bedarfen der Kunden und den leistungsbezogenen Funktionen der Anbieter erfolgt im Rahmen dieses Abschnitts die logische Verknüpfung beider Seiten. Die methodische Grundlage bildet hierbei das *House of Quality*, welches als wesentliches Werkzeug im Rahmen des QFD angewendet wird (s. LAUB U. FLASHAR 2023, S. 236) (s. Abbildung 7-3). Während das zugrundeliegende Ursprungsmodell bereits im Stand der Forschung erläutert wird (s. Kapitel 3.4), bezieht sich der folgende Abschnitt auf die konkrete Anwendung im Kontext dieser Arbeit.

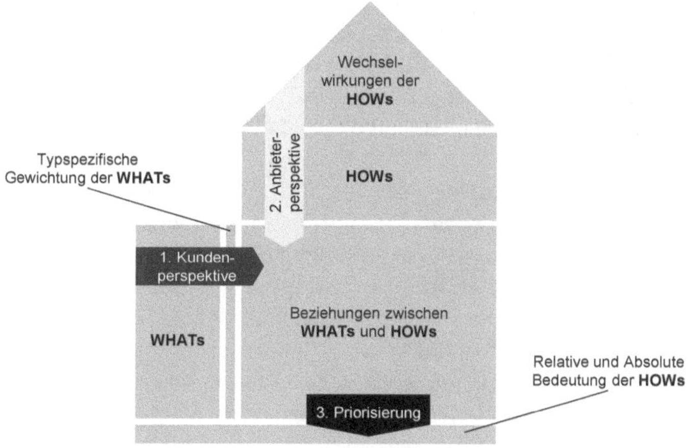

Abbildung 7-3: Wirkungsbeziehungen innerhalb des *House of Quality* (NATEE ET AL. 2016, S. 46; SAATWEBER 2011, S. 72)

Die linke Seite repräsentiert die Kundenperspektive und beinhaltet die priorisierten Kundenbedarfe bzw. was vom Kunden gefordert wird („*WHATs*“). In der Decke und im Dach des Hauses werden die Teilfunktionen der einzelnen Teilleistungen sowie deren Wechselwirkungen untereinander aufgezeigt. Die Wechselwirkungen bzw. -beziehungen geben jeweils an, inwiefern die Teilfunktionen sich gegenseitig unterstützen oder hindern. Dieser Teil stellt die Anbieterperspektive dar und zeigt an, wie die Kundenbedarfe durch den Anbieter erfüllt werden („*HOWs*“). Im Zentrum des Hauses – dem „*Wohnzimmer*“ – werden die Beziehungen zwischen den Bedarfen und den Funktionen erläutert („*Relationships between WHATs and HOWs*“) (s. NATEE ET AL. 2016, S. 46–47). Die Beziehungen zwischen den Elementen der Matrix geben an, wie stark die Teilfunktionen die jeweiligen Kundenbedarfe erfüllen (s. FICALORA U. COHEN 2010, S. 117). Sie werden auf einer logarithmischen Skala jeweils mit den Werten 0 (es besteht kein Erfüllungsgrad), 1 (es besteht ein schwacher Erfüllungsgrad), 3 (es besteht ein mittlerer Erfüllungsgrad) oder 9 (es besteht ein starker Erfüllungsgrad) bewertet (s. SAATWEBER 2011, S. 221). Diese Bewertung wird anschließend mit den typspezifischen Gewichtungen multipliziert und spaltenweise aufsummiert. Die sich daraus ergebenden Summen ermöglichen eine Priorisierung der Funktionen aus Sicht des Kunden und bilden das *„Fundament"* des *House of Quality* (s. SCHÖNHOFEN 2023, S. 85 ff.).

Die Anwendung des *House of Quality* erfolgt schrittweise. Im ersten Schritt werden die zentralen typenunabhängigen Beziehungen zwischen Kundenbedarfen und Teilfunktionen sowie die Wechselwirkungen der Teilfunktionen untereinander befüllt (s. Abbildung 7-4). Die Bewertung der Beziehungen basiert auf den Einschätzungen der Industrieexperten, die im Rahmen der Fallstudienerhebung konsultiert wurden (s. Anhang 3).

Bezogen auf die Wechselwirkungen liegt eine *stark positive* Wirkung vor, sofern sich zwei Teilfunktionen gegenseitig stark begünstigend beeinflussen, wie z. B. eine Erhöhung des Verfügbarkeitsgrads (F2.1), die automatisch zu einer Erhöhung des Leistungsgrads (F2.2) führt. Je länger sich eine Maschine / Anlage in einem fehlerfreien Zustand befindet, desto höher ist ihre mögliche Einsatzzeit und somit ihr potenzieller Output (s. KÖLSCH ET AL. 2019, S. 12). Sofern nur eine *positive* Wechselwirkung besteht, beeinflussen sich die Teilfunktionen nach wie vor gegenseitig begünstigend, jedoch zu einem geringeren Ausmaß. Ein Beispiel hierfür ist die Befähigung des Personals (F4.4) und das Antizipieren von Störungen (F5.2). Durch gezielte Trainings ist das Personal in der Lage, teilweise Abweichungen im Anwendungsprozess des physischen Produkts besser zu erkennen und somit bestimmte Störungen leichter vorauszusagen (s. BEHRENDT ET AL. 2021, S. 37 ff.). Zwischen den Teilfunktionen können jedoch auch Konflikte bestehen, sodass die Wechselwirkungen auch (*stark*) *negativ* sein können. Ein Beispiel hierfür ist die Anpassung der Vertriebskanäle (F6.2), die sich wiederum negativ auf das Prozessrisiko (F3.3) auswirken kann. Eine größere Anzahl unterschiedlicher Vertriebskanäle steigert die Komplexität und birgt somit das Risiko ineffizienter Prozesse (s. WIRTZ 2022, S. 79). Sofern sich die Teilfunktionen gegenseitig nicht beeinflussen, liegt keine Wechselwirkung vor.

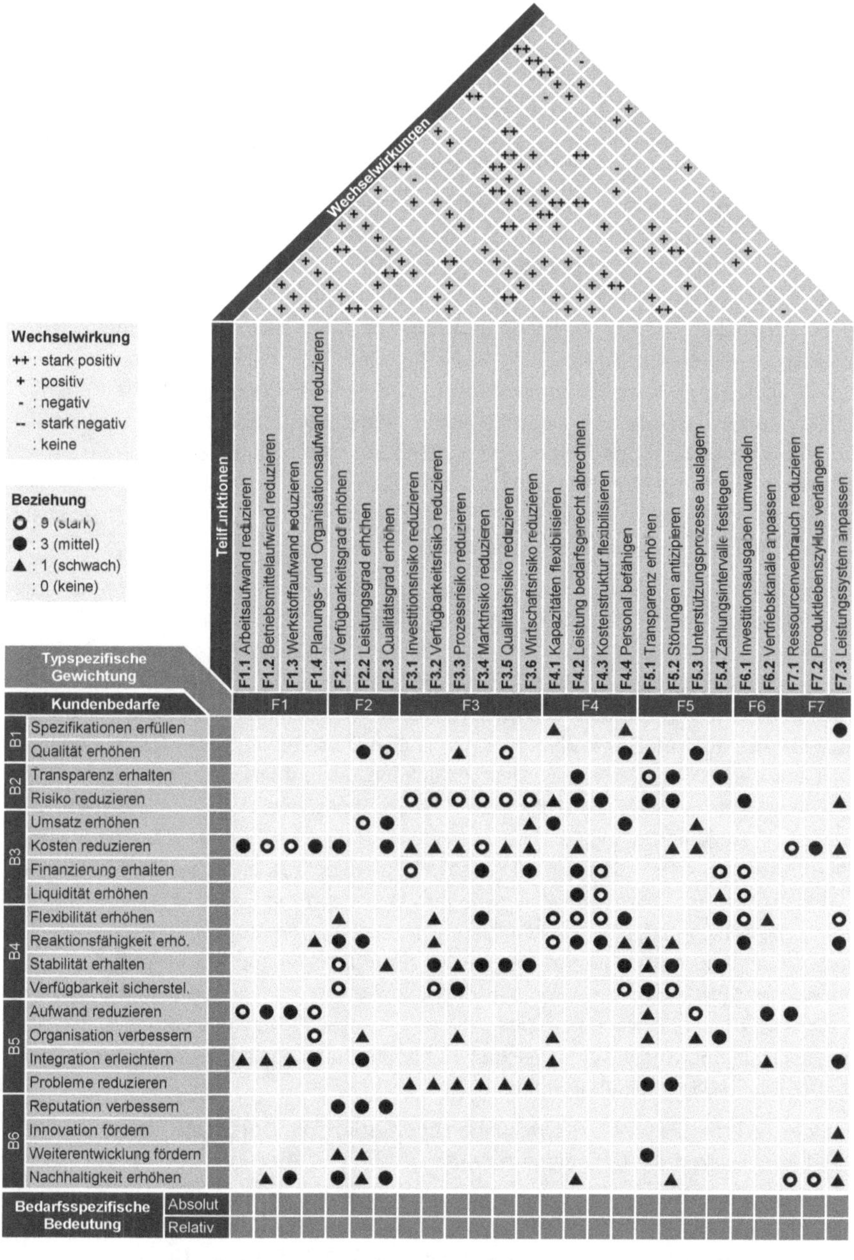

Abbildung 7-4: House of Quality (eigene Darstellung i. A. a. SCHÖNHOFEN 2023, S. 87; FICALORA U. COHEN 2010, S. 93–94)

Bezogen auf die Wechselwirkungen liegt eine *stark positive* Wirkung vor, sofern sich zwei Teilfunktionen gegenseitig stark begünstigend beeinflussen, wie z. B. eine Erhöhung des Verfügbarkeitsgrads (F2.1), die automatisch zu einer Erhöhung des Leistungsgrads (F2.2) führt. Je länger sich eine Maschine / Anlage in einem fehlerfreien Zustand befindet, desto höher ist ihre mögliche Einsatzzeit und somit ihr potenzieller Output (s. KÖLSCH ET AL. 2019, S. 12). Sofern nur eine *positive* Wechselwirkung besteht, beeinflussen sich die Teilfunktionen nach wie vor gegenseitig begünstigend, jedoch zu einem geringeren Ausmaß. Ein Beispiel hierfür ist die Befähigung des Personals (F4.4) und das Antizipieren von Störungen (F5.2). Durch gezielte Trainings ist das Personal in der Lage, teilweise Abweichungen im Anwendungsprozess des physischen Produkts besser zu erkennen und somit bestimmte Störungen leichter vorauszusagen (s. BEHRENDT ET AL. 2021, S. 37 ff.). Zwischen den Teilfunktionen können jedoch auch Konflikte bestehen, sodass die Wechselwirkungen auch (*stark*) *negativ* sein können. Ein Beispiel hierfür ist die Anpassung der Vertriebskanäle (F6.2), die sich wiederum negativ auf das Prozessrisiko (F3.3) auswirken kann. Eine größere Anzahl unterschiedlicher Vertriebskanäle steigert die Komplexität und birgt somit das Risiko ineffizienter Prozesse (s. WIRTZ 2022, S. 79). Sofern sich die Teilfunktionen gegenseitig nicht beeinflussen, liegt keine Wechselwirkung vor.

Analog zu den Wechselwirkungen innerhalb der Teilfunktionen liegt eine *starke* Beziehung zwischen einer Teilfunktion und einem Kundenbedarf vor, wenn die Teilfunktion erheblich zur Erfüllung des Kundenbedarfs beiträgt. Ein Beispiel hierfür ist die Teilfunktion Qualitätsgrad erhöhen (F2.3), die wesentlich auf den Bedarf nach einer erhöhten Qualität einzahlt. Eine Beziehung *mittlerer* Stärke besteht dann, wenn die Teilfunktion nur teilweise auf den Kundenbedarf einzahlt. Ein Beispiel für diesen Beziehungsgrad stellt die Verknüpfung zwischen der Teilfunktion Verfügbarkeitsgrad erhöhen (F2.1) und dem Bedarf Kosten reduzieren dar. Die Erhöhung des Verfügbarkeitsgrads trägt zwar zur Reduktion der Kosten bei, ist jedoch nur eine Maßnahme, die von weiteren Faktoren abhängig ist. Liegt eine *schwache* Beziehung vor, erfüllt die Teilfunktion den Kundenbedarf nur indirekt oder in geringem Umfang. Eine Beziehung dieser Art besteht z. B. zwischen der Teilfunktion *Betriebsmittelaufwand reduzieren* (F1.2) und dem Bedarf nach einer erleichterten Integration. Eine geringere Anzahl erforderlicher Betriebsmittel führt indirekt zu weniger komplexen Systemzusammenhängen und entsprechend zu einer erleichterten Integration. Falls eine Teilfunktion keinen Einfluss auf den Erfüllungsgrad eines spezifischen Kundenbedarfs besitzt, besteht keine Beziehung zwischen den beiden Elementen.

Das um die Stärke der Wechselwirkungen und Beziehungen ergänzte *House of Quality* bildet im Weiteren die Grundlage für die typbezogene Ableitung bedarfsspezifischer Leistungssysteme.

7.3 Bedarfsspezifische Bewertung der Teilfunktionen

In diesem Schritt erfolgt die typspezifische Anwendung des zuvor aufgestellten *House of Quality*. Hierfür wird zunächst für jeden Kundentyp die bedarfsspezifische

Bedeutung der einzelnen Teilfunktionen berechnet. Dieser Wert lässt wiederum auf die Relevanz der dazugehörigen Teilleistungen schließen, sodass eine bedarfsspezifische Leistungssystemkonzeption möglich wird.

Zur Berechnung der absoluten bedarfsspezifischen Bedeutung werden zunächst die – in Symbolen ausgedrückten – Beziehungen zwischen den Kundenbedarfen und den Teilfunktionen in äquivalente numerische Werte umgewandelt. Wie bereits erläutert, werden hierfür die Werte 0, 1, 3 und 9 im Sinne einer logarithmischen Skala verwendet. Sie bilden die numerischen Koeffizienten $y_{i,j}$ innerhalb der Beziehungsmatrix Y. Im nächsten Schritt kann die bedarfsspezifische Bedeutung b_j für jede Teilfunktion errechnet werden. Sie ergibt sich aus der Summe der Produkte der typspezifischen Gewichtung jedes Kundenbedarfs x_i multipliziert mit dem quantifizierten Wert der Beziehung zwischen der j-ten Teilfunktion und jedem mit ihr verbundenen Kundenbedarf. Entsprechend kann die folgende Formel abgeleitet werden:

$$b_j = \sum_{i=1}^{n} x_i \cdot y_{i,j}$$

Innerhalb der Formel entspricht x_i der typspezifischen Gewichtung des i-ten Kundenbedarfs $(i = 1, 2, \dots, n)$; $y_{i,j}$ der Beziehungsstärke zwischen dem i-ten Kundenbedarf und der j-ten Teilfunktion $(i = 1, 2, \dots, n;\ j = 1, 2, \dots, m)$; b_j der absoluten bedarfsspezifischen Bedeutung der j-ten Teilfunktion $(j = 1, 2, \dots, m)$; n der Anzahl an Kundenbedarfen (in diesem Fall 20); m der Anzahl an Teilfunktionen (in diesem Fall 26) (s. FRANCESCHINI 2002, S. 53).

Aufbauend auf dem absoluten Wert kann zusätzlich der relative Wert der bedarfsspezifischen Bedeutung errechnet werden. Er wird in Prozent angegeben und drückt den Stellenwert aus, den der entsprechende Kundentyp den einzelnen Teilfunktionen in Relation zueinander zuordnet. Mithilfe dieses zusätzlichen Werts wird ersichtlich, welche Teilfunktionen der Kundentyp priorisiert und wie das Leistungssystem entsprechend gestaltet werden sollte. Die Formel zur Berechnung der relativen bedarfsspezifischen Bedeutung b_j^* wird folgendermaßen gebildet (s. FRANCESCHINI 2002, S. 54):

$$b_j^* = \frac{b_j}{\sum_{j=1}^{m} b_j}$$

Die genannten Formeln werden im Folgenden genutzt, um die absoluten und relativen bedarfsspezifischen Bedeutungen der Teilfunktionen, aus Sicht der identifizierten Kundentypen, zu berechnen.

Verfügbarkeitsorientierter Kundentyp

Zur Sicherstellung der garantierten Verfügbarkeit seiner Maschinen / Anlagen priorisiert dieser Kundentyp eindeutig die Teilfunktionen am höchsten, die zu einer Verbesserung der Verfügbarkeit bzw. Reduktion des damit verbundenen Risikos beitragen. Darüber hinaus wird den Teilfunktionen eine hohe Priorität zugeordnet, die indirekt die Verfügbarkeit unterstützen, wie z. B. eine Erhöhung der Transparenz oder das frühzeitige Antizipieren von Störungen. Weiterhin ordnet dieser Kundentyp den Teilfunktionen eine mittlere Priorität zu, die sich mit der Reduktion indirekter Risiken befassen. Die Beherrschung jener Risiken bringt dem Kunden zusätzliche Stabilität und trägt indirekt dazu bei, Hürden zu vermeiden, die einen Einfluss auf die Maschinen- / Anlagenverfügbarkeit haben können. Auch der Teilfunktion zur Flexibilisierung der Kapazitäten wird eine mittlere Priorität bemessen, da hierdurch ebenfalls Ausfälle besser kompensiert werden können und somit die Verfügbarkeit indirekt unterstützt werden kann (s. Abbildung 7-5).

Die folgenden Abbildungen zeigen jeweils die zuvor errechnete absolute und relative Bedeutung der einzelnen Teilfunktionen aus Sicht der spezifischen Kundentypen. Anhand dieser Bewertung ist es möglich, den einzelnen Teilfunktionen einen Rang zuzuordnen und hinsichtlich der Kundentypen bzw. ihrer Bedarfe zu priorisieren.

Kundentyp
Kundentyp 1 **Verfügbarkeitsorientiert**

Teilfunktionen	Bedarfsspezifische Bedeutung			Priorisierung
	Absolut (b_j)	Relativ (b_j^*)	Rang	
F2.1 Verfügbarkeitsgrad erhöhen	60	12,1 %	1	**Priorität hoch** (Rang 1-5)
F3.2 Verfügbarkeitsrisiko reduzieren	58	11,7 %	2	
F5.2 Störungen antizipieren	56	11,3 %	3	
F5.1 Transparenz erhöhen	44	8,9 %	4	
F4.4 Personal befähigen	39	7,9 %	5	
F3.3 Prozessrisiko reduzieren	32	6,5 %	6	**Priorität mittel** (Rang 6-10)
F3.4 Marktrisiko reduzieren	29	5,8 %	7	
F3.5 Qualitätsrisiko reduzieren	29	5,8 %	7	
F3.6 Wirtschaftsrisiko reduzieren	29	5,8 %	7	
F4.1 Kapazitäten flexibilisieren	21	4,2 %	10	
F3.1 Investitionsrisiko reduzieren	20	4,0 %	11	**Priorität gering** (Rang ≥ 11)
F4.2 Leistung bedarfsgerecht abrechnen	18	3,6 %	12	
F5.4 Zahlungsintervalle festlegen	15	3,0 %	13	
F4.3 Kostenstruktur flexibilisieren	12	2,4 %	14	
F6.1 Investitionsausgaben umwandeln	12	2,4 %	14	
F7.3 Leistungssystem anpassen	11	2,2 %	16	
F2.2 Leistungsgrad erhöhen	6	1,2 %	17	
F2.3 Qualitätsgrad erhöhen	3	0,6 %	18	
F1.4 Planungs- und Organisationsaufwand reduzieren	2	0,4 %	19	
F1.1 Arbeitsaufwand reduzieren	0	0,0 %	-	**Keine Priorität**
F1.2 Betriebsmittelaufwand reduzieren	0	0,0 %	-	
F1.3 Werkstoffaufwand reduzieren	0	0,0 %	-	
F5.3 Unterstützungsprozesse auslagern	0	0,0 %	-	
F6.2 Vertriebskanäle anpassen	0	0,0 %	-	
F7.1 Ressourcenverbrauch reduzieren	0	0,0 %	-	
F7.2 Produktlebenszyklus verlängern	0	0,0 %	-	

Abbildung 7-5: Teilfunktionsbewertung des verfügbarkeitsorientierten Kundentyps

Finanzierungsorientierter Kundentyp

Für diesen Kundentyp hat die Funktionalität, Investitions- in Betriebsausgaben umzuwandeln, die mit Abstand höchste Priorität. In Kombination mit der Möglichkeit, Leistungen bedarfsgerecht abzurechnen, ermöglichen ihm diese Teilfunktionen, die Ausgaben über einen langfristigen bzw. kontinuierlichen Zeitraum zu verteilen und das Leistungssystem dadurch zu finanzieren. Eine mittlere Priorität haben dagegen die Teilfunktionen zur Reduktion unterschiedlicher Risiken, die ebenfalls durch eine Finanzierung adressiert werden (s. Abbildung 7-6).

Kundentyp

Kundentyp 2
Finanzierungsorientiert

Teilfunktionen	Bedarfsspezifische Bedeutung: Absolut (b_j)	Relativ (b_j^*)	Rang	Priorisierung
F4.3 Kostenstruktur flexibilisieren	78	16,9 %	1	**Priorität hoch** (Rang 1-5)
F6.1 Investitionsausgaben umwandeln	78	16,9 %	1	
F3.1 Investitionsrisiko reduzieren	45	9,7 %	3	
F4.2 Leistung bedarfsgerecht abrechnen	42	9,1 %	4	
F5.4 Zahlungsintervalle festlegen	36	7,8 %	5	
F3.4 Marktrisiko reduzieren	33	7,1 %	6	**Priorität mittel** (Rang 6-10)
F3.6 Wirtschaftsrisiko reduzieren	27	5,8 %	7	
F7.3 Leistungssystem anpassen	23	5,0 %	8	
F4.1 Kapazitäten flexibilisieren	21	4,5 %	9	
F3.2 Verfügbarkeitsrisiko reduzieren	20	4,3 %	10	
F3.3 Prozessrisiko reduzieren	18	3,9 %	11	**Priorität gering** (Rang ≥ 11)
F3.5 Qualitätsrisiko reduzieren	18	3,9 %	11	
F4.4 Personal befähigen	7	1,5 %	13	
F5.1 Transparenz erhöhen	6	1,3 %	14	
F5.2 Störungen antizipieren	6	1,3 %	14	
F2.1 Verfügbarkeitsgrad erhöhen	2	0,4 %	16	
F6.2 Vertriebskanäle anpassen	2	0,4 %	16	
F1.1 Arbeitsaufwand reduzieren	0	0,0 %	-	**Keine Priorität**
F1.2 Betriebsmittelaufwand reduzieren	0	0,0 %	-	
F1.3 Werkstoffaufwand reduzieren	0	0,0 %	-	
F1.4 Planungs- und Organisationsaufwand reduzieren	0	0,0 %	-	
F2.2 Leistungsgrad erhöhen	0	0,0 %	-	
F2.3 Qualitätsgrad erhöhen	0	0,0 %	-	
F5.3 Unterstützungsprozesse auslagern	0	0,0 %	-	
F7.1 Ressourcenverbrauch reduzieren	0	0,0 %	-	
F7.2 Produktlebenszyklus verlängern	0	0,0 %	-	

Abbildung 7-6: Teilfunktionsbewertung des finanzierungsorientierten Kundentyps

Flexibilitätsorientierter Kundentyp

Die Prioritäten dieses Kundentyps sind weit gestreut, sodass ein breites Bild hinsichtlich der priorisierten Teilfunktionen entsteht. Entsprechend den Erwartungen weist die Teilfunktion zur Flexibilisierung der Kapazitäten die höchste Priorität für diesen Kundentyp auf. Weiterhin sind die Teilfunktionen hochpriorisiert, die eine hohe

Verfügbarkeit sicherstellen. Die erhöhte Verfügbarkeit ermöglicht dem Kunden, bedarfsgerecht auf die Kapazitäten zugreifen zu können und somit seine Flexibilität zu erhöhen. Auch die Teilfunktion zur bedarfsgerechten Abrechnung der Leistungen gewährt dem Kunden zusätzliche Flexibilität und wird entsprechend als hoch priorisiert. Hinzukommend wird die Teilfunktion zur Anpassung des Leistungssystems als hoch priorisiert. Der Kunde ist hierdurch in der Lage, sein Leistungssystem zu verändern und somit flexibel an seine sich ändernden Bedürfnisse anzupassen. Eine mittlere Priorität wird z. B. der Teilfunktion zugeordnet, die sich mit dem Transfer von CapEx zu OpEx befasst. Durch den Wegfall der initialen Investition verringert sich die Verpflichtung des Kunden, das Leistungssystem im Hinblick auf die Amortisation nutzen zu müssen, um den angefallenen Aufwand durch Erträge ausgleichen zu können (s. Abbildung 7-7).

Kundentyp

Kundentyp 3
Flexibilitätsorientiert

Teilfunktionen	Bedarfsspezifische Bedeutung: Absolut (b_j)	Relativ (b_j^*)	Rang	Priorisierung
F4.1 Kapazitäten flexibilisieren	61	11,8 %	1	**Priorität hoch** (Rang 1-5)
F7.3 Leistungssystem anpassen	47	9,1 %	2	
F4.2 Leistung bedarfsgerecht abrechnen	42	8,1 %	3	
F4.3 Kostenstruktur flexibilisieren	42	8,1 %	3	
F6.1 Investitionsausgaben umwandeln	42	8,1 %	3	
F3.2 Verfügbarkeitsrisiko reduzieren	33	6,4 %	6	**Priorität mittel** (Rang 6-10)
F1.4 Planungs- und Organisationsaufwand reduzieren	27	5,2 %	7	
F3.4 Marktrisiko reduzieren	27	5,2 %	7	
F3.3 Prozessrisiko reduzieren	23	4,4 %	9	
F4.4 Personal befähigen	22	4,2 %	10	
F2.1 Verfügbarkeitsgrad erhöhen	21	4,1 %	11	**Priorität gering** (Rang ≥ 11)
F3.1 Investitionsrisiko reduzieren	18	3,5 %	12	
F3.5 Qualitätsrisiko reduzieren	18	3,5 %	12	
F3.6 Wirtschaftsrisiko reduzieren	18	3,5 %	12	
F5.2 Störungen antizipieren	18	3,5 %	12	
F2.2 Leistungsgrad erhöhen	17	3,3 %	16	
F5.4 Zahlungsintervalle festlegen	15	2,9 %	17	
F5.1 Transparenz erhöhen	14	2,7 %	18	
F6.2 Vertriebskanäle anpassen	5	1,0 %	19	
F1.1 Arbeitsaufwand reduzieren	2	0,4 %	20	
F1.2 Betriebsmittelaufwand reduzieren	2	0,4 %	20	
F1.3 Werkstoffaufwand reduzieren	2	0,4 %	20	
F5.3 Unterstützungsprozesse auslagern	2	0,4 %	20	
F2.3 Qualitätsgrad erhöhen	0	0,0 %	-	**Keine Priorität**
F7.1 Ressourcenverbrauch reduzieren	0	0,0 %	-	
F7.2 Produktlebenszyklus verlängern	0	0,0 %	-	

Abbildung 7-7: Teilfunktionsbewertung des flexibilitätsorientierten Kundentyps

Lösungsorientierter Kundentyp

Für den lösungsorientierten Kundentyp hat die Reduktion des planungs- und organisationsbezogenen Aufwands die höchste Priorität. Das integrierte Lösungsangebot im Rahmen eines Subscription-Geschäftsmodells ermöglicht es ihm, nicht-wertschöpfende Aufwände zu reduzieren und sich dadurch besser auf seine Kernprozesse konzentrieren zu können. Hierzu passend wird auch die Teilfunktion zur Auslagerung von Unterstützungsprozessen hoch priorisiert. Eine hohe Priorität wird zusätzlich den Teilfunktionen zugeschrieben, die sich mit der Reduktion des Arbeits-, Betriebsmittel- oder Werkstoffaufwands befassen. Durch ein integriertes Angebot werden die Einzel- und Koordinationsaufwände minimiert, sodass der Kunde nur eine einzelne Lösung erhält. Eine mittlere Priorität wird bspw. der Teilfunktion zur Reduktion des Ressourcenverbrauchs zugeordnet, da der lösungsorientierte Kundentyp maßgeblich nach Effizienz strebt und seine Ressourcen bestmöglich einsetzen möchte (s. Abbildung 7-8).

Kundentyp
Kundentyp 4 **Lösungsorientiert**

Teilfunktionen	Bedarfsspezifische Bedeutung: Absolut (b_j)	Relativ (b_j^*)	Rang	Priorisierung
F1.4 Planungs- und Organisationsaufwand reduzieren	63	16,0 %	1	**Priorität hoch** (Rang 1-5)
F5.3 Unterstützungsprozesse auslagern	38	9,6 %	2	
F2.2 Leistungsgrad erhöhen	36	9,1 %	3	
F1.1 Arbeitsaufwand reduzieren	30	7,6 %	4	
F2.3 Qualitätsgrad erhöhen	26	6,6 %	5	
F3.5 Qualitätsrisiko reduzieren	25	6,3 %	6	**Priorität mittel** (Rang 6-10)
F4.4 Personal befähigen	19	4,8 %	7	
F2.1 Verfügbarkeitsgrad erhöhen	18	4,6 %	8	
F5.4 Zahlungsintervalle festlegen	15	3,8 %	9	
F4.1 Kapazitäten flexibilisieren	13	3,3 %	10	
F5.1 Transparenz erhöhen	13	3,3 %	10	
F1.2 Betriebsmittelaufwand reduzieren	12	3,0 %	12	**Priorität gering** (Rang ≥ 11)
F1.3 Werkstoffaufwand reduzieren	12	3,0 %	12	
F6.2 Vertriebskanäle anpassen	12	3,0 %	12	
F7.3 Leistungssystem anpassen	12	3,0 %	12	
F3.6 Wirtschaftsrisiko reduzieren	9	2,3 %	16	
F5.2 Störungen antizipieren	9	2,3 %	16	
F7.1 Ressourcenverbrauch reduzieren	9	2,3 %	16	
F3.3 Prozessrisiko reduzieren	8	2,0 %	19	
F3.2 Verfügbarkeitsrisiko reduzieren	7	1,8 %	20	
F3.4 Marktrisiko reduzieren	7	1,8 %	20	
F3.1 Investitionsrisiko reduzieren	1	0,3 %	22	
F4.2 Leistung bedarfsgerecht abrechnen	0	0,0 %	-	**Keine Priorität**
F4.3 Kostenstruktur flexibilisieren	0	0,0 %	-	
F6.1 Investitionsausgaben umwandeln	0	0,0 %	-	
F7.2 Produktlebenszyklus verlängern	0	0,0 %	-	

Abbildung 7-8: Teilfunktionsbewertung des lösungsorientierten Kundentyps

Qualitätsorientierter Kundentyp

Für diesen Kundentyp stehen eindeutig die Teilfunktionen zur Erhöhung des Qualitätsgrads bzw. Reduktion des Qualitätsrisikos im Vordergrund; sie haben für ihn die höchste Priorität. Weiterhin sind für den qualitätsorientierten Kundentyp die Teilfunktionen sehr wichtig, die mit einem erhöhten Qualitätsgrad einhergehen. So unterstützt ein höherer Verfügbarkeits- und Leistungsgrad die Vermeidung von Stillstand und Ausschuss und somit indirekt den Qualitätsgrad der Anwendung. Zusätzlich wird den Teilfunktionen eine hohe Priorität beigemessen, die sich mit der Überwachung der Qualität befassen wie z. B. die Antizipation von Störungen oder die Erhöhung der Transparenz. Eine mittlere Priorität wird bspw. der Teilfunktion zur Befähigung des Personals zugeordnet, da ein höheres Qualifikationsniveau indirekt zu einer Verbesserung der Arbeitsqualität führt (s. Abbildung 7-9).

Kundentyp
Kundentyp 5 **Qualitätsorientiert**

Teilfunktionen	Bedarfsspezifische Bedeutung			Priorisierung
	Absolut (b_j)	Relativ (b_j^*)	Rang	
F2.3 Qualitätsgrad erhöhen	36	14,3 %	1	**Priorität hoch** (Rang 1-5)
F3.5 Qualitätsrisiko reduzieren	36	14,3 %	1	
F2.1 Verfügbarkeitsgrad erhöhen	33	13,1 %	3	
F5.1 Transparenz erhöhen	24	9,6 %	4	
F4.4 Personal befähigen	20	8,0 %	5	
F2.2 Leistungsgrad erhöhen	15	6,0 %	6	**Priorität mittel** (Rang 6-10)
F5.2 Störungen antizipieren	15	6,0 %	6	
F5.4 Zahlungsintervalle festlegen	15	6,0 %	6	
F3.2 Verfügbarkeitsrisiko reduzieren	9	3,6 %	9	
F3.4 Marktrisiko reduzieren	9	3,6 %	9	
F3.6 Wirtschaftsrisiko reduzieren	9	3,6 %	9	
F5.3 Unterstützungsprozesse auslagern	9	3,6 %	9	
F7.3 Leistungssystem anpassen	7	2,8 %	13	**Priorität gering** (Rang ≥ 11)
F3.3 Prozessrisiko reduzieren	6	2,4 %	14	
F4.2 Leistung bedarfsgerecht abrechnen	6	2,4 %	14	
F4.1 Kapazitäten flexibilisieren	2	0,8 %	16	
F1.1 Arbeitsaufwand reduzieren	0	0,0 %	-	**Keine Priorität**
F1.2 Betriebsmittelaufwand reduzieren	0	0,0 %	-	
F1.3 Werkstoffaufwand reduzieren	0	0,0 %	-	
F1.4 Planungs- und Organisationsaufwand reduzieren	0	0,0 %	-	
F3.1 Investitionsrisiko reduzieren	0	0,0 %	-	
F4.3 Kostenstruktur flexibilisieren	0	0,0 %	-	
F6.1 Investitionsausgaben umwandeln	0	0,0 %	-	
F6.2 Vertriebskanäle anpassen	0	0,0 %	-	
F7.1 Ressourcenverbrauch reduzieren	0	0,0 %	-	
F7.2 Produktlebenszyklus verlängern	0	0,0 %	-	

Abbildung 7-9: Teilfunktionsbewertung des qualitätsorientierten Kundentyps

Kostenorientierter Kundentyp

Die höchste Priorität haben für diesen Kundentyp die Teilfunktionen, die sich auf die Reduktion seiner (finanziellen) Aufwände beziehen. Weiterhin wird der Teilfunktion zur Erhöhung des Verfügbarkeitsgrads eine hohe Priorität zugeordnet, da Störungen tendenziell mit hohen Reparatur- und Ausfallkosten verbunden sind. Auch die Teilfunktionen, die eine mittlere Priorität besitzen, sind mit der Vermeidung von Störungen assoziiert wie z. B. das Antizipieren von Störungen oder die Erhöhung des Qualitätsgrads (s. Abbildung 7-10).

Kundentyp				
Kundentyp 6 **Kostenorientiert**				
	Bedarfsspezifische Bedeutung			
Teilfunktionen	Absolut (b_j)	Relativ (b_j^*)	Rang	**Priorisierung**
F3.4 Marktrisiko reduzieren	42	9,5 %	1	**Priorität hoch** (Rang 1-5)
F1.2 Betriebsmittelaufwand reduzieren	30	6,8 %	2	
F1.3 Werkstoffaufwand reduzieren	30	6,8 %	2	
F7.1 Ressourcenverbrauch reduzieren	30	6,8 %	2	
F2.1 Verfügbarkeitsgrad erhöhen	27	6,1 %	5	
F5.1 Transparenz erhöhen	24	5,4 %	6	**Priorität mittel** (Rang 6-10)
F4.3 Kostenstruktur flexibilisieren	21	4,8 %	7	
F6.1 Investitionsausgaben umwandeln	21	4,8 %	7	
F1.1 Arbeitsaufwand reduzieren	18	4,1 %	9	
F1.4 Planungs- und Organisationsaufwand reduzieren	18	4,1 %	9	
F3.2 Verfügbarkeitsrisiko reduzieren	18	4,1 %	9	
F3.5 Qualitätsrisiko reduzieren	18	4,1 %	9	
F3.6 Wirtschaftsrisiko reduzieren	18	4,1 %	9	
F4.2 Leistung bedarfsgerecht abrechnen	18	4,1 %	9	
F5.2 Störungen antizipieren	18	4,1 %	9	
F3.3 Prozessrisiko reduzieren	14	3,2 %	16	**Priorität gering** (Rang ≥ 11)
F5.4 Zahlungsintervalle festlegen	14	3,2 %	16	
F3.1 Investitionsrisiko reduzieren	12	2,7 %	18	
F5.3 Unterstützungsprozesse auslagern	12	2,7 %	18	
F2.3 Qualitätsgrad erhöhen	11	2,5 %	20	
F7.2 Produktlebenszyklus verlängern	9	2,0 %	21	
F4.4 Personal befähigen	7	1,6 %	22	
F7.3 Leistungssystem anpassen	7	1,6 %	22	
F6.2 Vertriebskanäle anpassen	3	0,7 %	24	
F4.1 Kapazitäten flexibilisieren	2	0,5 %	25	
F2.2 Leistungsgrad erhöhen	0	0,0 %	-	**Keine Priorität**

Abbildung 7-10: Teilfunktionsbewertung des kostenorientierten Kundentyps

Performanceorientierter Kundentyp

Auch für den performanceorientierten Kundentyp haben die Teilfunktionen zur Reduktion seiner Aufwände die höchste Priorität. Das Streben nach einer höheren Performance geht für diesen Kundentyp stark mit der Vermeidung von Kosten und der damit verbundenen Verbesserung des finanziellen Ergebnisses einher. Weiterhin wird der

Teilfunktion zur Erhöhung des Leistungsgrads eine hohe Priorität beigemessen, da sich diese positiv sowohl auf die qualitative als auch die quantitative Performance des Kunden auswirkt. Eine mittlere Priorität wird vor allem den Teilfunktionen zugeordnet, die indirekt zu einer Performancesteigerung beitragen können, wie bspw. der Auslagerung von Unterstützungsprozessen oder der Flexibilisierung von Kapazitäten (s. Abbildung 7-11).

Kundentyp
Kundentyp 7 **Performanceorientiert**

Teilfunktionen	Bedarfsspezifische Bedeutung			Priorisierung
	Absolut (b_j)	Relativ (b_j^*)	Rang	
F7.1 Ressourcenverbrauch reduzieren	51	8,3 %	1	**Priorität hoch** (Rang 1-5)
F2.2 Leistungsgrad erhöhen	44	7,2 %	2	
F2.1 Verfügbarkeitsgrad erhöhen	42	6,8 %	3	
F2.3 Qualitätsgrad erhöhen	42	6,8 %	3	
F1.3 Werkstoffaufwand reduzieren	39	6,3 %	5	
F4.4 Personal befähigen	36	5,9 %	6	**Priorität mittel** (Rang 6-10)
F1.2 Betriebsmittelaufwand reduzieren	35	5,7 %	7	
F5.3 Unterstützungsprozesse auslagern	30	4,9 %	8	
F1.4 Planungs- und Organisationsaufwand reduzieren	29	4,7 %	9	
F4.1 Kapazitäten flexibilisieren	28	4,6 %	10	
F1.1 Arbeitsaufwand reduzieren	27	4,4 %	11	**Priorität gering** (Rang ≥ 11)
F3.4 Marktrisiko reduzieren	27	4,4 %	11	
F7.2 Produktlebenszyklus verlängern	27	4,4 %	11	
F5.2 Störungen antizipieren	25	4,1 %	14	
F3.2 Verfügbarkeitsrisiko reduzieren	23	3,7 %	15	
F3.5 Qualitätsrisiko reduzieren	21	3,4 %	16	
F5.1 Transparenz erhöhen	21	3,4 %	16	
F7.3 Leistungssystem anpassen	19	3,1 %	18	
F3.3 Prozessrisiko reduzieren	11	1,8 %	19	
F4.2 Leistung bedarfsgerecht abrechnen	11	1,8 %	19	
F3.6 Wirtschaftsrisiko reduzieren	6	1,0 %	21	
F4.3 Kostenstruktur flexibilisieren	6	1,0 %	21	
F6.1 Investitionsausgaben umwandeln	6	1,0 %	21	
F6.2 Vertriebskanäle anpassen	6	1,0 %	21	
F3.1 Investitionsrisiko reduzieren	3	0,5 %	25	
F5.4 Zahlungsintervalle festlegen	0	0,0 %	-	**Keine Priorität**

Abbildung 7-11: Teilfunktionsbewertung des performanceorientierten Kundentyps

7.4 Ableitung bedarfsspezifischer Leistungssysteme

Aufbauend auf den errechneten bedarfsspezifischen Priorisierungen der Teilfunktionen sowie der Beschreibung der funktionalen Zusammenhänge zwischen diesen Teilfunktionen und den Teilleistungen (s. Kapitel 6.4) können im folgenden Schritt die entsprechenden bedarfsspezifischen Leistungssysteme abgeleitet werden. Innerhalb dieser Dissertationsschrift erfolgt der Aufbau der Leistungssysteme in zwei Dimensionen, die zur Beurteilung des *„Fit"* bzw. der Eignung, die geforderten Funktionalitäten zu erfüllen, dienen (vgl. OSTERWALDER ET AL. 2014, S. 42 ff.). Die erste Dimension bezieht sich auf die Leistungsstufe und gibt an, zu welcher Leistungsstufe eine Teilleistung gehört. Durch diese Einordnung wird ersichtlich, wie viele befähigende bzw. leistungsbezogene Vorstufen erforderlich sind, um die betrachtete Teilleistung realisieren zu können (s. Kapitel 6.5). Teilleistungen einer niedrigeren Stufe erfordern demnach weniger Vorleistungen als Teilleistungen einer höheren Stufe und können einfacher und schneller umgesetzt werden. Die zweite Dimension orientiert sich dagegen an der bedarfsspezifischen Bedeutung für den jeweiligen Kundentyp. Teilleistungen, die auf Teilfunktionen mit einer hohen Bedeutung einzahlen, sind demnach attraktiver als jene, die auf Teilfunktionen mit einer geringeren Bedeutung einzahlen. Gemäß diesen zwei Dimensionen ergeben sich drei konkrete Fokusbereiche innerhalb der Leistungssysteme: *Fokusbereich I* hat die höchste Umsetzungsrelevanz und sollte zuerst betrachtet werden, da sich hier die Teilleistungen einer tendenziell niedrigeren Leistungsstufe mit einer hohen bedarfsspezifischen Bedeutung befinden. Analog haben die sich in *Fokusbereich II* befindenden Teilleistungen nur eine mittlere Umsetzungsrelevanz und sollten als zweites in der Umsetzung berücksichtigt werden. Die Teilleistungen in *Fokusbereich III*, haben dagegen nur eine niedrige Umsetzungsrelevanz. Sie sollten als letztes berücksichtigt werden und sind als optional zu betrachten.

Das folgende Abbildungsschema unterstützt bei der Darstellung der genannten drei Fokusbereiche (s. Abbildung 7-12). Aufbauend auf der Einordnung der Teilleistungen gemäß ihrer Leistungsstufe und ihrer bedarfsspezifischen Bedeutung dient das Schema als Grundlage zur Ableitung der bedarfsspezifischen Leistungssystemkonzepte.

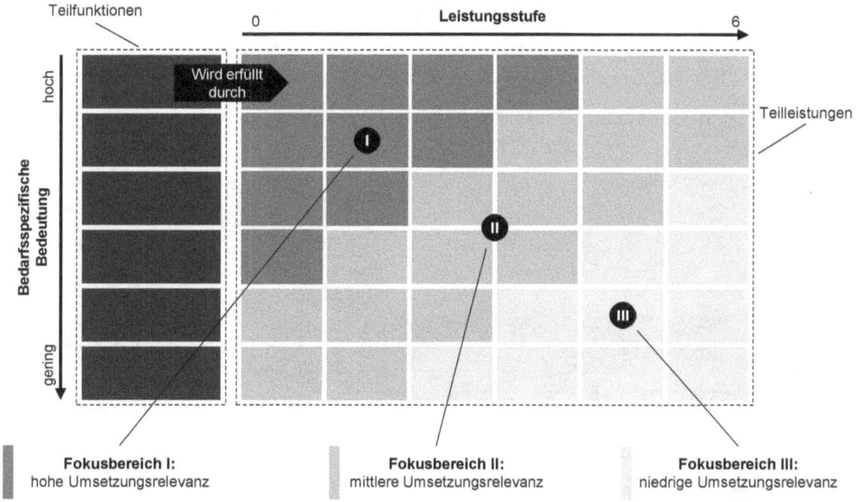

Abbildung 7-12: Fokusbereiche innerhalb der konzipierten Leistungssysteme

Die vollständig abgeleiteten bedarfsspezifischen Leistungssystemkonzepte sind dem Anhang zu entnehmen (s. Anhang 7–13). Sie bilden die Basis für die folgenden Leistungssystemempfehlungen und geben darüber Auskunft, welche Teilleistungen aus Sicht der Kunden eine höhere Umsetzungsrelevanz haben, einfacher umzusetzen sind und folglich im Rahmen eines Subskriptions-Angebots höher priorisiert bzw. zuerst adressiert werden sollten.

Die in den berechneten Leistungssystemkonzepten enthaltenen Teilleistungen wurden im Rahmen der Validierungsgespräche noch einmal auf ihre Praxisrelevanz geprüft und werden im Folgenden zusammengefasst je Kundentyp dargestellt. Zur verbesserten Anwendbarkeit in der Praxis fokussiert die Leistungssystemempfehlung nur die fünf relevantesten Teilfunktionen aus Sicht der jeweiligen Kundentypen. Die jeweiligen Empfehlungen geben an, welcher Leistungsstufe die enthaltenen Teilleistungen zuzuordnen sind und auf welche Teilfunktionen sie konkret einzahlen. Es ist anzumerken, dass die Gestaltungsempfehlungen für die einzelnen bedarfsspezifischen Leistungssysteme primär als Grundlage zu verstehen sind und im Rahmen der Praxisanwendung eine anwendungsfallspezifische Prüfung erfordern. Konkret ist zu untersuchen, ob alle Teilleistungen in diesem Anwendungskontext Sinn ergeben oder gar zusätzliche Teilleistungen erforderlich sind, um die Bedarfe der Kunden zu erfüllen. Zum Abschluss werden im Folgenden die Leistungssystemempfehlungen bedarfsspezifisch dargestellt.

7.4.1 Verfügbarkeitsorientierter Kundentyp

Der verfügbarkeitsorientierte Kundentyp erfordert ein Leistungssystem, welches eine hohe Verfügbarkeit des adressierten physischen Produkts ermöglicht (s. Tabelle 7-2). Zentrale Komponenten dieses Leistungssystems sind vollumfängliche Dienstleistungen der Instandhaltung sowie eine umfassende datenbasierte Überwachung des Zustands zur Ableitung vorausschauender Instandhaltungsmaßnahmen.

Tabelle 7-2: Leistungssystemempfehlung für den verfügbarkeitsorientierten Kundentyp

Kundentyp 1
Verfügbarkeitsorientiert

#	Teilleistung	Leistungsstufe	Top 5 Teilfunktionen des Kundentyps: **F2.1** Verfügbarkeitsgrad erhöhen	**F3.2** Verfügbarkeitsrisiko reduzieren	**F5.2** Störungen antizipieren	**F5.1** Transparenz erhöhen	**F4.4** Personal befähigen
Produktleistungen							
P7	Ersatzteil	0	■	■			
P5	Smarte Komponente	1	■	■	■	■	
Dienstleistungen							
D1	Wartung	0	■	■	■		
D2	Inspektion	0	■	■	■	■	
D3	Instandsetzung	0	■	■			
D5	Reinigung	0	■	■	■		
D9	Schulung	0			■		■
D10	Beratung	0					■
D11	Support	0	■	■			■

D15	Ersatzteilversorgung	1	■	■			
D26	Garantie	6		■			
Softwareleistungen							
S2	Anwendungshilfe	0	■	■			■
S5	Produktionsplanungs- und -steuerungssystem	0				■	
S6	Instandhaltungsmanagement-Software	0		■			
S18	Internet of Things	2	■	■	■	■	
S3	Remote-Control	3	■	■			
S8	Datenaufbereitung	3	■	■	■	■	■
S9	Datenanalyse	4	■	■	■	■	■
S10	Programmierschnittstelle	4				■	■
S14	Benchmarking	4				■	
S15	Dashboard	4				■	
S16	Dokumentation	4				■	
S17	Reporting	4				■	
S7	Product-Lifecycle-Management-Software	5				■	
S12	Condition-Monitoring	5	■	■	■	■	
S11	Alarmbenachrichtigung	6	■	■	■		
S13	Predictive Maintenance	6	■	■	■	■	

■	
Teilleistung trägt zur Erfüllung der Teilfunktion bei	Teilleistung trägt nicht zur Erfüllung der Teilfunktion bei

7.4.2 Finanzierungsorientierter Kundentyp

Der finanzierungsorientierte Kundentyp bedarf eines Leistungssystems, das die Finanzierung des physischen Produkts respektive die Umwandlung der einmaligen Investitions- in zyklische Betriebsausgaben ermöglicht (s. Tabelle 7-3). Unterstützt wird dies durch eine bedarfsgerechte Abrechnung der in Anspruch genommenen Leistungen.

Tabelle 7-3: Leistungssystemempfehlung für den finanzierungsorientierten Kundentyp

Kundentyp 2

Finanzierungsorientiert

			Top 5 Teilfunktionen des Kundentyps				
#	**Teilleistung**	**Leistungsstufe**	**F4.3** Kostenstruktur flexibilisieren	**F6.1** Investitionsausgaben umwandeln	**F3.1** Investitionsrisiko reduzieren	**F4.2** Leistung bedarfsgerecht abrechnen	**F5.4** Zahlungsintervalle festlegen
Produktleistungen							
P5	Smarte Komponente	1				■	■
Dienstleistung							
D10	Beratung	0			■		
D23	Finanzierung	0	■	■	■	■	■
D25	Versicherung	0			■		
D22	Kostenmanagement	5			■		
Softwareleistung							
S18	Internet of Things	2				■	■
S8	Datenaufbereitung	3				■	■
S9	Datenanalyse	4				■	■
S7	Product-Lifecycle-Management-Software	5			■		

■	
Teilleistung trägt zur Erfüllung der Teilfunktion bei	Teilleistung trägt nicht zur Erfüllung der Teilfunktion bei

7.4.3 Flexibilitätsorientierter Kundentyp

Der flexibilitätsorientierte Kundentyp benötigt ein Leistungssystem, welches ihm die größtmögliche Freiheit in der Nutzung seiner Anwendungskapazitäten bietet (s.

Tabelle 7-4). Unterstützt wird dies einerseits durch Tools zur Steigerung der operativen Flexibilität und andererseits durch die Möglichkeit, das in Anspruch genommene Leistungssystem bedarfsgerecht anzupassen.

Tabelle 7-4: Leistungssystemempfehlung für den flexibilitätsorientierten Kundentyp

Kundentyp 3
Flexibilitätsorientiert

			Top 5 Teilfunktionen des Kundentyps				
#	Teilleistung	Leistungsstufe	F4.1 Kapazitäten flexibilisieren	F7.3 Leistungssystem anpassen	F4.3 Kostenstruktur flexibilisieren	F6.1 Investitionsausgaben umwandeln	F4.2 Leistung bedarfsgerecht abrechnen
Produktleistungen							
P5	Smarte Komponente	1		■			■
Dienstleistungen							
D10	Beratung	0		■			
D21	Projektmanagement	0	■				
D23	Finanzierung	0			■	■	■
D27	Retrofit	0		■			
D28	Update	3		■			
D29	Upgrade	3		■			
D18	Prozessmanagement	5	■				
D20	Flottenmanagement	5	■				
Softwareleistungen							
S5	Produktionsplanungs- und -steuerungssystem	0	■				
S19	Onlinehandel	0		■			
S18	Internet-of-Things-Plattform	2					■
S3	Remote-Control	3	■				
S8	Datenaufbereitung	3		■			■
S9	Datenanalyse	4		■			■
S7	Product-Lifecycle-Management-Software	5		■			

■ Teilleistung trägt zur Erfüllung der Teilfunktion bei	Teilleistung trägt nicht zur Erfüllung der Teilfunktion bei

7.4.4 Lösungsorientierter Kundentyp

Der lösungsorientierte Kundentyp erfordert ein umfassendes Leistungssystem, bei dem die Reduktion seines Aufwands im Vordergrund steht (s.Tabelle 7-5). Neben der Bereitstellung des physischen Produkts sowie der Verbrauchsmaterialien übernimmt der Anbieter alle relevanten Unterstützungsleistungen, die zur Anwendung erforderlich sind. Ergänzende Softwareleistungen bieten dem Kunden darüber hinaus die Möglichkeit, den Produktivitätszustand zu kontrollieren.

Tabelle 7-5: Leistungssystemempfehlung für den lösungsorientierten Kundentyp

Kundentyp 4
Lösungsorientiert

#	Teilleistung	Leistungsstufe	Top 5 Teilfunktionen des Kundentyps: **F1.4** Planungs- und Organisationsaufwand reduzieren	**F5.3** Unterstützungsprozesse auslagern	**F2.2** Leistungsgrad erhöhen	**F1.1** Arbeitsaufwand reduzieren	**F2.3** Qualitätsgrad erhöhen
Produktleistungen							
P1	Anlage	0				■	■
P2	Maschine	0				■	■
P3	Baugruppe	0				■	■
P4	Einzelteil	0				■	■
P6	Verbrauchsmaterial	0					■
P7	Ersatzteil	0					■
P5	Smarte Komponente	1			■	■	■
Dienstleistungen							
D1	Wartung	0		■		■	■
D2	Inspektion	0		■		■	■
D3	Instandsetzung	0		■		■	
D5	Reinigung	0		■		■	■
D6	Konfiguration	0			■		
D7	Installation	0		■			
D8	Inbetriebnahme	0		■		■	
D9	Schulung	0			■		■
D10	Beratung	0			■	■	■
D16	Lagerung	0	■	■			
D21	Projektmanagement	0	■	■	■	■	
D23	Finanzierung	0		■			
D13	Verbrauchsmaterialversorgung	1	■	■		■	
D14	Verbrauchsmaterialentsorgung	1		■		■	
D15	Ersatzteilversorgung	1	■	■		■	
D28	Updates	3			■	■	■
D29	Upgrades	3			■	■	■
D4	Verbesserung	4					■
D12	Zertifizierung	4		■		■	
D17	Qualitätsmanagement	5	■	■		■	■
D18	Prozessmanagement	5	■	■	■	■	■
D19	Energiemanagement	5	■	■			
D20	Flottenmanagement	5	■	■			
D22	Kostenmanagement	5	■	■			
Softwareleistungen							
S1	Steuerungssoftware	0				■	■
S4	Auftragsverwaltungstool	0	■		■		
S5	Produktionsplanungs- und -steuerungssystem	0	■		■		
S6	Instandhaltungsmanagement-Software	0	■				
S18	Internet-of-Things-Plattform	2			■	■	■
S3	Remote-Control	3		■			
S8	Datenaufbereitung	3		■	■	■	■
S9	Datenanalyse	4		■	■	■	■
S14	Benchmarking	4			■	■	
S15	Dashboard	4	■				
S16	Dokumentation	4				■	
S17	Reporting	4		■		■	■
S7	Product-Lifecycle-Management-Software	5	■				

Teilleistung trägt zur Erfüllung der Teilfunktion bei	Teilleistung trägt nicht zur Erfüllung der Teilfunktion bei

7.4.5 Qualitätsorientierter Kundentyp

Der qualitätsorientierte Kundentyp benötigt ein Leistungssystem, welches sicherstellt, die bestehende Qualität im Rahmen der Anwendung zu erhalten bzw. Abweichung früh zu erkennen und die Qualität zukünftig sogar zu verbessern (s. Tabelle 7-6). Neben den zentralen Produktleistungen, die einen Einfluss auf die Qualität haben (z. B. Maschine oder Verbrauchsmaterial), sind ergänzende Dienst- und Softwareleistungen mit Fokus auf der Identifikation möglicher Probleme sowie der Befähigung des Kunden zur Verbesserung seiner Qualität enthalten.

Tabelle 7-6: Leistungssystemempfehlung für den qualitätsorientierten Kundentyp

Kundentyp 5
Qualitätsorientiert

#	Teilleistung	Leistungsstufe	Top 5 Teilfunktionen des Kundentyps: F2.3 Qualitätsgrad erhöhen	F3.5 Qualitätsrisiko reduzieren	F2.1 Verfügbarkeitsgrad erhöhen	F5.1 Transparenz erhöhen	F4.4 Personal befähigen
Produktleistungen							
P1	Anlage	0	■				
P2	Maschine	0	■				
P3	Baugruppe	0	■				
P4	Einzelteil	0	■				
P6	Verbrauchsmaterial	0	■	■			
P7	Ersatzteil	0	■	■	■		
P5	Smarte Komponente	1	■	■	■	■	
Dienstleistungen							
D1	Wartung	0	■	■	■		
D2	Inspektion	0	■	■	■	■	
D3	Instandsetzung	0		■	■		
D5	Reinigung	0	■	■	■		
D7	Installation	0		■			
D8	Inbetriebnahme	0		■			
D9	Schulung	0	■	■			■
D10	Beratung	0	■				■
D11	Support	0			■		■
D25	Versicherung	0		■			
D15	Ersatzteilversorgung	1			■		
D28	Update	3	■				
D29	Upgrade	3	■				
D4	Verbesserung	4	■				
D17	Qualitätsmanagement	5	■	■			
D18	Prozessmanagement	5	■	■			
Softwareleistungen							
S1	Steuerungssoftware	0	■				
S2	Anwendungshilfe	0			■		■
S5	Produktionsplanungs- und -steuerungssystem	0				■	
S18	Internet-of-Things-Plattform	2	■	■	■	■	
S3	Remote-Control	3			■		
S8	Datenaufbereitung	3	■	■	■	■	■
S9	Datenanalyse	4	■	■	■	■	■
S10	Programmierschnittstelle	4				■	■
S14	Benchmarking	4				■	
S15	Dashboard	4				■	
S16	Dokumentation	4		■		■	
S17	Reporting	4	■			■	
S7	Product-Lifecycle-Management-Software	5				■	

S12	Condition-Monitoring	5			■	■	
S11	Alarmbenachrichtigung	6			■		
S13	Predictive Maintenance	6			■	■	

■ Teilleistung trägt zur Erfüllung der Teilfunktion bei	Teilleistung trägt nicht zur Erfüllung der Teilfunktion bei

7.4.6 Kostenorientierter Kundentyp

Der kostenorientierte Kundentyp bedarf eines Leistungssystems, welches darauf ausgerichtet ist, die entstehenden Aufwände zu reduzieren oder sie zumindest konstant zu halten (s. Tabelle 7-7). Grundlage hierfür bieten Kontrollwerkzeuge, die Transparenz über bestehende Kosten und deren -treiber liefern, ein physisches Produkt, welches auf einen effizienten Ressourceneinsatz ausgelegt ist und Teilleistungen, die bei der Vermeidung von Ausfallkosten helfen.

Tabelle 7-7: Leistungssystemempfehlung für den kostenorientierten Kundentyp

Kundentyp 6
Kostenorientiert

#	Teilleistung	Leistungsstufe	Top 5 Teilfunktionen des Kundentyps: **F3.4** Marktrisiko reduzieren	**F1.2** Betriebsmittelaufwand reduzieren	**F1.3** Werkstoffaufwand reduzieren	**F7.1** Ressourcenverbrauch reduzieren	**F2.1** Verfügbarkeitsgrad erhöhen
Produktleistungen							
P1	Anlage	0		■	■	■	
P2	Maschine	0		■	■	■	
P3	Baugruppe	0		■	■	■	
P4	Einzelteil	0		■	■	■	
P6	Verbrauchsmaterial	0			■	■	
P7	Ersatzteil	0			■	■	■
P5	Smarte Komponente	1		■	■	■	■
Dienstleistungen							
D1	Wartung	0		■		■	■
D2	Inspektion	0		■		■	■
D3	Instandsetzung	0		■		■	■
D5	Reinigung	0		■		■	■
D10	Beratung	0	■				
D11	Support	0					■
D21	Projektmanagement	0	■			■	
D25	Versicherung	0	■				
D27	Retrofit	0		■			
D13	Verbrauchsmaterialversorgung	1			■	■	
D15	Ersatzteilversorgung	1			■	■	■
D28	Update	3			■	■	
D29	Upgrade	3			■	■	
D18	Prozessmanagement	5		■	■	■	
D19	Energiemanagement	5	■		■	■	
D22	Kostenmanagement	5	■				
Softwareleistungen							
S2	Anwendungshilfe	0					■
S5	Produktionsplanungs- und -steuerungssystem	0		■		■	
S18	Internet-of-Things-Plattform	2			■	■	■
S3	Remote-Control	3					■
S8	Datenaufbereitung	3		■	■	■	■
S9	Datenanalyse	4		■	■	■	■
S7	Product-Lifecycle-Management-Software	5				■	
S12	Condition-Monitoring	5		■		■	■

S13	Predictive Maintenance	6		■		■	■
S11	Alarmbenachrichtigung	6					■

■ Teilleistung trägt zur Erfüllung der Teilfunktion bei	Teilleistung trägt nicht zur Erfüllung der Teilfunktion bei

7.4.7 Performanceorientierter Kundentyp

Der performanceorientierte Kundentyp bedarf eines Leistungssystems, welches sein Streben nach einer kontinuierlichen Verbesserung im Hinblick auf den Leistungs-, Verfügbarkeits- und Qualitätsgrad ermöglicht (s. Tabelle 7-8). Unterstützt wird dieser Bedarf durch Teilleistungen, die auf eine Reduktion der Aufwände abzielen.

Tabelle 7-8: Leistungssystemempfehlung für den performanceorientierten Kundentyp

Kundentyp 7 Performanceorientiert			**Top 5 Teilfunktionen des Kundentyps**				
#	**Teilleistung**	**Leistungsstufe**	**F7.1** Ressourcenverbrauch reduzieren	**F2.2** Leistungsgrad erhöhen	**F2.1** Verfügbarkeitsgrad erhöhen	**F2.3** Qualitätsgrad erhöhen	**F1.3** Werkstoffaufwand reduzieren
Produktleistungen							
P1	Anlage	0	■			■	■
P2	Maschine	0	■			■	■
P3	Baugruppe	0	■			■	■
P4	Einzelteil	0	■			■	■
P6	Verbrauchsmaterial	0	■			■	■
P7	Ersatzteil	0	■		■	■	■
P5	Smarte Komponente	1	■	■	■	■	■
Dienstleistungen							
D1	Wartung	0	■		■	■	
D2	Inspektion	0	■		■	■	
D3	Instandsetzung	0	■		■		
D5	Reinigung	0	■		■	■	
D6	Konfiguration	0		■	■		
D9	Schulung	0		■		■	
D10	Beratung	0		■		■	
D11	Support	0			■		
D21	Projektmanagement	0	■	■			
D13	Verbrauchsmaterialversorgung	1	■				■
D15	Ersatzteilversorgung	1	■		■		■
D28	Update	3	■	■		■	■
D29	Upgrade	3	■	■		■	■
D4	Verbesserung	4				■	
D17	Qualitätsmanagement	5				■	
D18	Prozessmanagement	5	■			■	■
D19	Energiemanagement	5	■				■
Softwareleistungen							
S1	Steuerungssoftware	0				■	
S2	Anwendungshilfe	0			■		
S4	Auftragsverwaltungstool	0		■			
S5	Produktionsplanungs- und -steuerungssystem	0	■	■			
S18	Internet-of-Things-Plattform	2	■	■	■	■	■
S3	Remote-Control	3			■		
S8	Datenaufbereitung	3	■	■	■	■	■
S9	Datenanalyse	4	■	■	■	■	■
S14	Benchmarking	4		■			
S17	Reporting	4				■	

S7	Product-Lifecycle-Management-Software	5	■				
S12	Condition-Monitoring	5	■		■		
S11	Alarmbenachrichtigung	6			■		
S13	Predictive Maintenance	6	■		■		

Teilleistung trägt zur Erfüllung der Teilfunktion bei	Teilleistung trägt nicht zur Erfüllung der Teilfunktion bei

7.5 Zwischenfazit: Bedarfsspezifische Leistungssysteme

Ziel dieses Kapitels war die Ableitung bedarfsspezifischer Leistungssysteme für Subskriptions-Geschäftsmodelle im Maschinen- und Anlagenbau. Hierfür wurden zunächst die aus den Kundentypen abgeleiteten Bedarfe den drei Bedarfskategorien (Basisbedarf, Leistungsbedarf, Begeisterungsbedarf) zugeordnet. Basierend auf der Zuordnung wurden die Kundenbedarfe numerisch gewichtet. Anschließend wurde das *House of Quality* aufgestellt, welches das maßgebliche Bindeglied zwischen den kundenseitigen Bedarfen und den leistungssystembezogenen Funktionen bildet. Innerhalb des *House of Quality* wurden die Beziehungen zwischen den Kundenbedarfen und den Teilfunktionen sowie den Teilfunktionen untereinander erläutert und bewertet. Die bewerteten Beziehungen wurden daraufhin mit den gewichteten Kundenbedarfen verknüpft, sodass typspezifische Präferenzen im Hinblick auf die zu erfüllenden Teilfunktionen identifiziert werden konnten. Diese Präferenzen wurden infolgedessen genutzt, um eine typspezifische Priorisierung der Teilfunktionen vorzunehmen. Im Anschluss wurden basierend auf den Priorisierungen sowie den funktionalen Zusammenhängen zu den Teilleistungen typspezifische Leistungssystemkonzepte erstellt und grafisch dargestellt. Sie wurden so konzipiert, dass die Teilleistungen entsprechend ihrer bedarfsspezifischen Bedeutung und Leistungsstufe gegliedert wurden. Innerhalb der Leistungssystemkonzepte sind durch die Gliederung jeweils drei Fokusbereiche im Hinblick auf die Umsetzungsrelevanz entstanden, die als Implementierungsempfehlung dienen. Abschließend wurden die relevantesten Teilleistungen in Bezug auf die einzelnen Kundentypen zusammengefasst und anwenderfreundlich dargestellt.

Im folgenden Kapitel gilt es, ein Vorgehensmodell zu definieren, das eine Konzeption bedarfsspezifischer Leistungssysteme in der Praxis ermöglicht.

8 Vorgehen zur Konzeption bedarfsspezifischer Leistungssysteme

Dieses Kapitel dient zur abschließenden Gestaltung eines übergeordneten Vorgehensmodells, das Industrieunternehmen bei der Konzeption ihrer bedarfsspezifischen Leistungssysteme unterstützt. Inhaltlich baut das Vorgehensmodell auf den entwickelten Teilmodellen der vorangegangenen Kapitel auf (s. Abbildung 8-1). Sie bilden die methodische Grundlage und werden durch die Integration in das Vorgehensmodell für die Praxis anwendbar gemacht.

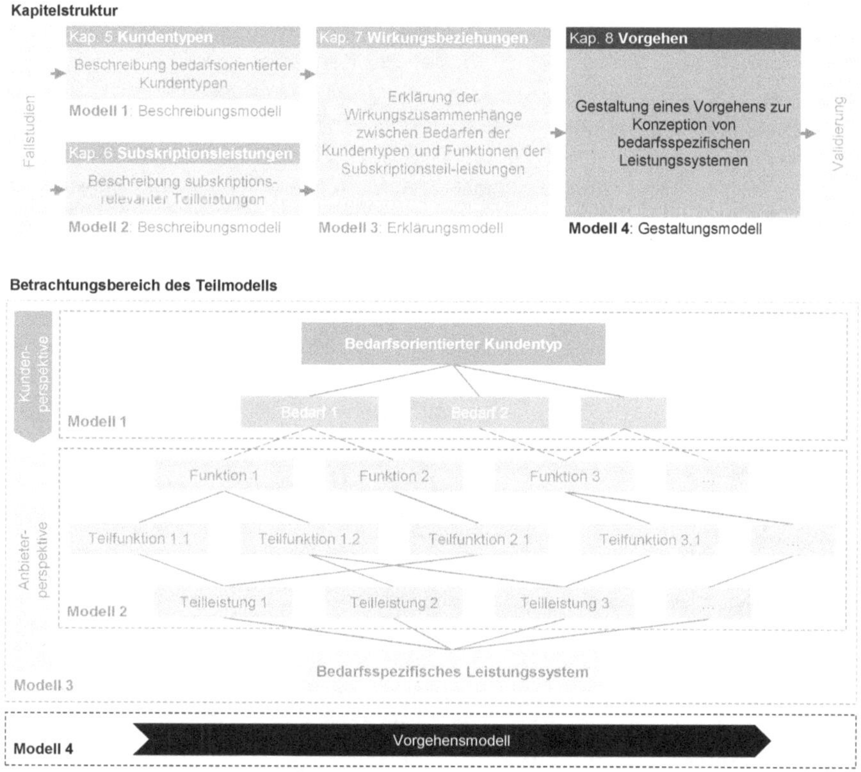

Abbildung 8-1: Viertes Teilmodell im Zusammenhang des Gesamtmodells

Zentrale Zielstellung dieses Kapitels ist die Beantwortung der vierten Forschungsfrage: *Wie ist ein konkretes Vorgehen zur Konzeption bedarfsspezifischer Leistungssysteme für Subskriptions-Geschäftsmodelle im Maschinen- und Anlagenbau zu gestalten?*

Zur Erörterung dieser Fragestellung wird zunächst das übergeordnete Vorgehen vorgestellt, welches anschließend in einzelne Prozessschritte untergliedert und beschrieben wird (s. Kapitel 8.1). Abschließend werden die Erkenntnisse dieses Abschnitts in Form eines Zwischenfazits zusammengefasst (s. Kapitel 8.2).

8.1 Gestaltung eines Vorgehensmodells zur Konzeption bedarfsspezifischer Leistungssysteme

Das im Folgenden beschriebene Vorgehensmodell unterstützt Unternehmen des Maschinen- und Anlagenbaus, die Bedarfe ihrer Kunden bestmöglich in der Konzeption ihrer Leistungssysteme zu berücksichtigen, um eine möglichst hohe Kundenzufriedenheit und dadurch langfristige Bindung zu erreichen. Insbesondere im Hinblick auf das Angebot von Subskriptions-Geschäftsmodellen ist ein neues Vorgehen erforderlich, das den langfristigen, kontinuierlichen Charakter der neuen Geschäftsmodelle berücksichtigt und an die unterschiedlichen Phasen des Kundenlebenszyklus angepasst ist (s. GORLDT ET AL. 2017, S. 371). Als Teil des Geschäftsmodells befindet sich auch das Leistungssystem durchgehend in einem Prozess der kontinuierlichen Anpassung und Verbesserung (s. STICH ET AL. 2022, S. 161; s. TZUO 2018, S. 133 ff.). Dieser kontinuierliche Verbesserungsprozess spiegelt sich auch im entwickelten Vorgehen wider (s. Abbildung 8-2).

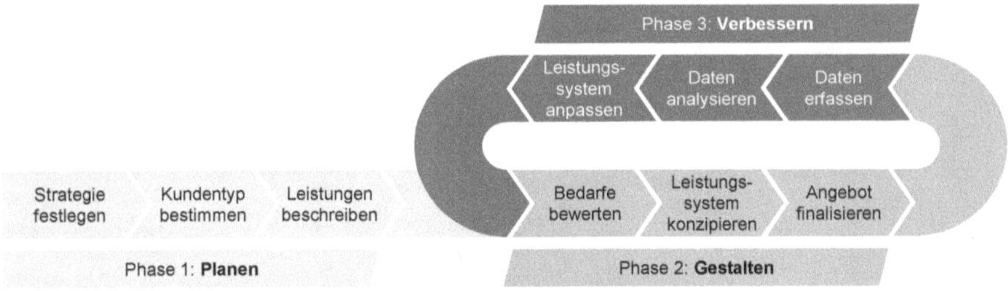

Abbildung 8-2: Vorgehensmodell zur Konzeption bedarfsspezifischer Leistungssysteme

Grundlegend orientiert sich das Vorgehensmodell am bewährten Vorgehen des „*PDCA-Zyklus*". Der PDCA-Zyklus ist eine Problemlösungsmethode, die aus den folgenden vier Schritten besteht: „*Plan*" (Planen), „*Do*" (Durchführen), „*Check*" (Prüfen) und „*Act*" (Verbessern) (s. PEÇAS ET AL. 2021, S. 7672). Die Schritte werden jeweils iterativ durchlaufen, um eine kontinuierliche Verbesserung herbeizuführen (s. ISNIAH ET AL. 2020, S. 73).

Das hier vorgestellte Vorgehensmodell ist in drei Phasen gegliedert. Die drei Phasen besitzen einen differenzierten Fokus und teilen sich jeweils in drei Teilprozesse auf. Im Rahmen der ersten Phase „*Planen*" gilt es zunächst, die grundlegenden strategischen Rahmenbedingungen festzulegen und den Kundentyp zu bestimmen bzw. beschreiben, der durch das Subskriptions-Angebot adressiert werden soll. Zusätzlich wird in der ersten Phase das bestehende Leistungsprogramm betrachtet. Die zweite Phase „*Gestalten*" knüpft direkt an die erste Phase an und fokussiert den konzeptionellen Aspekt der Leistungssystementwicklung. Im Zentrum dieser Phase steht die bedarfsorientierte Verknüpfung von kundenseitigen Bedarfen und anbieterseitigen Teilleistungen. Das Ergebnis dieser Phase sind Leistungssysteme für Subskriptions-Geschäftsmodelle, die bedarfsspezifisch konfiguriert wurden. Die dritte Phase „*Verbessern*“ gliedert sich an die zweite Phase an und wird während der Nutzungsphase des Kunden kontinuierlich durchlaufen. Im Sinne des PDCA-Zyklus vereint sie die Aufgaben der kontinuierlichen Überprüfung („*Check*“) und der anschließenden Anpassung („*Act*“). Während dieser Phase werden Nutzungsdaten erfasst und konstant hinsichtlich einer Veränderung der Kundenbedarfe untersucht. Ziel dieser Phase ist es, aus den Nutzungsdaten zu lernen, um dem Kunden auch nach der initialen Gestaltungsphase ein verbessertes – stets an seine Bedürfnisse angepasstes – Leistungssystem anbieten zu können. Dieser kontinuierliche Verbesserungsprozess lässt sich mit dem „*Lean Startup*“-Ansatz vergleichen, der ebenfalls auf die Entwicklung eines „*Minimum Viable Product*“ setzt, das mithilfe von Kundenfeedback in iterativen Entwicklungsschleifen stetig verbessert wird (s. ECKERT 2017, S. 11–12). Im Folgenden werden die drei Phasen mit ihren Teilprozessen im Detail erläutert.

8.1.1 Phase 1: Planen

Die Planungsphase bildet die initiale Startphase des Vorgehensmodells ab. Sie ist in die drei Teilprozesse 1. *Strategie festlegen*, 2. *Kundentyp bestimmen* und 3. *Leistungen beschreiben* unterteilt. Ziel dieser Phase ist es, die erforderlichen Grundlageninformationen zu erfassen, welche im weiteren Verlauf der bedarfsspezifischen Leistungssystemkonzeption erforderlich werden. Inhaltlich orientiert sich das Vorgehen der ersten Phase an den Grundlagen zur „*Konfiguration von Leistungssystemen*“ nach SCHUH ET AL. (vgl. SCHUH ET AL. 2016, S. 126). Im Folgenden werden die drei Teilprozesse im Detail vorgestellt.

Strategie festlegen

Ausgangspunkt der Planungsphase bildet der Teilprozess zur Erfassung der strategischen Vorgaben und Eingliederung in die übergreifende Unternehmensstrategie (s. Abbildung 8-3). Durch die Berücksichtigung der Unternehmensstrategie werden Rahmenbedingungen vorgegeben und es wird sichergestellt, die mittel- bis langfristigen Ziele der Leistungspolitik, wie z. B. eine erhöhte Kundenbindung oder eine verbesserte Position im Wettbewerb, mithilfe einer bedarfsspezifischen Leistungssystemkonzeption zu erreichen (s. SCHUH ET AL. 2016, S. 111; s. BELZ ET AL. 1997, S. 34). Darüber hinaus liefert die übergeordnete Strategie bspw. Hinweise über die angestrebte Positionierung im Markt oder die zu adressierenden Zielsegmente (s. SCHUH ET AL. 2016, S. 126). Entsprechend gilt es im Rahmen dieses Teilprozesses festzulegen, welche Wettbewerbsstrategie seitens des Unternehmens bezogen auf das Angebot verfolgt wird und wie diese erreicht werden soll (vgl. BRUHN 2019, S. 78 ff.). Ergänzend sollte eine Marktanalyse durchgeführt werden, um die aktuelle Situation im Markt bzw. potenzielle Einflussfaktoren zu identifizieren. Neben den übergreifenden strategischen Zielvorgaben sind jedoch auch die Vorgaben hinsichtlich der Geschäftsmodellstrategie zu berücksichtigen. So sollte im Rahmen dieses Teilprozesses bestimmt werden, wie das zugrundeliegende Subscription-Geschäftsmodell auf die übergeordneten Unternehmensziele einzahlt. Zusätzlich zu den strategiebezogenen Vorgaben gilt es, die verfügbaren Ressourcen zu ermitteln, die für die angestrebte Leistungssystemkonzeption zur Verfügung stehen. Insgesamt ist die Betrachtung der strategischen Vorgaben und unternehmensbezogenen Rahmenbedingungen essenziell, um einerseits einen zielgerichteten Einsatz unternehmensbezogener Ressourcen innerhalb des Konzeptionsprozesses zu erreichen und andererseits ein Angebot zu gestalten, welches unter wirtschaftlichen Gesichtspunkten einen Beitrag zum Unternehmenserfolg leistet und somit die strategischen Ziele des Unternehmens unterstützt. Die in dieser Phase identifizierten strategischen Vorgaben bilden die Grundlagen für die folgenden Schritte des Vorgehensmodells.

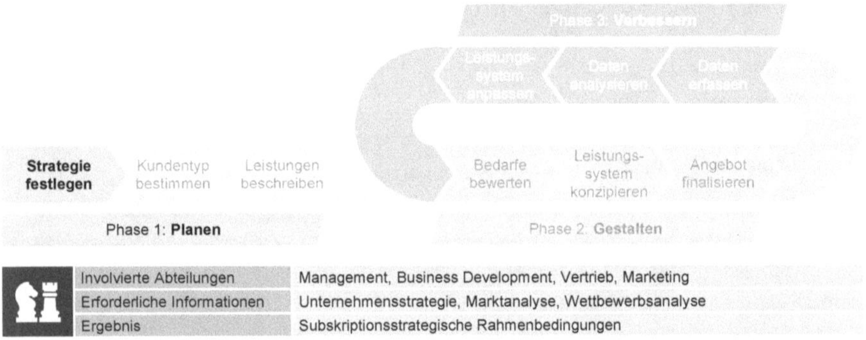

Abbildung 8-3: Einordnung des Teilprozesses ‚Strategie festlegen' in das Gesamtvorgehen

Kundentyp bestimmen

Der zweite Teilprozess der ersten Phase bezieht sich auf die Identifikation und Auswahl des zu adressierenden Kundentyps (s. Abbildung 8-4). Dieser Schritt wird unabhängig davon durchgeführt, ob es sich hierbei bereits um Bestands- oder Neukunden handelt. Hierbei ist es besonders wichtig, die Anwendungsprozesse des Kunden, sein Geschäftsmodell sowie seine Motivation zur Nutzung des Subskriptions-Angebots zu verstehen (s. STICH ET AL. 2022, S. 166; s. HERMANN 2019, S. 194). Die systematische Beschreibung eines Kundentyps wird durch den morphologischen Kasten unterstützt, der bereits im vorherigen Teil dieser Arbeit vorgestellt wurde (s. Kapitel 5.2). Der Kunde wird hier gemäß seinen operativen, situativen und bedarfsbezogenen Merkmalen analysiert und eingeordnet. Kombiniert ergeben die entsprechenden Merkmalsausprägungen ein umfangreiches Bild des Kunden, das ein tiefgreifendes Verständnis seiner Bedürfnisse ermöglicht. Diese Informationen unterstützen unter anderem auch bei der Abschätzung des zukünftigen Potenzials und der damit verbundenen Identifikation von Potenzialkunden sowie der Einschätzung ihres Customer-Lifetime-Values (vgl. HOLST 2022, S. 139–140). Darüber hinaus werden durch das umfassende Bild des Kundentyps auch seine zentralen Risiken deutlicher sichtbar, sodass eine bessere Bewertung der zu übernehmenden Betriebsrisiken möglich ist. Die Arbeitsschritte werden interdisziplinär durchgeführt. Hierfür erstellen die relevanten Abteilungen zunächst eine gemeinsame Übersicht bestehender und potenzieller Kunden. Diese wird im weiteren Verlauf durch kundenspezifische Informationen ergänzt, sodass schließlich charakteristische Kundentypen abgeleitet werden können. Zuletzt wird für den anschließenden Gestaltungsprozess ein spezifischer Kundentyp ausgewählt, für dessen Bedarfe das Leistungssystem konzipiert wird. Das Profil des Kundentyps repräsentiert im weiteren Verlauf des Vorgehensmodells die nachfragende Bedarfs- bzw. Kundenperspektive und bildet eine der zentralen Grundlagen für die spätere Leistungssystemkonzeption.

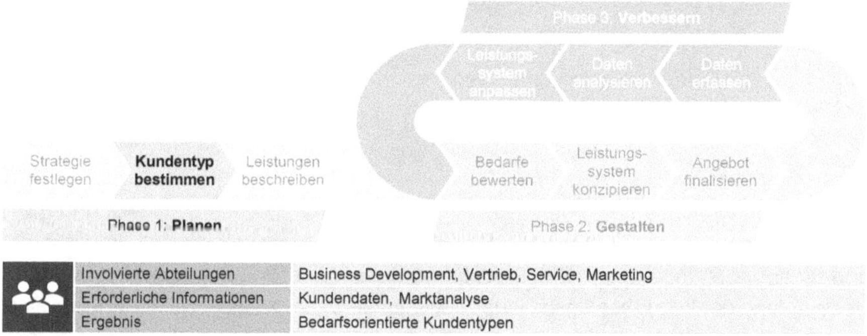

Abbildung 8-4: Einordnung des Teilprozesses ‚Kundentyp bestimmen' in das Gesamtvorgehen

Leistungen beschreiben

Der letzte Teilprozess der initialen Planungsphase umfasst die Identifikation der bestehenden Teilleistungen innerhalb des Leistungsprogramms (s. Abbildung 8-5). Hierfür werden alle relevanten Teilleistungen des Anbieters erfasst und einer der drei Kategorien (Produkt-, Dienst- oder Softwareleistung) zugeordnet. Darüber hinaus werden die einzelnen Teilleistungen hinsichtlich ihrer Fähigkeiten respektive Funktionen beschrieben, ein subskriptionsbezogenes Nutzenversprechen zu erfüllen. Die abgeleiteten Funktionsstrukturen bilden die zweite relevante Voraussetzung zur Konzeption von Leistungssystemen. Die in dieser Dissertationsschrift vorgestellten Teilleistungen dienen hierbei als Grundlage für eine konkrete Anwendung in der Praxis, es kann jedoch ggf. eine fallspezifische Detaillierung erforderlich sein (s. Kapitel 6.2). Ergänzend zur funktionalen Beschreibung gilt es, die Interdependenzen der Teilleistungen zu identifizieren. Hierfür werden die Teilleistungen gemäß ihren hierarchischen Wirkungsbeziehungen strukturiert, sodass sichtbar wird, welche Teilleistungen jeweils aufeinander aufbauen bzw. nur in Kombination mit anderen Teilleistungen ihren Zweck erfüllen. Die systematische Beschreibung der Teilleistungen und die Beschreibung des Kundentyps bilden gemeinsam die erforderlichen Grundlagen, um in der nächsten Phase ein bedarfsspezifisches Leistungssystem ableiten zu können.

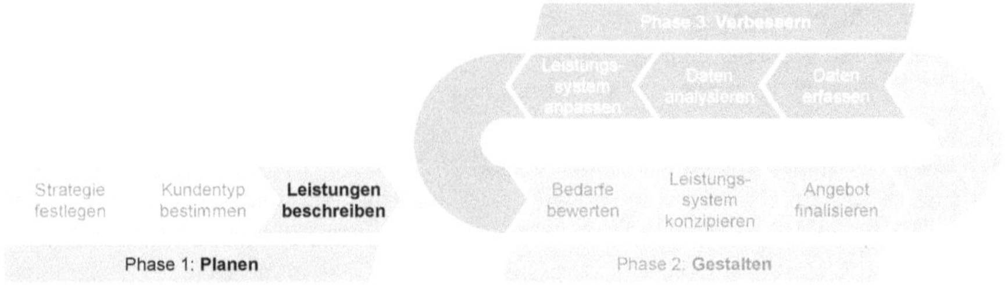

Involvierte Abteilungen	Produktmanagement, Vertrieb
Erforderliche Informationen	Leistungsprogramm, Leistungsbezogene Interdependenzen, Funktionsstrukturen
Ergebnis	Systematisch beschriebene Teilleistungen

Abbildung 8-5: Einordnung des Teilprozesses ‚Leistungen beschreiben' in das Gesamtvorgehen

8.1.2 Phase 2: Gestalten

Die Gestaltungsphase bildet den zweiten Abschnitt des Vorgehensmodells und gliedert sich in die drei Teilprozesse 1. *Bedarfe bewerten*, 2. *Leistungssystem konzipieren* und 3. *Angebot finalisieren*. Die Zielsetzung dieses Abschnitts ist die bestmögliche Verknüpfung der kundenseitigen Bedarfe mit den anbieterseitigen Teilleistungen. Das Ergebnis dieser Phase sind bedarfsspezifische Leistungssysteme, die unter Berücksichtigung der anbieter- sowie kundenseitigen Rahmenbedingungen konzipiert wurden. Im Folgenden werden die Teilprozesse im Detail vorgestellt.

Bedarfe bewerten

Die zweite Phase startet mit der Gewichtung der identifizierten Kundenbedarfe (s. Abbildung 8-6). Dieser Schritt ist wichtig, um das individuelle Bedarfsprofil des Kunden realitätsnah modellieren zu können. Hierzu werden die identifizierten Kundenbedarfe mittels ergänzender Kundeninterviews sowie Methoden der Präferenzmessung priorisiert und entsprechend als Basis-, Leistungs- oder Begeisterungsbedarf bewertet.

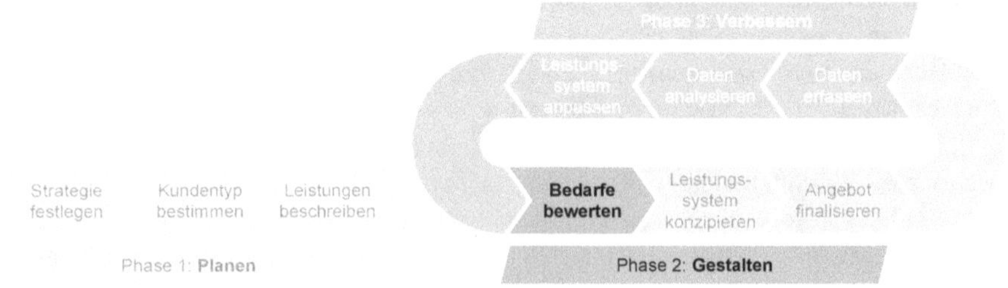

Involvierte Abteilungen	Vertrieb, Marketing
Erforderliche Informationen	Kundenbedarfe, Kundenpräferenzen
Ergebnis	Gewichtete Bedarfsprofile der Kundentypen

Abbildung 8-6: Einordnung des Teilprozesses ‚Bedarfe bewerten' in das Gesamtvorgehen

Leistungssystem konzipieren

Den zweiten Teilprozess der Gestaltungsphase und gleichzeitig den Kern des Vorgehensmodells bildet der Teilprozess zur Leistungssystemkonzeption (s. Abbildung 8-7). Innerhalb dieses Prozessschritts steht die Zusammenstellung eines Leistungssystemkonzepts basierend auf den zuvor priorisierten Kundenbedarfen sowie Funktion der Teilleistungen im Mittelpunkt. Die methodische Grundlage hierfür bildet das *House of Quality* (s. Kapitel 7.2). Zur Anwendung werden zunächst die identifizierten Kundenbedarfe (Teilprozess 1.2) mit den abgeleiteten Teilfunktionen der Teilleistungen (Teilprozess 1.3) in Verbindung gebracht. Das Produktmanagement muss hierfür konkret festlegen, wie stark die einzelnen Teilfunktionen zur Erfüllung der einzelnen Kundenbedarfe beitragen. Ergänzend gilt es, die Wechselwirkungen, die die Teilfunktionen untereinander haben, zu bewerten. Das befüllte *House of Quality* bildet im weiteren Verlauf die Vorlage für die Ableitung bedarfsspezifischer Leistungssysteme. Im folgenden Schritt werden die aus dem Bedarfsprofil abgeleiteten typspezifischen Gewichtungen der Kundenbedarfe auf das Modell angewendet, sodass die jeweilige bedarfsspezifische Bedeutung der einzelnen Teilfunktionen errechnet werden kann. Die Berechnung der relativen Bedeutung ermöglicht es anschließend, die Teilfunktionen hinsichtlich ihrer Priorität aus Sicht des ausgewählten Kunden einzuordnen. Im letzten Schritt wird dieses Bild durch die entsprechenden Teilleistungen ergänzt, die zur Erfüllung der jeweiligen Teilfunktionen beitragen. Hierbei werden die einzelnen Teilleistungen gemäß ihrer bedarfsspezifischen Bedeutung sowie ihrer Leistungsstufe aufgelistet. Die dadurch entstehende Einordnung bietet einerseits eine Handlungsempfehlung hinsichtlich der Umsetzungsrelevanz und andererseits die Grundlage für die Gestaltung des letztlichen Leistungssystems.

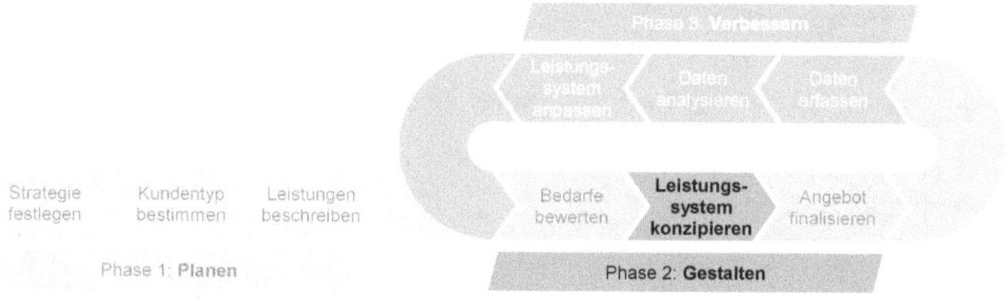

Involvierte Abteilungen	Produktmanagement
Erforderliche Informationen	Bedarfsprofile, Funktionsbezogene Teilleistungsbeschreibungen
Ergebnis	Leistungssystemkonzept

Abbildung 8-7: Einordnung des Teilprozesses ‚Leistungssystem konzipieren' in das Gesamtvorgehen

Angebot finalisieren

Abgeschlossen wird die zweite Phase durch den Teilprozess der Angebotsfinalisierung (s. Abbildung 8-8). Im Rahmen dieses Prozessschritts stehen die bedarfsspezifische Konfiguration des Leistungssystems sowie die Vorbereitung eines kontinuierlichen Verbesserungsprozesses im Vordergrund. Hierfür wird zunächst gemeinsam mit dem

Kunden das finale Leistungssystem ausgewählt. Das zuvor abgeleitete bedarfsspezifische Leistungssystemkonzept bietet hierfür die passende Entscheidungsgrundlage. Hierbei ist unter anderem zu untersuchen, welche der relevanten Teilleistungen der Kunde intern oder durch andere externe Quellen abdecken möchte. Darüber hinaus gilt es, die organisatorischen und technologischen Voraussetzungen für eine langfristige Anpassungsfähigkeit des Leistungssystems sicherzustellen. Hierfür muss das zukünftige Nutzungsverhalten des Kunden analysierbar sein und die Möglichkeit bestehen, physische und / oder digitale Releases zu implementieren. Auch aus vertraglicher Sicht müssen die entsprechenden Voraussetzungen für eine spätere Adaption des Leistungssystems geschaffen werden. Insbesondere in dieser Phase ist es wichtig, dem Kunden zu vermitteln, dass das angebotene Leistungssystem nicht abgeschlossen und unveränderbar ist, sondern es sich vielmehr um ein kontinuierlich adaptierendes System handelt, das sich an die veränderbaren Bedürfnisse des Kunden anpasst und dadurch stetig einen Mehrwert liefern kann (vgl. SCHUH ET AL. 2023a, S. 214; vgl. TZUO 2018, S. 133 ff.).

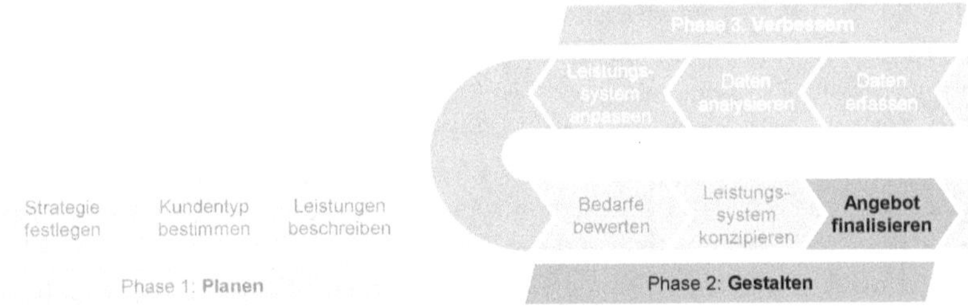

Involvierte Abteilungen	Produktmanagement, Vertrieb
Erforderliche Informationen	Leistungssystemkonzept
Ergebnis	Bedarfsspezifisches Leistungssystem

Abbildung 8-8: Einordnung des Teilprozesses ‚Angebot finalisieren' in das Gesamtvorgehen

8.1.3 Phase 3: Verbessern

Die dritte Phase des Vorgehensmodells konzentriert sich auf den Aspekt der kontinuierlichen Verbesserung und bildet somit den iterativen Aspekt des Modells ab. Die Verbesserungsphase gliedert sich in die drei Teilprozesse 1. *Daten erfassen*, 2. *Daten analysieren* und 3. *Leistungssystem anpassen*. Die Zielsetzung dieser Phase liegt darin, bei einer Veränderung der ursprünglichen Kundenbedarfe durch Anpassung des Leistungssystems darauf reagieren zu können und folglich eine Optimierung zu erzielen. Im Gegensatz zu den vorherigen Phasen startet diese Phase erst mit der Nutzung des Leistungssystems, also in der Betriebsphase des Kunden. Im Folgenden werden die drei Teilprozesse im Detail vorgestellt.

Daten erfassen

Der erste Teilprozess der letzten Phase befasst sich mit der Aufnahme des kundenseitigen Nutzungsverhaltens und startet direkt nach der Gestaltungsphase, mit der ersten Anwendung des Leistungssystems (s. Abbildung 8-9). Während der Erkenntnisgewinn über das entwickelte Leistungssystem und seine Teilleistungen im Laufe der Nutzungsphase stetig zunimmt, wird dieses Wissen jedoch nach der initialen Gestaltungsphase nur selten genutzt (s. SCHUH ET AL. 2020b, S. 117). Entsprechend muss der Anbieter eine kontinuierliche Datenerfassung a priori sicherstellen. Die Kombination aus Sensorik und der Einbindung in ein IoT-Netzwerk bspw. ermöglicht es dem Anbieter, Daten in Echtzeit über die Nutzung oder den Zustand des physischen Produkts einzusehen. Mithilfe dieser Informationen entsteht ein digitaler Schatten, wodurch sich ein digitales Abbild des aktuellen Zustands ergibt (s. BRECHER ET AL. 2023, S. 231). Zusätzlich können auch durch regelmäßige Instandhaltungsarbeiten Informationen über den aktuellen Status erhoben werden. Grundsätzlich ist es aber wichtig, in regelmäßigen Abständen Kundengespräche zu führen, um Feedback einzuholen und die aktuellen Herausforderungen besser verstehen und darauf reagieren zu können. Die erfassten Daten bilden die Informationsgrundlage für eine bedarfsorientierte Adaption des Leistungssystems.

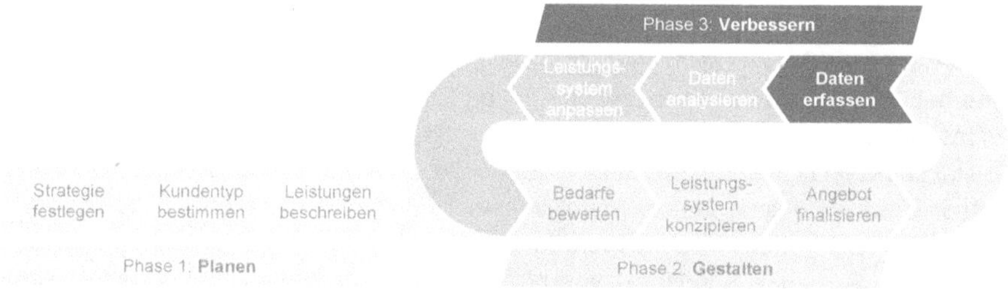

Involvierte Abteilungen	Produktmanagement, Vertrieb, Service, Business Development
Erforderliche Informationen	Nutzungsdaten, Kundenbedarfe
Ergebnis	Rohdaten über das Nutzungsverhalten

Abbildung 8-9: Einordnung des Teilprozesses ‚Daten erfassen' in das Gesamtvorgehen

Daten analysieren

Der folgende Teilprozess gliedert sich an die Datenerfassung und bezieht sich auf die Auswertung der zuvor erhobenen Daten zur Ableitung des erforderlichen Anpassungsbedarfs (s. Abbildung 8-10). Hierfür ist es sinnvoll, einerseits das Nutzungsverhalten (z. B. genutzter Funktionsumfang) und andererseits das Kundenprofil auf Änderungen zu untersuchen. Bei der Analyse des Kundenprofils gilt es zu prüfen, ob es Änderungen im Hinblick auf die aktuellen Herausforderungen (*Pains*), Nutzenbringer (*Gains*) oder aktuellen Aufgaben des Kunden (*Customer Jobs*) gegeben hat. Die identifizierten Abweichungen sind systematisch zu dokumentieren, sodass sie den unterschiedlichen Stakeholdern auf Seiten des Anbieters (Vertrieb, Entwicklung, Produktmanagement etc.) zielgerichtet zur Verfügung gestellt werden können. Der Transfer von abgeleiteten Optimierungspotenzialen zurück in das angewendete Leistungssystem ist ein zentraler Aspekt eines Subskriptions-Geschäftsmodells, da nur durch kontinuierliche Anpassung bzw. Verbesserung ein stetiger Mehrwert für den Kunden geschaffen werden kann. Gleichzeitig ist die kontinuierliche Verbesserung des Kunden essenziell, um den

Kundenerfolg, der im Rahmen einer Subskription eng mit dem Anbietererfolg verknüpft ist, zu steigern (s. FRANK ET AL. 2021, S. 14).

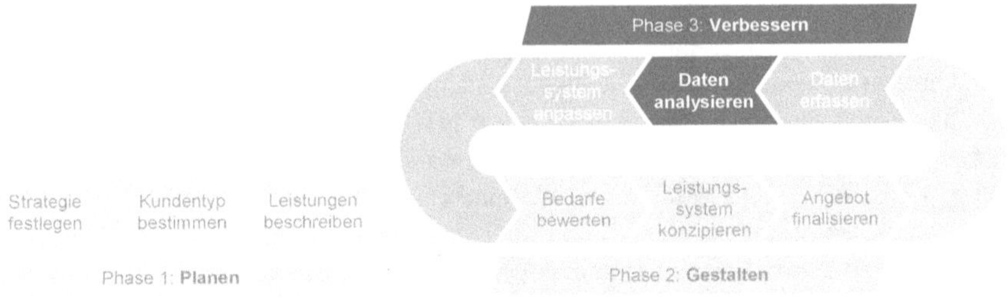

Involvierte Abteilungen	Business Development, Produktmanagement, Service
Erforderliche Informationen	Rohdaten über das Nutzungsverhalten
Ergebnis	Qualitative und quantitative Datenauswertung

Abbildung 8-10: Einordnung des Teilprozesses ‚Daten analysieren' in das Gesamtvorgehen

Leistungssystem anpassen

Innerhalb des letzten Teilprozesses der dritten Phase werden die zuvor identifizierten Anpassungsbedarfe in konkrete Gestaltungsvorgaben übertragen, sodass ein neuer Gestaltungszyklus initiiert werden kann (s. Abbildung 8-11). Hierfür wird zunächst das bestehende Leistungssystem hinsichtlich seiner Fähigkeit untersucht, die identifizierten bedarfsbezogenen Anpassungen durch die vorhandenen Teilleistungen zu erfüllen. Sofern die neuen Kundenbedarfe nicht durch das bestehende Leistungssystem erfüllt werden können, wird das Leistungssystem angepasst und ein neuer Gestaltungsprozess angestoßen. Innerhalb dieses neuen Gestaltungszyklus werden nicht mehr adäquate Teilleistungen durch besser passendere ausgetauscht und folglich ein neues Leistungssystemkonzept erstellt. Nachdem die neu initiierte Gestaltungsphase durchlaufen wurde, wiederholen sich die Teilschritte der Verbesserungsphase, sodass ein iterativer Prozesszyklus entsteht (s. FRANK ET AL. 2021, S. 4).

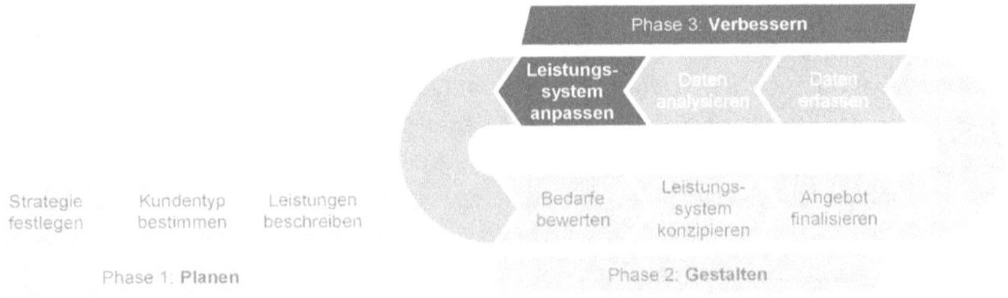

Involvierte Abteilungen	Produktmanagement, Vertrieb
Erforderliche Informationen	Qualitative und quantitative Datenauswertung
Ergebnis	Gestaltungsempfehlungen zur Leistungssystemanpassung

Abbildung 8-11: Einordnung des Teilprozesses ‚Leistungssystem anpassen' in das Gesamtvorgehen

8.2 Zwischenfazit: Vorgehensmodell zur Konzeption von bedarfsspezifischen Leistungssystemen

Ziel dieses Kapitels war die Ableitung eines übergeordneten Vorgehensmodells, welches Unternehmen des Maschinen- und Anlagenbaus bei der Konzeption ihrer bedarfsspezifischen Leistungssysteme unterstützt. Hierfür wurde der Gesamtprozess in die drei Phasen *Planen*, *Gestalten* und *Verbessern* gegliedert. Diese wurden im Anschluss wiederum durch jeweils drei Teilschritte konkretisiert und im Einzelnen detailliert erläutert. Das entwickelte Vorgehen ermöglicht eine praxisnahe Anwendung der im Rahmen dieser Dissertationsschrift entwickelten Teilmodelle und stellt somit eine in sich geschlossene Methodik zur bedarfsspezifischen Leistungssystemkonzeption für Subskriptions-Geschäftsmodelle im Maschinen- und Anlagenbau dar.

9 Validierung der Ergebnisse

Im Rahmen dieses Kapitels erfolgt die Validierung des entwickelten Vorgehensmodells. Ziel der Validierung ist die objektive Bewertung der Anwendbarkeit des Modells inklusive der enthaltenen Teilmodelle in der Praxis (s. ULRICH 1981, S. 5). Hierzu werden die zuvor definierten formalen und inhaltlichen Anforderungen (s. Kapitel 4.2) in Bezug auf das Vorgehensmodell im Kontext der betrieblichen Anwendung überprüft. Die Evaluation des Vorgehensmodells folgt dabei dem Ansatz des *Kritischen Rationalismus*, wonach Hypothesen so lange als wahr angesehen werden können, bis sie durch einzelne Beobachtungen falsifiziert werden (s. ULRICH U. HILL 1976b, S. 346). Entsprechend wird überprüft, ob die Hypothese – der Anwendbarkeit des entwickelten Vorgehensmodells im realen Anwendungsfall – als wahr anzunehmen ist oder durch Falsifikation widerlegt werden kann. Zur Prüfung wird das Instrument der beschränkten Induktion angewandt, wonach anhand von Einzelbeobachten z. B. durch Fallstudien die Falsifikation geprüft wird (s. ULRICH U. HILL 1976b, S. 345). Insbesondere bei schwer erfassbaren Sachverhalten mit komplexen Wirkungsbeziehungen, bei denen quantitative eindimensionale Indikatoren die Effekte nur verkürzt abbilden, bieten Fallstudien ein valides Instrument zur empirischen Untersuchung (s. BORTZ U. DÖRING 2006, S. 110). Weiterhin bietet die qualitativ-empirische Methode die Möglichkeit, bereits durch die intensive Untersuchung weniger Merkmalsträger das zu erfassende Phänomen in seinem natürlichen Kontext objektiv zu bewerten (s. WILDE U. HESS 2007, S. 282).

Hierzu wird zunächst der Aufbau und die Auswahl der Fallstudien erläutert (s. Kapitel 9.1). Anschließend werden die identifizierten Fallstudienergebnisse beschrieben (s. Kapitel 9.2 und Kapitel 9.3). Zuletzt erfolgt die Bewertung der Evaluationsergebnisse unter Berücksichtigung der formalen und inhaltlichen Anforderungen (s. Kapitel 9.4).

9.1 Aufbau und Selektion der Fallstudien

Die fallstudienbasierte Validierung folgt einem systematischen Aufbau und orientiert sich primär an den Phasen des entwickelten Vorgehensmodells (s. Kapitel 8.1). Zu Beginn beschreibt der Validierungspartner das Unternehmen und den aktuellen Status bezüglich des Angebots von Subskriptions-Geschäftsmodellen. Anschließend erfolgt die sequenzielle Anwendung des Vorgehens. Hierbei wählen die Experten jeweils einen konkreten charakteristischen Anwendungsfall aus ihrem Subskriptions-Geschäft aus, anhand dessen die Praxistauglichkeit des Vorgehensmodells validiert wird.

Die Auswahl der Fallstudien erfolgt unter dem Gesichtspunkt eines möglichst breiten Untersuchungsbereichs, wonach bewusst zwei Anwendungsfälle aus dem Maschinen- und Anlagenbau ausgewählt werden, die sich in ihren Gegebenheiten stark unterscheiden, jedoch beide ein bestehendes Subskriptions-Geschäft aufweisen können. Der Autor war im Rahmen der Aktionsforschung selbst an der Erhebung der Fallstudien beteiligt.

9.2 Fallstudie A: Anlagenbau GmbH

Unternehmensprofil

Die Anlagenbau GmbH ist ein weltweit führendes Industrieunternehmen mit Fokus auf den Bereichen Hütten- und Walztechnik. Seit seiner Gründung im Jahr 1871 hat sich die Anlagenbau GmbH als Vorreiter in der Entwicklung von Technologien und Anlagen für die Metallindustrie etabliert. Das Produktportfolio umfasst Lösungen für die Herstellung, Verarbeitung und Weiterverarbeitung von Metallen. Das Unternehmen bietet seinen Kunden ein breites Angebot von der Planung und Konstruktion neuer Anlagen bis hin zur Modernisierung und Optimierung bestehender Anlagen. Durch kontinuierliche Innovation, Forschung und Entwicklung strebt die Anlagenbau GmbH danach, die Effizienz, Produktivität und Nachhaltigkeit ihrer Kunden zu verbessern, um ihnen dabei zu helfen, ihre Ziele zu erreichen und in einer sich ständig wandelnden Industrie erfolgreich zu sein.

Experte

Subscription Model Experte

Ausgangssituation

Ein Kunde benötigt für seine Produktionsprozesse eine metallurgische Pulververdüsungsanlage mit einem Wert von ca. 10 Millionen Euro. Der Kunde ist jedoch unerfahren im Betrieb dieser Anlage, da diese Technologie bzw. dieser Produktionsprozess für ihn neu ist. Bisher hat er das Metallpulver bzw. fertige Erzeugnis immer extern eingekauft, in Zukunft möchte er diesen Wertschöpfungsschritt jedoch selbst abdecken und das Pulver in eigener Produktion herstellen. Im Hinblick auf das Pulver ist für den Kunden vor allem eine zugesicherte Outputmenge wichtig. Die Qualität ist ebenfalls relevant, hat jedoch eine geringere Bedeutung als die Ausbringungsmenge. Die metallurgische Anlage hat einen regelmäßigen Instandhaltungsaufwand und erfordert zusätzliches Bedienpersonal pro Schicht, um die Anlage betreiben zu können. Grundsätzlich hat der Kunde kein Interesse daran, sich um den Betrieb und die Instandhaltung der Anlage zu kümmern; am liebsten würde er nur das fertige Erzeugnis kaufen. Zudem hat der Kunde heute noch keine etablierten Einkaufsprozesse für den Einkauf der erforderlichen Rohstoffe bzw. Inputmaterialien zur Herstellung des Pulvers. Obwohl die Pulververdüsungsanlage im diesjährigen Investitionsbudget des Kunden nicht eingeplant ist, benötigt er sie dennoch. Aufbauend auf den geschilderten Rahmenbedingungen des Kunden gilt es nun, ein bedarfsspezifisches Leistungssystem zu konzipieren.

Phase 1: Planen

Strategie festlegen: Für den ersten Teilschritt wurden zunächst die zentralen strategischen Leitlinien des Anlagenbauers im Hinblick auf das Subskriptionsgeschäft erfasst. Das Angebot von Subskriptions-Geschäftsmodellen ist für die Anlagenbau GmbH GmbH ein strategischer relevanter Schritt, um langfristig, durch Performancesteigerungen und Lifecycle-Management, die Beziehungen zu ihren Geschäftskunden zu intensivieren und langfristige partnerschaftliche Verhältnisse aufzubauen. Ziel des Geschäftsmodells ist es, eine verbesserte Leistung bieten zu können, von der Kunde und Anbieter partizipativ profitieren können. Die Grundlage hierfür bietet ein umfangreiches Leistungsprogramm, bestehend aus Produkt-, Dienst- und Softwareleistungen, durch die neue Leistungssysteme geschaffen und folglich neue Nutzenversprechen realisiert werden können. Die feste Verknüpfung des neuen Geschäftsmodells mit den strategischen Unternehmenszielen spiegelte den ersten Teilprozess des Vorgehensmodells wider.

Kundentyp bestimmen: Nach dem Abgleich mit den strategischen Rahmenbedingungen erfolgte die Auswahl des zu adressierenden Kundentyps. Die im Rahmen dieser Arbeit abgeleiteten Profile der einzelnen Kundentypen dienten hierbei als Grundlage. Es ist anzumerken, dass einzelne Kundentypen für den metallurgischen Anlagenbau sehr gut passen, jedoch nicht alle in dieser Dissertationsschrift identifizierten Typen explizit für diesen Anwendungsbereich relevant waren. Im Hinblick auf die operativen Merkmale zeichnete sich der hier adressierte Kunde vor allem durch eine besondere Materialintensität sowie einen kontinuierlichen Anwendungsprozess aus, der für ihn eine hohe Kritikalität besitzt. In Bezug auf die situativen Merkmale war das zentrale Prozess- und Verfügbarkeitsrisiko für diesen Kunden charakteristisch. Bezüglich der bedarfsbezogenen Merkmale ist es für den Kunden wichtig, seinen Umsatz zu erhöhen, gleichzeitig aber auch die Weiterentwicklung des Unternehmens zu fördern, eine hohe Reaktionsfähigkeit zu besitzen und die Verfügbarkeit sicherzustellen. Basierend auf der geschilderten Ausgangssituation sowie den zusätzlichen Informationen zu den operativen, situativen und bedarfsbezogenen Merkmalen des Kunden bestand die größte Übereinstimmung mit dem *Performanceorientierten Kundentyp*, der im Folgenden als Zielkundengrundlage ausgewählt wurde.

Leistungen beschreiben: Das seitens der Anlagenbau GmbH angebotene Leistungsprogramm, welches im Rahmen von Subskriptions-Geschäftsmodellen adressiert wird, setzt sich im Wesentlichen aus den übergeordneten Modulen „*Consulting & Planning*", „*Business modelling CapEx & OpEx*", „*Enginering & Equipment*", „*Process automation & Digitalization*", „*Training & Education*", „*Data-driven Optimization*", „*Repairs, Spare parts & On-Site services*" und „*Upgrades & Modernization*" zusammen. Auf diesem initialen Leistungsprogramm aufbauend, wurden die einzelnen vordefinierten Teilleistungen ausgewählt, die das Unternehmen innerhalb ihrer Subskriptions-Geschäftsmodelle anbietet. So umfasst z. B. das Modul „*Training & Education*" die Teilleistungen *Schulung* und *Beratung* und das Modul „*Upgrades & Modernization*" die Teilleistungen *Verbesserung*, *Projektmanagement*, *Retrofit*, *Update* und *Upgrade*. Die Auswahl aller weiteren Teilleistungen erfolgte analog. Aus Sicht des Experten bildete die im Rahmen dieser Arbeit getroffene Vorauswahl subskriptionsrelevanter Leistungen eine ausreichend große Basis, um das eigene subskriptionsspezifische Leistungsprogramm abzubilden. Obwohl die Teilleistungen, die vom Anlagenbauer in der Praxis angebotenen werden, teilweise einen höheren anwendungsspezifischen Detaillierungsgrad aufweisen, wurde die hier verwendete Betrachtungsebene als praktikabel bzw. sinnvoll eingeschätzt. So differenziert die Anlagenbau GmbH bspw. die Teilleistung *Beratung* wiederum in qualitäts-, digitalisierungs- oder technikbezogene Beratungsteilleistungen. Im Hinblick auf die Interdependenzen zwischen den Teilleistungen sowie deren hierarchische Wirkungsbeziehungen gab es keine Anmerkungen, sodass diese aus dem ursprünglichen Model übernommen wurden.

Phase 2: Gestalten

Bedarfe bewerten: In der zweiten Phase erfolgte die Konzeption des Leistungssystems. Hierfür wurde zunächst gemeinsam mit dem Experten die ursprüngliche Gewichtung der Kundenbedarfe im Hinblick auf den konkreten Zielkunden bewertet. Die Ausgangsbasis bildeten die gewichteten Kundenbedarfe des zuvor ausgewählten *Performanceorientierten Kundentyps*. Die Gewichtung der Kundenbedarfe wurde vom Experten weitestgehend als passend eingestuft, es wurden lediglich kleinere Veränderungen im Hinblick auf die Kundenbedarfe *Kosten reduzieren*, *Finanzierung erhalten*, *Liquidität erhöhen*, *Stabilität erhalten* und *Verfügbarkeit sicherstellen* vorgenommen. Diesen Bedarfen wurde jeweils eine geringfügig abweichende Bedeutung beigemessen, sodass für die folgende Ableitung des bedarfsspezifischen Leistungssystems nun 1 Basisbedarf, 8 Leistungs- und 4 Begeisterungsbedarfe berücksichtigt wurden.

Leistungssystem konzipieren: Aufbauend auf Gewichtung der Kundenbedarfe im Hinblick auf den Anwendungsfall, erfolgte nun die Berechnung der bedarfsspezifischen Bedeutungen der einzelnen Teilfunktionen. Das im Rahmen dieser Arbeit vorkonfigurierte *House of Quality* diente hierbei als methodische Grundlage. Aus Sicht des Experten boten die im Voraus bewerteten Beziehungen zwischen Kundenbedarfen und Teilfunktionen bereits eine sehr gute Validität, sodass jene im Rahmen dieser Fallstudienbetrachtung nicht angepasst werden mussten. Im darauffolgenden Schritt wurde die angepasste Gewichtung der Kundenbedarfe auf das Modell angewendet, sodass die jeweilige anwendungsfallspezifische absolute und relative Bedeutung der Teilfunktionen errechnet werden konnte. Das sich daraus ergebende Leistungssystemkonzept bot dem Experten eine schnelle Übersicht, welche der Funktionen für diesen Kunden Priorität haben und welche Teilleistung zur Erfüllung dieser Funktionen erforderlich sind.

Angebot finalisieren: Die daraus abgeleitete Leistungssystemempfehlung (s. Tabelle 9-1) wurde seitens des Experten als sehr relevant eingestuft. Sie wich nur in Bezug auf wenige Teilleistungen von der ursprünglichen Empfehlung für den *Performanceorientierten Kundentyp* ab. Die genannten Teilleistungen stellten im Wesentlichen das Leistungssystem dar, welches auch in der Praxis für diesen Kunden konzipiert wurde. Der wichtigste Unterschied bestand darin, dass im tatsächlich angebotenen Leistungssystem auch die *Anlage* als Teilleistung enthalten war, was jedoch darauf zurückzuführen ist, dass im Rahmen der Leistungssystemempfehlung nur die Teilleistungen betrachtet wurden, die zur Erfüllung der relevantesten fünf Teilfunktionen beitragen.

Tabelle 9-1: Leistungssystemempfehlung für den Kunden der Fallstudie A

Kunde
Fallstudie A: Anlagenbau GmbH

#	Teilleistung	Leistungsstufe	Top 5 Teilfunktionen des Kunden: F2.1 Verfügbarkeitsgrad erhöhen	F4.4 Personal befähigen	F4.3 Kostenstruktur flexibilisieren	F6.1 Investitionsausgaben umwandeln	F2.2 Leistungsgrad erhöhen
Produktleistungen							
P7	Ersatzteil	0	■				■
P5	Smarte Komponente	1	■				
Dienstleistungen							
D1	Wartung	0	■				
D2	Inspektion	0	■				
D3	Instandsetzung	0	■				
D5	Reinigung	0	■				
D6	Konfiguration	0					■
D9	Schulung	0		■			■
D10	Beratung	0		■			■
D11	Support	0	■	■			
D21	Projektmanagement	0					■
D23	Finanzierung	0			■	■	
D15	Ersatzteilversorgung	1	■				
D28	Update	3					■
D29	Upgrade	3					■
D18	Prozessmanagement	5					■
Softwareleistungen							
S2	Anwendungshilfe	0	■	■			
S4	Auftragsverwaltungstool	0					■
S5	Produktionsplanungs- und -steuerungssystem	0					■
S18	Internet-of-Things-Plattform	2	■				■
S3	Remote-Control	3	■				
S8	Datenaufbereitung	3	■	■			■
S9	Datenanalyse	4	■	■			■
S10	Programmierschnittstelle	4		■			
S14	Benchmarking	4					■
S12	Condition-Monitoring	5	■				
S11	Alarmbenachrichtigung	6	■				
S13	Predictive Maintenance	6	■				

■	
Teilleistung trägt zur Erfüllung der Teilfunktion bei	Teilleistung trägt nicht zur Erfüllung der Teilfunktion bei

Phase 3: Verbessern

Daten erfassen: Zum Zeitpunkt der Fallstudienerhebung gab es für die Teilprozesse dieser Phase noch keinen standardisierten Prozess, der eine kontinuierliche Verbesserung des Leistungssystems in zyklischen Abständen überprüft. Bislang wurden zur Verbesserung des Angebots lediglich in unregelmäßigen Abständen Kundengespräche durchgeführt, in denen das bestehende Leistungssystem überprüft wurde und ggf. Änderungsmaßnahmen mit dem Kunden besprochen wurden.

Daten analysieren: Folglich erfolgte auch keine automatisierte systematische Ableitung von Verbesserungen bzw. Anpassungen aufgrund von Nutzungsdaten zum Zeitpunkt der Betrachtung.

Leistungssystem anpassen: Auch dieser Prozess wurde bislang nicht systematisch verfolgt. Grundsätzlich stellen die genannten Teilprozesse aber aus Sicht des Experten die erforderlichen Schritte dar, um eine kontinuierliche Verbesserung des Leistungssystems zu realisieren.

9.3 Fallstudie B: Maschinenbau AG

Unternehmensprofil

Das Unternehmen wurde 1941 in Liechtenstein gegründet und hat sich auf die Herstellung von Werkzeugen für die Bauindustrie spezialisiert. Das internationale Unternehmen bietet neben einer umfangreichen Produktpalette auch Dienst- und Softwareleistungen an, um ihre Kunden in der Planung, Ausführung und Verwaltung von Bauprojekten zu unterstützen. Durch ein globales Netzwerk von Niederlassungen, Vertriebspartnern und Servicezentren bietet die Maschinenbau AG umfassende Unterstützung und Beratung vor Ort, um sicherzustellen, dass Kunden die bestmögliche Leistung aus ihren Produkten und Lösungen herausholen können.

Experte

After Market Service Projektmanager

Ausgangssituation

Im Rahmen dieses beispielhaften Anwendungsfalls handelt es sich bei dem betrachteten Zielkunden um einen mittelgroßen Bauunternehmer, der für seine Arbeiten auf der Baustelle unterschiedliche Werkzeuge benötigt. Da die Konjunktur mit Fokus auf der Baubranche aktuell sehr volatil ist, benötigt er eine Lösung, die ihm die größtmögliche Flexibilität bietet. Darüber hinaus hatte er in der Vergangenheit oft die Situation, dass einzelne Werkzeuge defekt waren oder sogar gestohlen wurden und er deswegen nicht mit der vollen Kapazität arbeiten konnte. Basierend auf den gegebenen Rahmenbedingungen des Kunden ist es nun die Aufgabe des sogenannten „*Solution Consultant*“, ein passendes Leistungssystem bedarfsgerecht zu konzipieren.

Phase 1: Planen

Strategie festlegen: Im Rahmen des ersten Teilprozesses galt es zunächst, die strategischen Rahmenbedingungen zu erörtern. Grundlegend für das Angebot von Subskriptions-Geschäftsmodellen ist bei der Maschinenbau AG die langfristig orientierte Ausrichtung des Unternehmens in Richtung eines Lösungsanbieters, der den Kunden in seiner täglichen Arbeit auf der Baustelle ganzheitlich unterstützt. Insbesondere in der Baubranche ist dies eine große Herausforderung, da diese zu den am wenigsten digitalisierten Branchen der Industrie zählt. Die Zielsetzung des Unternehmens liegt vor allem im Aufbau partnerschaftlicher Kundenbeziehungen sowie der langfristigen Steigerung des Kundenerfolgs durch die Optimierung von Effizienzpotenzialen. Diese Ziele stehen stellvertretend für die strategische Ausrichtung des Unternehmens im Hinblick auf das Angebot von Subskriptions-Geschäftsmodellen.

Kundentyp bestimmen: Daran anknüpfend, galt es basierend auf dem beschriebenen Kunden, den passenden Kundentyp auszuwählen. Bislang erstellte der Maschinenbauer kundentypenspezifische Personas, die anhand unterschiedlicher Merkmale charakterisiert wurden. Abweichend von der hier angewandten Morphologie zur Beschreibung der Kundentypen beinhaltete das Modell der Maschinenbau AG neben dem Industriezweig und Gewerk auch die Größe des Unternehmens sowie eine Abschätzung des zukünftigen Wachstumspotenzials. Im Hinblick auf den betrachteten Anwendungsfall zeichnete sich der Kunde vor allem durch den personalintensiven diskreten Anwendungsprozess und die volatile Marktsituation aus. In Bezug auf die bedarfsbezogenen Merkmale ließ sich ein hoher Bedarf nach Flexibilität und Reaktionsfähigkeit sowie nach einer Verbesserung der Organisation feststellen. Basierend auf der Beschreibung des Kunden im Rahmen des betrachteten Anwendungsfalls wurde der *Flexibilitätsorientierte Kundentyp* ausgewählt. Aus Sicht des Experten repräsentierte dieser Kundentyp die Eigenschaften und Bedarfe des ausgewählten Kunden am besten.

Leistungen beschreiben: Das Leistungsprogramm, welches die Grundlage für die Subskriptions-Geschäftsmodelle der Maschinenbau AG bietet, baut auf dem grundlegenden Leistungsprogramm des Transaktionsgeschäfts auf und ist um einzelne Teilleistungen erweitert, die lediglich den Subskriptions-Kunden zur Verfügung stehen. Hierzu zählt z. B. eine Reparatur-Flatrate, die alle Instandhaltungsleistungen während der Vertragslaufzeit beinhaltet und dem Kunden über die Dauer der Reparatur ein kostenloses Ersatzgerät bereitstellt. Eine weitere Teilleistung, die nur im Zusammenhang mit einem Subskriptions-Geschäftsmodell verfügbar ist, ist bspw. die Möglichkeit, Zusatzgeräte bei Auslastungsspitzen flexibel und schnell der Werkzeugflotte hinzuzufügen. Zur Abbildung des bestehenden Leistungsprogramms für Subskriptions-Geschäftsmodelle wurden die entsprechenden vordefinierten Teilleistungen aus der in dieser Arbeit aufgestellten Übersicht ausgewählt. Hinsichtlich des Angebots einer Reparatur-Flatrate wurden z. B. die Teilleistungen *Ersatzteil*, *Instandsetzung* und *Ersatzteilversorgung* ausgewählt. Alle weiteren Teilleistungen wurden analog ausgewählt, um das subskriptionsbezogene Leistungsprogramm des Anbieters abzubilden. Auch im Rahmen dieses Anwendungsfalls gab es einzelne Teilleistungen, die einen höheren anwendungsspezifischen Detailgrad aufwiesen, bspw. in Bezug auf die temporäre Bereitstellung von Ersatzgeräten. Trotzdem stufte der Experte die in dieser Arbeit erstellte Vorauswahl an Teilleistungen als relevant und ausreichend umfangreich ein. Die Interdependenzen zwischen den Teilleistungen sowie deren hierarchische Wirkungsbeziehungen wurden nicht verändert, sodass diese auch für jene Fallstudie übernommen wurden.

Phase 2: Gestalten

Bedarfe bewerten: Im Rahmen der Gestaltungsphase erfolgt die bedarfsgerechte Dimensionierung bzw. Konzeption des Subskriptions-Angebots. Bisher wurde hierfür eine „*Toolpark-Analyse*" durch den Solution-Consultant durchgeführt, um den zukünftigen Bedarf des Kunden abschätzen zu können. Die Analyse umfasst eine Einschätzung bzgl. der Art von Projekten, die der Kunde während der Vertragslaufzeit vordergründig bearbeiten wird und wie viele Mitarbeiter dafür voraussichtlich eingesetzt werden. Im Hinblick auf die Validierung dieser Arbeit erfolgt die Bedarfsbewertung aufbauend auf den gewichteten Kundenbedarfen des zuvor ausgewählten *Flexibilitätsorientierten Kundentyps*. Die vorkonfigurierte Einordnung und damit zusammenhängende Gewichtung der Kundenbedarfe wurden vom Experten als valide eingeschätzt, sodass keine Veränderungen hinsichtlich der vorausgewählten Bewertung vorgenommen werden mussten. In Folge wurden 2 Begeisterungs-, 3 Leistungs- und 2 Basisbedarfe für die weitere Konzeption berücksichtigt.

Leistungssystem konzipieren: Im folgenden Teilprozess wurden nun basierend auf den gewichteten Bedarfen des adressierten Kunden die bedarfsspezifischen Bedeutungen der jeweiligen Teilfunktionen errechnet. Die Basis hierfür bildete wiederum das vorkonfigurierte *House of Quality*, das aus Sicht des Experten eine valide Methode darstellt, um die Wirkungsbeziehungen zwischen der Kunden- und der Anbieterperspektive systematisch aufzuzeigen. Auch in dieser Fallstudie wiesen die im Vorhinein bewerteten Beziehungen zwischen Kundenbedarfen und Teilfunktion nach der Einschätzung des Experten eine hohe Gültigkeit auf, sodass jene nicht weiter adaptiert werden mussten. Daraufhin konnten die absolute und relative Bedeutung der einzelnen Teilfunktionen errechnet werden, sodass letztendlich das Leistungssystemkonzept für den betrachteten Kunden abgeleitet werden konnte.

Angebot finalisieren: Im Rahmen des letzten Teilprozesses konnte schließlich aus dem umfangreichen Leistungssystemkonzept die, die wichtigsten fünf Teilfunktionen fokussierende, Leistungssystemempfehlung abgeleitet werden (s. Tabelle 9-2). Aus Sicht des Experten vereinfacht und beschleunigt die übersichtliche Darstellung die Gestaltungsphase zur Konzeption von Leistungssystemen deutlich. Die auf dem Konzept aufbauende Leistungssystemempfehlung mit Fokus auf den darin enthaltenen Teilleistungen wird von Seiten des Experten als sinnvoll und richtig eingestuft.

Tabelle 9-2: Leistungssystemempfehlung für den Kunden der Fallstudie B

Kunde
Fallstudie B: Maschinenbau AG

#	Teilleistung	Leistungsstufe	Top 5 Teilfunktionen des Kunden: F4.1 Kapazitäten flexibilisieren	F7.3 Leistungssystem anpassen	F4.3 Kostenstruktur flexibilisieren	F6.1 Investitionsausgaben umwandeln	F4.2 Leistung bedarfsgerecht abrechnen
Produktleistungen							
P5	Smarte Komponente	1		■			■
Dienstleistungen							
D10	Beratung	0		■			
D21	Projektmanagement	0	■				
D23	Finanzierung	0			■	■	■
D27	Retrofit	0		■			
D28	Update	3		■			
D29	Upgrade	3		■			
D18	Prozessmanagement	5	■				
D20	Flottenmanagement	5	■				
Softwareleistungen							
S5	Produktionsplanungs- und -steuerungssystem	0	■				

S19	Onlinehandel	0		■			
S18	Internet-of-Things-Plattform	2					■
S3	Remote-Control	3	■				
S8	Datenaufbereitung	3		■			■
S9	Datenanalyse	4		■			■
S7	Product-Lifecycle-Management-Software	5		■			

■ Teilleistung trägt zur Erfüllung der Teilfunktion bei	Teilleistung trägt nicht zur Erfüllung der Teilfunktion bei

Phase 3: Verbessern

Daten erfassen: Die dritte Phase ist bereits heute in Teilen etabliert und wird zukünftig eine noch stärkere Rolle im Hinblick auf die Subskriptions-Geschäftsmodelle der Maschinenbau AG einnehmen. Aktuell werden die Nutzungsdaten vorwiegend händisch in Form von Kundengesprächen erfasst. Zukünftig wird dieser Prozess allerdings primär digital ablaufen, da die Geräte der kommenden Generationen mit neuen Batterien ausgestattet sind, welche die Nutzungsdauer automatisiert erfassen und diese Informationen direkt an den Hersteller senden.

Daten analysieren: Hierbei wird vor Abschluss eines neuen Vertrags im Rahmen der „*Onsight-Analyse*" evaluiert, welche Maschinen und in welchem Umfang diese in der letzten Vertragsperiode gebraucht wurden.

Leistungssystem anpassen: Die daraus abgeleiteten Informationen werden dann genutzt, um das Leistungssystem für die nächste Vertragsperiode zu anzupassen. Ergänzt wird dieser Ansatz in Zukunft durch den Einsatz von Customer-Success-Managern, die sicherstellen, dass die Kunden all ihre zur Verfügung stehenden Möglichkeiten im Rahmen des Leistungssystems abrufen und für sich nutzen. Grundsätzlich war es jedoch nur bedingt möglich, die Teilprozesse der Verbesserungsphase auf den betrachteten Kunden anzuwenden, da im Rahmen der Validierung keine Daten der tatsächlichen Nutzungsphase erfasst und bewertet werden konnten.

9.4 Bewertung der Evaluationsergebnisse

Aufbauend auf den Ergebnissen der Validierungsgespräche wird im Folgenden evaluiert, inwiefern die zu Beginn aufgestellten formalen und inhaltlichen Modellanforderungen erfüllt werden.

In der nachfolgenden Tabelle werden die formalen Anforderungen an das entwickelte Gesamtmodell überprüft (s. Tabelle 9-3). Hierfür werden die Ergebnisse dieser Dissertationsschrift im Hinblick auf die Anforderungserfüllung bewertet.

Tabelle 9-3: Bewertung der formalen Anforderungen

Formale Anforderungen	Evaluation der Ergebnisse im Hinblick auf die Erfüllung der formalen Anforderungen
1. Richtigkeit (Die Aussagen des Modells sind widerspruchsfrei reproduzierbar und es liegt für den Anwendungsfall eine Zweckmäßigkeit vor, welche die Realität bestmöglich abbildet.)	Durch die Verstetigung der einzelnen Teilmodelle im Rahmen des übergeordneten Vorgehensmodells ist das Modell widerspruchsfrei anwend- und reproduzierbar. Darüber hinaus ist der Grundsatz der Zweckmäßigkeit erfüllt, da das Modell eine effiziente und effektive Möglichkeit bietet, Leistungssysteme bedarfsgerecht zu konzipieren. *Anforderung erfüllt* ✓
2. Relevanz (Das Modell modelliert nur Sachverhalte, die für den genannten Modellierungszweck von Bedeutung sind.)	Die Phasen sowie die detaillierten Teilprozesse des Modells spiegeln die relevanten Schritte wider, die zur Konzeption von Leistungssystemen in der Praxis erforderlich sind. Darüber hinaus werden die zentralen Ziele der Anwender adressiert, den Konzeptionsprozess zu vereinfachen und folglich zu beschleunigen. *Anforderung erfüllt* ✓
3. Wirtschaftlichkeit (Das Modell erzielt mit einem möglichst geringen Modellierungsaufwand den größtmöglichen Nutzen zur Erfüllung des Modellierungszwecks.)	Das entwickelte Modell unterstützt Anwender aus der Praxis dabei, einen ersten Eindruck zur systematischen Konzeption von Leistungssystemen zu vermitteln und spart folglich Zeit und Aufwand in der betrieblichen Praxis. Darüber hinaus hat sich der Nutzen des entwickelten Modells durch unterschiedliche Anknüpfungspunkte in Industrie- und Forschungsprojekten parallel zum Dissertationsprozess gezeigt. *Anforderung erfüllt* ✓
4. Klarheit (Das Modell ist für den adressierten Anwender verständlich und nutzbar.)	Das Modell ist klar und verständlich, es folgt einem roten Faden. Die verknüpften Modelle bauen alle logisch und sinnvoll aufeinander auf. Gleichzeitig sind die Verknüpfungen gut nachzuvollziehen. Die ergänzenden Abbildungen unterstützen zusätzlich die Verständlichkeit für den Anwender. *Anforderung erfüllt* ✓
5. Vergleichbarkeit (Die Abläufe und Zusammenhänge der Realwelt stimmen mit denen des Modells überein, sodass sie vergleichbar und übertragbar sind.)	Die Phasen sowie Teilprozesse des Vorgehens korrespondieren sehr stark mit den Abläufen in der Praxis und sind entsprechend vergleich- und übertragbar. Zusätzlich hat die Anwendung in der Praxis gezeigt, dass das Modell in unterschiedlichen Anwendungsfällen konsistente vergleichbare Ergebnisse erzielt. *Anforderung erfüllt* ✓

6. Systematischer Aufbau (Das Modell orientiert sich an einem strukturgebenden Rahmenwerk, wodurch die Inhalte auf unterschiedlichen Betrachtungsebenen konsistent sind.)	Die Phasen des Vorgehensmodells folgen dem etablierten PDCA-Problemlösungszyklus, der gleichzeitig das strukturgebende Rahmenwerk darstellt. Die einzelnen Phasen inklusive der Teilprozesse bauen systematisch aufeinander auf und bilden folglich eine logische Sequenz. *Anforderung erfüllt* ✓

Analog zu den formalen Anforderungen erfolgt im Rahmen der nachfolgenden Tabelle die Bewertung der inhaltlichen Anforderungen (s. Tabelle 9-4). Die Ergebnisse dieser Dissertationsschrift werden hier ebenfalls hinsichtlich der Erfüllung der Anforderungen evaluiert.

Tabelle 9-4: Bewertung der inhaltlichen Anforderungen

Inhaltliche Anforderungen	Evaluation der Ergebnisse im Hinblick auf die Erfüllung der inhaltlichen Anforderungen
1. Begriffsverständnis (Durch eine präzise Definition der zentralen Begriffe, ist ein einheitliches Begriffsverständnis entstanden.)	Die zentralen Begrifflichkeiten dieser Dissertationsschrift sind eindeutig definiert und ermöglichen demnach ein klares Begriffsverständnis. *Anforderung erfüllt* ✓
2. Systematische Beschreibung (Die zentralen Beschreibungsmodelle sind einer Systematik gefolgt.)	Aufbauend auf den Prinzipien des Systems-Engineerings folgen die zwei zentralen Beschreibungsmodelle der Dissertationsschrift einer Systematik und schaffen somit eine klare Struktur im Hinblick auf die beschriebenen Sachverhalte. *Anforderung erfüllt* ✓
3. Systematische Erklärung (Die Wirkungszusammenhänge sind logisch hergeleitet und die wechselseitigen Beziehungen eindeutig erläutert.)	Die erläuterten funktionsbezogenen Wirkungszusammenhänge zwischen den Bedarfen der Kunden und den Teilleistungen der Anbieter wurden auf Basis der Experteneinschätzungen hergeleitet. Im Rahmen der Validierung wurden diese nochmals verifiziert. Darauf basierend wurden die einzelnen Beziehungen alle eindeutig erklärt. *Anforderung erfüllt* ✓
4. Systematische Gestaltung (Die abgeleiteten Gestaltungsempfehlungen beruhen auf den Ergebnissen dieser Arbeit und bringen einen hohen Nutzen.)	Die Gestaltungsempfehlungen zur Konzeption von bedarfsgerechten Leistungssystemen werden konsequent aus den vorherigen Modellen abgeleitet. Sie werden von den Vertretern der Praxis als höchst sinnvoll eingestuft und bringen ihnen einen realen Mehrwert in der zukünftigen Gestaltung ihrer Subskriptions-Angebote. *Anforderung erfüllt* ✓
5. Praxisgültigkeit (Das Modell ist in der Praxis gültig und berücksichtigt die Besonderheiten der praktischen Anwendung.)	Die Validierung hat gezeigt, dass das Modell eine hohe Gültigkeit für die Praxis besitzt und die spezifischen Aspekte des Maschinen- und

	Anlagenbaus sowie Subskriptions-Geschäftsmodellen im Allgemeinen berücksichtigt. *Anforderung erfüllt* ✓
6. Praxistauglichkeit (Das Modell hat eine hohe Anwendbarkeit in der industriellen Praxis.)	Die Validierung mit den Praxisexperten hat ebenfalls gezeigt, dass das Vorgehensmodell intuitiv und einfach anzuwenden ist und somit eine hohe Anwendbarkeit mit sich bringt. *Anforderung erfüllt* ✓

Die Bewertung der Evaluationsergebnisse zeigt, dass alle zu Beginn definierten formalen und inhaltlichen Anforderungen an die Modelle, zur Erreichung der Erkenntnisziele, als erfüllt bestätigt werden können. Demzufolge können die Ergebnisse dieser Dissertationsschrift als wissenschaftlich valide angesehen werden.

10 Zusammenfassung und Ausblick

In diesem Kapitel erfolgen die abschließende Zusammenfassung der Ergebnisse dieser Dissertationsschrift sowie ein Ausblick auf zukünftige Forschungsaktivitäten, die daraus abgeleitet werden können.

Hierzu werden zunächst die Inhalte und Ergebnisse dieser Dissertationsschrift rekapituliert und kritisch reflektiert (s. Kapitel 10.1). Im Anschluss werden Anknüpfungsmöglichkeiten für zukünftige Forschungsbedarfe aufgezeigt (s. Kapitel 10.2).

10.1 Zusammenfassung und kritische Reflexion der Ergebnisse

Die Unternehmen des Maschinen- und Anlagenbaus sehen sich zunehmend mit einer steigenden Anzahl an Herausforderungen konfrontiert. Neben einer schwachen Konjunktur, verstärkt durch einen wachsenden Differenzierungsdruck, stehen die Unternehmen vor der Herausforderung, digitale Teilleistungen erfolgreich zu monetarisieren – jeweils unter dem Gesichtspunkt einer zu fördernden Nachhaltigkeit. Subskriptions-Geschäftsmodelle bieten eine Chance, diesen Herausforderungen zu begegnen. Befähigt durch ganzheitliche Leistungsangebote und die technologischen Fortschritte der Industrie 4.0, ermöglichen die neuen Geschäftsmodelle einzigartige Nutzenversprechen, die das Potenzial haben, langfristige Kundenbeziehungen aufzubauen und folglich ein höheres Kundenpotenzial im Rahmen eines nachhaltigen Geschäftsmodells auszuschöpfen. Blickt man jedoch auf den industriellen Status quo, lässt sich schnell feststellen, dass es bisher nur wenige erfolgreiche Subskriptions-Geschäftsmodelle am Markt gibt und die Mehrheit der Maschinen- und Anlagenbauer noch am Anfang des Entwicklungsprozesses vor zahlreichen Herausforderungen stehen. Eine dieser zentralen Herausforderungen ist das Angebot integrierter Leistungssysteme, welche die Basis für die neu geschaffenen Nutzenversprechen bilden. Konkret fehlt den Unternehmen ein Vorgehen, welches sie bei der Konzeption ihrer Leistungssysteme im Rahmen von Subskriptions-Geschäftsmodellen unterstützt. Entsprechend war die Zielsetzung dieser Arbeit, ein fundiertes Vorgehen zur Konzeption von Leistungssystemen für Subskriptions-Geschäftsmodelle im Maschinen- und Anlagenbau zu gestalten. Das entwickelte Modell besteht aus drei übergeordneten Phasen, die jeweils durch drei einzelne Teilprozesse konkretisiert werden. Inhaltlich bauen die Teilprozesse auf den Teilmodellen zur Beschreibung von Kundentypen bzw. Teilleistung sowie zur Erläuterung ihrer Wirkungsbeziehungen auf. Ergänzt werden diese Teilmodelle durch Gestaltungsempfehlungen zur Konzeption von bedarfsspezifischen Leistungssystemen.

Im Folgenden werden die einzelnen Kapitel dieser Dissertationsschrift hinsichtlich ihrer erzielten Ergebnisse zusammenfassend beschrieben und kritisch reflektiert.

In Kapitel 1 wurden die Ausgangssituation und die daraus abgeleitete Problemstellung beschrieben. Daran anknüpfend erfolgten die Ableitung der Zielsetzung sowie der Forschungsfragen, die das ordnungsgebende Rahmenwerk der Dissertationsschrift bilden. Zusätzlich wurde der hier verwendete Forschungsprozess nach ULRICH beschrieben und die daraus abgeleitete Struktur der Arbeit erläutert. Rückblickend boten die formulierte Zielsetzung sowie der Aufbau der Arbeit eine strukturierte Möglichkeit, um die einzelnen Teilmodelle kohärent zu entwickeln

Kapitel 2 fokussierte die Schaffung eines einheitlichen Begriffsverständnisses durch die Definition der zentralen Begrifflichkeiten dieser Arbeit. Zunächst wurde der Begriff des Leistungssystems definiert, mit Fokus auf relevanten Teilaspekten wie z. B. Leistungsarten oder alternativen Begrifflichkeiten. Weiterhin wurden Subskriptions-Geschäftsmodelle im Kontext des Maschinen- und Anlagenbaus beschrieben, wodurch der Untersuchungsbereich eingegrenzt werden konnte. Die Definition von Subskriptions-Geschäftsmodellen erfolgte anhand konstituierender Merkmale, die einen Einfluss auf die Leistungssystemkonzeption haben. Das dritte Untersuchungselement bezog sich auf den Konzeptionsbegriff, der im Kontext der Systementwicklung ebenfalls abgegrenzt und definiert wurde. Zuletzt wurde der Untersuchungsbereich dieser Dissertationsschrift in die Marketingforschung sowie die Managementlehre eingeordnet.

In Kapitel 3 erfolgte die Untersuchung des aktuellen Forschungsstands. Hierzu wurden insgesamt 26 Ansätze aus den unterschiedlichen Betrachtungsbereichen zur Beschreibung von Bedarfstypen, Beschreibung von Teilleistungen und der Konzeption von Leistungssystemen betrachtet. Die Bewertung der einzelnen Ansätze erfolgte jeweils anhand von drei Kriterien zur Bewertung des Modell- sowie des Objektbereichs der Ansätze. Das Analyseergebnis hat gezeigt, dass die einzelnen Aspekte des Untersuchungsbereichs bereits getrennt voneinander in unterschiedlichen Ansätzen betrachtet werden, es jedoch keine Arbeit gibt, die alle Aspekte gemeinsam berücksichtigt und miteinander verknüpft. Folglich kann daraus geschlossen werden, dass das Forschungsziel dieser Arbeit eine bestehende relevante Forschungslücke adressiert.

Das Kapitel 4 behandelt die wissenschaftlich-theoretischen Grundlagen dieser Dissertationsschrift. Neben dem theoretischen Bezugsrahmen wurden die Anforderungen an die entwickelten Modelle sowie grundlegende erforderliche Methoden dieser Arbeit erläutert. Hierbei lag der Hauptfokus auf den Grundlagen der System- sowie der Modelltheorie, der *Service Dominant Logic* und der Prinzipal-Agenten-Theorie. Zur anschließenden Bewertung des Zielmodells wurden zusätzlich sechs formale und sechs inhaltliche Kriterien definiert. Zuletzt wurden in diesem Kapitel noch die zentralen methodischen Grundlagen erörtert, die zur Erreichung des Forschungsziels von Bedeutung waren. Konkret wurden die Methoden Morphologie und Typologie, Fallstudienforschung sowie die Analyse von Ursachen-Wirkungs-Beziehungen betrachtet. Insbesondere die Methode der Fallstudienforschung hat sich im Rahmen dieser Arbeit als besonders wirksames Mittel erwiesen, da trotz einer geringen Anzahl an Fallstudien ein umfassendes Verständnis z. B. für die unterschiedlichen bedarfsspezifischen Kundentypen in Bezug auf Subskriptions-Geschäftsmodelle erzielt werden konnte. Gleichzeitig konnte mithilfe der Fallstudienforschung, aufgrund der direkten Einbindung der Praxis, eine durchgehend hohe praktische Relevanz sichergestellt werden.

In Kapitel 5 erfolgte die Entwicklung des ersten Teilmodells, mit dem Ziel, konkrete bedarfsspezifische Kundentypen des Subskriptions-Geschäfts zu identifizieren und hinsichtlich ihrer charakteristischen Merkmale zu beschreiben. Hierfür wurde zunächst der Untersuchungsbereich abgegrenzt, sodass die Betrachtungsperspektive auf der Unternehmensebene der Kunden lag. Im nächsten Schritt erfolgte die Auswahl geeigneter Merkmale zur eindeutigen Beschreibung der Kundentypen. Die identifizierten Merkmale ließen sich in drei Gruppen kategorisieren: operative, situative und bedarfsbezogene Merkmale. Insgesamt wurden jeweils fünf operative, drei situative und sechs bedarfsbezogene Merkmale identifiziert. Den einzelnen Merkmalen wurden anschließend entsprechende Merkmalsausprägungen zugeordnet, die den Umfang der Ausprägungen entsprechend dem Detaillierungsgrad beschreiben. Aus der Gesamtheit der identifizierten Merkmale inklusive ihrer Merkmalsausprägungen wurde der morphologischen Kasten gebildet, der wiederum als Basis für die Typenbildung diente. Insgesamt wurden sieben distinkte Kundentypen abgeleitet. Die einzelnen Typen repräsentieren jeweils einen charakteristischen Kunden mit seinen spezifischen operativen und situativen Rahmenbedingungen sowie seinen konkreten bedarfsbezogenen Schwerpunkten. Im Rahmen der Validierung hatte sich gezeigt, dass das Konzept einer Charakterisierung konkreter Kunden nur vereinzelt bei den Firmen etabliert ist. Insbesondere in einem projektbasierten Geschäft ist die Anwendung vordefinierter Kundenprofile herausfordernder, da die Anforderungen und Charakteristika je nach Projekt stärker variieren können. Es stellte sich heraus, dass der Mehrwert für ein Unternehmen mit Leistungsangeboten, die stärker standardisiert sind, umso größer ist. Weiterhin zeigte sich durch die Anwendung, dass die Firmen teilweise andere – für ihre Anwendung spezifizierte – Merkmale zur Charakterisierung der Kunden verwenden, um noch konkreter auf deren Bedarfe eingehen zu können. Da die Modelle und Ergebnisse dieser Arbeit jedoch branchenbezogen vergleich- und übertragbar sein sollten, war ein abweichender höherer Detailgrad in Bezug auf die Merkmale zur Charakterisierung der Kundentypen nicht sinnvoll.

In Kapitel 6 wurden die einzelnen Teilleistungen bestimmt, die für die Bildung eines Leistungssystems im Rahmen von Subskriptions-Geschäftsmodellen erforderlich sind. Hierzu wurden die aus praxisrelevanten Fallbeispielen abgeleiteten Teilleistungen zunächst kategorisiert und systematisch beschrieben. Die drei wesentlichen Hauptkategorien bildeten die Produkt-, Dienst- und Softwareleistungen. Im Anschluss an die Beschreibung der einzelnen Teilleistungen erfolgte die Beschreibung der zu erfüllenden Funktionen im Hinblick auf die Erfüllung subskriptionsbedingter Nutzenversprechen. In toto wurden sieben übergeordnete Funktionen abgeleitet, die sich wiederum in mehrere Teilfunktionen aufgliederten. Nach der Beschreibung beider Elemente erfolgte die Zuordnung, welche Funktionen durch welche Teilleistungen erfüllt werden. Zuletzt wurden noch die hierarchischen Wirkungsbeziehungen der Teilleistungen innerhalb eines zusammenhängenden Leistungssystems erläutert, sodass ein eindeutiges Gefüge der Teilleistungen entstand. In Bezug auf dieses Teilmodell zeigte sich im Rahmen der Anwendung, dass die Betrachtungsebene, auf der die Teilleistungen beschrieben wurden, ausreichend war, um ein hinreichend spezifisches Leistungssystemkonzept abzubilden, jedoch eine anwendungsbezogene Konkretisierung der Teilleistungen eine genauere Zuordnung zu den Teilfunktionen und somit einen höheren Erfüllungsgrad in Bezug auf die fokussierten Kundenbedarfe ermöglichte. Hierbei zeigte sich auch eine der zentralen Herausforderungen dieser Arbeit, ein Modell zu konzipieren, welches einerseits allgemein formuliert ist, um in den einzelnen Teilbereichen des Maschinen- und Anlagenbaus gleichwertig angewendet werden zu können und andererseits konkret genug ist, um einen tatsächlichen Mehrwert zu liefern.

Kapitel 7 bildete den Kernaspekt der Leistungssystemkonzeption ab: die Verknüpfung von kundenseitigen Bedarfen mit den vom Anbieter zur Verfügung gestellten Teilleistungen. Zunächst wurden hierfür die zuvor identifizierten typenspezifischen Bedarfe entsprechend der Einordnung als Basis-, Leistungs- oder Begeisterungsbedarf priorisiert und gewichtet. Daran anknüpfend wurden die Beziehungen zwischen den Kundenbedarfen und den leistungsbezogenen Funktionen erläutert. Gleichzeitig wurden die Bewertungen der Einzelbeziehungen im *House of Quality* manifestiert. Anschließend wurden für jeden Kundentyp die bedarfsspezifischen Gewichtungen in das *House of Quality* eingesetzt, um die jeweilige bedarfsspezifische Bedeutung der Teilfunktionen berechnen zu können. Mithilfe der Berechnungen wurden die Prioritäten jedes Kundentyps hinsichtlich der zu erfüllenden Subskriptionsfunktionen sichtbar. Diese Informationen wurden im nächsten Schritt genutzt, um kundentypen- bzw. bedarfsspezifische Leistungssystemkonzepte aufzustellen. Die Leistungssystemkonzepte zeigten auf, welche Funktionen durch welche Teilleistungen erfüllt wurden. Sie strukturierten sich einerseits anhand der funktionsbezogenen Prioritäten und andererseits entsprechend der Leistungsstufe, die sich wiederum aus den hierarchischen Wirkungsbeziehungen der einzelnen Teilleistungen ergab. Somit entstanden insgesamt sieben leistungssystembezogene Konzepte. Aufbauend auf den übergeordneten Konzepten erfolgte zuletzt die Ableitung bedarfsspezifischer Leistungssystemempfehlungen für jeden der sieben Kundentypen. Die Empfehlungen fokussierten die wichtigsten Teilleistungen, die in den jeweiligen bedarfsspezifischen Leistungssystemen enthalten sein sollten, um die adressierten Funktionen respektive Nutzenversprechen erfüllen zu können. Sie bildeten die Ausgangsbasis für die Leistungssystemgestaltung im Rahmen der industriellen Anwendung. In der Anwendung dieses Teilmodells zeigte sich vor allem, dass der maßgebliche Aufwand in der Bewertung der Wirkungsbeziehungen und somit in der Vorbereitung des *House of Quality* lag. Die eigentliche Anwendung war hingegen schnell und einfach durchzuführen, da diese maßgeblich durch ergänzende vorkonfigurierte Berechnungstabellen im Hintergrund unterstützt wurde. Rückblickend ist ebenfalls anzumerken, dass eine Beschreibung der Wirkungsbeziehungen zwischen Kundenbedarfen und Teilfunktionen rein aus Anbieterperspektive nur bedingt sinnvoll ist. Hier ist es wichtig, die Einschätzung des Kunden mit aufzunehmen und seine Bewertung in das Modell einfließen zu lassen, da schließlich auch die Bedarfe aus Sicht der Kunden erfüllt werden sollen. Positiv anzumerken ist, dass die strukturgebende Darstellung in Form des *House of Quality* im Rahmen der Validierungsgespräche als sehr hilfreich bewertet wurde. Beide Experten gaben an, dass ihnen das Modell sehr bei der logischen Verknüpfung von kundenseitigen Bedarfen und anbieterseitigen Funktion hilft und sie dadurch die Möglichkeit haben, schneller und einfacher zu sehen, welche Bedarfe konkret durch das Leistungssystem adressiert werden und wo ggf. weitere Anpassungen erforderlich sind.

In Kapitel 8 erfolgte die abschließende Gestaltung des Vorgehensmodells, welches Anwender der Praxis dazu befähigt, Leistungssysteme für Subskriptions-Geschäftsmodelle schneller und einfacher zu konzipieren. In Bezug auf das Vorgehensmodell wurde zunächst der übergeordnete Rahmen, bestehend aus den drei Phasen Planen, Gestalten und Verbessern, beschrieben und durch jeweils drei Teilprozesse konkretisiert. In die einzelnen Teilprozesse wurden die zuvor erläuterten Teilmodelle integriert und hinsichtlich ihrer praxisbezogenen Anwendung erläutert. Das Kapitel schließt mit der Komplettierung des dreiphasigen Vorgehensmodells zur Konzeption bedarfsspezifischer Leistungssysteme für Subskriptions-Geschäftsmodelle im Maschinen- und Anlagenbau. In der praktischen Anwendung des entwickelten Vorgehensmodells zeigte sich, dass eine vollständige Validierung der Verbesserungsphase konkrete Nutzungsdaten erfordert und somit erst a posteriori in bzw. nach der Anwendung erfolgen kann. Es ist ebenfalls zu hinterfragen, ob die dritte Phase des Vorgehens für die Praxis bereits relevant ist, da in beiden Fällen deutlich wurde, dass eine vollständige datentechnische Erfassung des Nutzungsverhaltens bislang nur vereinzelt in der Branche als Standard etabliert ist. Ebenfalls zeigte sich, dass der Planungs- und Gestaltungsaufwand stark vom Detailgrad der Betrachtung abhängig ist. Für die konkrete Anwendung in der Praxis ist es demnach besonders relevant, diesen im Vorhinein sinnvoll auszuwählen.

Kapitel 9 fokussierte die Validierung der formalen und inhaltlichen Anforderungen anhand von Expertengesprächen hinsichtlich zweier konkreter Fallstudien aus dem Maschinen- und Anlagenbau. Die Ergebnisse dieser Dissertationsschrift mit Fokus auf den entsprechenden Anforderungen an die entwickelten Modelle konnten durch die Industrieexperten bestätigt werden. Das Vorgehensmodell inklusive der enthaltenen Teilmodelle und Gestaltungsempfehlungen ist folglich valide im Hinblick auf den angewandten Forschungsprozess nach ULRICH und bietet den Experten einen großen Mehrwert in der Konzeption ihrer zukünftigen Leistungssysteme für Subskriptions-Geschäftsmodelle.

Zusammenfassend besteht der wissenschaftliche Beitrag dieser Dissertationsschrift zunächst in der subskriptionsspezifischen Betrachtung des Konzeptionsprozesses für Leistungssysteme. Der wesentliche Erkenntnisgewinn, bei Betrachtung des aktuellen Forschungsstands, liegt in der Herleitung eines systematischen Vorgehens, das neue subskriptionsbezogene Aspekte berücksichtigt und spezifische Handlungsempfehlungen für konkrete Kundentypen formuliert. Die Forschungsergebnisse dieser Dissertationsschrift schließen somit die zuvor erläuterte Forschungslücke und leisten folglich einen wichtigen wissenschaftlichen Beitrag für die zukünftige Entwicklung von Subskriptions-Geschäftsmodellen im Maschinen- und Anlagenbau.

Ergänzend dazu ergibt sich der praktische Nutzen dieser Arbeit auf unterschiedliche Art und Weise: Zunächst bietet das Vorgehensmodell ein strukturgebendes Rahmenwerk, das Praktiker in der Planung ihrer Vorhaben im Hinblick auf die Konzeption von Leistungssystemen unterstützt. Darüber hinaus stellen die identifizierten Kundentypen eine gute Grundlage zur Adaption im Hinblick auf die spezifischen Teilbranchen des Maschinen- und Anlagenbau dar. Weiterhin liefern die bedarfsspezifischen

Leistungssystemkonzepte und die daraus abgeleiteten Gestaltungsempfehlungen zur Zusammensetzung der jeweiligen Leistungssysteme einen entscheidenden Mehrwert für eine simplifizierte und beschleunigte Anwendung in der Praxis. Die Anwender sind somit in der Lage, schnell Zusammenhänge zwischen Kundenbedarfen und Teilleistungen zu erkennen und folglich den Konzeptionsprozess zu vereinfachen.

10.2 Ausblick auf weitere Forschungs- und Entwicklungsbedarfe

Auf Basis der Ergebnisse dieser Dissertationsschrift ergeben sich unterschiedliche Forschungs- und Entwicklungsbedarfe, die im Folgenden adressiert werden:

Hinsichtlich der bedarfsspezifischen Kundentypen besteht der Bedarf, diese anwendungsfallspezifisch zu konkretisieren. Aktuell sind die Kundentypen generisch formuliert, um einen möglichst großen Anwendungsbereich für alle Unternehmen des Maschinen- und Anlagenbaus zu geben. Da es jedoch teilweise große Unterschiede in den Teilbranchen gibt, gilt es, die generischen Kundentypen für die einzelnen Teilbranchen des Maschinen- und Anlagenbaus zu spezifizieren, um ein noch detaillierteres Bild zu schaffen und somit eine bessere Zuordnung gewährleisten zu können.

Zusätzlich gilt es analog, auch die Teilleistungen hinsichtlich der Teilbranchen des Maschinen- und Anlagenbau zu konkretisieren und ggf. zu adaptieren. Auch im Hinblick darauf gibt es hier – je nach technologischem Anwendungsfeld – teilweise große Unterschiede in Bezug auf die einzelnen Teilleistungen. Eine spezifischere Beschreibung der branchenspezifischen Teilleistungen würde den Anwendern zusätzlich bei Leistungssystemkonzeption helfen und die Transferleistung für ihren konkreten Anwendungsfall vereinfachen. Darüber hinaus wäre es sinnvoll, den Pool der betrachteten Teilleistungen gemäß der Teilbranche zu erweitern oder zu reduzieren, um die Anwendbarkeit zusätzlich zu vereinfachen.

Als weiterer Handlungsbedarf lassen sich die Verknüpfung und Eingliederung in das am FIR konzipierte Aachener Vorgehen zur Entwicklung von Subskriptions-Geschäftsmodellen identifizieren. Hierbei wäre es sinnvoll, die relevanten Schnittstellenthemen wie z. B. Pricing oder Vertrieb zu identifizieren und sinnvolle Verknüpfungen zu den Ergebnissen dieser Dissertationsschrift herzustellen. Durch die Eingliederung besteht die Möglichkeit, das Vorgehensmodell inklusive seiner Teilmodelle als sinnvolles Werkzeug zukünftiger Forschungs- und Beratungsprojekte im Themenbereich der Subskriptions-Geschäftsmodellentwicklung einzusetzen.

Schlussendlich gilt es zu berücksichtigen, dass es sich bei den Ergebnissen dieser Dissertationsschrift stets um eine Momentaufnahme innerhalb eines dynamischen Themenumfelds handelt. Im Hinblick auf die stetige Weiterentwicklung von Subskriptions-Geschäftsmodellen im Maschinen- und Anlagenbau ist es die Aufgabe zukünftiger Arbeiten innerhalb dieses Forschungsfelds, die Ergebnisse dieser Dissertationsschrift kontinuierlich zu hinterfragen und unter Betrachtung der aktuellen Trends und Erkenntnisse weiterzuentwickeln, um auch perspektivisch die Validität und Anwendbarkeit sicherzustellen.

11 Quellenverzeichnis

11.1 Publikationsverzeichnis

FRANK, J.; HOLPER, C.: Smart Services: Chancen und Herausforderungen. In: MC-report 7 (2020) 1, S. 4 – 6.

HOLPER, C.: diaMant: Partizipatives Wandlungsmanagement für digitale Geschäftsmodelle. In: UdZ - The Data-driven Enterprise 3 (2023) 1, S. 65 – 68.

HOLPER, C.: Praxistool zur Implementierung serviceorientierter Geschäftsmodelle. In: Service Today 36 (2022) 4, S. 70 – 71.

HOLPER, C.: Projekt SubscriptionCanvas: Erarbeitung eines KMU-gerechten Subscription-Canvas. Kompaktes Tool zur übersichtlichen Konzeptionierung von Subscriptions-Geschäftsmodellen. In: UdZForschung 21 (2020) 2, S. 35 – 37.

HOLPER, C.: ReStroK – Reduktion der Stromgestehungskosten unter Nutzung von historischen und aktuellen Betriebs- und Servicedaten von Onshore-Windenergieanlagen. Abschlussbericht. Aachen, Februar 2023. [in Bibliothek des FIR e. V. an der RWTH Aachen verfügbar]

HOLPER, C.: Subscription in drei Tagen. Grundlagenkurs zeigt systematischen Weg zum digitalen Geschäftsmodell. In: UdZ - The Data-driven Enterprise 2 (2022) 2, S. 37 – 38.

HOLPER, C.; FRANK, J.: Subscription-Geschäftsmodelle in der produzierenden Industrie. Mit As-a-Service-Geschäftsmodellen zum nachhaltigen Erfolg von Digitalisierungsaktivitäten. In: WiSt – Wirtschaftswissenschaftliches Studium 50 (2021) 5, S. 16 – 22.

HOLPER, C.; STROH, M.: Wenn aus Nutzungsdaten Mehrwertdienste werden. Von den Besten lernen: Konsortial-Benchmarking ‚Intelligente Produkte'. In: UdZPraxis – Magazin für Betriebsorganisation in der digital vernetzten Wirtschaft 6 (2020) 2, S. 16 – 19.

SCHUH, G.; HOLPER, C.; HOLST, L.; BOOS, W.: Creation of Subscription-Related Service Modules. In: Advances in Production Management Systems. Production Management Systems for Responsible Manufacturing, Service, and Logistics Futures. IFIP WG 5.7 International Conference, APMS 2023, Trondheim, Norway, September 17–21, 2023, Proceedings, Part II. Hrsg.: E. Alfnes; A. Romsdal; J. O. Strandhagen; G. von Cieminski; D. Romero. IFIP Advances in Information and Communication Technology; Bd. 690. Springer, Cham [u. a.] 2023, S. 213 – 227. [=2023a]

SCHUH, G.; HOLPER, C.; HOLST, L.; STICH, V.: Typology for Industrial Customers in the Subscription Economy. In: Smart Services Summit. Hrsg.: J. Meierhofer; S. West; T. Buecheler. Springer, Cham 2023, S. 153 – 161. [=2023b]

SCHUH, G.; STICH, V.; BIRTEL, F.; HICKING, J.; HOLPER, C.; JUNGLAS, S.; STEINLEIN, F.; WALTER, T.; WENGER, L.: Künstliche Intelligenz - Geschäftsmodellinnovationen und Entwicklungstrends. Erkenntnisse aus der Anwendung von KI in der Wirtschaft. Hrsg.: Bundesministerium für Wirtschaft und Energie (BMWi), Januar 2021. https://www.de.digital/DIGITAL/Redaktion/DE/Digitalisierungsindex/Publikationen/publikation-download-ki-geschaeftsmodellinnovationen.pdf?__blob=publicationFile&v=5 (Link zuletzt geprüft: 15.01.2025)

SCHUH, G.; STICH, V.; DÖLLE, C.; RUSCHITZKA, C.; HOLPER, C.: Methodology for the Development of Value Propositions within Subscription Models. In: Technology Management and Leadership in Digital Transformation – Looking Ahead to Post COVID Era. Hrsg.: D. F. Kocaoglu; T. R. Anderson; D. Cetindamar Kozanoglu; K. Niwa; H.-J. Steenhuis. IEEE, Piscataway (NJ) 2022, S. 1 – 9.

SCHUH, G.; STICH, V.; HICKING, J.; SCHRÖER, T.; BENNING, J.; HOLPER, C.; JUNGLAS, S.; STEINLEIN, F.; WALTER, T.: Einsatz von Künstlicher Intelligenz zur Sprachverarbeitung. Anwendung von Natural-Language-Processing in der Industrie. Hrsg.: Bundesministerium für Wirtschaft und Energie (BMWi), Oktober 2021. https://www.de.digital/DIGITAL/Redaktion/DE/Digitalisierungsindex/Publikationen/publikation-download-ki-nlp.pdf?__blob=publicationFile&v=3 (Link zuletzt geprüft: 15.01.2025)

SCHUH, G.; STICH, V.; STROH, M.; BENNING, J.; HOLPER, C.; JANßEN, J.; JUNGLAS, S.; WALTER, T.: Souveräner Datenaustausch als Enabler Künstlicher Intelligenz. Stand der Erkenntnisse aus Industrie und Praxis. Hrsg.: Bundesministerium für Wirtschaft und Klimaschutz (BMWK), Dezember 2022. https://www.de.digital/DIGITAL/Redaktion/DE/Digitalisierungsindex/Publikationen/publikation-ki-datenaustausch.html (Link zuletzt geprüft: 15.01.2025)

RUSCHITZKA, C.; HOLPER, C.: SubscriptionCanvas – Konzeptionierung von subskriptionsmodellbasierten Leistungsversprechen in KMU. Abschlussbericht. Aachen, Juni 2023. https://epub.fir.de/frontdoor/deliver/index/docId/2576/file/fir_Schlussbericht_SubscriptionCanvas_Holper.pdf (Link zuletzt geprüft: 15.01.2025)

11.2 Literaturverzeichnis

ADEOYE-OLATUNDE, O. A.; OLENIK, N. L.: Research and scholarly methods: Semi-structured interviews. In: JACCP: Journal of the american college of clinical pharmacy 4 (2021) 10, S. 1358 – 1367.

ADRODEGARIA, F.; PASHOU, T.; SACCANI, N.: Business Model Innovation: Process and Tools for Service Transformation of Industrial Firms. In: Procedia CIRP 64 (2017) 11, S. 103 – 108.

AKAO, Y.: Quality function deployment. Integrating Customer Requirements into Product Design. Productivity Press, New York 1990.

ALLMENDINGER, M.; WALTER, P.; JAGUSCH, S.: Subscribe Now!? In: Digitales Management und Marketing. Hrsg.: S. Detscher. Springer Gabler, Wiesbaden 2021, S. 13 – 28.

ALMQUIST, E.; CLEGHORN, J.; SHERER, L.: The B2B Elements of Value. How to measure – and deliver – what business customers want. In: Harvard Business Review 96 (2018) 2, S. 72 – 82.

ALPARSLAN, A.: Strukturalistische Prinzipal-Agent-Theorie. Eine Reformulierung der Hidden-Action-Modelle aus der Perspektive des Strukturalismus. Dt. Univ.-Verl., Wiesbaden 2006. – Zugl.: Teilw.: Duisburg-Essen, Univ., Diss., 2005.

AMANN, J.; ESSER, S.; KRIJNEN, T.; ABUALDENIEN, J.; PREIDEL, C.; BORRMANN, A.: BIM-Programmierschnittstellen. In: Building Information Modeling. Hrsg.: A. Borrmann; M. König; C. Koch; J. Beetz. Springer Vieweg, Wiesbaden 2021, S. 263 – 290.

ARDOLINO, M.; RAPACCINI, M.; SACCANI, N.; GAIARDELLI, P.; CRESPI, G.; RUGGERI, C.: The role of digital technologies for the service transformation of industrial companies. In: International Journal of Production Research 56 (2018) 6, S. 2116 – 2132.

ARDOLINO, M.; SACCANI, N.; GAIARDELLI, P.; RAPACCINI, M.: Exploring the Key Enabling Role of Digital Technologies for PSS Offerings. In: Procedia CIRP 47 (2016) 3, S. 561 – 566.

ATKINSON, R.: Project management: cost, time and quality, two best guesses and a phenomenon, its time to accept other success criteria. In: International Journal of Project Management 17 (1999) 6, S. 337 – 342.

AURICH, J. C.; FUCHS, C.; WAGENKNECHT, C.: Modular design of technical product-service systems. In: Innovation in Life Cycle Engineering and Sustainable Development. Hrsg.: D. Brissaud; S. Tichkiewitch; P. Zwolinski. Springer, Dordrecht 2006, S. 303 – 320.

AURICH, J. C.; KOCH, W.; KÖLSCH, P.; HERDER, C. (Hrsg.): Entwicklung datenbasierter Produkt-Service Systeme. Ein Ansatz zur Realisierung verfügbarkeitsorientierter Geschäftsmodelle. Springer Vieweg, Berlin [u. a.] 2019.

BAKER, L.: Observation: A Complex Research Method. In: Library Trends 55 (2006) 1, S. 171 – 189.

BECKER, J.; KAHN, D.: Der Prozess im Fokus. In: Prozessmanagement. Ein Leitfaden zur prozessorientierten Organisationsgestaltung. 7., korr. u. erw. Auflage. Hrsg.: J. Becker; M. Kugeler; M. Rosemann. Springer Gabler, Berlin [u. a.] 2012, S. 3 – 16.

BECKER, J.; PROBANDT, W.; VERING, O.: Grundsätze ordnungsmäßiger Modellierung. Konzeption und Praxisbeispiel für ein effizientes Prozessmanagement. Springer Gabler, Berlin [u. a.] 2012.

BECKER, J. H.: Phase 4: Ideen entwickeln. In: Praxishandbuch nachhaltige Produktentwicklung. Ein Leitfaden mit Tipps zur Entwicklung und Vermarktung nachhaltiger Produkte. Hrsg.: U. Scholz; S. Pastoors; J. H. Becker; D. Hofmann; R. van Dun. Springer Gabler, Berlin [u. a.] 2018, S. 159 – 174.

BEHRENDT, A.; BOER, E. DE; KASAH, T.; KOERBER, B.; MOHR, N.; RICHTER, G.: Leveraging Industrial IoT and advanced technologies for digital transformation. How to align business, organization, and technology to capture value at scale. McKinsey & Company 2021. https://www.mckinsey.com/~/media/mckinsey/business%20functions/mckinsey%20digital/our%20insights/a%20manufacturers%20guide%20to%20generating%20value%20at%20scale%20with%20iiot/leveraging-industrial-iot-and-advanced-technologies-for-digital-transformation.pdf (Link zuletzt geprüft: 30.11.2024)

BELZ, C.; SCHUH, G.; GROOS, S. A.; REINECKE, S.: Erfolgreiche Leistungssysteme in der Industrie. In: Industrie als Dienstleister. Hrsg.: C. Belz; T. Tomczak; H. Weinhold-Stünzi. Fachbuch für Marketing. Verl. Thexis, St. Gallen 1997, S. 14 – 109.

BENDIG, O. B.; PFEIFLE, S.; JANIK, J.; KUGEL, M.: Equipment-as-a-Service. From Capex to Opex – new business models for the machinery industry. Hrsg.: Deloitte Consulting GmbH, Februrar 2021. https://www2.deloitte.com/content/dam/Deloitte/at/Documents/strategy-analytics/at-equipment-as-service-2021.pdf (Link zuletzt geprüft: 30.11.2024)

BERKOVICH, M.; LEIMEISTER, J. M.; KRCMAR, H.: Requirements Engineering für Product Service Systems. In: Wirtschaftsinformatik 53 (2011) 6, S. 357 – 370.

BERTALANFFY, L. VON: General system theory. Foundations, development, applications. Rev. ed. Braziller, New York 1968.

BINDER, V. A.; KANTOWSKY, J.: Technologiepotentiale. Neuausrichtung der Gestaltungsfelder des strategischen Technologiemanagements. Deutscher Universitätsverlag, Wiesbaden 1996. – Zugl.: St. Gallen, Univ., Diss. V. Binder, J. Kantowsky, 1996.

BLEICHER, K.: Das Konzept Integriertes Management. Visionen – Missionen – Programme. 8., überarb. u. erw. Auflage. Campus-Verl., Frankfurt am Main 2011.

BÖCKER, J.: Marketing für Leistungssysteme. Deutscher Universitätsverlag, Wiesbaden 1995. – Zugl.: Göttingen, Univ., Diss., 1994.

BOHNSTEDT, J.: Vertragsrecht im Einkauf. Erfolgsfaktor im Supply Chain Risk Management (SCRM). 3., überarb. Auflage. Springer Gabler, Wiesbaden [u. a.] 2018.

BORTZ, J.; DÖRING, N.: Forschungsmethoden und Evaluation. In den Sozial- und Humanwissenschaften. 4., überarb. Auflage. Springer, Berlin 2006.

BÖSCHEN, I.: Makroökonomik und Wirtschaftspolitik. Ein Lehrbuch zur Entwicklung nach der Weltwirtschaftskrise 2009. utb Volkswirtschaftslehre; Bd. 4869. Mohr Siebeck, Tübingen 2017.

BOßLAU, M.; GESING, J.; MEIER, H.; WIESEKE, J.: Geschäftsmodelle für Industrielle Produkt-Service Systeme. In: Industrielle Produkt-Service Systeme. Entwicklung, Betrieb und Management. Hrsg.: H. Meier; E. Uhlmann. Springer Vieweg, Berlin 2017, S. 299 – 324.

BOTTA, C.: Rahmenkonzept zur Entwicklung von Product-Service Systems. Product-Service Systems Engineering. Eul, Lohmar, Köln 2007. – Zugl.: Saarbrücken, Univ., Diss., 2006.

BRECHER, C.; FEY, M.; LOBA, M.; MALINOWSKI, O.; OCHEL, J.; SCHÄFER, J.; STEINERT, A.; WITTMANN, M.: Nachhaltigkeit in Produktionslinien. In: Empower Green Production. Tagungsband: AWK '23, 11. – 12. Mai 2023. Hrsg.: R. Schmitt; T. Bergs; C. Brecher; G. Schuh. Fraunhofer-Institut für Produktionstechnologie IPT, Aachen 2023, S. 214 – 246.

BRESSANELLI, G.; ADRODEGARI, F.; PERONA, M.; SACCANI, N.: The role of digital technologies to overcome Circular Economy challenges in PSS Business Models: an exploratory case study. In: 10th CIRP Conference on Industrial Product-Service Systems, (IPS²). Hrsg.: T. Sakao; M. Lindahl; Y. Liu; C. Dalhammar. Linköping University 2018, S. 216 – 221. DOI: 10.1016/j.procir.2018.03.322

BRUHN, M.: Marketing. Grundlagen für Studium und Praxis. 14., überarb. Auflage. Springer Gabler, Wiesbaden [u. a.] 2019.

BRUHN, M.; MEFFERT, H.; HADWICH, K.: Handbuch Dienstleistungsmarketing. Planung – Umsetzung – Kontrolle. 2., vollst. überarb. u. erw. Auflage. Springer Gabler, Wiesbaden 2019.

BRUHNS, L.; WIETSCHORKE, L.: Subscription Business Models: Risks and Opportunities for Providers and Customers. In: UdZ – The Data-driven Enterprise (2021) 3, S. 64 – 70.

BUDDE, L.; FRIEDLI, T.: Komplexitätsmanagement in Zeiten von Industrie 4.0 und wachsender Digitalisierung. In: Wirtschaftsinformatik & Management 9 (2017) 2, S. 28 – 39.

BURGER, M.; KRÜGER, A.; BURGMANN, N.; ARLINGHAUS, J.: Designing a Subscription Business Model for Industrial Goods: Distinctive Features and Industrial Subscription Ecosystems. Fraunhofer-Institut für Fabrikbetrieb und -automatisierung IFF, Magdeburg, Januar2022. DOI: 10.2139/ssrn.4253598.

BURGMANN, N.; BURGER, M.; KRÜGER, A.: Subscription Business Models as Accelerators for the Adoption of Industry 4.0 by SMEs. In: The Future of Smart Production for SMEs. Hrsg.: O. Madsen; U. Berger; C. Møller; A. Heidemann Lassen; B. Vejrum Waehrens; C. Schou. Springer, Cham [u. a.] 2023, S. 155 – 171.

BUTCHER, N.: Equipment-as-a-Service: Moving to a new revenue model. 02.03.2023. https://www.simon-kucher.com/en/insights/equipment-service-moving-new-revenue-model (Link zuletzt geprüft: 30.11.2024)

CHONG, Y. T.; CHEN, C.-H.: Customer needs as moving targets of product development: a review. In: The International Journal of Advanced Manufacturing Technology 48 (2010) 1-4, S. 395 – 406.

CLAUS, T.; HERRMANN, F.; MANITZ, M.: Knappe Kapazitäten und Unsicherheit – Analytische Ansätze und Simulation in der Produktionsplanung und -steuerung. In: Produktionsplanung und -steuerung. Forschungsansätze, Methoden und Anwendungen. Hrsg.: T. Claus; F. Herrmann; M. Manitz. 2., überarb. u. erw. Auflage. Springer Gabler, Berlin [u. a.] 2021, S. 3 – 7.

COLEMAN, L. B., SR.: The Customer-Driven Organization. Employing the Kano Model. Productivity Press, Portland (OR) 2015.

COOPER, A.: The Inmates are Running the Asylum. In: Software-Ergonomie '99. Design von Informationswelten. Hrsg.: U. Arend; E. Eberleh; K. Pitschke. Vieweg+Teubner, Wiesbaden 1999, S. 17.

COOPER, A.: The inmates are running the asylum. Why high-tech products drive us crazy and how to restore the sanity. 6. Auflage. Sams, Indianapolis (IN) 2006.

CORSTEN, H.; GÖSSINGER, R.: Dienstleistungsmanagement. 5., vollst. überarb. u. wes. erw. Auflage. Oldenbourg, München [u. a.] 2007.

DEMUS, O.; DRISS, A.: Heidelberg goes digital! Subscription – Best Practices. Heidelberger Druckmaschinen AG, Aachen, 12.03.2020.

DEUSE, J.; WEISNER, K.; HENGSTEBECK, A.; BUSCH, F.: Gestaltung von Produktionssystemen im Kontext von Industrie 4.0. In: Zukunft der Arbeit in Industrie 4.0. Hrsg.: A. Botthof; E. Hartmann. Springer Vieweg, Berlin 2015, S. 99 – 109.

DIN 31051: Grundlagen der Instandhaltung. Deutsches Institut für Normung e. V. (DIN). Beuth, Berlin, Juni 2003.

DIN EN 13306: Instandhaltung – Begriffe der Instandhaltung. Deutsches Institut für Normung e. V. Beuth, Berlin, Dezember 2010.

DIN EN ISO 9000: Qualitätsmanagementsysteme – Grundlagen und Begriffe (DIN EN ISO ISO 9000:2015). Deutsches Institut für Normung e. V. (DIN). Beuth, Berlin November 2015.

DIN ISO 10006: Qualitätsmanagement – Leitfaden für Qualitätsmanagement in Projekten (DIN ISO 10006:2017). Deutsches Institut für Normung e. V. (DIN). Beuth, Berlin, Oktober 2020.

DIN EN ISO 12100: Sicherheit von Maschinen – Allgemeine Gestaltungsleitsätze – Risikobeurteilung und Risikominderung (ISO 12100:2010). Deutsches Institut für Normung e. V. (DIN). Beuth, Berlin, März 2011.DOBBS, K.; VINIAK, V.; GOBLE, J.: Your business As-a-Service. Putting the right pieces in place. Hrsg.: Accenture. Januar 2019.

DÖBLER, T. M.; BENDIG, O. B.; JANIK, J.: Der zweite Frühling für den Maschinenbau. Servicedigitalisierung als Wachstumstreiber. Hrsg.: Deloitte Consulting GmbH. Januar 2020.

DRENGNER, J.: Service-Dominant Logic – Konzept und Implikationen für das Marketingmanagement. In: Business + Innovation 3 (2012) 4, S. 8 – 15.

EBI, M.: Implementierung von Subskriptionsmodellen im Maschinen- und Anlagenbau. Ergebnisse aus der Produktionstechnik; Bd. 32/2021. Apprimus, Aacgen 2021. – Zugl.: Aachen, Techn. Hochsch., Diss., 2021.

EBI, M.; TITTEL, J.; DÖLLE, C.; SCHUH, G.: Generic Description of Service-Related Business Models in the Field of Machinery and Plant Engineering. In: Advances in Production Research. Hrsg.: R. Schmitt; G. Schuh. Springer, Cham [u. a.] 2019, S. 763 – 775.

ECKERT, R.: Lean Startup in Konzernen und Mittelstandsunternehmen. Ergebnisse einer Expertenbefragung und Handlungsempfehlungen. Springer Gabler, Wiesbaden 2017.

EGGERT, A.; ULAGA, W.; GEHRING, A.: Managing Customer Success in Business Markets: Conceptual Foundation and Practical Application. In: Journal of Service Management Research 4 (2020) 2-3, S. 121 – 132.

EISENHARDT, K. M.: Building Theories from Case Study Research. In: Academy of Management Review 14 (1989) 4, S. 532 – 550.

EISENHARDT, K. M.; GRAEBNER, M. E.: Theory Building From Cases: Opportunities And Challenges. In: Academy of Management Journal 50 (2007) 1, S. 25 – 32.

ERLEI, M.; SCHMIDT-MOHR, U.: [Definition] Prinzipal-Agent-Theorie. Gabler Wirtshcaftslexikon online, 19.02.2018. https://wirtschaftslexikon.gabler.de/definition/prinzipal-agent-theorie-42910 (Link zuletzt geprüft: 01.12.2024)

FELDHUSEN, J.; GEBHARDT, B.: Product Lifecycle Management für die Praxis. Ein Leitfaden zur modularen Einführung, Umsetzung und Anwendung. Springer, Berlin [u. a.] 2008.

FELDHUSEN, J.; GROTE, K.-H.; GÖPFERT, J.; TRETOW, G.: Technische Systeme. In: Pahl/Beitz Konstruktionslehre. Hrsg.: J. Feldhusen; K.-H. Grote. Springer, Berlin [u. a.] 2013, S. 237 – 279.

FELDMANN, S.; WIENAND, P.; TONAT, S.: X-as-a-Service transformation. From CapEx to OpEx. From products to solutions. Hrsg.: Roland Berger GmbH, Juli 2021.

FELKAI, R.; BEIDERWIEDEN, A.: Projektmanagement für technische Projekte. Ein Leitfaden für Studium und Beruf. 3., überarb. u. erw. Auflage. Springer Vieweg, Wiesbaden 2015.

FICALORA, J. P.; COHEN, L.: Quality function deployment and six sigma. A QFD handbook. 2. Auflage. Prentice Hall, Upper Saddle River (NJ) 2010.

FOCKE, M.; STEINBECK, J.: Steigerung der Anlagenproduktivität durch OEE-Management. Definitionen, Vorgehen und Methoden – von manuell bis Industrie 4.0. Springer Gabler, Wiesbaden 2018.

FORRESTER, J. W.: System dynamics, systems thinking, and soft OR. In: System Dynamics Review 10 (1994) 2-3, S. 245 – 256.

FORRESTER, J. W.: System dynamics – the next fifty years. In: System Dynamics Review 23 (2007) 2-3, S. 359 – 370.

FRANCESCHINI, F.: Advanced quality function deployment. St. Lucie Press, Boca Raton (FL) 2002.

FRANK, J.: Reifegradbasierte Gestaltung der Unternehmenskultur am Beispiel der Instandhaltung. Schriftenreihe Rationalisierung; Bd. 176. RHrsg.: G. Schuh. Apprimus, Aachen 2021. – Zugl.: Aachen, Techn. Hochsch., Diss., 2020.

FRANK, J.; HOLST, L.; MÜLLER, D.; LEITING, T.: Aachener Subscription-Business. Monetarisieren Sie die Nutzungsphase Ihrer Produkte. Die sechs Erfolgsprinzipien. FIR e. V. an der RWTH Aachen, Aachen 2021. https://epub.fir.de/frontdoor/index/index/start/0/rows/10/sortfield/score/sortorder/desc/searchtype/advanced/title/Aachener+Subscription-Business/titlemodifier/contains_all/docId/1638 (Link zuletzt geprüft: 01.12.2024)

FREDERIKSEN, T. B.; P. P. PIERONI, M.; PIGOSSO, D. C. A.; MCALOONE, T. C.: Strategic Development of Product-Service Systems (PSS) through Archetype Assessment. In: Sustainability 13 (2021) 5, S. 2592; 22 S.

FREILING, J.; BUSE, C.; WEIßENFELS, S.: Strategische Grundfragen der Etablierung von Betreibermodellen. In: Dienstleistungsorientierte Geschäftsmodelle im Maschinen- und Anlagenbau. Hrsg.: H. Meier. Springer, Berlin [u. a.] 2004, S. 63 – 83.

GAIARDELLI, P.; PEZZOTTA, G.; RONDINI, A.; ROMERO, D.; JARRAHI, F.; BERTONI, M.; WIESNER, S.; WUEST, T.; LARSSON, T.; ZAKI, M.; JUSSEN, P.; BOUCHER, X.; BIGDELI, A. Z.; CAVALIERI, S.: Product-service systems evolution in the era of Industry 4.0. In: Service Business 15 (2021) 1, S. 177 – 207.

GAIDE, P.: Blechteil statt Maschine. In: VDMA Magazin 02 (2021) 01, S. 48 – 50.

GARREL, J. VON; DENGLER, T.; SEEGER, J.: Industrielle Betreibermodelle. One-Stop Services als erfolgreiches Konzept. In: Industrielle Dienstleistungen und Internationalisierung. Hrsg.: M. Schenk; C. M. Schlick. Gabler, Wiesbaden 2009, S. 267 – 330.

GASSMANN, O.; CSIK, M.; FRANKENBERGER, K.: Business Model Navigator. Pearson Education, London 2014.

GASSMANN, O.; FERRANDINA, F.: Die Win-Win-Win Formel. In: Harvard Business Manager 6 (2021) 6, S. 30 – 41.

GASSMANN, O.; FRANKENBERGER, K.: Geschäftsmodelle entwickeln: Von der Kunst zum Handwerk. In: Geschäftsmodellinnovationen: vom Trend zum Geschäftsmodell. Hrsg.: P. Granig; E. Hartlieb; D. Lingenhel. Springer Gabler, Wiesbaden 2016, S. 17 – 33.

GASSMANN, O.; FRANKENBERGER, K.; CHOUDURY, M.: Geschäftsmodelle entwickeln. 55 innovative Konzepte mit dem St. Galler Business Model Navigator. Hanser, München [u. a.] 2013.

GERICKE, K.; BENDER, B.; PAHL, G.; BEITZ, W.; FELDHUSEN, J.; GROTE, K.-H.: Funktionen und deren Strukturen. In: Pahl/Beitz Konstruktionslehre. Methoden und Anwendung erfolgreicher Produktentwicklung. Hrsg.: B. Bender; K. Gericke. 9. Auflage. Springer, Berlin [u. a.] 2021, S. 233 – 254.

GERL, S.: Innovative Geschäftsmodelle für industrielle Smart Services. Ein Vorgehensmodell zur systematischen Entwicklung. Springer Gabler, Wiesbaden 2020. – Zugl.: Karlsruhe, Hochsch., Masterarb.

GONG, Y.; JANSSEN, M.: From policy implementation to business process management: Principles for creating flexibility and agility. In: Government Information Quarterly 29 (2012) 1, 61 – 71.

GORLDT, C.; WIESNER, S.; WESTPHAL, I.; THOBEN, K.-D.: Product-Service Systems im Zeitalter von Industrie 4.0 in Produktion und Logistik – Auf dem Weg zu Cyber-Physischen Product-Service Systemen. In: Dienstleistungen 4.0; Bd. 2: Geschäftsmodelle – Wertschöpfung – Transformation. Hrsg.: M. Bruhn; K. Hadwich. Springer Fachmedien Wiesbaden, Wiesbaden 2017, S. 363 – 378.

GORLICK, A.: Equipment-as-a-Service. Der ultimative Guide für Maschinenhersteller. Synctive GmbH, Bielefeld 2022.

GORSKI, E. G.; LOURES, E. D. F. R.; SANTOS, E. A. P.; KONDO, R. E.; DEL MARTINS, G. R. N.: Towards a smart workflow in CMMS/EAM systems: An approach based on ML and MCDM. In: Journal of Industrial Information Integration 26 (2022) 2, S. 100278. DOI: 10.1016/j.jii.2021.100278.

GRAF, N.; WITTE, E. H.: Synergetische Führung – die Steuerung eines zukunftsfähigen Mikrosystems. In: Die Zukunft der Führung. Hrsg.: S. Grote. Springer Gabler, Berlin [u. a.] 2012, S. 513 – 529.

GREEN, M. H.; DAVIES, P.; NG, I. C.: Two strands of servitization: A thematic analysis of traditional and customer co-created servitization and future research directions. In: International Journal of Production Economics 192 (2017) 12, S. 40 – 53.

GROßE-OETRINGHAUS, W. F.: Fertigungstypologie: unter dem Gesichtspunkt der Fertigungsablaufplanung. Betriebswirtschaftliche Forschungsergebnisse; Bd. 65. Duncker & Humblot, Hamburg 1974. – Zugl.: Gießen, Univ., Diss., 1972.

GRÖSSER, S.: [Definition] System Dynamics. Gabler Wirtschaftslexikon online, 14.02.2028. https://wirtschaftslexikon.gabler.de/definition/system-dynamics-47445/version-270709 (Link zuletzt geprüft: 01.12.2024)

GUGGEMOS, T.: Controlling in digitalen Geschäftsmodellen. In: Controlling – Zeitschrift für erfolgsorientierte Unternehmenssteuerung 33 (2021) 2, S. 54 – 60.

GUTENBERG, E.: Grundlagen der Betriebswirtschaftslehre; Bd. 1: Die Produktion. Springer, Berlin [u. a.] 1951.

HABER, N.; FARGNOLI, M.: Prioritizing customer requirements in a product-service system (PSS) context. In: The TQM Journal 31 (2019) 2, S. 257 – 273.

HABERFELLNER, R. (Hrsg.): Systems Engineering. Grundlagen und Anwendung. 12., völlig neu bearb. u. erw. Auflage. Orell Füssli, Zürich 2012.

HABERFELLNER, R.; WECK, O. L. DE; FRICKE, E.; VÖSSNER, S.: Systems Engineering. Fundamentals and Applications. Springer, Cham [u. a.] 2019.

HAGUE, P.; HARRISON, M.: Market Segmentation in B2B Markets. B2B international online, o. D. https://www.b2binternational.com/publications/b2b-segmentation-research/ (Link zuletzt geprüft: 01.12.2024)

HALLER, S.; WISSING, C.: Dienstleistungsmanagement. Grundlagen – Konzepte – Instrumente. 8., überarb. u. erw. Auflage. Springer Gabler, Wiesbaden [u. a.] 2020.

HAMPSHIRE, N.; CALIFANO, G.; SPINKS, D.: Kano Model. In: Mastering Collaboration in a Product Team. 70 Techniques to Help Teams Build Better Products. Hrsg.: N. Hampshire; G. Califano; D. Spinks. Apress, Berkeley (CA) 2022, S. 56 – 57.

HARLAND, T.: Gestaltung des Digitalen Schattens für Instandhaltungsdienstleistungen im Maschinen- und Anlagenbau. Schriftenreihe Rationalisierung; Bd. 160. Hrsg.: G. Schuh. Apprimus, Aachen 2019. – Zugl.: Aachen, Techn. Hochsch., Diss., 2018.

HARLAND, T.: Chancen und Risiken durch Subscription-Modelle im Maschinen- und Anlagenbau. Vortrag im Rahmen der mündlichen Doktorprüfung. FIR e. V. an der RWTH Aachen, Aachen, 10.12.2018. [in Bibliothek des FIR e. V. an der RWTH Aachen verfügbar]

HELO, P.; GUNASEKARAN, A.; RYMASZEWSKA, A.: Designing and Managing Industrial Product-Service Systems. Springer, Cham [u. a.] 2017.

HENTSCHEL, C.: Konzeptionelle Produktentwicklung als Impulsgeber für radikale Innovation: TRIZ in der Konstruktionssystematik des VDI. In: Marktorientiertes Produkt- und Produktionsmanagement in digitalen Umwelten. Festgabe für Klaus Bellmann zum 75. Geburtstag. Hrsg.: A. Khare; D. Kessler; J. Wirsam. Springer Gabler, Wiesbaden [u. a.] 2018, S. 75 – 84.

HERMANN, U.: Digitalisierung im Industrieunternehmen. Die Chancen der digitalen Ökonomie der Dinge erkennen, entwickeln und erfolgreich umsetzen. Apprimus, Aachen 2019.

HERRMANN, A.; HUBER, F.: Produktmanagement. Grundlagen – Methoden – Beispiele. 2., vollst. überarb. u. erw. Auflage. Gabler, Wiesbaden 2009.

HERZOG, M.; KÖSTER, M.; SADEK, T.; BENDER, B.: Die frühen Phasen der IPSS-Entwicklung. In: Industrielle Produkt-Service Systeme. Entwicklung, Betrieb und Management. Hrsg.: H. Meier; E. Uhlmann. Springer Vieweg, Berlin 2017, S. 69 – 94.

HEYD, R.; BEYER, M.: Die Prinzipal-Agenten-Theorie – Eine Einführung mit Anknüpfungspunkten an die finanzwirtschaftliche Praxis. In: Die Prinzipal-Agenten-Theorie in der Finanzwirtschaft. Analysen und Anwendungsmöglichkeiten in der Praxis. Hrsg.: R. Heyd; M. Beyer. Schmidt, Berlin 2011, S. 15 – 42.

HICKING, J.: Spezifikation von intelligenten Produkten im Maschinenbau. Schriftenreihe Rationalisierung; Bd. 175. RHrsg.: G. Schuh. Apprimus, Aachen 2020. – Zugl.: Aachen, Techn. Hochsch., Diss., 2020.

HOGREVE, S.; KRIST, K.; TRACHT, K.: Mobile, Modular and Adaptive Assembly Jigs for Large-Scale Products. In: Annals of Scientific Society for Assembly, Handling and Industrial Robotics 2021. Hrsg.: T. Schüppstuhl; K. Tracht; A. Raatz. Springer, Cham [u. a.] 2022, S. 39 – 50.

HÖLSCHER, R.; HELMS, N.: [Definition] Finanzierung. Gabler Banklexikon online, 14.04.2020. https://www.gabler-banklexikon.de/definition/finanzierung-57908/version-378012 (Link zuletzt geprüft: 01.12.2024)

HOLST, L.: Referenzmodell für das Customer-Success-Management im Subskriptionsgeschäft des Maschinen- und Anlagenbaus. Schriftenreihe Rationalisierung; Bd. 181. RHrsg.: G. Schuh. Apprimus, Aachen 2022. – Zugl.: Aachen, Techn. Hochsch., Diss., 2021.

HOLST, L.; STICH, V.: Typology and Implications of Equipment-as-a-Service Business Models in the Manufacturing Industry. In: Smart, Sustainable Manufacturing in an Ever-Changing World. Proceedings of International Conference on Competitive Manufacturing (COMA '22). Hrsg.: K. von Leipzig; N. Sacks; M. Mc Clelland. Springer, Cham [u. a.] 2023, S. 347 – 355.

HOMBURG, C.: Marketingmanagement. Strategie – Instrumente – Umsetzung – Unternehmensführung. 7., überarb. u. erw. Auflage. Springer Gabler, Wiesbaden [u. a.] 2020.

HOMBURG, C.; GARBE, B.: Industrielle Dienstleistungen – Bestandsaufnahme und Entwicklungsrichtungen. In: ZfB – Zeitschrift für Betriebswirtschaft 66 (1996) 3, S. 253 – 282.

HUMMEL, F. E.: Market Potentials in the Machine Tool Industry: A Case Study. In: Journal of Marketing 19 (1954) 1, S. 34 – 41.

ILLNER, B.; KONJUSIC, R.; RICHTBERG, O.; STAHL, B.; UHLIG, A.; BIRKMEYER, J.; BREUNIG, M.; BUCHNER, H.; HOFSTÄTTER, T.; KOPF, J.; KÖRBER, B.; MOHR, N.; MÖLLER, I.; RICHTER, G.: Kundenzentrierung als Chance für den digitalen Durchbruch. Was sich die Endkundenindustrien vom Maschinenbau bei digitalen Plattformen und Mehrwertdiensten wünschen. Hrsg.: VDMA – Verband Deutscher Maschinen- und Anlagenbau e. V.; McKinsey & Company. Düsseldorf 2020. https://www.mckinsey.de/~/media/mckinsey/locations/europe%20and%20middle%20east/deutschland/news/presse/2020/2020-09-18%20maschinenbau/vdma_mckinsey_broschre_digitale%20plattformen_deutsch.pdf (Link zuletzt geprüft: 01.12.2024)

ISHAK, A.; GINTING, R.; SUWANDIRA, B.; FAUZI MALIK, A.: Integration of Kano Model and Quality Function Deployment (QFD) to Improve Product Quality: A Literature Review. In: IOP Conference Series: Materials Science and Engineering 1003 (2020) 1, 012025, 9 S. DOI:10.1088/1757-899X/1003/1/012025.

ISHFAQ, R.: Resilience through flexibility in transportation operations. In: International Journal of Logistics Research and Applications 15 (2012) 4, S. 215 – 229.

ISNIAH, S.; HARDI PURBA, H.; DEBORA, F.: Plan do check action (PDCA) method: literature review and research issues. In: Jurnal Sistem dan Manajemen Industri 4 (2020) 1, S. 72 – 81.

ISO 50001: Energiemanagementsysteme – Anforderungen mit Anleitung zur Anwendung. Deutsches Institut für Normung e. V. (DIN). DIN EN ISO 50001:2018. Beuth, Berlin, Dezember 2018.

KALLWIES, R.; KOB, T.; NEES, S.; SCHMELTER, B.: BSI-Standard 100-4. Notfallmanagement. Hrsg.: Bundesamt für Sicherheit in der Informationstechnik, Bonn 2008. https://www.bsi.bund.de/SharedDocs/Downloads/DE/BSI/Publikationen/ITGrundschutzstandards/BSI-Standard_1004.pdf?__blob=publicationFile&v=2 (Link zuletzt geprüft: 01.12.2024)

KANO, N.; SERAKU, N.; TAKAHASHI, F.; TSUJI, S.: Attractive Quality and Must-Be Quality. In: Journal of The Japanese Society for Quality Control 14 (1984) 2, S. 147 – 156.

KAUFMANN, D.; LANGHANS, N.: Industrial Subscription. So revolutionieren Abo-Geschäftsmodelle die industrielle Wertschöpfung – und so gelingt Ihrem Unternehmen der Einstieg ins Abo-Zeitalter. Hrsg.: Kaufmann Langhans Strategieberatung GmbH 2023.

KAUFMANN, T.: Strategiewerkzeuge aus der Praxis. Analyse und Beurteilung der strategischen Ausgangslage. Springer Gabler, Berlin [u. a.] 2021.

KELLNER, F.; LIENLAND, B.; LUKESCH, M.: Produktionswirtschaft. Planung, Steuerung und Industrie 4.0. 2., aktualis. u. erw. Auflage. Springer Gabler, Berlin [u. a.] 2020.

KENNER, K.; SEITER, M.: Kundenakzeptanz von Subscription Models – Akzeptanzhürden und Lösungsansätze. In: Smart Services; Bd. 3: Kundenperspektive – Mitarbeiterperspektive – Rechtsperspektive. Hrsg.: M. Bruhn; K. Hadwich. Springer Gabler, Wiesbaden 2022, S. 197 – 216.

KETT, H. J.; EVCENKO, D.; FALKNER, J.; SCHNEIDER, M.; NEBAUER, S.; SCHÖLLHAMMER, O.; NEUHÜTTLER, J.; BORGES, G.: Equipment-as-a-Service (EaaS). Methodenleitfaden zur praktischen Anwendung des EaaS-Canvas. Hrsg.: Fraunhofer IAO, Stuttgart. Fraunhofer Verlag, Stuttgart 2023.

KHISRO, J.: Utilizing an Investment Instrument for Digital Transformation: A Case Study of a Large Swedish Municipality. In: Electronic Government. Hrsg.: G. Viale Pereira; M. Janssen, H. Lee; I. Lindgren; M. P. Rodríguez Bolívar; H. J. Scholl; A. Zuiderwijk. Springer, Cham [u. a.] 2020, S. 71 – 81.

KIRCHNER, E.: Werkzeuge und Methoden der Produktentwicklung. Von der Idee zum erfolgreichen Produkt. SpringerVieweg, Berlin [u. a.] 2020.

KITTINGER, A.: Serviceorientierung und partnerschaftliches Handeln im B2B-Vertrieb. Gabler, Wiesbaden 2010. – Zugl.: Wien, Fachhochsch., Diplomarbeit, 2010.

KLEINALTENKAMP, M.; JACOB, F.: Grundlagen der Gestaltung des Leistungsprogramms. Die Instrumente des Business-to-Business-Marketing. In: Markt- und Produktmanagement. Die Instrumente des Business-to-Business-Marketing. Hrsg.: M. Kleinaltenkamp. 2., überarb. u. erw. Auflage. Gabler, Wiesbaden 2006, S. 3 – 82.

KLEINALTENKAMP, M.; SAAB, S.: Technischer Vertrieb. Eine praxisorientierte Einführung in das Business-to-Business-Marketing. Springer, Heidelberg [u. a.] 2009.

KLEINALTENKAMP, M.; STORBACKA, K.; NENONEN, S.: Voraussetzungen der Transformation vom Produkt- zum Lösungsanbieter: Wenn Lösungen zum Problem werden. In: Servicetransformation. Entwicklung vom Produktanbieter zum Dienstleistungsunternehmen. Hrsg.: M. Bruhn; K. Hadwich. Springer Gabler, Wiesbaden 2016, S. 197 – 208.

KLUGE, F.: Etymologisches Wörterbuch der deutschen Sprache. 22., völlig neu bearb. Auflage. De Gruyter, Berlin [u. a.] 1989/2015.

KLUGE, S.: Empirisch begründete Typenbildung. Zur Konstruktion von Typen und Typologien in der qualitativen Sozialforschung. Leske + Budrich, Opladen 1999. – Zugl.: Bremen, Univ., Diss., 1998.

KOCH, S.: Einführung in das Management von Geschäftsprozessen. Six Sigma, Kaizen und TQM. 2. Auflage. Springer Vieweg, Berlin [u. a.] 2015.

KÖLSCH, P.; AURICH, J. C.; HERDER, C. F.: Grundlagen zu Produkt-Service Systemen. In: Entwicklung datenbasierter Produkt-Service Systeme. Hrsg.: J. C. Aurich; W. Koch; P. Kölsch; C. Herder. Springer, Berlin [u. a.] 2019, S. 5 – 15.

KONARY, A.: Subscription Business Maturity Model. A framework for success.Subscribed Institute, 2019.

KÖSTER, O.: Systematik zur Entwicklung von Geschäftsmodellen in der Produktentstehung. HNI-Verlagsschriftenreihe; Bd. 326. Heinz-Nixdorf-Inst., Paderborn 2014. – Zugl.: Paderborn, Univ., Diss., 2013.

KOTLER, P.; ARMSTRONG, G.: Principles of Marketing, Global Edtion. 18. Auflage. Pearson, Harlow 2020.

KRAUSE, D.; GEBHARDT, N.: Methodische Entwicklung modularer Produktfamilien. Hohe Produktvielfalt beherrschbar entwickeln. Springer Vieweg, Berlin [u. a.] 2018.

KREß, J. M.: Erbringung hybrider Leistungsangebote in Wertschöpfungsnetzwerken. Ergebnisse aus der Produktionstechnik; Bd. 40/2022. Apprimus, Aachen 2022. – Zugl.: Aachen, Techn. Hochsch., Diss., 2022.

KUBICEK, H.: Heuristische Bezugsrahmen und heuristisch angelegte Forschungsdesigns als Elemente einer Konstruktionsstrategie empirischer Forschung. In: Empirische und handlungstheoretische Forschungskonzeptionen in der Betriebswirtschaftslehre. Bericht über d. Tagung in Aachen, März 1976. Hrsg.: R. Köhler. Poeschel, Stuttgart 1977, S. 3 – 36.

KUIJKEN, B.; GEMSER, G.; WIJNBERG, N. M.: Effective product-service systems: A value-based framework. In: Industrial Marketing Management 60 (2017) 1, S. 33 – 41.

KÜLSCHBACH, A.: Systematische Bewertung von Änderungsanfragen in der Produktion. Schriftenreihe Rationalisierung; Bd. 180. RHrsg.: G. Schuh. Apprimus, Aachen 2021. Zugl.: Aachen, Techn. Hochsch., Diss., 2021.

KUMAR, A.: Why it is hard to understand customer needs, and how to do it faster. UX Planet online, 21.11.2019. https://uxplanet.org/why-it-is-hard-to-understand-customer-needs-and-how-to-do-it-faster-4bf6d89a72ba (Link zuletzt geprüft: 01.12.2024)

LACKES, R.; SIEPERMANN, M.: [Definition] Software. Gabler Wirtschaftslexikon online, 19.02.2018. https://wirtschaftslexikon.gabler.de/definition/software-45585/version-268877 (Link zuletzt geprüft: 01.12.2024)

LAH, T.; WOOD, J. B.: Technology-as-a-Service Playbook. How to Grow a Profitable Subscription Business. Point B, Brooklyn Park (MN)2016.

LASSEN, S.: Harmonisierung von ERP-/PPS-Prozessen und -Systemen. In: Produktionsplanung und -steuerung. Grundlagen, Gestaltung und Konzepte. Hrsg.: G. Schuh. 3., völlig neu bearb. Auflage. Springer, Berlin [u. a.] 2006, S. 377 – 420.

LASSMANN, W.; SCHWARZER, J.; ROGGE, R.; KAFTAN, H.-J.: Wirtschaftsinformatik. Nachschlagewerk für Studium und Praxis. Gabler, Wiesbaden 2006.

LAUB, T.; FLASHAR, B.: Qualitätsmanagement im Produktentstehungsprozess, in der Entwicklung und im Innovationsmanagement. In: Qualität neu denken. Innovative, virtuelle und agile Ansätze entlang der Wertschöpfungskette. Hrsg.: M. Helmold; T. Laub; B. Flashar; J. Fritz; T. Dathe. Springer Gabler, Wiesbaden 2023, S. 231 – 243.

LEHNER, F.: Grundfragen und Positionierung der Wirtschaftsinformatik. In: Wirtschaftsinformatik. Theoretische Grundlagen. Hrsg.: F. Lehner. Hanser, München [u. a.] 1995, S. 1 – 71.

LEITING, T.: Konfiguration und Preisbildung von Subskriptionsleistungssystemen für die produzierende Industrie. Schriftenreihe Rationalisierung; Bd. 188. RHrsg.: G. Schuh.Apprimus, Aachen 2023. – Zugl.: Aachen, Techn. Hochsch., Diss., 2023.

LENART, M.; HORST, C.: Time to subscribe? Subscription-Geschäftsmodelle im Maschinenbau. In: UdZPraxis – Magazin für Betriebsorganisation in der digital vernetzten Wirtschaft 5 (2019) 1, S. 12 – 16. https://epub.fir.de/frontdoor/index/index/start/0/rows/10/sortfield/score/sortorder/desc/searchtype/advanced/title/Time+to+subscribe%3F/titlemodifier/contains_all/docId/790 (Link zuletzt geprüft: 01.12.2024)

LEPZIEN, J.; LEWERENZ, M.: Persona-Methode. Eine Methode zur Illustrierung von Bildungsbedarfen. Universität Rostock, Roostock 2017. https://www.uni-rostock.de/storages/uni-rostock/UniHome/Weiterbildung/KOSMOS/Persona.pdf (Link zuletzt geprüft: 01.12.2024)

LERCH, C.; GOTSCH, M.: Die Rolle der Digitalisierung bei der Transformation vom Produzenten zum produzierenden Dienstleister. In: Die Unternehmung 68 (2014) 4, S. 250 – 267.

LINDAHL, M.; SUNDIN, E.; ÖHRWALL RÖNNBÄCK, A.; ÖHLUND SANDSTRÖM, G.: Integrated Product and Service Engineering – the IPSE project. In: Proceedings: Changes to Sustainable Consumption. Workshop of the Sustainable Consumption Reasearch Exchange (SCORE!). Hrsg.: M. Charter; A. Tukker. Linköping University, Linköping 2006, 9 S.

LINDAHL, M.; SUNDIN, E.; SAKAO, T.; SHIMOMURA, Y.: Integrated Product and Service Engineering versus Design for Environment – A Comparison and Evaluation of Advantages and Disadvantages. In: Advances in life cycle engineering for sustainable manufacturing businesses. Proceedings of the 14th CIRP Conference on Life Cycle Engineering, Waseda University, Tokyo, Japan, June 11th – 13th, 2007. Hrsg.: S. Takata; Y. Umeda. Springer, London [u. a.] 2007, S. 137 – 142.

LIOZU, S. M.: The Industrial Subscription Economy. A Practical Guide to Designing, Pricing, and Scaling Your Industrial Subscription. Value Innoruption Advisors Publishing, Sewickley (PA) 2022.

LIPPOLD, D.: Perspektiven und Dimensionen der Unternehmensberatung. Eine grundlegende Betrachtung. Springer Gabler, Wiesbaden 2015.

LIPPOLD, D.: B2B-Marketing und -Vertrieb. Die Vermarktung erklärungsbedürftiger Produkte und Leistungen. De Gruyter Oldenbourg, Berlin [u. a.] 2021.

LITTIG, B.; WALLACE, C.: Möglichkeiten und Grenzen von Fokus-Gruppendiskussionen für die sozialwissenschaftliche Forschung. Reihe Soziologie; Nr. 21. IHS, Wien 1997.

LIU, Y.: Organisation von Subskription im Maschinen- und Anlagenbau. Ergebnisse aus der Produktionstechnik; Bd. 35/2022. Apprimus, Aachen 2022. – Zugl.: Aachen, Techn. Hochsch., Diss., 2021.

LIU, Y.; GÜTZLAFF, A.; CREMER, S.; GRBEV, T.; SCHUH, G.: Design of Tailored Subscription Business Models – A Guide for Machinery and Equipment Manufacturers. In: Production at the leading edge of technology. Proceedings of the 10th Congress of the German Academic Association for Production Technology (WGP), Dresden, 23–24 September 2020. Hrsg.: B.-A. Behrens; A. Brosius; W. Hintze; S. Ihlenfeldt; J. P. Wulfsberg. Springer, Berlin [u. a.] 2021, S. 717 – 727.

LÖDDING, H.: Gedanken zu einem abgestimmten Management von Kosten, Zeit und Qualität. In: Enterprise-Integration. Auf dem Weg zum kollaborativen Unternehmen. Hrsg.: G. Schuh; V. Stich. Springer Vieweg, Berlin [u. a.] 2014, S. 23 – 35.

LUGHOFER, E.; SAYED-MOUCHAWEH, M.: Prologue: Predictive Maintenance in Dynamic Systems. In: Predictive Maintenance in Dynamic Systems. Hrsg.: E. Lughofer; M. Sayed-Mouchaweh. Springer, Cham [u. a.] 2019, S. 1 – 23.

MAHADEVAN, G.; CHEJARLA, K. C.: Lean Management for Small and Medium Sized Enterprises. Adapting Operations to Changing Business Environment. Springer, Singapur [u. a.] 2023.

MALLACH, M.; DÜPPRE, S.; ROTH, S.: Implikationen von Smart Services für Geschäftsmodelle und Preissysteme. In: Smart Services; Bd. 2: Geschäftsmodelle – Erlösmodelle – Kooperationsmodelle. Hrsg.: M. Bruhn; K. Hadwich. Springer Gabler, Wiesbaden 2022, S. 231 – 253.

MARITAN, D.: Practical Manual of Quality Function Deployment. Springer , Cham [u. a.] 2015.

MATHES, M. A.; SEUFERT, J.: Programmieren in C für Elektrotechniker und Mechatroniker. Das Lern- und Übungsbuch. Springer Vieweg, Wiesbaden [u. a.] 2022.

MATTMANN, I.: Modellintegrierte Produkt- und Prozessentwicklung. Springer Vieweg, Wiesbaden 2017. – Zugl.: Darmstadt, Techn. Univ., Diss., 2017.

MCCARTHY, E. J.: Basic Marketing. A Managerial Approach. R. D. Irwin, Homewood (IL) 1960.

MEER, J. DE: Kritikalitätsbewertung von technischen Prozessen in kritischen Infrastrukturen. 2015. DOI:10.13140/RG.2.1.3304.7127.

MEFFERT, H.; BURMANN, C.; KIRCHGEORG, M.; EISENBEIß, M.: Marketing. Grundlagen marktorientierter Unternehmensführung Konzepte – Instrumente – Praxisbeispiele. 13., überarb. u. erw. Auflage. Springer Gabler, Wiesbaden 2019.

MINTO, B.: The Minto pyramid principle. Logic in writing, thinking and problem solving. Minto International, London 2003.

MITTAG, T.; RABE, M.; GRADERT, T.; KÜHN, A.; DUMITRESCU, R.: Building blocks for planning and implementation of smart services based on existing products. In: Procedia CIRP 73 (2018) 5, S. 102 – 107.

MÜHLNICKEL, H.; KURZ, C. M.; JUSSEN, P.; EMONTS-HOLLEY, R.: Smart Maintenance. In: Betriebliche Instandhaltung. Hrsg.: J. Reichel; G. Müller; J. Haeffs. 2. Auflage. Springer Vieweg, Berlin [u. a.] 2018, S. 349 – 360.

NATEE, S.; LOW, S. P.; TEO, E. A. L.: Quality Function Deployment for Buildable and Sustainable Construction. Springer, Singapur [u. a.] 2016.

NEBAUER, S.; SCHNEIDER, M.; SCHÖLLHAMMER, O.; RAUH, L.; SCHEL, D.; BAUERNHANSL, T.; EVCENKO, D.; KETT, H. J.; WIRTH, J.; BAUER, K.; SAWILLA, I.; HÖDING, M.: Serviceorientierte Produktion der Zukunft. Hrsg.: Fraunhofer-Institut für Produktionstechnik und Automatisierung IPA, Stuttgart. Fraunhofer Verlag, Stuttgart 2023.

NEUGEBAUER, R.: Digitalisierung. Schlüsseltechnologien für Wirtschaft und Gesellschaft. Vieweg, Berlin [u. a.] 2018.

NEUHÜTTLER, J.; WOYKE, I. C.; GANZ, W.: Applying Value Proposition Design for Developing Smart Service Business Models in Manufacturing Firms. In: Advances in The Human Side of Service Engineering. Proceedings of the AHFE 2017 International Conference on The Human Side of Service Engineering, July 17−21, 2017, The Westin Bonaventure Hotel, Los Angeles (CA). Hrsg.: L. E. Freund; W. Cellary. Advances in Intelligent Systems and Computing; Bd..601. Springer, Cham [u. a.] 2017, S. 103 – 114.

OLBRICH, R.: Marketing. Eine Einführung in die marktorientierte Unternehmensführung. 3., vollst. überarb. u. erw. Auflage. Springer Gabler, Berlin [u. a.] 2022.

OSTERWALDER, A.; PIGNEUR, Y.: Business model generation. A handbook for visionaries, game changers, and challengers. Wiley, Hoboken (NJ) 2010.

OSTERWALDER, A.; PIGNEUR, Y.; BERNARDA, G.; SMITH, A.; PAPADAKOS, P.: Value Proposition Design. How to create products and services customers want. Get started with ... Wiley, Hoboken, (NJ) 2014.

PAHL, G.; BEITZ, W.; GERICKE, K.; BENDER, B.; FELDHUSEN, J.; GROTE, K.-H.: Grundlagen technischer Systeme. In: Pahl/Beitz Konstruktionslehre. Methoden und Anwendung erfolgreicher Produktentwicklung. Hrsg.: B. Bender; K. Gericke. 9. Auflage. Springer, Berlin [u. a.] 2021, S. 9 – 25.

PAHL, G.; BEITZ, W.; WALLACE, K.: Engineering design. A systematic approach. 2., überarb. Auflage. Springer, London [u. a.] 1996.

PARODI, O.; BEECROFT, R.; ALBIEZ, M.; QUINT, A.; SEEBACHER, A.; TAMM, K.; WAITZ, C.: Von „Aktionsforschung“ bis „Zielkonflikte“. In: TATuP – Zeitschrift für Technikfolgenabschätzung in Theorie und Praxis 25 (2016) 3, S. 9 – 18.

PATZAK, G.: Systemtechnik – Planung komplexer innovativer Systeme. Grundlagen, Methoden, Techniken. Springer, Berlin [u. a.] 1982.

PEÇAS, P.; ENCARNAÇÃO, J.; GAMBÔA, M.; SAMPAYO, M.; JORGE, D.: PDCA 4.0: A New Conceptual Approach for Continuous Improvement in the Industry 4.0 Paradigm. In: Applied Sciences 11 (2021) 16, S. 7671 – 7699.

PETTIT, C.; LEAO, S. Z.: Dashboard. In: Encyclopedia of Big Data. Hrsg.: L. A. Schintler; C. L. McNeely. Springer, Cham [u. a.] 2022, S. 255 – 260.

POLINER, J.: Servitization in der Fertigungsindustrie: Equipment-as-a-Service als Zukunftsmodell? Hrsg.: Relayr GmbH 04 / 2022.

PONN, J.; LINDEMANN, U.: Konzeptentwicklung und Gestaltung technischer Produkte. Systematisch von Anforderungen zu Konzepten und Gestaltlösungen. 2. Auflage. Springer, Berlin [u. a.] 2011.

PORTER, M. E.; HEPPELMANN, J. E.: How Smart, Connected Products Are Transforming Competition. In: Harvard Business Review 92 (2014) 11, S. 64 – 88.

PRINZ, C.; SCHULTE, D.; GORSEK, D.; KUHLENKÖTTER, B.; HAASE, T.; HAUPTVOGEL, M.; BERNDT, D.: Der digitale Zwilling des Menschen zur flexiblen Produktionsplanung. In: ZWF – Zeitschrift für wirtschaftlichen Fabrikbetrieb 117 (2022) 7-8, S. 508 – 512.

PROBST, G. J. B.; GOMEZ, P.: Die Methodik des vernetzten Denkens zur Lösung komplexer Probleme. In: Vernetztes Denken. Unternehmen ganzheitlich führen. Hrsg.: G. J. B. Probst; P. Gomez. Gabler, Wiesbaden 1989, S. 1 – 18.

RABL, M.: Quality Function Deployment. In: Praxisorientiertes Innovations- und Produktmanagement. Hrsg.: K. Gaubinger; T. Werani; M. Rabl. Gabler, Wiesbaden 2009, S. 127 – 142.

RIESENER, M.; DOELLE, C.; EBI, M.; PERAU, S.: Methodology for the implementation of subscription models in machinery and plant engineering. In: 27th CIRP Life Cycle Engineering Conference (LCE2020). Advancing Life Cycle Engineering : from technological eco-efficiency to technology that supports a world that meets the development goals and the absolute sustainability. Hrsg.: D. Brissaud; P. Zwolinski; H. Paris; A. Riel. Elsevier, Amsterdam [u. a.] 2020, S. 730 – 735.

RITTGER, L.; SCHRADER, T.: Novel User Experiences and Human Centered Development in Vehicle Design. In: User Experience Design in the Era of Automated Driving. Hrsg.: A. Riener; M. Jeon; I. Alvarez. Studies in Computational Intelligence (SCI); Bd. 980. Springer, Cham [u. a.] 2022, S. 207 - 236.

RIX, C.; LEITING, T.; HOLST, L.: Herausforderungen der Preisbildung datenbasierter Geschäftsmodelle in der produzierenden Industrie. In: Datenwirtschaft und Datentechnologie. Hrsg.: M. Rohde; M. Bürger; K. Peneva; J. Mock. Springer, Berlin [u. a.] 2022, S. 49 – 69.

ROBRA-BISSANTZ, S.; STRAHRINGER, S.: Wirtschaftsinformatik-Forschung für die Praxis. In: HMD – Praxis der Wirtschaftsinformatik 57 (2020) 2, S. 162 – 188.

ROPOHL, G.: Allgemeine Technologie. Eine Systemtheorie der Technik. 3., überarb. Auflage. Universitätsverlag Karlsruhe, Karlsruhe [u. a.] 2009.

ROSS, S. A.: The Economic Theory of Agency: The Principal's Problem. In: The American Economic Review 63 (1973) 2, S. 134 – 139.

RÜEGG-STÜRM, J.; GRAND, S.: Das St. Galler Management-Modell. 4. Generation – Einführung. Haupt, Bern [u. a.] 2014.

RÜHL, U.: Quick Guide erfolgreiches Business-Continuity-Management. Wie Sie Geschäftsunterbrechungen überleben und gestärkt in die Zukunft gehen. Springer Gabler, Berlin [u. a.] 2021.

SAATWEBER, J.: Kundenorientierung durch Quality Function Deployment. Produkte und Dienstleistungen mit QFD systematisch entwickeln. 3., vollst. überarb. Auflage. Symposion Publishing, Düsseldorf 2011.

SACHNOW, T.; WINKLER, D.; HOBERG, P.; KRCMAR, H.: Digitale Transformation bei der KAESER SE. In: Digitale Transformation. Fallbeispiele und Branchenanalysen. Hrsg.: G. Oswald; H. Krcmar. Springer Gabler, Wiesbaden 2018, S. 99 – 120.

SADEK, T.; KÖSTER, M.: Eine modellorientierte Methodik zur Unterstützung der Konzeptentwicklung industrieller Produkt-Service Systeme. In: Dienstleistungsmodellierung. Hrsg.: O. Thomas; M. Nüttgens. Physica, Heidelberg 2010, S. 123 – 143.

SAKAO, T.; SONG, W.; MATSCHEWSKY, J.: Creating service modules for customising product/service systems by extending DSM. In: CIRP Annals 66 (2017) 1, S. 21 – 24.

SARANCIC, D.; PIGOSSO, D. C. A.; MCALOONE, T. C.: Designing Industrial Product-Service System (PSS) Pilot Projects in Manufacturing Companies: A Proposed Process for Product and Customer Selection. In: Proceedings of the DESIGN2022 17th International Design Conference. Hrsg.: M. Štorga; S. Škec; T. Martinec; D. Marjanović; 2. University of Zagreb; The Design Society 2022, S. 1119 – 1128.

SAUERWEIN, E.: Das Kano-Modell der Kundenzufriedenheit. Deutscher Universitätsverlag, Wiesbaden 2000. – Zugl.: Innsbruck, Univ., Diss., 1998.

SCHAWEL, C.; BILLING, F.: Top 100 Management Tools. Das wichtigste Buch eines Managers von ABC-Analyse bis Zielvereinbarung. 6. Auflage. Springer Gabler, Wiesbaden 2017.

SCHLIPF, M.; SEEBACHER, U.: Equipment-as-a-Service Market Study 2021. Voraussetzungen, Hemmnisse & Erfolgsfaktoren für EaaS – eine internationale und branchenweite Untersuchung im Investitionsgütersegment. Hochschule München, Februar 2021. https://mediapool.hm.edu/media/fk10/fk10_lokal/alte_website_1/05_diefakultt/03_personen/schlipf/studien/Equipment-as-a-Service_MarketStudy_2021_de_HM_Schlipf_Seebacher.pdf (Link zuletzt geprüft: 01.12.2024)

SCHMIDT, A.; SCHNEIDER, M.: Lager- und Materialflussprozesse. In: Handbuch Logistik. Hrsg.: D. Arnold; H. Isermann; A. Kuhn; H. Tempelmeier; K. Furmans. Springer, Berlin [u. a.] 2008, S. 371 – 404.

SCHNAARS, N.; GALIPOĞLU, E.; HAASIS, H.-D.; KOTZAB, H.: Performance-based Contracting im Maschinen- und Anlagenbau. In: Smart Services; Bd. 2: Geschäftsmodelle – Erlösmodelle – Kooperationsmodelle. Hrsg.: M. Bruhn; K. Hadwich. Springer Gabler, Wiesbaden 2022, S. 277 – 304.

SCHNECK, O.: Risikomanagement. Grundlagen, Instrumente, Fallbeispiele. Wiley-VCH, Weinheim 2010.

SCHNEIDER, J. A.; MOZGOVA, I.; LACHMAYER, R.: Product-Service Systems as an Economical Solution to Improve the Sustainability of Products. In: 9th International Conference on Mass Customization and Personalization – Community of Europe (MCP – CE 2020). RE-INNOVATING BUSINESS IN THE DIGITAL ERA. Hrsg.: Z. Anisic; C. Forza. University of Novi Sad 2020, S. 199 – 206.

SCHNEIDER, S.: Equipment as a Service-Modelle im B2B-Geschäft. Eine Einordnung verschiedener Modelle und Analyse möglicher Erfolgsfaktoren. Springer Gabler, Wiesbaden 2023. – Zugl.: Karlsruhe, Univ., Masterarb., 2022.

SCHNIEDER, E.: Verkehrsleittechnik. Automatisierung des Straßen- und Schienenverkehrs; mit 45 Tabellen. Springer, Berlin [u. a.] 2007.

SCHÖNHOFEN, F.: Technologieinduzierte Entwicklung neuer Wertversprechen im Software-intensive Business. Springer Gabler, Wiesbaden 2023. – Zugl.: Stuttgart, Univ., Diss., 2023.

SCHUBERT, F.-C.; ROHR, D.; ZWICKER-PELZER, R.: Beratung. Grundlagen, Konzepte, Anwendungsfelder. Springer, Wiesbaden [u. a.] 2019.

SCHUH, G.: Business Engineering. Managementgrundlagen für Ingenieure. Aachen 2016.

SCHUH, G.; ANDERL, R.; DUMITRESCU, R.; KRÜGER, A.; M. TEN HOMPEL, M. (HRSG.): Industrie 4.0 Maturity Index. Die digitale Transformation von Unternehmen gestalten.acatech – Deutsche Akademie der Technikwissenschaften, München 2020. https://www.acatech.de/publikation/industrie-4-0-maturity-index-update-2020/download-pdf?lang=de (Link zuletzt geprüft: 01.12.2024) [=2020a]

SCHUH, G.; AYS, L. J.; BECKER, A.; BRITZ, A.; DÖLLE, C.; HEGENER, G.; HERMANN, U.; WLECKE, S.: Always Beta – DevOps für cyber-physische Produkte. In: Internet of Production – Turning Data into Value. Statusberichte aus der Produktionstechnik 2020. Hrsg.: T. Bergs; C. Brecher; R. H. Schmitt; G. Schuh. Fraunhofer-Gesellschaft, Stuttgart 2020, S. 114 – 136. [=2020b]

SCHUH, G.; BOSHOF, J.; DÖLLE, C.; KELZENBERG, C.; TITTEL, J.: Subskriptionsmodelle im Maschinen- und Anlagenbau. In: Internet of Production – Turning Data into Value. Statusberichte aus der Produktionstechnik 2020. Hrsg.: T. Bergs; C. Brecher; R. H. Schmitt; G. Schuh. Fraunhofer-Gesellschaft, Stuttgart 2020, S. 282 – 301. [=2020c]

SCHUH, G.; FRANK, J.; JUSSEN, P.; RIX, C.; HARLAND, T.: Monetizing Industry 4.0: Design Principles for Subscription Business in the Manufacturing Industry. In: Cocreating our future: scaling-up innovation capacities through the desgin and engineering of immersive, collaborative, empathic and cognitive systems. 2019 IEEE International Conference on Engineering, Technology and Innovation (ICE/ITMC) : Sophia Antipolis Innovation Park, France, 17 – 19 June 2019. Hrsg.: Institute of Electrical and Electronics Engineers; IEEE Technology and Engineering Management Society. IEEE, Piscataway (NJ) 2019, S. 1 – 9.

SCHUH, G.; GUDERGAN, G.: Einführung und Grundlagen des Managements industrieller Dienstleistungen. In: Management industrieller Dienstleistungen. Handbuch Produktion und Management; Bd. 8. Hrsg.: G. Schuh; G. Gudergan; A. Kampker. Springer Vieweg, Berlin [u. a.] 2016, S. 1 – 19.

SCHUH, G.; GUDERGAN, G.; SENDEREK, R.; WAGNER, D.: Leistungssysteme. In: Management industrieller Dienstleistungen. Handbuch Produktion und Management; Bd. 8. Hrsg.: G. Schuh; G. Gudergan; A. Kampker. Springer Vieweg, Berlin {u. a.] 2016, S. 105 – 139.

SCHUH, G.; RIESENER, M.; PROTE, J.-P.; DÖLLE, C.; MOLITOR, M.; SCHLOESSER, S.; LIU, Y.; TITTEL, J.: Industrie 4.0: Agile Entwicklung und Produktion im Internet of Production. In: Handbuch Industrie 4.0: Recht, Technik, Gesellschaft. Hrsg.: W. Frenz. Springer, Berlin [u. a.] 2020, S. 467 – 488. [=2020d]

SCHUH, G.; WENGER, L.; STICH, V.; HICKING, J.; GAILUS, J.: Outcome Economy: Subscription Business Models in Machinery and Plant Engineering. In: 53rd CIRP Conference on Manufacturing Systems 2020. Hrsg.: R. X. Gao; K. Ehmann. Elsevier, Amsterdam 2020, S. 599 – 604. [=2020e]

SCHULTE-ZURHAUSEN, M.: Organisation. 4., überarb. u. erw. Auflage. Vahlen, München 2005.

SCHWARZ, E. J.; KRAJGER, I.; HOLZMANN, P.: Prozessmodell zur systematischen Geschäftsmodellinnovation. In: Geschäftsmodellinnovationen. Hrsg.: P. Granig; E. Hartlieb; D. Lingenhel. Springer Gabler, Wiesbaden 2016, S. 65 – 77.

SHAPIRO, B. P.; BONOMA, T. V.: How to Segment Industrial Markets. In: Harvard Business Review 62 (1984) 3, S. 104 – 110.

SHEN, J.; ERKOYUNCU, J. A.; ROY, R.; WU, B.: A framework for cost evaluation in product service system configuration. In: International Journal of Production Research 55 (2017) 20, S. 6120 – 6144.

SHRIVASTAVA, P.: House of Quality: An Effective Approach to Achieve Customer Satisfaction & Business Growth in Industries. In: International Journal of Science and Research 5 (2016) 9, S. 1365 – 1371.

SNIPPERT, T.; WITTEVEEN, W.; BOES, H.; VOORDIJK, H.: Barriers to realizing a stewardship relation between client and vendor: the Best Value approach. In: Construction Management and Economics 33 (2015) 7, S. 569 – 586.

SONG, W.; MING, X.; HAN, Y.; WU, Z.: A rough set approach for evaluating vague customer requirement of industrial product-service system. In: International Journal of Production Research 51 (2013) 22, S. 6681 – 6701.

SPATH, D.; DEMUß, L.: Entwicklung hybrider Produkte — Gestaltung materieller und immaterieller Leistungsbündel. In: Service Engineering. Entwicklung und Gestaltung innovativer Dienstleistungen. Hrsg.: H.-J. Bullinger; A.-W. Scheer; K. Schneider. 2., vollst. überarb. u. erw. Auflage. Springer, Berlin [u. a.] 2006, S. 463 – 502.

SPIESS, E.: Aktionsforschung. In: Handbuch der angewandten Psychologie. Grundlagen, Methoden, Praxis. Hrsg.: L. von Rosenstiel; C. Hockel; W. Molt. ecomed, Landsberg/Lech 1994, S. 1 – 8.

STACHOWIAK, H.: Allgemeine Modelltheorie. Springer, Wien]u. a.], 1973/2013.

STICH, V.; MÜLLER, D.; HOLST, L.; FRANK, J.: Smart Services als Enabler von Subscription-Geschäftsmodellen in der produzierenden Industrie. In: Smart Services; Bd. 2: Geschäftsmodelle – Erlösmodelle – Kooperationsmodelle. Hrsg.: M. Bruhn; K. Hadwich. Springer Gabler, Wiesbaden 2022, S. 157 – 177.

STOPPEL, E.; ROTH, S.: The conceptualization of pricing schemes: From product-centric to customer-centric value approaches. In: Journal of Revenue and Pricing Management 16 (2016) 1, S. 76 – 90.

THOMMEN, J.-P.; ACHLEITNER, A.-K.; GILBERT, D. U.; HACHMEISTER, D.; JARCHOW, S.; KAISER, G.: Allgemeine Betriebswirtschaftslehre. Umfassende Einführung aus managementorientierter Sicht. 9., vollst. überarb. Auflage. Springer Gabler, Wiesbaden, [u. a.] 2020.

TÖPFER, A.: Betriebswirtschaftslehre. Anwendungs- und prozessorientierte Grundlagen. 2., überarb. Auflage. Springer, Berlin [u. a.] 2007.

TUKKER, A.: Eight types of product–service system: eight ways to sustainability? Experiences from SusProNet. In: Business Strategy and the Environment 13 (2004) 4, S. 246 – 260.

TZUO, T.: Subscribed. Why the subscription model will be your company's future – and what to do about it. Portfolio/Penguin, New York 2018.

UHLMANN, E.; MEIER, H.: Produktverständnis im Wandel. In: Industrielle Produkt-Service Systeme. Entwicklung, Betrieb und Management. Hrsg.: H. Meier; E. Uhlmann. Springer Vieweg, Berlin 2017, S. 1 – 16.

ULRICH, H.: Die Betriebswirtschaftslehre als anwendungsorientierte Sozialwissenschaft. In: Die Führung des Betriebes. Curt Sandig zu seinem 80. Geburtstag gewidmet. Hrsg.: M. Geist; R. Köhler. Pöschel, Stuttgart 1981, S. 1 – 25.

ULRICH, H.: Systemorientiertes Management. Das Werk von Hans Ulrich. Studienausg. Haupt, Bern [u. a.] 2001.

ULRICH, P.; HILL, W.: Wissenschaftstheoretische Grundlagen der Betriebswirtschaftslehre (Teil I). In: WiSt – Wirtschaftswissenschaftliches Studium 5 (1976) 7, S. 304 – 309. [=1976a]

ULRICH, P.; HILL, W.: Wissenschaftstheoretische Grundlagen der Betriebswirtschaftslehre (Teil II). In: WiSt – Wirtschaftswissenschaftliches Studium 5 (1976) 8, S. 345 – 350. [=1976b]

UNRUH, V.: Nutzungsanalyse-System für Flurförderzeuge. https://www.maschinenmarkt.vogel.de/nutzungsanalyse-system-fuer-flurfoerderzeuge-a-287192/ (Link zuletzt geprüft: 27.06.23)

VAN OSTAEYEN, J.: Analysis of the business potential of product-service systems for investment goods. Leuven, Kat. Univ., Diss., 2014. https://www.researchgate.net/publication/260244794_Analysis_of_the_business_potential_of_product-service_systems_for_investment_goods (Link zuletzt geprüft: 01.12.2024)

VAN WYNGAARD, C. J.; PRETORIUS, J. H. C.; PRETORIUS, L.: Theory of the triple constraint – A conceptual review. In: IEEE International Conference on Industrial Engineering and Engineering Management (IEEM 2012). Hongkong, 10. – 13. December 2012. Hrsg.: Institute of Electrical and Electronics Engineers (IEEE). IEEE, Piscataway (NJ) 2012, S. 1991 – 1997.

VARGO, S. L.; LUSCH, R. F.: Evolving to a New Dominant Logic for Marketing. In: Journal of Marketing 68 (2004) 1, S. 1 – 17.

VARGO, S. L.; LUSCH, R. F.: Institutions and axioms: an extension and update of service-dominant logic. In: Journal of the Academy of Marketing Science 44 (2016) 1, S. 5 – 23.

VARTANIAN, T. P.: Secondary data analysis. Oxford University Press, New York [u. a.] 2011.

VDI 2221 Blatt 2: Entwicklung technischer Produkte und Systeme. Verein Deutscher Ingenieure. VDI, Düsseldorf, November 2019. [=2019a]

VDI 2221 Blatt 1: Entwicklung technischer Produkte und Systeme. Verein Deutscher Ingenieure. VDI, Düsseldorf, November 2019. [=2019b]

VDI 2222 Blatt 2: Erstellung und Anwendung von Konstruktionskatalogen. Verein Deutscher Ingenieure, Düsseldorf, Februar 1982.

VDI 2222 Blatt 1: Methodisches Entwickeln von Lösungsprinzipien. Verein Deutscher Ingenieure e. V., Düsseldorf, Juni 1997.

WAGNER, R.; ERASMUS, J.: Transformation des Projektmanagements. Effizientes Management von Fahrzeugprojekten entlang der Wertschöpfungskette. In: Projektmanagement in der Automobilindustrie. 6., vollst. überarb. Auflage. Hrsg.: R. Wagner; J. Erasmus. Springer Gabler, Wiesbaden 2023, S. 19 – 111.

WAHRIG-BURFEIND, R. (Hrsg.): Brockhaus Wahrig Deutsches Wörterbuch. Mit einem Lexikon der Sprachlehre. 9., vollst. neu bearb. u. aktualis. Auflage. Wissenmedia, Gütersloh 2011.

WEBER, A.; REICHEL, J.: Value Chain Service im Asset Management. In: Betriebliche Instandhaltung. Hrsg.: J. Reichel; G. Müller; J. Haeffs. 2. Auflage. Springer Vieweg, Berlin [u. a.] 2018, S. 35 – 48.

WEBSTER, F. E.; WIND, Y.: A General Model for Understanding Organizational Buying Behavior. In: Journal of Marketing 36 (1972) 2, S. 12 – 19.

WEBSTER, J.; WATSON, R. T.: Analyzing the Past to Prepare for the Future: Writing a Literature Review. In: MIS Quarterly 26 (2002) 2, S. xiii – xxiii.

WEINZIERL, S.: Condition Monitoring – was es ist und was es kann. Überblick. Produktion online, 09.12.2021. https://www.instandhaltung.de/instandhaltung-4-0/condition-monitoring/condition-monitoring-was-es-ist-und-was-es-kann-804.html#:~:text=Weiterf%C3%BChrende%20Artikel-,Was%20ist%20Condition%20Monitoring%3F,Anlage%20oder%20eines%20Prozesses%20bezeichnet (Link zuletzt geprüft: 01.12.2024)

WEINZIERL, S.: Retrofit: Definition, Vorteile und optimale Umsetzung. Upgrade für Produktionsanlagen. Produktion online, 08.06.2017. https://www.produktion.de/technik/retrofit-definition-und-vorteile-345.html (Link zuletzt geprüft: 01.12.2024)

WELTER, M.: Die Forschungsmethode der Typisierung. Charakteristika, Einsatzbereiche und praktische Anwendung. In: WiSt – Wirtschaftswissenschaftliches Studium 35 (2006) 2, S. 113 – 116.

WERNITZ, F.: Das Experteninterview als Datenerhebungsmethode in Prüfungsarbeiten. IUBH Discussion Papers – Business & Management; Nr. 2/2018. IUBH Internationale Hochschule, Bad Honnef 2018. https://www.econstor.eu/handle/10419/193021?locale=de (Link zuletzt geprüft: 01.12.2024)

WILDE, T.; HESS, T.: Forschungsmethoden der Wirtschaftsinformatik. Eine empirische Untersuchung. In: Wirtschaftsinformatik 49 (2007) 4, S. 280 – 287.

WILLE, T.: Lean Thinking in produzierenden Unternehmen. Ein Bezugssystem zur Bewertung des Einführungsfortschritts. Springer Vieweg, Wiesbaden 2016. – Zugl.: Zürich, Eidgen. Techn. Hochsch., Diss., 2015.

WIRTZ, B. W.: Multi-Channel-Marketing. Grundlagen – Instrumente – Prozesse. 3., überarb. u. erw. Auflage. Springer Gabler, Wiesbaden [u. a.] 2022.

WOLF, N.; SIENER, M.; CLEMENT, M. H.; JENNE, F.; FUCHS, C.: Konfiguration investiver Produkt-Service Systeme. In: Produkt-Service Systeme. Hrsg.. J. C. Aurich; M. H. Clement. Springer, Berlin [u. a.] 2010, S. 67 – 94.

WOLFENSTETTER, T.; FLOERECKE, S.; BÖHM, M.; KRCMAR, H.: Analyse der Eignung domänenspezifischer Methoden der Anforderungsverfolgung für Produkt-Service-Systeme. In: Wirtschaftsinformatik proceedings 2015. Osnabrück, March 4 – 6. Hrsg.: O. Thomas. Universität Osnabrück, Osnabrück 2015, S. 210 – 224.

YIN, R. K.: Case study research and applications. Design and methods. 6. Auflage. SAGE, Los Angeles [u. a.] 2018.

ZELEWSKI, S.: Grundlagen. In: Betriebswirtschaftslehre; Bd. 1: Grundlagen: Internes Rechnungswesen, Externes Rechnungswesen, Beschaffung, Produktion und Logistik, Marketing, Investition und Finanzierung. Hrsg.: H. Corsten; M. Reiß. 4., vollst. überarb. u. wesentl. erw. Auflage. Lehr- und Handbücher der Betriebswirtschaftslehre; Bd. 1. Oldenbourg, München [u. a.] 2008, S. 1 – 98.

ZWACK, T.: Versicherung. In: Peer-to-Peer-Geschäftsmodelle zur Absicherung privater Risiken. Eine Exploration am Beispiel Wildschaden. Hrsg.: T. Zwack. Springer Gabler, Wiesbaden 2017, S. 51 – 55. – Zugl.: Leipzig, HHL, Diss., 2016.

ZWICKY, F.: Morphologische Forschung. Wesen und Wandel materieller und geistiger struktureller Zusammenhänge. 2. Auflage. Schriftenreihe der Fritz-Zwicky-Stiftung; Bd. 4. Baeschlin, Glarus 1989.

Anhang

Anhang 1: Teilnehmerübersicht der Fokusgruppendiskussionen im Rahmen des Arbeitskreises *Subscription Business Management*

Datum	Ort	Thema des Arbeitskreis-treffens	Teilnehmende Unternehmen
05.11.2020	Aachen (online)	Gestaltung des Nutzenversprechens von industrielen Subscription-Geschäftsmodellen	• billwerk GmbH • Dieffenbacher Holding GmbH & Co. KG • DMG MORI AG • GreenGate AG • Heidelberger Druckmaschinen AG • HOMAG Group • Jungheinrich AG • SKF AB • SMS group GmbH
23.01.2020	Frankfurt	Interne Umsetzung von Subscription-Geschäftsmodellen	• Atlas Copco AB • billwerk GmbH • Heidelberger Druckmaschinen AG • Körber AG • Lorch Schweißtechnik GmbH • Rittal GmbH & Co. KG • SKF AB • SMS group GmbH • Zuora, Inc.

Anhang 2: Expertengespräche im Rahmen des Forschungsprojekts Subscription-Canvas

Das Forschungsprojekt Subscription-Canvas wurde zwischen den Jahren 2020 und 2022 durchgeführt und zielte darauf ab, eine Methodik zu entwickeln, die produzierende Unternehmen bei der strukturierten Entwicklung von Leistungssystemen für Subskriptions-Geschäftsmodelle unterstützt.

Datum	Inhalt	Branche	Experte
09.12.2021	Validierung: Funktionsorientierte Leistungssystemgestaltung	Maschinen- und Anlagenbau	Strategic Product Manager
10.12.2021	Validierung: Funktionsorientierte Leistungssystemgestaltung	Maschinen- und Anlagenbau	Business Development Manager
14.12.2021	Validierung: Funktionsorientierte Leistungssystemgestaltung	Industrielles Leasing	Senior Commercial Project Manager
10.01.2022	Validierung: Funktionsorientierte Leistungssystemgestaltung	Maschinen- und Anlagenbau	Head of Strategic Marketing & Business Development

Anhang 3: Ergänzende Fallstudien aus dem Maschinen- und Anlagenbau

Parallel zur Erstellung dieser Dissertationsschrift wurden sieben Fallstudien auf der Basis von semistrukturierten Experteninterviews erhoben. Der Fokus der jeweiligen Fallstudien liegt auf den zwei zentralen Perspektiven dieser Arbeit: der kundenseitigen Bedarfsperspektive auf der einen Seite und der anbieterseitigen Angebotsperspektive auf der anderen. Zusätzlich wurden im Rahmen der Interviews die Beziehungen zwischen Bedarfen und Funktionen aus Sicht der Experten bewertet. Kriterien für die Auswahl der einzelnen Anwendungsfälle waren einerseits das Vorhandensein eines Subskriptions-Geschäftsmodells und andererseits die Einordnung in die übergeordnete Branche des Maschinen- und Anlagenbau. Da die einzelnen Fallstudien teilweise vertrauliche Informationen der betrachteten Unternehmen beinhalten, sind diese zum Zwecke der Veröffentlichung anonymisiert dargestellt.

Fallstudie	Technologiefokus	Experte
Unternehmen 1	Wägetechnologie	Head of Business Development
Unternehmen 2	Wärme- und Kältetechnik	Head of Core Technology – Digital Services
Unternehmen 3	Spritzgussmaschinenbau	Head of Business and Digitalization
Unternehmen 4	Intralogistik	Head of Segment
Unternehmen 5	Wärme- und Kältetechnik	Head of Product Line Management
Unternehmen 6	Wälzlagertechnik	Manager PMO
Unternehmen 7	Spülsysteme	Leiter Digitale Services und Produkt

Im Folgenden werden die zentralen Erkenntnisse der einzelnen Fallstudien näher erläutert.

<table>
<tr><th colspan="2">Fallstudie Unternehmen 1</th></tr>
<tr><td colspan="2">Unternehmen 1 ist ein in Deutschland ansässiger Hersteller von Waagen. Das umfangreiche Portfolio umfasst Produkte und Lösungen für das Schneiden, Kassieren, Kontrollieren und Etikettieren von Waren. Das Unternehmen bedient sowohl den Einzelhandelssektor mit Fokus auf die Lebensmittelindustrie als auch die Industrie.

Umsatz: 840 Mio. €

Mitarbeiterzahl: 4.500</td></tr>
<tr><th>Beschreibung der Kundentypen</th><th>Beschreibung des Subskriptionsangebots</th></tr>
<tr><td>• Die aktuell adressierten Kunden für das Subskriptionsgeschäft sind homogen in ihren Anforderungen.
• In den meisten Fällen entscheiden sich die Kunden für ein Subskriptionsangebot, um große Investitionen zu vermeiden und ihre Kosten im Blick zu behalten. Unterstützt wird diese Motivation der Kunden durch Unsicherheiten im Markt.</td><td>• Die zentralen Nutzenversprechen des Subskriptionsangebots beziehen sich auf das Finanzierungsmodell sowie eine Verbesserung der Verfügbarkeit bzw. Zuverlässigkeit.
• Das Unternehmen bietet drei unterschiedliche Modelle mit Subskriptionsbezug an.
• Bei dem ersten Modell handelt es sich um ein Leasing-Konstrukt inklusive eines Full-Service-Wartungsvertrags, der auch Ersatzteile umfasst; die Abrechnung erfolgt gemäß dem genutzten Zeitraum.</td></tr>
</table>

• Das Subskriptionsangebot wird eher auf industrielle Produkte als auf Einzelhandelsprodukte angewandt. • Kunden aus dem traditionelleren Einzelhandelssektor sind dem Angebot eher skeptisch gegenüber eingestellt, da ihnen teilweise die Transparenz über die Zusammensetzung des Preises fehlt. • Die Kunden, die das Subskriptionsangebot in Anspruch nehmen, sind vorwiegend Neukunden. • Die aktuelle Angebotsdynamik ist eher kundengetrieben, Subskriptionsangebote werden aktiv nachgefragt.	• Das zweite Modell ist analog zum ersten Modell, bezieht sich jedoch auf eine andere Produktgruppe, in diesem Fall erfolgt die Abrechnung entsprechend der Nutzungsintensität bzw. der Anzahl an gedruckten Etiketten. • Das dritte Modell umfasst inhaltlich die gleichen Bestandteile, wird jedoch pauschal mit einer jährlich vereinbarten Menge an Etiketten abgerechnet.

Fallstudie Unternehmen 2	
Unternehmen 2 ist ein internationales Unternehmen, das sowohl im Bereich Wärme- und Kältetechnik als auch Hydraulik- und Elektromotoren tätig ist. Das Angebot des Unternehmens richtet sich an unterschiedliche Industriebranchen und reicht von umfangreichen Lösungssystemen (z. B. Kühlsysteme) bis hin zu einzelnen Komponenten (z. B. Regelventile). Der Fokus dieser Fallstudie liegt auf dem Geschäftsfeld ‚Lebensmittel und Getränke'. Umsatz: 7.500 Mio. € Mitarbeiterzahl: 37.000	
Beschreibung der Kundentypen	**Beschreibung des Subskriptionsangebots**
• Die Kundengruppen des Subskriptionsgeschäfts teilen sich in die Segmente Lebensmitteleinzelhandel, Lebensmittel- und Getränkeproduktion sowie Industrieanwendungen auf. • Innerhalb der einzelnen Segmente sind die Kunden in ihren Anforderungen und Problemstellungen sehr homogen. • Insbesondere im Bereich Lebensmitteleinzelhandel sind die Kunden oftmals sehr standardisiert und entsprechend effizienzgetrieben. • Der Vertrieb nimmt bereits eine bedarfsspezifische Segmentierung der Kunden vor, jedoch nur gefühlsbasiert – nicht systematisch oder methodengestützt. • In diesem Anwendungsfall spielen jedoch bei der Segmentierung auch die vorhandenen technischen Systeme der Kunden eine zentrale Rolle.	• Das Subskriptionsangebot von Unternehmen 2 bezieht sich vorrangig auf eine cloudbasierte Service-Plattform im Bereich ‚Kühlung'. • Die Subskriptionslösung kann auf die Kunden im Kerngeschäft angewendet werden, ist jedoch auch branchenübergreifend anwendbar. • Die Lösungen adressieren primär den Bedarf nach einer Steigerung der Effizienzen im Rahmen der Anwendung. • Durch die Auswertung von Nutzungsdaten ermöglicht die Plattform einen hocheffizienten Betrieb der Kälteanlagen, bedingt durch eine möglichst effiziente Nutzung der eingesetzten Kältemittel. • Gegenüber den Kunden wird das Angebot gemäß den adressierten Nutzenversprechen gegliedert („*Operational Efficiency & Food Quality*", „*Asset Performance Monitoring*", „*Energy Efficiency*"). Innerhalb der drei Stränge sind die Teilleistungen nochmals in Paketen gebündelt, die aufeinander aufbauen und einen konkreten Bedarf adressieren („*Transparency Package*", „*Stabilization Package*" etc.) • Die Bündelung in Paketen wird vorgenommen, um einerseits miteinander verknüpfte Teilleistungen gemeinsam anzubieten und andererseits dem Kunden eine vorkonfigurierte Handlungsempfehlung geben zu können. • Zukünftig soll die Feedbackschleife zur Ableitung von Produktverbesserungen aus der

	Analyse des Nutzungsverhaltens stärker automatisiert werden.

Fallstudie Unternehmen 3	
Unternehmen 3 stammt aus Österreich und ist im Bereich Kunststoffmaschinenbau tätig. Das Angebot umfasst Spritzgießmaschinen sowie die ergänzenden Service- und Softwareleistungen, die den Produktionsprozess unterstützen. Die Produkte werden in diversen Segmenten der produzierenden Industrie eingesetzt (z. B. Konsumgüterindustrie, Automobilindustrie etc.). Umsatz: 1.700 Mio. € Mitarbeiterzahl: 7.400	
Beschreibung der Kundentypen	**Beschreibung des Subskriptionsangebots**
• Aktuell sind die meisten Kunden des Subskriptionsangebots Bestandskunden, die das Modell für mehrere Maschinen nutzen. • Die Kunden sind homogen im Rahmen ihrer Anwendungsfälle. • Die zentralen Kundenziele können in vier Haupttreiber unterteilt werden: 1. Reduktion des Auslastungsrisikos, 2. Realisierung von positiven Bilanzeffekten und steuerlichen Vorteilen, 3. Erreichung von Nachhaltigkeitszielen im Sinne der Kreislaufwirtschaft, 4. Erhöhung der Liquidität durch einen Transfer von CapEx zu OpEx. • Zum jetzigen Zeitpunkt wird das Geschäftsmodell den Kunden nicht proaktiv angeboten, es wird eher kundenseitig nachgefragt und dient als Angebotsalternative für Verträge, die ansonsten nicht zustande gekommen wären.	• Neben dem transaktionalen Maschinenkauf ist der Kunde in der Lage, die Maschinen auch im Rahmen eines Pay-per-Use-Modells zu nutzen. • Das Geschäftsmodell wird durch die Integration eines externen Finanzierungspartners ermöglicht. • Das zentrale Nutzenversprechen des Subskriptionsangebots bezieht sich auf die Reduktion des Investitionsrisikos sowie die Erhöhung der Flexibilität des Kunden. • Alle Subskriptionsangebote beinhalten automatisch umfangreiche Instandhaltungsleistungen sowie einen Remote-Support. • Als Grundvoraussetzung für das Pay-per-Use-Modell muss die Maschine digital angebunden sein und mindestens das Basis-Servicepaket in Anspruch genommen werden. • Gleichzeitig können durch die Anbindung der Maschine Nutzungsdaten erfasst werden, die wiederum als Basis für die Ableitung von Verbesserungen dienen und die nutzungsbasierte Abrechnung ermöglichen. • Das grundlegend integrierte Servicepaket kann durch alle verfügbaren Dienstleistungen aus dem transaktionalen Geschäft ergänzt werden. • Gegen Ende der vereinbarten Vertragslaufzeit kann der Kunde die Maschine kaufen. Alternativ nimmt das Unternehmen die Maschine zurück und überführt sie in den Sekundärmarkt.

Fallstudie Unternehmen 4
Unternehmen 4 ist ein börsennotiertes deutsches Unternehmen mit Fokus auf die Flurförderzeug-, Lager- und Materialflusstechnik. Ziel des Unternehmens ist es, durch eine Optimierung des Materialflusses die Effizienz ihrer Kunden zu steigern. Das Unternehmen agiert weltweit und beliefert unterschiedliche Branchen.

Umsatz: 4.700 Mio. € Mitarbeiterzahl: 19.800	
Beschreibung der Kundentypen	**Beschreibung des Subskriptionsangebots**
• Insbesondere bei den internationalen Kunden sind die Mietmodelle weit verbreitet. • Die Kundenanforderungen hängen sehr stark von den individuellen Anwendungsfällen sowie der geplanten Nutzungsintensität der jeweiligen Kunden ab. • Grundsätzlich sind alle adressierten Kundentypen für das Subskriptionsgeschäft relevant; es bestehen keine Grundvoraussetzungen z. B. hinsichtlich der Kundengröße oder des Anwendungsfalls. • Zu Beginn einer Geschäftsbeziehung legt das Unternehmen großen Wert darauf, die wichtigsten Kundenanforderungen im direkten Kundengespräch zu identifizieren. • Es ist einfacher, Bestands- als Neukunden von dem neuen Geschäftsmodell zu überzeugen, da hier bereits ein Grundvertrauen in die Qualität und Zuverlässigkeit der Produkte besteht. • Die unterschiedlichen Kundentypen sind tendenziell an allen Vorteilen des Subskriptions-Geschäftsmodells interessiert, es lassen sich jedoch bedarfsspezifische Unterschiede hinsichtlich der Präferenzen / Schwerpunkte identifizieren. • Die zentralen Nutzenversprechen beziehen sich auf drei wesentliche Punkte: 1. Steigerung der Kundenflexibilität, 2. Optimierung der Kundenflotte bzw. des Materialflusses, 3. Kontinuierliche Verbesserung des Kunden.	• Das Unternehmen bietet seinen Kunden neben dem klassischen transaktionalen Kauf auch die Möglichkeit, die Produkte kurz- bzw. langfristig zu mieten oder durch ein nutzungsbasiertes Geschäftsmodell in Anspruch zu nehmen. • Alle Produkte des Unternehmens, bei denen eine IT-Systemintegration über Telematik möglich ist, können grundsätzlich nutzungsbasiert (Anzahl an genutzten Stunden) abgerechnet werden. • Auch bei den Mietlösungen ist ein umfangreiches Angebot an Dienstleistungen enthalten, sodass sich die Angebote hauptsächlich in der Art der Abrechnung unterscheiden. • Ergänzt wird jedes Subskriptionsangebot durch ein Full-Service-Paket, das sowohl alle Dienstleistungen als auch Ersatzteile und Verbrauchsmaterialen beinhaltet. • Der Prozess eines Subskriptions-Geschäftsmodells wird als kontinuierlicher Zyklus betrachtet. • Der kontinuierliche Aspekt des Subskriptions-Geschäftsmodells hat auch Auswirkungen auf die Produktentwicklung. Es wird versucht, die Produkte weitestgehend modular zu gestalten, um sie nach dem Einsatz bei einem Kunden aufwandsarm wieder in einen neuen Anwendungskontext überführen zu können. • Entsprechend eignen sich für dieses Geschäftsmodell vor allem stark standardisierte Produkte mit einheitlichen Anwendungen.

Fallstudie Unternehmen 5	
Unternehmen 5 ist ein Hersteller von industriellen Wärmetauschern, die in diversen Branchen wie z. B. der Lebensmittel- oder Chemieindustrie eingesetzt werden. Die fokussierten Marktsegmente des Unternehmens untergliedern sich primär in die drei Bereiche: *Plate Heat Exchangers*, *Refrigeration Technologies* und *Machine Cooling Systems*. Umsatz: 920 Mio. € Mitarbeiterzahl: 5.200	
Beschreibung der Kundentypen	**Beschreibung des Subskriptionsangebots**
• Aktuell fokussiert das Unternehmen vorwiegend drei unterschiedliche Kundentypen mit seinem Subskriptionsangebot, die sich primär durch ihre Bedarfe unterscheiden. Typ 1 möchte / kann aktuell keine Investitionen in Sachgüter (CapEx) tätigen, Typ 2 hat den Bedarf nach einer Komplettlösung aus der Hand eines einzelnen Anbieters mit möglichst wenig	• Das neuere Subskriptions-Geschäftsmodell des Unternehmens wurde eingeführt, um den Kunden ein ganzheitliches Lösungsangebot offerieren zu können. • Das Geschäftsmodell kann aktuell auf drei unterschiedliche Produkte angewendet werden (Abgaswärmetauscher, Bündel-

Aufwand für ihn und Typ 3 legt viel Wert auf Nachhaltigkeit im Sinne der Kreislaufwirtschaft. • Die Profile der einzelnen Kundentypen konnten aus einer vorausgegangenen Marktrecherche abgeleitet werden und werden kontinuierlich durch Feedbackgespräche mit den Kunden weiterentwickelt und angepasst. • Die den Kunden gegenüber formulierten zentralen Nutzenversprechen beziehen sich entsprechend auf: die Senkungen von CapEx, die Reduktion der Betriebsaufwände und die Reduktion von CO_2-Emissionen. • Generell ist es das Ziel des Unternehmens, durch die Entwicklung von Subskriptionsangeboten neue Kunden anzusprechen. Bisher kommt jedoch ca. die Hälfte der Anfragen aus dem transaktionalen Geschäft. • Insbesondere zu Beginn der Angebotsphase ist der Austausch mit den Kunden sehr eng, vor allem, wenn es sich um neue Anwendungsfälle handelt und der Kunde unerfahren in Bezug auf die Technologie ist.	Wärmetauscher und gedichteter Platten-Wärmetauscher). • Die Abrechnung des Subskriptionsangebots erfolgt nutzungsbasiert (pro genutzte Stunde). Zusätzlich ist zukünftig auch eine ergebnisbasierte Abrechnung geplant, die den Preis in Abhängigkeit der übertragenen Energie bemisst. • Der zentrale Vorteil für die Kunden liegt darin, dass die Anwendung der Produkte kein explizites Fachwissen mehr voraussetzt. • Für die Anwendung in einem Subskriptions-Geschäftsmodell muss das Leistungssystem modular aufgebaut sein, sodass das Produkt-Service-System auch nachträglich angepasst werden kann. Weiterhin sollte das Produkt servicefreundlich gestaltet sein, um die Erbringung von Instandhaltungsleistungen zu vereinfachen. Zuletzt muss das Produktdesign auf einen langfristigen Lebenszyklus ausgerichtet sein. • Das Subskriptionsangebot besteht inhaltlich aus einem Standard und zwei zusätzlichen Leistungspaketen, von denen beide frei dazu konfiguriert werden können. Das Standardpaket beinhaltet die neueste Version des Produkts, die Inbetriebnahme, eine grundlegende periodische Inspektion, sowie die Rücknahme nach der Vertragslaufzeit. Das ergänzende Servicepaket besteht aus einem Full-Service-Vertrag sowie einer ergänzenden Predictive-Maintenance-Lösung. Das dritte Paket beinhaltet die Intelligenten Lösungen wie z. B. ein Performance-Monitoring oder Handlungsempfehlungen zur Reduktion der CO_2-Emissionen.

Fallstudie Unternehmen 6	
Unternehmen 6 wurde in Schweden gegründet und ist spezialisiert auf die Bereiche Wälzlager- und Dichtungstechnik. Neben den physischen Produkten bietet das Unternehmen umfassende Dienstleistungen bspw. zur Instandhaltung an. Die Produkte von Unternehmen 6 werden in unterschiedlichen Anwendungsfällen und Branchen eingesetzt. Umsatz: 8.600 Mio. € Mitarbeiterzahl: 42.600	
Beschreibung der Kundentypen	**Beschreibung des Subskriptionsangebots**
• Die meisten Subskriptionskunden kommen aus dem traditionellen transaktionalen Geschäft, sodass bereits eine Kundenbeziehung besteht. Dies erleichtert den Einstieg in das neue Geschäftsmodell. • Bei den Kunden handelt es sich in den meisten Fällen um Maschinenbetreiber oder Händler des Unternehmens. Maschinen- und Anlagenbauer werden nicht fokussiert, da diese oftmals eigene Modelle anbieten und dadurch	• Das Unternehmen bietet seinen Kunden zwei Subskriptions-Geschäftsmodelle an, Lösung A wird hauptsächlich im amerikanischen Markt verkauft und Lösung B auch in Deutschland. • Lösung A besteht aus einer Sensorlösung, die mit einer digitalen App kombiniert wird, zur Überwachung des Produktzustands. Durch die kontinuierliche Überwachung des Zustands können Probleme frühzeitig erkannt und

eine komplexe Dreiecksbeziehung entstehen würde. • Das wesentliche Nutzenversprechen gegenüber den Kunden ist die Vermeidung von unvorhergesehenen Ausfällen, da diese für die Kunden oftmals mit hohen Ausfallkosten verbunden sind. • Weitere Beweggründe, warum sich die Kunden für ein Subskriptionsangebot entscheiden, sind die Verbesserung der Performance, der Einstieg in die Kreislaufwirtschaft sowie bilanzielle Vorteile. • Da die Verträge sehr kundenindividuell gestaltet werden und die bestehenden Voraussetzungen wie z. B. die technologische Affinität eine wichtige Rolle spielen, nimmt die Analyse des Kunden, seiner Prozesse und Probleme, einen großen Teil des Vertragsgestaltungsprozesses ein. Hierbei wird vor allem erörtert, ob durch die Subskription ein konkreter Mehrwert für den Kunden entsteht und das Geschäftsmodell für seine Anwendung überhaupt sinnvoll ist.	rechtzeitig behoben werden, bevor es zu einem Ausfall kommt. • Lösung B bezieht sich auf ein Angebot, dessen Teilleistungen individuell an die Bedarfe des Kunden angepasst sind und in der höchsten Ausprägung performancebasiert abgerechnet werden. • Der Kern des Subskriptionsangebots ist eine Condition-Monitoring-Lösung, die unterschiedliche Daten des Betriebs analysiert und darauf aufbauend Verschleiß reduziert und ungeplante Ausfälle vermeidet. • Grundvoraussetzungen für die Nutzung des Subskriptionsangebots sind die digitale Anbindung des Produkts sowie die Inanspruchnahme eines Service-Vertrags.

Fallstudie Unternehmen 7	
Unternehmen 7 ist ein deutsches Unternehmen, das sich auf die Entwicklung, Herstellung sowie den Vertrieb von Premium-Spülmaschinen und Reinigungslösungen für die Gastronomie und Hotellerie spezialisiert hat. Das Unternehmen ist international tätig und vertreibt seine Produkte in über 70 Ländern. Neben den Spülmaschinen bietet das Unternehmen auch ergänzende Dienstleistungen und Reinigungschemikalien an. Umsatz: 400 Mio. € Mitarbeiterzahl: 2.100	
Beschreibung der Kundentypen	**Beschreibung des Subskriptionsangebots**
• Der Großteil der Subskriptionskunden von Unternehmen 7 kann in zwei wesentliche Gruppen aufgeteilt werden. Die erste Gruppe sind kleine Unternehmen, die neu in der Gastronomiebranche sind und hohe Investitionskosten vermeiden möchten. Die zweite Gruppe bezieht sich auf große, gut strukturierte Unternehmen, die meist mehrere Standorte besitzen. Diese Kunden profitieren von dem „*Rundum-sorglos-Paket*", das sie durch das Subskriptionsangebot erhalten. • Die zentralen Beweggründe für das Subskriptions-Angebot sind daher – je nach Kundentyp – der Wechsel von CapEx zu OpEx oder die Reduktion des Aufwands, der mit dem Spülprozess verbunden ist. Zusätzlich spielt für beide Gruppen auch die Kalkulierbarkeit der Kosten eine wichtige Rolle.	• Das Unternehmen bietet seinen Kunden eine innovative Pay-per-Wash-Lösung an, bei der die Abrechnung in Abhängigkeit des Nutzungsintensität (pro Spülgang) erfolgt. • Das Angebote-Leistungssystem umfasst neben der Spülmaschine auch die erforderlichen Verbrauchsmaterialien, Ersatzteile sowie alle anfallenden Instandhaltungsleistungen. • Durch die Analyse des Nutzungs- bzw. Bestellverhaltens ist Unternehmen 7 in der Lage, bestimmte Empfehlungen zu formulieren für z. B. besser passende Pflegeprogramme oder Verbrauchsmaterialien. • Aktuell kann das Subskriptionsangebot auf zwei unterschiedliche Produkte des Unternehmens angewendet werden. Bei den Produkten handelt es sich weitestgehend um Standard-Modelle, die nur eingeschränkt angepasst werden können. • Auch die inkludierten Dienstleistungen sowie die Verbrauchsmaterialien sind nur sehr

• Während es sich bei der ersten Kundengruppe meist um Neukunden handelt, kommt die zweite Gruppe häufig aus dem transaktionalen Geschäft. • Die Kundenbeziehung mit den Subskriptionskunden ist deutlich enger als im transaktionalen Geschäft. Es entsteht eine partnerschaftliche Beziehung, bei der der Anbieter vom Erfolg des Kunden profitiert.	eingeschränkt variierbar. Dieser hohe Standardisierungsgrad ist eine wesentliche Voraussetzung, damit das Geschäftsmodell rentabel ist. • Eine weitere wichtige Voraussetzung ist die hohe Qualität der Produkte. Da alle Instandhaltungsleistungen inkludiert sind, reduziert jeder ungeplante Einsatz die Marge des Anbieters.

Anhang 4: Übersicht subskriptionsrelevanter Leistungsprogramme im Maschinen- und Anlagenbau

		Maschinen- und Anlagenbauunternehmen (Teil 1)								
#	Teilleistung	Unternehmen A (Luftdrucktechnik)	Unternehmen B (Wägetechnik)	Unternehmen C (Wärme/Kältetechnik)	Unternehmen D (Werkzeugtechnik)	Unternehmen E (Spritzgusstechnik)	Unternehmen F (Getriebetechnik)	Unternehmen G (Drucktechnik)	Unternehmen H (Werkzeugtechnik)	Unternehmen I (Befestigungstechnik)
P1	Anlage					X		X		
P2	Maschine	X	X	X	X			X	X	X
P3	Baugruppe			X			X			
P4	Einzelteil									
P5	Smarte Komponente	X	X	X	X	X	X	X	X	X
P6	Verbrauchsmaterial	X			X		X	X	X	X
P7	Ersatzteil	X	X	X	X	X	X	X	X	X
D1	Wartung	X	X	X	X	X	X	X	X	X
D2	Inspektion	X	X	X	X	X	X	X	X	
D3	Instandsetzung	X	X	X	X	X	X	X	X	X
D4	Verbesserung	X			X	X	X	X	X	
D5	Reinigung						X			X
D6	Konfiguration			X		X		X	X	
D7	Installation	X	X	X	X	X	X	X	X	
D8	Inbetriebnahme	X	X	X	X	X	X	X	X	
D9	Schulung	X	X	X	X	X	X	X	X	X
D10	Beratung		X			X	X	X		X
D11	Support	X	X	X	X	X	X	X	X	X
D12	Zertifizierung		X	X						
D13	Verbrauchsmaterialversorgung	X			X		X	X	X	X
D14	Verbrauchsmaterialentsorgung							X	X	
D15	Ersatzteilversorgung	X	X	X	X	X	X	X	X	X
D16	Lagerung							X		
D17	Qualitätsmanagement	X	X					X		X
D18	Prozessmanagement					X	X	X		
D19	Energiemanagement	X		X			X			
D20	Flottenmanagement									X
D21	Projektmanagement					X		X		
D22	Kostenmanagement			X	X		X	X		X
D23	Finanzierung	X	X	X	X	X		X	X	X
D24	Verkauf Zweitmarkt				X				X	
D25	Versicherung				X				X	
D26	Garantie	X	X	X	X	X		X	X	X
D27	Retrofit					X	X		X	
D28	Update	X	X	X	X	X	X	X	X	
D29	Upgrade	X			X	X	X			
S1	Steuerungssoftware	X	X	X	X	X	X	X	X	
S2	Anwendungshilfe	X	X	X	X	X	X	X	X	X
S3	Remote-Control	X	X			X	X	X	X	
S4	Auftragsverwaltungstool			X		X		X		
S5	Produktionsplanungs- und -steuerungssystem		X			X		X		
S6	Instandhaltungsmanagement-Software						X			
S7	Product-Lifecycle-Management-Software							X		X
S8	Datenaufbereitung	X		X	X	X	X	X	X	
S9	Datenanalyse	X		X	X	X	X	X		
S10	Programmierschnittstelle									
S11	Alarmbenachrichtigung	X				X	X	X		
S12	Condition-Monitoring	X			X	X	X	X	X	
S13	Predictive Maintenance					X	X			
S14	Benchmarking							X		
S15	Dashboard	X		X	X	X	X	X	X	X
S16	Dokumentation		X	X	X					X
S17	Reporting			X				X		
S18	Internet-of-Things-Plattform	X	X	X	X	X	X	X	X	
S19	Onlinehandel	X				X		X		X

*Die Informationen wurden durch die Analyse öffentlich verfügbarer Kommunikationsmedien (Website, Leistungskatalog etc.) der jeweiligen Unternehmen erhoben (Stand Oktober 2023)

#	Teilleistung	Maschinen- und Anlagenbauunternehmen (Teil 2)								
		Unternehmen J (Flurfördertechnik)	Unternehmen K (Luftdrucktechnik)	Unternehmen L (Wärme/Kältetechnik)	Unternehmen M (Triebwerkstechnik)	Unternehmen N (Getriebetechnik)	Unternehmen O (Walzwerkstechnik)	Unternehmen P (Werkzeugtechnik)	Unternehmen Q (Motorentechnik)	Unternehmen R (Spültechnik)
P1	Anlage						X			
P2	Maschine	X	X				X	X		X
P3	Baugruppe			X	X		X		X	
P4	Einzelteil					X				
P5	Smarte Komponente	X	X	X	X	X	X	X	X	X
P6	Verbrauchsmaterial					X	X			X
P7	Ersatzteil	X	X	X	X	X	X	X	X	X
D1	Wartung	X	X	X	X	X	X	X	X	X
D2	Inspektion	X	X	X	X	X	X	X	X	X
D3	Instandsetzung	X	X	X	X	X	X	X	X	X
D4	Verbesserung	X	X	X	X		X	X	X	
D5	Reinigung					X				
D6	Konfiguration	X	X	X			X	X	X	
D7	Installation		X	X	X	X	X	X	X	X
D8	Inbetriebnahme	X	X	X	X	X	X	X	X	X
D9	Schulung	X	X		X	X	X	X	X	X
D10	Beratung	X	X	X	X		X	X		
D11	Support	X	X	X	X	X	X	X	X	X
D12	Zertifizierung		X		X		X			
D13	Verbrauchsmaterialversorgung	X			X	X				X
D14	Verbrauchsmaterialentsorgung					X				
D15	Ersatzteilversorgung	X	X	X	X	X	X	X	X	X
D16	Lagerung				X		X			
D17	Qualitätsmanagement		X	X			X	X	X	
D18	Prozessmanagement	X	X				X	X		
D19	Energiemanagement	X	X	X	X		X		X	
D20	Flottenmanagement	X	X		X					
D21	Projektmanagement		X				X			
D22	Kostenmanagement			X			X			
D23	Finanzierung	X	X	X	X	X	X	X	X	X
D24	Verkauf Zweitmarkt		X					X		
D25	Versicherung						X			
D26	Garantie	X	X	X	X	X	X	X	X	X
D27	Retrofit						X		X	
D28	Update	X	X	X	X	X	X	X	X	X
D29	Upgrade		X	X		X	X			
S1	Steuerungssoftware	X	X	X	X		X	X	X	X
S2	Anwendungshilfe	X	X	X	X	X	X	X	X	X
S3	Remote-Control	X	X	X	X	X	X	X	X	
S4	Auftragsverwaltungstool	X						X		
S5	Produktionsplanungs- und -steuerungssystem						X	X		
S6	Instandhaltungsmanagement-Software				X		X		X	
S7	Product-Lifecycle-Management-Software				X					
S8	Datenaufbereitung	X	X	X	X	X	X	X	X	X
S9	Datenanalyse	X	X	X	X		X	X	X	X
S10	Programmierschnittstelle						X			
S11	Alarmbenachrichtigung		X	X		X	X	X	X	
S12	Condition-Monitoring		X	X	X	X	X	X	X	
S13	Predictive Maintenance		X	X	X	X	X	X	X	
S14	Benchmarking	X	X	X	X		X			X
S15	Dashboard	X	X		X	X	X	X	X	X
S16	Dokumentation		X	X	X		X	X	X	
S17	Reporting						X			X
S18	Internet-of-Things-Plattform	X	X	X	X	X	X	X	X	X
S19	Onlinehandel	X				X		X		X

*Die Informationen wurden durch die Analyse öffentlich verfügbarer Kommunikationsmedien (Website, Leistungskatalog etc.) der jeweiligen Unternehmen erhoben (Stand Oktober 2023)

Anhang 5: Übersicht der Teilleistungen entsprechend ihrer Leistungsstufenzahl

#	Teilleistung	Leistungsstufe	Direkt beeinflussende Teilleistung(en)
S11	Alarmbenachrichtigung	6	S12
D26	Garantie	6	S12
S13	Predictive Maintenance	6	S12, D5, D3, D1, D2, D4
S12	Condition-Monitoring	5	S9
D19	Energiemanagement	5	S9
D20	Flottenmanagement	5	S9
D22	Kostenmanagement	5	S9
S7	Product-Lifecycle-Management-Software	5	S9
D18	Prozessmanagement	5	S9
D17	Qualitätsmanagement	5	S9
S14	Benchmarking	4	S8
S15	Dashboard	4	S8
S9	Datenanalyse	4	S8
S16	Dokumentation	4	S8
S10	Programmierschnittstelle	4	S8
S17	Reporting	4	S8
D4	Verbesserung	4	D28, D29
D12	Zertifizierung	4	S8
S8	Datenaufbereitung	3	S18
S3	Remote-Control	3	S18
D28	Update	3	S18
D29	Upgrade	3	S18
S18	Internet-of-Things-Plattform	2	P5
D15	Ersatzteilversorgung	1	P7
P5	Smarte Komponente	1	S1, P1, P2, P3, P4
D14	Verbrauchsmaterialentsorgung	1	P6
D13	Verbrauchsmaterialversorgung	1	P6
P1	Anlage	0	-
S2	Anwendungshilfe	0	-
S4	Auftragsverwaltungstool	0	-
P3	Baugruppe	0	-
D10	Beratung	0	-
P4	Einzelteil	0	-
P7	Ersatzteil	0	-
D23	Finanzierung	0	-
D8	Inbetriebnahme	0	-
D2	Inspektion	0	-
D7	Installation	0	-
S6	Instandhaltungsmanagement-Software	0	-
D3	Instandsetzung	0	-
D6	Konfiguration	0	-
D16	Lagerung	0	-
P2	Maschine	0	-
S19	Onlinehandel	0	-
S5	Produktionsplanungs- und -steuerungssystem	0	-
D21	Projektmanagement	0	-
D5	Reinigung	0	-
D27	Retrofit	0	-
D9	Schulung	0	-
S1	Steuerungssoftware	0	-
D11	Support	0	-
P6	Verbrauchsmaterial	0	-
D24	Verkauf Zweitmarkt	0	-
D25	Versicherung	0	-
D1	Wartung	0	-

Anhang 6: Bedarfsprofile der Kundentypen im Subskriptionsgeschäft

Kundentyp	Bedarfsprofil	
Kundentyp 1 **Verfügbarkeitsorientiert**	3 ++	Stabilität erhalten, Verfügbarkeit sicherstellen
	2 +	Transparenz erhalten, Risiko reduzieren, Reaktionsfähigkeit erhöhen, Probleme reduzieren
	1 –	Spezifikationen erfüllen
Kundentyp 2 **Finanzierungsorientiert**	3 ++	Finanzierung erhalten, Liquidität erhöhen
	2 +	Risiko reduzieren, Flexibilität erhöhen
	1 –	Spezifikationen erfüllen
Kundentyp 3 **Flexibilitätsorientiert**	3 ++	Flexibilität erhöhen, Reaktionsfähigkeit erhöhen
	2 +	Risiko reduzieren, Organisation verbessern, Integration erleichtern
	1 –	Spezifikationen erfüllen, Verfügbarkeit sicherstellen
Kundentyp 4 **Lösungsorientiert**	3 ++	Aufwand reduzieren, Organisation verbessern, Integration erleichtern
	2 +	Qualität erhöhen, Umsatz erhöhen, Stabilität erhalten
	1 –	Spezifikationen erfüllen, Probleme reduzieren
Kundentyp 5 **Qualitätsorientiert**	3 ++	Qualität erhöhen, Stabilität erhalten
	2 +	Spezifikationen erfüllen, Transparenz erhalten, Reputation verbessern
	1 –	Innovation fördern
Kundentyp 6 **Kostenorientiert**	3 ++	Kosten reduzieren
	2 +	Transparenz erhalten, Liquidität erhöhen, Stabilität erhalten
	1 –	Spezifikationen erfüllen, Risiko reduzieren, Aufwand reduzieren
Kundentyp 7 **Performanceorientiert**	3 ++	Umsatz erhöhen, Kosten reduzieren, Weiterentwicklung fördern
	2 +	Qualität erhöhen, Reaktionsfähigkeit erhöhen, Verfügbarkeit sicherstellen, Aufwand reduzieren, Innovation fördern, Nachhaltigkeit erhöhen
	1 –	Spezifikationen erfüllen

Anhang 7: Leistungssystemkonzept für den verfügbarkeitsorientierten Kundentyp

Kundentyp
Kundentyp 1 **Verfügbarkeitsorientiert**

Leistungsstufe →

Bedarfsspezifische Bedeutung	Teilfunktionen	0	1	2	3	4	5	6
Priorität hoch	**F2.1** Verfügbarkeitsgrad erhöhen	P7 D2 D5 S2 D1 D3 D11	P5 D15	S18	S3 S8	S9	S12	S11 S13
Priorität hoch	**F3.2** Verfügbarkeitsrisiko reduzieren	P7 D2 D5 S2 D1 D3 D11 S6	P5 D15	S18	S3 S8	S9	S12	D26 S13 S11
Priorität hoch	**F5.2** Störungen antizipieren	D1 D5 D2 D9	P5	S18	S8	S9	S12	S11 S13
Priorität hoch	**F5.1** Transparenz erhöhen	D2 S5	P5	S18	S8	S9 S14 S16 S10 S15 S17	S7 S12	S13
Priorität hoch	**F4.4** Personal befähigen	D9 D11 D10 S2			S8	S9 S10		
Priorität mittel	**F3.3** Prozessrisiko reduzieren	D6 D10 S6 D9 S5	P5 D14 D13 D15	S18	S8	S9 S16	D18 S12	D26
Priorität mittel	**F3.4** Marktrisiko reduzieren	D10 D25 D21					D19 D22	
Priorität mittel	**F3.5** Qualitätsrisiko reduzieren	P6 D1 D3 D7 D9 P7 D2 D5 D8 D25	P5	S18	S8	S9 S16	D17 D18	
Priorität mittel	**F3.6** Wirtschaftsrisiko reduzieren	D21 D25 D23					D22	
Priorität mittel	**F4.1** Kapazitäten flexibilisieren	D21 S5			S3		D18 D20	
Priorität gering	**F3.1** Investitionsrisiko reduzieren	D10 D25 D23					D22 S7	
Priorität gering	**F4.2** Leistung bedarfsgerecht abrechnen	D23	P5	S18	S8	S9		
Priorität gering	**F5.4** Zahlungsintervalle festlegen	D23	P5	S18	S8	S9		
Priorität gering	**F4.3** Kostenstruktur flexibilisieren	D23						
Priorität gering	**F6.1** Investitionsausgaben umwandeln	D23						
Priorität gering	**F7.3** Leistungssystem anpassen	D10 S19 D27	P5		D28 S8 D29	S9	S7	
Priorität gering	**F2.2** Leistungsgrad erhöhen	D6 D10 S4 D9 D21 S5	P5	S18	D28 S8 D29	S9 S14	D18	
Priorität gering	**F2.3** Qualitätsgrad erhöhen	P1 P3 P6 D1 D5 D10 P2 P4 P7 D2 D9 S1	P5	S18	D28 S8 D29	D4 S17 S9	D17 D18	
Priorität gering	**F1.4** Planungs- und Organisationsaufwand red.	D16 S4 S6 D21 S5	D13 D15			S15	D17 D19 D22 D18 D20 S7	

■ : Hohe Umsetzungsrelevanz ■ : Mittlere Umsetzungsrelevanz ■ : Niedrige Umsetzungsrelevanz

Anhang 8: Leistungssystemkonzept für den finanzierungsorientierten Kundentyp

Kundentyp
Kundentyp 2 **Finanzierungsorientiert**

Leistungsstufe →

Bedarfsspezifische Bedeutung ↓

Priorität	Teilfunktionen	0	1	2	3	4	5	6
Priorität hoch	**F4.3** Kostenstruktur flexibilisieren	D23						
Priorität hoch	**F6.1** Investitionsausgaben umwandeln	D23						
Priorität hoch	**F3.1** Investitionsrisiko reduzieren	D10 D25 D23					D22 S7	
Priorität hoch	**F4.2** Leistung bedarfsgerecht abrechnen	D23	P5	S18	S8	S9		
Priorität hoch	**F5.4** Zahlungsintervalle festlegen	D23	P5	S18	S8	S9		
Priorität mittel	**F3.4** Marktrisiko reduzieren	D10 D25 D21					D19 D22	
Priorität mittel	**F3.6** Wirtschaftsrisiko reduzieren	D21 D25 D23					D22	
Priorität mittel	**F7.3** Leistungssystem anpassen	D10 S19 D27	P5		D28 S8 D29	S9	S7	
Priorität mittel	**F4.1** Kapazitäten flexibilisieren	D21 S5			S3		D18 D20	
Priorität mittel	**F3.2** Verfügbarkeitsrisiko reduzieren	P7 D2 D5 S2 D1 D3 D11 S6	P5 D15	S18	S3 S8	S9	S12	D26 S13 S11
Priorität gering	**F3.3** Prozessrisiko reduzieren	D6 D10 S6 D9 S5	P5 D14 D13 D15	S18	S8	S9 S16	D18 S12	D26
Priorität gering	**F3.5** Qualitätsrisiko reduzieren	P6 D1 D3 D7 D9 P7 D2 D5 D8 D25	P5	S18	S8	S9 S16	D17 D18	
Priorität gering	**F4.4** Personal befähigen	D9 D11 D10 S2			S8	S9 S10		
Priorität gering	**F5.1** Transparenz erhöhen	D2 S5	P5	S18	S8	S9 S14 S16 S10 S15 S17	S7 S12	S13
Priorität gering	**F5.2** Störungen antizipieren	D1 D5 D2 D9	P5	S18	S8	S9	S12	S11 S13
Priorität gering	**F2.1** Verfügbarkeitsgrad erhöhen	P7 D2 D5 S2 D1 D3 D11	P5 D15	S18	S3 S8	S9	S12	S11 S13
Priorität gering	**F6.2** Vertriebskanäle anpassen	S19						

: Hohe Umsetzungsrelevanz   : Mittlere Umsetzungsrelevanz   : Niedrige Umsetzungsrelevanz

Anhang 9: Leistungssystemkonzept für den flexibilitätsorientierten Kundentyp

Kundentyp
Kundentyp 3 **Flexibilitätsorientiert**

Leistungsstufe →

Bedarfsspezifische Bedeutung	Teilfunktionen	0	1	2	3	4	5	6
Priorität hoch	**F4.1** Kapazitäten flexibilisieren	D21 S5			S3		D18 D20	
Priorität hoch	**F7.3** Leistungssystem anpassen	D10 S19 D27	P5		D28 S8 D29	S9	S7	
Priorität hoch	**F4.2** Leistung bedarfsgerecht abrechnen	D23	P5	S18	S8	S9		
Priorität hoch	**F4.3** Kostenstruktur flexibilisieren	D23						
Priorität hoch	**F6.1** Investitionsausgaben umwandeln	D23						
Priorität mittel	**F3.2** Verfügbarkeitsrisiko reduzieren	P7 D2 D5 S2 D1 D3 D11 S6	P5 D15	S18	S3 S8	S9	S12	D26 S13 S11
Priorität mittel	**F1.4** Planungs- und Organisationsaufwand red.	D16 S4 S6 D21 S5	D13 D15			S15	D17 D19 D22 D18 D20 S7	
Priorität mittel	**F3.4** Marktrisiko reduzieren	D10 D25 D21					D19 D22	
Priorität mittel	**F3.3** Prozessrisiko reduzieren	D6 D10 S6 D9 S5	P5 D14 D13 D15	S18	S8	S9 S16	D18 S12	D26
Priorität mittel	**F4.4** Personal befähigen	D9 D11 D10 S2			S8	S9 S10		
Priorität gering	**F2.1** Verfügbarkeitsgrad erhöhen	P7 D2 D5 S2 D1 D3 D11	P5 D15	S18	S3 S8	S9	S12	S11 S13
Priorität gering	**F3.1** Investitionsrisiko reduzieren	D10 D25 D23					D22 S7	
Priorität gering	**F3.5** Qualitätsrisiko reduzieren	P6 D1 D3 D7 D9 P7 D2 D5 D8 D25	P5	S18	S8	S9 S16	D17 D18	
Priorität gering	**F3.6** Wirtschaftsrisiko reduzieren	D21 D25 D23					D22	
Priorität gering	**F5.2** Störungen antizipieren	D1 D5 D2 D9	P5	S18	S8	S9	S12	S11 S13
Priorität gering	**F2.2** Leistungsgrad erhöhen	D6 D10 S4 D9 D21 S5	P5	S18	D28 S8 D29	S9 S14	D18	
Priorität gering	**F5.4** Zahlungsintervalle festlegen	D23	P5	S18	S8	S9		
Priorität gering	**F5.1** Transparenz erhöhen	D2 S5	P5	S18	S8	S9 S14 S16 S10 S15 S17	S7 S12	S13
Priorität gering	**F6.2** Vertriebskanäle anpassen	S19						
Priorität gering	**F1.1** Arbeitsaufwand reduzieren	P1 P3 D1 D3 D8 D21 P2 P4 D2 D5 D10 S1	P5 D14 D13 D15	S18	D28 S8 D29	D12 S14 S17 S9 S16	D17 D18	
Priorität gering	**F1.2** Betriebsmittelaufwand reduzieren	P1 P3 D1 D3 D27 P2 P4 D2 D5 S5	P5		S8	S9	D18 S12	S13
Priorität gering	**F1.3** Werkstoffaufwand reduzieren	P1 P3 P6 P2 P4 P7	P5 D15 D13	S18	D28 S8 D29	S9	D18 D19	
Priorität gering	**F5.3** Unterstützungsprozesse auslagern	D1 D3 D7 D16 D23 D2 D5 D8 D21	D13 D15 D14		S3 S8	D12 S17 S9	D17 D19 D22 D18 D20	

: Hohe Umsetzungsrelevanz   : Mittlere Umsetzungsrelevanz   : Niedrige Umsetzungsrelevanz

Anhang 10: Leistungssystemkonzept für den lösungsorientierten Kundentyp

Kundentyp

Kundentyp 4
Lösungsorientiert

Leistungsstufe →

Bedarfsspezifische Bedeutung ↓

Priorität	Teilfunktionen	0	1	2	3	4	5	6
Priorität hoch	**F1.4** Planungs- und Organisationsaufwand red.	D16 S4 S6 D21 S5	D13 D15			S15	D17 D19 D22 D18 D20 S7	
Priorität hoch	**F5.3** Unterstützungsprozesse auslagern	D1 D3 D7 D16 D23 D2 D5 D8 D21	D13 D15 D14		S3 S8	D12 S17 S9	D17 D19 D22 D18 D20	
Priorität hoch	**F2.2** Leistungsgrad erhöhen	D6 D10 S4 D9 D21 S5	P5	S18	D28 S8 D29	S9 S14	D18	
Priorität hoch	**F1.1** Arbeitsaufwand reduzieren	P1 P3 D1 D3 D8 D21 P2 P4 D2 D5 D10 S1	P5 D14 D13 D15	S18	D28 S8 D29	D12 S14 S17 S9 S16	D17 D18	
Priorität hoch	**F2.3** Qualitätsgrad erhöhen	P1 P3 P6 D1 D5 D10 P2 P4 P7 D2 D9 S1	P5	S18	D28 S8 D29	D4 S17 S9	D17 D18	
Priorität mittel	**F3.5** Qualitätsrisiko reduzieren	P6 D1 D3 D7 D9 P7 D2 D5 D8 D25	P5	S18	S8	S9 S16	D17 D18	
Priorität mittel	**F4.4** Personal befähigen	D9 D11 D10 S2			S8	S9 S10		
Priorität mittel	**F2.1** Verfügbarkeitsgrad erhöhen	P7 D2 D5 S2 D1 D3 D11	P5 D15	S18	S3 S8	S9	S12	S11 S13
Priorität mittel	**F5.4** Zahlungsintervalle festlegen	D23	P5	S18	S8	S9		
Priorität mittel	**F4.1** Kapazitäten flexibilisieren	D21 S5			S3		D18 D20	
Priorität mittel	**F5.1** Transparenz erhöhen	D2 S5	P5	S18	S8	S9 S14 S16 S10 S15 S17	S7 S12	S13
Priorität gering	**F1.2** Betriebsmittelaufwand reduzieren	P1 P3 D1 D3 D27 P2 P4 D2 D5 S5	P5		S8	S9	D18 S12	S13
Priorität gering	**F1.3** Werkstoffaufwand reduzieren	P1 P3 P6 P2 P4 P7	P5 D15 D13	S18	D28 S8 D29	S9	D18 D19	
Priorität gering	**F6.2** Vertriebskanäle anpassen	S19						
Priorität gering	**F7.3** Leistungssystem anpassen	D10 S19 D27	P5		D28 S8 D29	S9	S7	
Priorität gering	**F3.6** Wirtschaftsrisiko reduzieren	D21 D25 D23					D22	
Priorität gering	**F5.2** Störungen antizipieren	D1 D5 D2 D9	P5	S18	S8	S9	S12	S11 S13
Priorität gering	**F7.1** Ressourcenverbrauch reduzieren	P1 P3 P6 D1 D3 D21 P2 P4 P7 D2 D5 S5	P5 D15 D13	S18	D28 S8 D29	S9	D18 S7 D19 S12	S13
Priorität gering	**F3.3** Prozessrisiko reduzieren	D6 D10 S6 D9 S5	P5 D14 D13 D15	S18	S8	S9 S16	D18 S12	D26
Priorität gering	**F3.2** Verfügbarkeitsrisiko reduzieren	P7 D2 D5 S2 D1 D3 D11 S6	P5 D15	S18	S3 S8	S9	S12	D26 S13 S11
Priorität gering	**F3.4** Marktrisiko reduzieren	D10 D25 D21					D19 D22	
Priorität gering	**F3.1** Investitionsrisiko reduzieren	D10 D25 D23					D22 S7	

■ : Hohe Umsetzungsrelevanz ■ : Mittlere Umsetzungsrelevanz ■ : Niedrige Umsetzungsrelevanz

Anhang 11: Leistungssystemkonzept für den qualitätsorientierten Kundentyp

Kundentyp
Kundentyp 5 **Qualitätsorientiert**

Leistungsstufe →

Bedarfsspezifische Bedeutung	Teilfunktionen	0	1	2	3	4	5	6
Priorität hoch	**F2.3** Qualitätsgrad erhöhen	P1 P3 P6 D1 D5 D10 P2 P4 P7 D2 D9 S1	P5	S18	D28 S8 D29	D4 S17 S9	D17 D18	
Priorität hoch	**F3.5** Qualitätsrisiko reduzieren	P6 D1 D3 D7 D9 P7 D2 D5 D8 D25	P5	S18	S8	S9 S16	D17 D18	
Priorität hoch	**F2.1** Verfügbarkeitsgrad erhöhen	P7 D2 D5 S2 D1 D3 D11	P5 D15	S18	S3 S8	S9	S12	S11 S13
Priorität hoch	**F5.1** Transparenz erhöhen	D2 S5	P5	S18	S8	S9 S14 S16 S10 S15 S17	S7 S12	S13
Priorität hoch	**F4.4** Personal befähigen	D9 D11 D10 S2			S8	S9 S10		
Priorität mittel	**F2.2** Leistungsgrad erhöhen	D6 D10 S4 D9 D21 S5	P5	S18	D28 S8 D29	S9 S14	D18	
Priorität mittel	**F5.2** Störungen antizipieren	D1 D5 D2 D9	P5	S18	S8	S9	S12	S11 S13
Priorität mittel	**F5.4** Zahlungsintervalle festlegen	D23	P5	S18	S8	S9		
Priorität mittel	**F3.2** Verfügbarkeitsrisiko reduzieren	P7 D2 D5 S2 D1 D3 D11 S6	P5 D15	S18	S3 S8	S9	S12	D26 S13 S11
Priorität mittel	**F3.4** Marktrisiko reduzieren	D10 D25 D21					D19 D22	
Priorität mittel	**F3.6** Wirtschaftsrisiko reduzieren	D21 D25 D23					D22	
Priorität mittel	**F5.3** Unterstützungsprozesse auslagern	D1 D3 D7 D16 D23 D2 D5 D8 D21	D13 D15 D14		S3 S8	D12 S17 S9	D17 D19 D22 D18 D20	
Priorität gering	**F7.3** Leistungssystem anpassen	D10 S19 D27	P5		D28 S8 D29	S9	S7	
Priorität gering	**F3.3** Prozessrisiko reduzieren	D6 D10 S6 D9 S5	P5 D14 D13 D15	S18	S8	S9 S16	D18 S12	D26
Priorität gering	**F4.2** Leistung bedarfsgerecht abrechnen	D23	P5	S18	S8	S9		
Priorität gering	**F4.1** Kapazitäten flexibilisieren	D21 S5			S3		D18 D20	

: Hohe Umsetzungsrelevanz : Mittlere Umsetzungsrelevanz : Niedrige Umsetzungsrelevanz

Anhang 12: Leistungssystemkonzept für den kostenorientierten Kundentyp

Kundentyp
Kundentyp 6 **Kostenorientiert**

Leistungsstufe →

Bedarfsspezifische Bedeutung ↓

Priorität	Teilfunktionen	0	1	2	3	4	5	6
Priorität hoch	**F3.4** Marktrisiko reduzieren	D10 D25 D21					D19 D22	
Priorität hoch	**F1.2** Betriebsmittelaufwand reduzieren	P1 P3 D1 D3 D27 P2 P4 D2 D5 S5	P5		S8	S9	D18 S12	S13
Priorität hoch	**F1.3** Werkstoffaufwand reduzieren	P1 P3 P6 P2 P4 P7	P5 D15 D13	S18	D28 S8 D29	S9	D18 D19	
Priorität hoch	**F7.1** Ressourcenverbrauch reduzieren	P1 P3 P6 D1 D3 D21 P2 P4 P7 D2 D5 S5	P5 D15 D13	S18	D28 S8 D29	S9	D18 S7 D19 S12	S13
Priorität hoch	**F2.1** Verfügbarkeitsgrad erhöhen	P7 D2 D5 S2 D1 D3 D11	P5 D15	S18	S3 S8	S9	S12	S11 S13
Priorität mittel	**F5.1** Transparenz erhöhen	D2 S5	P5	S18	S8	S9 S14 S16 S10 S15 S17	S7 S12	S13
Priorität mittel	**F4.3** Kostenstruktur flexibilisieren	D23						
Priorität mittel	**F6.1** Investitionsausgaben umwandeln	D23						
Priorität mittel	**F1.1** Arbeitsaufwand reduzieren	P1 P3 D1 D3 D8 D21 P2 P4 D2 D5 D10 S1	P5 D14 D13 D15	S18	D28 S8 D29	D12 S14 S17 S9 S16	D17 D18	
Priorität mittel	**F1.4** Planungs- und Organisationsaufwand red.	D16 S4 S6 D21 S5	D13 D15			S15	D17 D19 D22 D18 D20 S7	
Priorität mittel	**F3.2** Verfügbarkeitsrisiko reduzieren	P7 D2 D5 S2 D1 D3 D11 S6	P5 D15	S18	S3 S8	S9	S12	D26 S13 S11
Priorität mittel	**F3.5** Qualitätsrisiko reduzieren	P6 D1 D3 D7 D9 P7 D2 D5 D8 D25	P5	S18	S8	S9 S16	D17 D18	
Priorität mittel	**F3.6** Wirtschaftsrisiko reduzieren	D21 D25 D23					D22	
Priorität mittel	**F4.2** Leistung bedarfsgerecht abrechnen	D23	P5	S18	S8	S9		
Priorität mittel	**F5.2** Störungen antizipieren	D1 D5 D2 D9	P5	S18	S8	S9	S12	S11 S13
Priorität gering	**F3.3** Prozessrisiko reduzieren	D6 D10 S6 D9 S5	P5 D14 D13 D15	S18	S8	S9 S16	D18 S12	D26
Priorität gering	**F5.4** Zahlungsintervalle festlegen	D23	P5	S18	S8	S9		
Priorität gering	**F3.1** Investitionsrisiko reduzieren	D10 D25 D23					D22 S7	
Priorität gering	**F5.3** Unterstützungsprozesse auslagern	D1 D3 D7 D16 D23 D2 D5 D8 D21	D13 D15 D14		S3 S8	D12 S17 S9	D17 D19 D22 D18 D20	
Priorität gering	**F2.3** Qualitätsgrad erhöhen	P1 P3 P6 D1 D5 D10 P2 P4 P7 D2 D9 S1	P5	S18	D28 S8 D29	D4 S17 S9	D17 D18	
Priorität gering	**F7.2** Produktlebenszyklus verlängern	P1 P3 P7 D2 D5 D27 P2 P4 D1 D3 D24	P5	S18	D28 S8 D29	D4 S9	S12	S11 S13
Priorität gering	**F4.4** Personal befähigen	D9 D11 D10 S2			S8	S9 S10		
Priorität gering	**F7.3** Leistungssystem anpassen	D10 S19 D27	P5		D28 S8 D29	S9	S7	
Priorität gering	**F6.2** Vertriebskanäle anpassen	S19						
Priorität gering	**F4.1** Kapazitäten flexibilisieren	D21 S5			S3		D18 D20	

: Hohe Umsetzungsrelevanz : Mittlere Umsetzungsrelevanz : Niedrige Umsetzungsrelevanz

Anhang 13: Leistungssystemkonzept für den performanceorientierten Kundentyp

Kundentyp
Kundentyp 7 **Performanceorientiert**

Leistungsstufe →

Priorität	Teilfunktionen	0	1	2	3	4	5	6
Priorität hoch	**F7.1** Ressourcenverbrauch reduzieren	P1 P3 P6 D1 D3 D21 P2 P4 P7 D2 D5 S5	P5 D15 D13	S18	D28 S8 D29	S9	D18 S7 D19 S12	S13
	F2.2 Leistungsgrad erhöhen	D6 D10 S4 D9 D21 S5	P5	S18	D28 S8 D29	S9 S14	D18	
	F2.1 Verfügbarkeitsgrad erhöhen	P7 D2 D5 S2 D1 D3 D11	P5 D15	S18	S3 S8	S9	S12	S11 S13
	F2.3 Qualitätsgrad erhöhen	P1 P3 P6 D1 D5 D10 P2 P4 P7 D2 D9 S1	P5	S18	D28 S8 D29	D4 S17 S9	D17 D18	
	F1.3 Werkstoffaufwand reduzieren	P1 P3 P6 P2 P4 P7	P5 D15 D13	S18	D28 S8 D29	S9	D18 D19	
Priorität mittel	**F4.4** Personal befähigen	D9 D11 D10 S2			S8	S9 S10		
	F1.2 Betriebsmittelaufwand reduzieren	P1 P3 D1 D3 D27 P2 P4 D2 D5 S5	P5		S8	S9	D18 S12	S13
	F5.3 Unterstützungsprozesse auslagern	D1 D3 D7 D16 D23 D2 D5 D8 D21	D13 D15 D14		S3 S8	D12 S17 S9	D17 D19 D22 D18 D20	
	F1.4 Planungs- und Organisationsaufwand red.	D16 S4 S6 D21 S5	D13 D15			S15	D17 D19 D22 D18 D20 S7	
	F4.1 Kapazitäten flexibilisieren	D21 S5			S3		D18 D20	
Priorität gering	**F1.1** Arbeitsaufwand reduzieren	P1 P3 D1 D3 D8 D21 P2 P4 D2 D5 D10 S1	P5 D14 D13 D15	S18	D28 S8 D29	D12 S14 S17 S9 S16	D17 D18	
	F3.4 Marktrisiko reduzieren	D10 D25 D21					D19 D22	
	F7.2 Produktlebenszyklus verlängern	P1 P3 P7 D2 D5 D27 P2 P4 D1 D3 D24	P5	S18	D28 S8 D29	D4 S9	S12	S11 S13
	F5.2 Störungen antizipieren	D1 D5 D2 D9	P5	S18	S8	S9	S12	S11 S13
	F3.2 Verfügbarkeitsrisiko reduzieren	P7 D2 D5 S2 D1 D3 D11 S6	P5 D15	S18	S3 S8	S9	S12	D26 S13 S11
	F3.5 Qualitätsrisiko reduzieren	P6 D1 D3 D7 D9 P7 D2 D5 D8 D25	P5	S18	S8	S9 S16	D17 D18	
	F5.1 Transparenz erhöhen	D2 S5	P5	S18	S8	S9 S14 S16 S10 S15 S17	S7 S12	S13
	F7.3 Leistungssystem anpassen	D10 S19 D27	P5		D28 S8 D29	S9	S7	
	F3.3 Prozessrisiko reduzieren	D6 D10 S6 D9 S5	P5 D14 D13 D15	S18	S8	S9 S16	D18 S12	D26
	F4.2 Leistung bedarfsgerecht abrechnen	D23	P5	S18	S8	S9		
	F3.6 Wirtschaftsrisiko reduzieren	D21 D25 D23					D22	
	F4.3 Kostenstruktur flexibilisieren	D23						
	F6.1 Investitionsausgaben umwandeln	D23						
	F6.2 Vertriebskanäle anpassen	S19						
	F3.1 Investitionsrisiko reduzieren	D10 D25 D23					D22 S7	

: Hohe Umsetzungsrelevanz : Mittlere Umsetzungsrelevanz : Niedrige Umsetzungsrelevanz

In der Reihe **Schriftenreihe Rationalisierung** zuletzt erschienen:

Holper, Christian Frederic:
Konzeption von bedarfsspezifischen Leistungssystemen für Subskriptions-Geschäftsmodelle im Maschinen- und Anlagenbau
ISBN: 978-3-98555-303-7
Erscheinungsdatum: 27.10.2025

Clemens, Florian:
Text-Mining-Anwendungsfälle in produzierenden Unternehmen
ISBN: 978-3-98555-283-2
Erscheinungsdatum: 13.05.2025

Frings, Kira:
Regelwerk für Low-Code-Anwendungen in produzierenden Unternehmen
ISBN: 978-3-98555-276-4
Erscheinungsdatum: 07.04.2025

Lenart, Martin:
Risikobasierte Gestaltung von Subskriptionsmodellen im Maschinen- und Anlagenbau
ISBN: 978-3-98555-212-2
Erscheinungsdatum: 02.07.2024

Engländer, Jacques:
Gestaltungsmodell eines Informationssicherheitsmanagementsystems für produzierende Unternehmen in Industrie-4.0-Umgebungen
ISBN: 978-3-98555-185-9
Erscheinungsdatum: 18.12.2023

Herkenrath, Clara Ariane:
Gestaltung von Remote-Work in produzierenden Unternehmen
ISBN: 978-3-98555-296-2
Erscheinungsdatum: 29.07.2025

Johanning, Lara:
Compliance-Richtlinien für digitale Technologien in produzierenden Unternehmen
ISBN: 978-3-98555-280-1
Erscheinungsdatum: 30.04.2025

Stratmann, Lukas:
Informationsmodell für Kreislaufstrategien von Investitionsgütern im Maschinen- und Anlagenbau
ISBN: 978-3-98555-264-1
Erscheinungsdatum: 05.03.2025

Spiß, Maria:
Systematische Konfiguration der Resilienz in der Beschaffung
ISBN: 978-3-98555-196-5
Erscheinungsdatum: 29.01.2024

Müller, Jonas:
Soziotechnische Gestaltungsinstrumente für den Einsatz von Business-Analytics
ISBN: 978-3-98555-182-8
Erscheinungsdatum: 27.11.2023

Edition Wissenschaft
Apprimus

Leiting, Tobias:
Konfiguration und Preisbildung von Subskriptionsleistungssystemen für die produzierende Industrie
ISBN: 978-3-98555-162-0
Erscheinungsdatum: 04.07.2023

Defèr, Florian:
Datenbasierte zuverlässigkeitsorientierte Instandhaltung von Produktionsanlagen
ISBN 978-3-98555-137-8
Erscheinungsdatum: 09.01.2023

Götzen, Rafael Frank:
Ordnungsrahmen für die softwarebasierte Automatisierung administrativer Prozesse
ISBN: 978-3-98555-103-3
Erscheinungsdatum: 25.08.2022

Fischer, Markus:
Implementierung von Manufacturing Execution Systems basierend auf Industrie-4.0-Reifegradmodellen
ISBN: 978-3-98555-048-7
Erscheinungsdatum: 22.03.2022

Külschbach, Andreas:
Systematische Bewertung von Änderungsanfragen in der Produktion
ISBN: 978-3-98555-024-1
Erscheinungsdatum: 20.12.2021

Schacht, Maximilian:
Digitaler Schatten der Kundeninteraktionen produzierender Unternehmen
ISBN 978-3-98555-132-3
Erscheinungsdatum: 09.01.2023

Bach, Thies:
Gestaltungsmodell zur lernunterstützenden Erweiterung von Produktionsplanungs- und -steuerungssystemen
ISBN 978-3-98555-127-9
Erscheinungsdatum: 14.12.2022

Scholz, Svenja:
Bewertungsmetrik leistungsbestimmender Faktoren von Supply-Chains in Industriebetrieben
ISBN: 978-3-98555-049-4
Erscheinungsdatum: 11.04.2022

Holst, Lennard:
Referenzmodell für das Customer-Success-Management im Subskriptionsgeschäft des Maschinen- und Anlagenbaus
ISBN: 978-3-98555-033-3
Erscheinungsdatum: 21.02.2022

Voswinckel, Carl Themo:
Blockchainbasierte Maschinen- und Anlagenanbindungen für datenbasierte Dienstleistungen
ISBN: 978-3-86359-990-4
Erscheinungsdatum: 12.08.2021

Edition Wissenschaft
Apprimus

Kolibri 360 GmbH
Ferdinand-Jühlke-Straße 7
99095 Erfurt, Deutschland
produktsicherheit@kolibri360.de